수산생명 질병학 첫걸음

박성우 · 오명주 공저

BIOSCIENCE (주)바이오사이언스출판

저자 약력

박성우(朴性佑)

- 부경대학교 양식학과 졸
- 농학박사(일본 동경대학교)
- 국립수산과학원 수산연구사 및 수산연구관
- 군산대학교 해양과학대학 수산생명의학과 교수(현)

e-mail: psw@kunsan.ac.kr
Homepage: w3.kunsan.ac.kr/~psw, http://www.cyworld.com/fishdisease
Cafe: http://cafe.daum.net/fishdoctor, http://cafe.daum.net/fishhealth
졸업생 모임: 수어회(守魚會):http://cafe.daum.net/FKAK

오명주(吳明柱)

- 부경대학교 양식학과 졸
- 수산학박사(일본 북해도대학교)
- 일본 에히메대학교 연안환경과학연구센터 겸임교수(현)
- 전남대학교 수산해양대학 식품 · 수산생명의학과 교수(현)

e-mail: ohmj@chonnam.ac.kr
Homepage: http://embc.chonnam.ac.kr
실험실 Cafe: http://cafe.daum.net/DIAGNOSTIC97LAB

수산생명 질병학 첫걸음

인쇄일 | 2012년 9월 3일
발행일 | 2012년 9월 7일
저　자 | 박성우 · 오명주
발행처 | (주)바이오사이언스출판
발행인 | 문정구
등록번호 | 제22-3079호
주　소 | 137-060 서울시 서초구 방배동 479-4 호산B/D 201호
전　화 | TEL: (02)581-4057~8 FAX: (02)581-4059
Homepage:http://www.biobooks.co.kr
E-mail: bioscience06@hanmail.net

값 12,000원

978-89-92709-90-3
93520

머리말

수산생명질병학을 처음 접하는 사람은 무척 어려운 분야로 느낄 것이다. 대상으로 하는 생물이 어류, 패류, 갑각류, 연체동물의 오징어, 성게 및 해삼, 극피동물의 멍게, 양서류인 개구리 등 매우 종류도 많을 뿐 아니라 질병도 다양하기 때문이다.

저자들은 강단에서 강의 중에 틈틈이 정리한 자료를 정리하였지만 같은 종류의 생물이라도 지역별로 서로 다른 질병이 발생하는 등 학습하여야 할 범위는 실로 넓다고 할 수 있다. 그러므로 이 모든 것을 다 취급한다는 것은 불가능하다. 자연히 산업적으로 중요한 질병 또는 학술적으로 중요한 질병에 중점을 두지 않을 수 없다. 또한 수산업에서 사용되는 용어는 주로 생물학적 용어로서 한번쯤은 접해 본 용어이지만 수산생물에서 취급하는 용어는 생물학적 용어이외에 의학용어가 많이 사용되기 때문에 실로 난해한 분야라 아니할 수 없다.

저자 들은 기존에 "어류질병", "수산생명질병학(2판)", "수산무척추동물질병학", "해조류의 질병" 등을 출간하였지만 그 분량이 실로 방대하기 때문에 접할 엄두가 나지 않을 수도 있을 것으로 생각하였다. 따라서 수산생명질병학을 처음 접하는 사람이 조금이라도 수산생물질병에 친숙하여질 수 있도록 기초가 되는 부분과 질병 중에서 중요한 대표적인 질병에 관해서 우선 간단하게 언급하여 수산생명질병학의 친밀도를 높일 필요가 있을 것으로 생각하고 이 책을 정리 편집하였다. 그러므로 일부의 내용은 기존의 출판내용과 유사한 부분도 상당이 있지만 중복되는 부분은 역시 중요한 부분임을 알 수 있을 것이다. 본 도서의 내용은 우선 수산생명질병학에 관한 초보적 개념과 질병관련 용어에 대한 친밀도를 높이는데 목적을 두고 있기 때문에 내용의 깊이는 얕을 수밖에 없다. 그러나 이러한 과정을 거친 다음에 어류, 무척추 및 해조류의 질병을 전문으로 취급하는 서책을 접하게 되면 내용의 이해에 도움이 될 것으로 확신한다.

끝으로 수산생명질병학에 더 많은 이해와 저변확대를 위해서 조그마한 도움을 제공할 수 있을 것으로 확신하며, 향후 더 좋은 자료를 보강하여 더욱 쉽고 간략하게 기술할 계획이 있음을 알려드립니다. 끝으로 출간에 협조하여 주신 ㈜바이오사이언스출판 문정구 사장님께 감사드립니다.

2012년 9월

저자 들

차 례

제 1 장 수산생명 질병학

수산생물 질병에서 취급하는 대상 생물은 어류는 말할 것도 없고, 무척추 수산동물인 패류, 갑각류 및 양서류와 거북 및 자라 등과 같은 파충류도 포함하는 즉 수계에 서식하는 척추동물 및 무척추동물의 질병을 통틀어 의미한다고 할 수 있다. 그러나 좁은 의미에서는 주로 어류, 패류 및 갑각류 특히 수산 증양식의 대상이 되는 어류를 취급하여 왔다. 그러나 현재는 종래의 질병의 진단과 치료 등을 중심으로 한 수산생물의 건강관리뿐만 아니라 자원 보호 및 관리, 환경오염의 관리, well-being식품의 안정적 공급 등 수산업의 지속적인 발전을 위한 영역으로 확대 발전되고 있다.

수산생명 질병학에서 사용하는 기법과 용어 등은 포유류의 질병학에서 사용되는 것들을 사용하고 있지만, 그대로 사용할 수 없는 경우도 종종 발생하는 것은 수산생명 질병학의 대상 생물은 물을 호흡매질로 하고 있는데 비해, 포유류 등의 육상생물은 공기를 호흡매질로 하고 있는 것에 기인한다고 할 수 있다.

Ⅰ. 육상동물과 수산 동물(어류)의 차이

육상의 포유동물은 주변의 환경에 관계없이 체온을 항상 일정하게 유지할 수 있는 항온동물인데 비해, 수산생물은 그들이 서식하고 있는 환경수의 온도에 따라 체온이 변동하는 변온동물이기 때문에 어류의 체온과 모든 대사과정이 환경수의 결정적인 지배를 받게 된다. 따라서 질병의 발생은 사육수중의 환경변화 즉 수온, pH, 염분농도 및 유기물의 오염도와 밀접한 관계를 가지고 있다고 할 수 있다. 수산생물에서 발병하는 질병을 이해하기 위해서는 수산생물이 서식하고 있는 물의 특성에 어떻게 잘 조화되어 있는가를 살펴볼 필요가 있다.

수산생물이 물질대사에 필수적인 산소를 획득하고 있는 호흡매질인 물은 어류의 호흡기인 아가미의 가스교환 부분에서는 물의 증발이 없기 때문에 건조할 염려가 없으며, 수산생물의 섬세한 호흡기는 물속에 노출되어 있음에도 불구하고 물속에서는 서로 밀착되거나 파괴되지 않는다는 유리한 점을 가지고 있다.

반면에 물은 공기에 비해 약 1/30정도의 산소밖에 함유하지 않으면서, 밀도가 공기에 비해 무겁기 때문에 녹아있는 산소도 공기에 비해 약 1/8,000정도 느리게 확산된다는 것이다. 이 때문에 부분적으로는 많은 양의 산소가 녹아있다고 할지라도 국소적으로는 산소의 결핍이 생기기 쉽다는 것이다. 또 물의 무게가 공기보다 약 800배 정도 무겁고, 점성이 약 60배정도 높기 때문에 아가미를 통하여 산소를 받아들이고 질소성 대사산물(nitrogenous wastes)을 배출하는 데는 상당량의 에너지를 필요로 한다는 불리한 점을 갖고 있다. 그러나 아가미의 표면에서 수중으로 용해도가 높은 암모니아를 직접 방출함으로서 포유류나 조류에서의 요소나 요산으로 처리하는 과정에 소요되는 에너지를 절감함으로서 수산생물로서의 이점을 충분히 발휘하고 있다고 할 수 있다.

또 수중에는 수산생물 뿐만 아니라 여러 종류의 수중생물이 서로 평형을 이루면서 살아가고 있는 생태계이기 때문에 생물 간의 균형의 파괴는 곧 환경의 급격한 변화를 초래하게 되고 특정의 생물의 번식에 유리하게 되면 유용 수산생물에 해로운 요소로 작용하게 되어 질병을 유발하게 된다는 것은 충분히 예상되는 것이다.

육상의 인간은 계통발생상 최상위에 있기 때문에 병원체로부터 자신의 몸을 보호하는 생체방어기능이 잘 발달되어 목, 기관지 및 장간막 등에 림프절이 존재하기 때문에 중간의 차단벽 역할을 수행함으로서 전신감염을 방지하고 있다.

반면에 수중생물은 순환계가 개방계이면서 림프절이 존재하지 않기 때문에 체내에 침입한 병원체는 곧바로 전신에 번져 전신감염을 일으키며, 병의 진행이 빠르고 폐사율 또한 높기 때문에 조기의 조치가 불완전하면 거의 사망하게 된다. 또한 어류는 수계에 서식하기 때문에 담수 또는 해수를 불문하고 숙명적으로 삼투압조절에 불리한 조건에 놓여 있다.

어류를 사육, 선별, 수송 또는 질병의 감염에 의한 체표의 손상은 어류에 치명적인 삼투압조절의 장애를 유발시켜 질병의 만연을 초래하는 경우가 대부분이다.

결론적으로 수산생물은 육상생물에 비해 낮은 몸의 방어능력을 구비한 반면 병원체와 공존하면서 수계환경에 살아가기 때문에 열악한 서식환경은 병원균의 번식을 조장하는 반면 어체의 방어력을 저하시키게 되므로 질병에 쉽게 감염될 수 있다는 것이다.

표 1-1. 수산 동물과 육상동물의 환경 및 생물 생리학적 차이

특 성	수산동물	육상동물	비 고
호흡매질	물	공기	**산소 결핍의 발생이 용이** -물의 산소함유량: 공기의 1/30 -밀도가 높아 산소의 확산이 느림
개체간의 경쟁	수중의 다수의 동종 또는 타종과 먹이, 서식장소 경쟁	비교적 경쟁 적음	**생잔율 낮음**
체온조절	변온동물	항온동물	**사육수의 수온에 따라 체온 변화** (에너지 소모 과다) - 고온기 환수로 냉각 - 저온기 가온수 첨가하여 수온상승
삼투압 조절	항상성 유지에 불리	유지가 용이	**사육수의 염분농도에 지배** -담수어 · 염분 체내저장 · 수분 배출 -해수어 · 염분 체외배출 · 수분 체내 저장
호흡기관	아가미 -수중에 노출 -물리적손상용이	허파 -몸 내부에 보호 -손상으로부터 보호	**호흡시 육상동물보다 에너지 소비량이 높음** -물의 무게는 공기보다 800배 무거움. -점성은 60배 높음
산란 및 부화	난생 또는 난태생 -체외 다수산란 -단기간 내 부화	태생 -체내 소수배란 -장기간 체내 부화	**부화율 및 생잔율이 사육수의 환경 및 포식생물의 존재에 지배 받음**
회 유	산란, 색이 및 성육 회유	없음	회유환경에 따라 생리변화
식 성	육식성 및 잡식성	육식성, 초식성 및 잡식성	**성장단계별 식성 및 먹이 크기에 커다란 변화** -종묘생산 단계별 먹이종류 및 형태 변화
질소성산물의 배설 기관	아가미 및 신장	신장	**대사산물의 수중 잔류** -암모니아 및 아질산 중독 빈발

Ⅱ. 어병학

어병학의 대상이 되는 생물은 말할 필요도 없이 어류(경골어류)이지만, 어류 중에서도 산업적으로 중요한 어류를 대상으로 하는 것이 보통이며 때로는 환경오염과 관련하여 특정 어종을 대상으로 연구하는 경우도 있다. 또한 무척추동물로서 연체동물인 패류, 오징어류 및 갑각류인 새우류와 게류, 또는 극피동물인 성게 등의 질병을 그 대상으로 하고 있으며, 최근에는 식용 및 관상용 자라와 거북 등에 이르기까지 그 영역이 넓어지고 있다.

1. 질병의 종류

질병이란 "어떠한 요인에 의해 생명체의 형태나 기능이 정상적인 범위를 벗어난 상태"로 정의하지만 질병에는 반드시 원인이 있게 마련인데 이를 병의 원인(병인)이라 한다.

질병의 원인은 표 1-2와 같이 크게 원인이 어류 자체에서 비롯되는 내인성과 기생성질병과 같이 외부 인자에 의해서 유발되는 외인성으로 나눌 수 있다.

표 1-2. 어병의 원인

질병의 원인		원 인
1. 어류의 내부		연령, 성별, 종류(품종, 계통), 유전, 내분비, 면역, 대사, 신경 등의 어체 내의 기능 장애와 손상에 의함
2. 어류의 외부	비기생성	1. 환경적 요인: 수온, 수질(pH, 독극물, 용존 가스) 2. 영양적 요인: 결핍증(비타민, 무기물 등), 중독증(과산화 지질 등)
	기생성	1. 병원생물: 바이러스, 세균, 곰팡이 2. 기생충: 단생류, 흡충류, 조충류, 선충류, 구두충류, 갑각류

이 중 원인이 어류 내부에 있는 요인에 관해서는 거의 연구되지 않고 있으며, 어류의 외부 요인에서 기인하는 것이 산업적으로 심한 피해를 초래하기 때문에 주로 외인성과 질병을 연관시켜 연구 대상으로 하고 있다.

2. 어류질병의 특징

어병도 다른 육상 동물의 감염증과 마찬가지로 "숙주-기생체 관계(host-parasite relationship)"가 균형을 상실한 결과 발생하는 것이다. 그러나 어류 감염증의 최대의 특징은 숙주가 수중생물이란 점이기 때문에 감염증을 유발시킨 병원체가 숙주에서 이탈하였을 경우 육상의 공기 중에 비하여 훨씬 더 오래 수중에서 생존할 수 있다는 것이다. 이 때문에 수중생물이 서식하고 있는 환경인 물을 매개로 하여 전염병의 전파가 쉽사리 일어난다는 것이라 할 수 있다.

표 1-3. 어류 질병의 특징

특 성	수산 동물	육상 동물	비 고
물리적 보호	비늘 또는 점액	각질층 및 점액	**수송, 선별에 따른 손상에 약함** -비늘 및 체표손상이 용이
문 진	불가능	불가능	**진료자의 관찰에 의존** -수산 생물은 수중관찰 불가 -진료자의 경험 중시
질병의 전파	물	공기	**수중은 공기보다 다종의 생물분포** **지역적 집단발생**
전신 감염	병의 진행이 빠르며 전신감염 용이	국소감염	**급성이며 폐사율 높음.** -수산생물 · 개방혈관계 · 림프절 없음 -육상동물 · 폐쇄혈관계 · 목, 기관지, 장간막 등에 림프절 발달
예방백신 효용 지속성	단기간 (90-150일 지속)	비교적 장기간	**질병, 어종 및 처리시기에 제한** -송어, 은어 및 일부 해산어에 한정
질병의 진행	급성	급성 또는 만성	**조기진단과 조기치료가 관건**
진료의 대상	집단	개체	-개체 투약이 곤란하므로 투약비용 과잉 -폐사시 피해액 심각
치료 방법	약욕 및 경구투여	수술, 주사 및 경구투여	**치료효과 미흡** -병든 개체의 식욕 저하 -약욕 비용의 증대

3. 어류 질병의 발생 메카니즘

1974년 Snieszko의 "어류의 감염증 발생에 있어서의 환경의 영향"이란 논제에 명확하게 설명되어 있다. 즉 그림의 중심은 어류, 병원체 및 사육 환경의 3개원의 교집합으로, 검게 표시된 부분이 어병의 발생을 의미하며, 검은 부분의 면적이 어병에 의한 피해에 해당된다.

이들 3개의 원에 나쁜 요인이 작용하면, 3개원이 원의 중심을 향하여 모이기 때문에 3자의 교집합의 면적은 넓어짐으로 피해는 증가하게 된다. 반대로 좋은 조건이 작용하게 되면 3개의 원은 중심에서 바깥으로 이동하기 때문에 교집합에 해당되는 검은 부분이 생기지 않거나, 생긴다할지라도 그 면적은 적어지기 때문에 피해는 줄어들게 된다. 따라서 어병의 발생과 피해는 결국 숙주인 어류와 숙주가 서식하고 있는 물의 환경 및 수중에 서식하고 있는 병원체의 유기적 관계에 의해 발생하는 것임으로 질병의 발생을 방지할 수 있는 최선의 방법은 사육환경과 어류의 건강상태를 좋게 유지함으로서 병원생물의 증식과 침입을 방지할 수 있다는 결론에 도달하게 된다. 그러나 어류 양식이 산업인 만큼 경영상의 합리화와 관리상의 편리를 도모하기 위해서는 이러한 조건을 모두 충족시킬 수는 없는 것이 현실이므로, 관리자인 사람이 할 수 있는 방법은 결국 사육환경의 개선과 항균제 또는 항생제를 적정량 사용하여 환경과 병원체가 각각 바깥으로 향하게 함으로서 발병을 감소시키는 방법과 백신 또는 면역증강제(immunomodulator)를 적절히 투여하여 숙주인 어류의 생체 방어력을 증강시키면 숙주인 어류가 바깥으로 이동하게 됨으로서 다소 환경이 나쁘다고 할지라도 발병을 방지할 수 있다는 결론에 도달하게 된다.

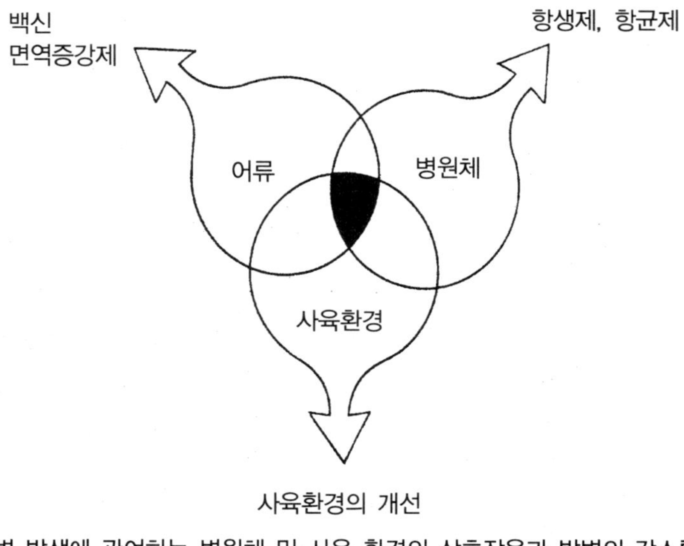

그림 1-1. 어병 발생에 관여하는 병원체 및 사육 환경의 상호작용과 발병의 감소를 위한 대책.

그러나 어류의 백신에는 그 한계가 있기 때문에 최근에는 종래에 시행하여 오던 경구투여나 침지보다는 인간과 마찬가지로 주사기를 사용하여 직접 어체에 접종하는 방법이 도입되어 주사법의 효율을 올리기 위한 연속주사기도 보급되고 있다. 또한 면역증강제의 연구도 활발하여 여러 가지 면역증강제의 실용화를 시도하고 있지만, 아직까지 확실한 효과를 거두고 있는 제품은 개발되지 않고 있으나 가장 가능성이 높은 것으로는 β -1,3-글루칸(β -glucan)을 들 수 있다.

4. 어류의 생체방어 체계(self-defence mechanism)

계통발생학상 어류 이상의 고등생물은 외부의 병원체인 세균 또는 바이러스 등의 병원미생물을 탐식(phagocytosis), 불활화(inactivation)시켜 외부물질의 침입에 대항하는 능력을 가지고 있다. 이러한 불특정의 침입물질을 체내로부터 제거하여 자신의 몸을 보호하는 기능을 비특이적 방어기구(nonspecific self-defence mechanism)라 하며, 특정의 물질에 대하여 처음 또는 경험한 적이 있는 정보를 기억 또는 학습하여 처음보다는 효과적이면서 폭발적인 연쇄반응으로 재침입에 대항하는 능력을 가짐으로서 몸을 보호하는 기구를 특이방어체계(specific self-defence mechanism)라 한다.

어체에 이물이 침입하여 체내에서 완전히 제거될 때까지의 과정을 고려하면 어체 내에 침입한 이물은 비특이적 방어인자에 의해 제거되지만 이 과정에서 모든 병원체가 완전히 제거된다고는 할 수 없다. 대개의 병원체는 어류의 비특이적 방어체계를 무너뜨리고, 어체 내에서 증식하게 되어 감염이 성립된다. 이 때 감염을 성립시킨 원인 생물을 병원체라 하며, 감염이 성립된 단계에서부터 숙주의 특이 방어인자가 작용하게 된다. 만약 특이방어가 성립하게 되면 질병은 회복되지만, 성립되지 않거나 성립되는 과정에 병원체의 번식이 활발하게 되면 어체는 사망하게 된다. 그러나 실제에 있어 어류의 생체방어체계의 중요한 역할은 비특이 인자가 담당하고 있어, 비특이 인자의 방어벽이 붕괴되게 되면 곧 바로 전신감염(systemic infection)이 유발되어 짧은 기간 내에 폐사하게 되므로 발병 후에 어류 질병을 치료한다는 것은 한계점이 있다고 할 수 있다.

1) 비특이적 방어인자

특정의 병원체가 아닌 불특정의 병원체로부터 몸을 보호하는 인자로서 물리적 방어인자와 체액성 방어인자로 크게 대별할 수 있다.

(1) **물리적 방어인자**: 물리적인 장벽으로 작용하여 병원체의 침입을 방지하는 인자: 체표 점액, 아가미점액, 소화관 점액, 피부(해부학적 인자)

(2) **체액성 방어인자**: 체표점액 또는 혈액 중에 존재하는 물질로 여러 병원체에 대하여 비선

택적으로 작용하여, 용균, 살균 또는 응집시키는 물질.

① 라이소자임(lysozyme): 점액, 혈액, 신장에 존재하며 세균을 용해시킨다.

② 보체(complement): 신선한 혈청 속에 존재하며, 대부분이 세균의 LPS 또는 세포벽 성분에 의해 활성화되지만, 항원항체 복합체(antigen-antibody complex)에 의해 활성화되어 세균을 용해시킨다. 56℃에 60분간 열처리하면 활성을 상실하게 되는데, 이를 비동화(inactivation)라고 한다. 이러한 보체에 의한 살균 체계를 보체계(complement system)라 한다.

보체계는 C1에서 C9까지 약 20여종의 단백질로 구성되어 있으며, 주로 혈장 내에 존재하면서 항원항체복합체(면역적 자극)나 응집된 IgG 또는 내독소(비면역적 자극)에 의해 활성화되는 보체계 반응과정 중에 생성되어, 혈관투과성의 증가, 화학주성, 옵소닌화(opsonin) 및 세포의 용해 등의 작용을 통하여 미생물에 대한 방어 역할을 수행하고 있다.

보체계의 반응은 활성화의 과정 중에 각기 다른 기능을 가진 혈장 단백이 생성되는 연속적인 과정으로 항원항체의 복합체에 의한 고전경로와 비면역적 자극에 의해 시작되는 대체경로의 여러 가지 경로를 통하여 활성화된다.

고전경로(classic pathway)는 항체의존성 경로로 IgG나 IgM을 포함하는 항원항체복합체나 응집물과 C1을 활성화시켜 C1a가 C4와 C2에 작용하여 각각 C4a와 C4b와 C2a와 C2b로 분해시키면 C4b와 C2a가 결합하여 C4b2a 복합체를 생성한다. 이 복합체는 C3에 작용하여 C3a와 C3b로 분해시킨다. C3b는 C4b2a와 C4b2a3b복합체를 만들고 이것이 다시 C5를 분해시켜 C5a와 C5b를 만든다. C5b는 C6과 C7에 작용하여 C5b67의 복합체를 만들고, 이것이 C8과 C9에 작용하여 MAC(membrane attack complex)인 C5b-9가 형성되고, MAC는 이물질의 용해시키게 된다.

대체경로(alternative pathway)는 보체가 미생물의 세포표면 성분(예 yeast wall, bacterial cell wall), 내독소인 LPS 등에 의해 활성화되는 경로로 C1, C4, C2를 거치지 않고 C3이 직접 활성화됨으로써 연쇄반응이 일어난다. 이 반응계는 properdin, factor C, decay-accelerating factor에 지배되게 된다. 이러한 보체계의 활성화 과정 중에 생겨나오는 물질 중 C3a와 C5a는 혈관 확장과 투과성의 증진, C5a는 C3a보다 강한 혈관 투과성 항진의 기능이 있을 뿐만 아니라 호산구, 호염기구, 호중구 및 마크로파아지에 대한 화학주성의 효과도 있으며, 혈관의 내피세포에 백혈구의 유착도 증가시키기도 한다. 또 히스타민과 작용하여 혈관투과성을 현저히 증가시키기 때문에 C3a와 함께 anaphylatoxin이라 불리기도 한다. C3b는 옵소닌으로 작용하여 호중구, 호산구 및 대단핵세포에 대한 수용체(receptor)를 인식하게 하며, C5b-9는 보체계의 최종산물로서 실질세포에 작용하여 세포막을 용해시키는 작용을 한다.

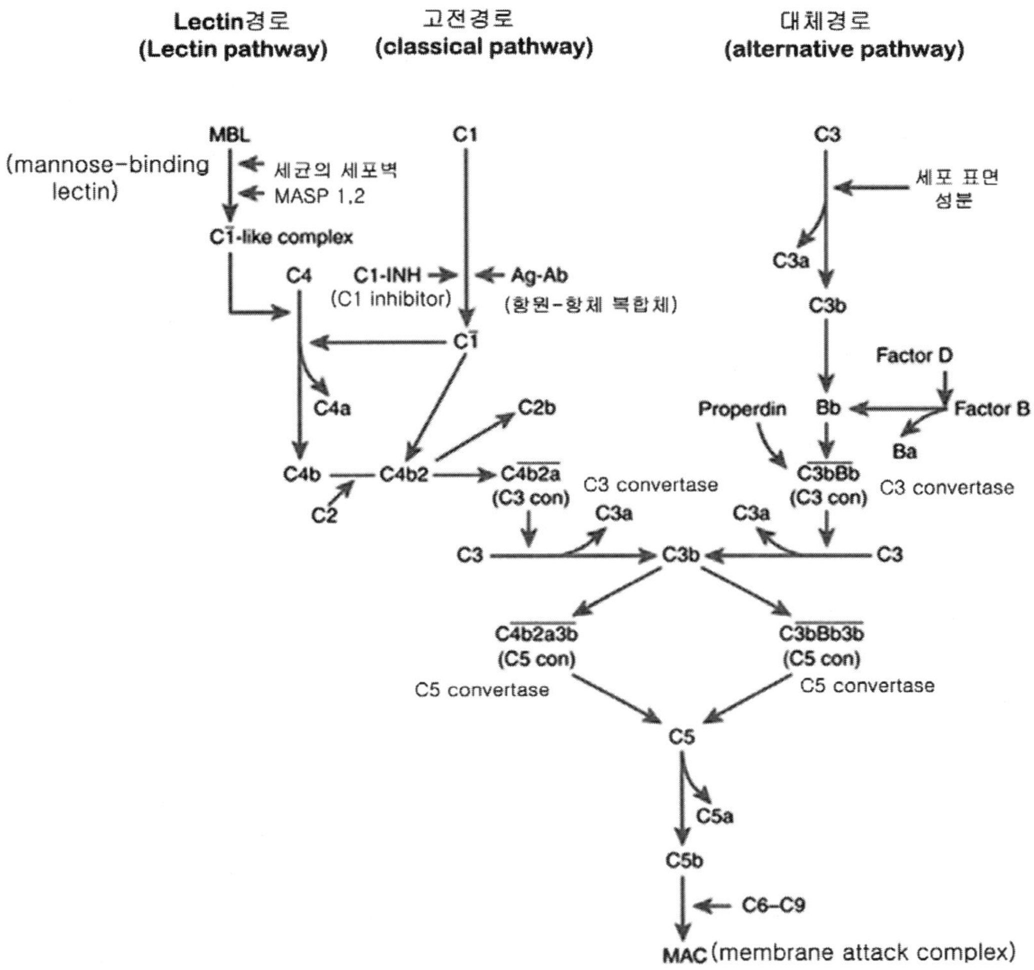

그림 1-2. 보체의 활성화 경로.

Lectin경로는 항체 비의존성 경로로서 mannose-binding lectin, 혈청 단백질이 세균의 세포벽이나 효모의 세포벽 또는 바이러스의 mannose 또는 fructose와 결합하여 활성화되는 경로로서 구조적 또는 기능적으로는 고전경로와 매우 닮아 있다.

③ C반응성 단백질(C creative proteins): 칼슘 이온의 존재 하에 세균과 곰팡이의 성분과 침강반응을 일으켜 증식을 억제시킨다.

④ 트란스페린(transferin): 철 결합성 단백질로 세균의 철 이용을 억제하여 증식을 억제시킨다.

⑤ 렉틴(lectin): 막결합성의 단백질로서 세포막과 결합하여 응고시킨다.

⑥ 용혈소(hemolysin): 다른 동물의 적혈구를 용해시켜 붕괴시킨다.

⑦ 인터페론(interferon): 미생물이나 미생물의 독소에 의해 생기는 세포성 단백질로서 특히 바이러스성 감염증의 경우 인터페론은 주변세포와 작용하여 바이러스에 대한 저항성을 증가시켜 질병으로부터 생체를 보호한다.

⑧ 자연응집소(auto agglutination): 병원체의 당성분과 결합하여 응집시키는 물질

(3) 세포성 인자

① 마크로파아지(macrophage)와 호중구(neutrophil)--병원체를 탐식, 살균, 소화라는 식작용의 과정을 거쳐 체내에서 병원체를 제거시킨다. 이중 호중구는 감염의 초기에 조혈조직인 신장 또는 비장에 저장되었던 세포들이 말초혈액으로 방출되어 감염병소로 유주하여 활발한 탐식능력을 발휘하게 된다. 한편 마크로파아지는 말초혈액의 단구가 조직으로 이행한 경우 마크로파아지라는 용어를 사용하며 호중구에 비해 탐식능력이 더욱 활발하다고 할 수 있다. 그러므로 마크로파아지는 감염이 성립되었을 때 호중구에 뒤이어 감염병소에 침윤하게 된다.

② NK(natural killer)세포: 림프구 중에서 비특이적으로 암세포나 바이러스 감염세포와 결합하여 감염세포를 죽이는 기능을 가진 세포.

2) 특이적 방어인자

(1) 면역담당 세포와 세포성 면역(cellular immunity)

포유류에서 면역반응을 담당하고 있는 세포는 림프절, 비장, 흉선 및 조혈조직 등으로 이들 조직 내에서 실제로 면역반응을 담당하고 있는 세포는 림프구이다. 림프구는 기능상 B림프구와 T림프구로 구분되는데, 항체를 생산하는 B림프구에서 분화된 것이 형질세포(plasma cell)이다.

B림프구가 형질세포로 변하기 위해서는 반드시 T림프구의 도움이 필요하다. 조혈조직에서 생산된 림프구의 전구세포의 일부가 흉선의 유상피세포로 이동하여 흉선유래의 림프구인 T림프구(T lymphocytes, thymus-derived lymphocytes)로 되며, 또 다른 전구세포는 페브리쿠스낭으로 이동하여 B림프구(B lymphocytes, bursa-derived lymphocytes)로 된다.

마크로파아지로부터 항원의 정보를 전달받은 T림프구는 받은 항원의 정보에 따라 분열하여 1개의 세포에서 클론 증식에 의해 여러 개의 자손 세포가 만들어진다. 자손세포 중의 일부는 항원과 접촉하였을 경우 림포카인을 방출하여 지연과민반응과 이식거부반응을 유발하는 세포성 면역을 담당하는 림포카인생산형 T림프구인 Te(effector-T lymphocytes)로 되거나, 항원이 암세포일 경우 항원을 직접 공격하는 세포상해성 T림프구인 Tk(killer-T lymphocytes)로 된다. 또 일부는 B림프구가 형질세포로 분화하도록 도와주는 Th(helper-T lymphocytes), 항체생산이 과

잉으로 되었을 때 항체생산을 억제하는 Ts(suppressor-T lymphocytes)로 된다.

B림프구에서 Th의 자극에 의해 형질세포로 분화된 세포는 항체를 생산하게 된다. 이처럼 T림프구의 분열과 분화는 T림프구 상호작용에 의해 조절되고 있다. 세포성 면역의 주체는 세포 상해성 T림프구인 Tk와 림포카인 생산형 T림프구인 Te이다.

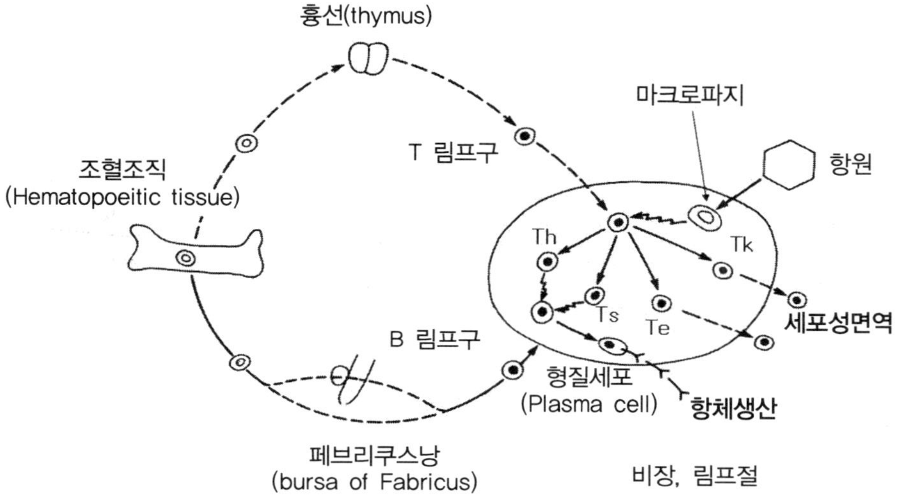

그림 1-3. 면역반응에 관여하는 세포간의 상호작용.

(2) 체액성면역(humoral immunity)

체액성 면역의 주체는 항체(antibody, Ab, immunoglobulin, Ig)로 포유류의 항체인 IgG는 5량체인 반면, 어류의 항체는 IgM는 4량체이다. 어류에서의 항체 생산 과정은 아가미가 항원을 흡수하여 말초혈액중의 단구가 항원을 면역 담당세포인 비장과 신장의 멜라노마크로파아지 센터(melano-macrophage centers, MMCs)에 전달하게 된다. 뒤이어 신장과 비장의 마크로파아지, 단구 및 호중구가 활성화되고, 클론 증식한 림프구의 상호작용에 의해 혈액 속으로 항체가 방출되어, 병원체가 존재하는 부위로 보내진다.

항체가 항원과 접하게 되면 항원항체복합체(antigen-antibody complex)를 형성하게 된다. 그러므로 항원은 감염단위가 감소하여 감염능력을 상실하거나, 항원의 독성을 중화시키거나 보체의 제 1경로를 활성화시킴과 동시에 항체의 Fc부는 조리소(opsonin)로 작용하여 식세포가 항원을 탐식하는 것을 도와주기 때문에 비특이적 반응에 비해 항원을 보다 효과적으로 체내에서 제거시킬 수 있다.

변온동물인 어류는 항체생산에 온도의 지배를 받는다는 것이 특징이다. 그러므로 온수성 어류는 특히 온도의 영향이 심하게 받기 때문에 잉어는 25℃에서는 항체가 형성되지만, 12℃에서는 생산하지 못한다. 그러나 어류의 항체 생산에 미치는 온도의 영향은 항체생산과정의 초기에 Te의 활성화에 적당한 온도가 필요한 것을 의미하는 것으로, 25℃에서 항원으로 자극한 다음에 12℃에 옮긴 경우에는 정상적으로 항체는 생산된다.

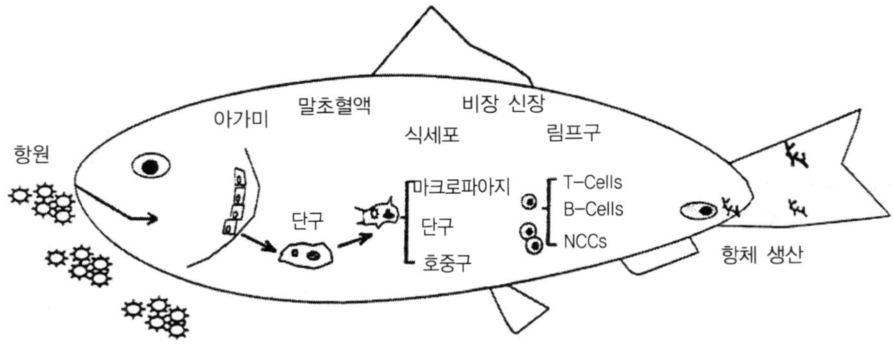

그림 1-4. 어류의 항체생산과정의 모식도.

5. 어류의 삼투압

용액(solution)은 둘 이상의 물질로 구성된 액체상태의 혼합물이다. 이때 용액의 대부분을 이루며, 녹아들어 가는 물질인 용질을 녹이는 물질을 용매라고 하며, 용매에 섞여 들어가는 현상을 용해라고 한다.

"ㅇㅇ수용액"은 용질에 상관없이 용매가 극성이 강한 물이라는 것을 의미하며, "ㅇㅇ염산(용)액"이라 하면 용질에 상관없이 녹이는 물질이 염산임을 의미한다.

이러한 용액 상태의 물질이 이동할 때는 높은 농도에서 낮은 농도로 이동하게 되는데, 이를 확산(diffusion)이라 한다. 확산은 물질의 이동에 에너지를 필요로 하지 않기 때문에 수동수송(passive transport)이라고도 한다. 이와 반대로 낮은 농도에서 높은 농도로 물질을 이동시키는 것을 능동수송(active transport)이라 하며, 능동 수송에는 미토콘드리아에서 생산한 에너지인 ATP를 필요로 한다.

어류가 서식하고 있는 담수와 해수에 서식하고 있는 어류는 숙명적으로 사육수의 영향을 받아 물과 염류을 체 내외로 이동시키고 있다. 이러한 물과 염류의 체내·외로의 이동은 확산과 능동수송에 의해 조절하고 있는데 이를 삼투압 조절이라고 한다.

어류는 수중의 염분 농도에 생존할 수 있는 정도에 의해, 광염성 어류 또는 협염성 어류로 구분하고 있다. 이는 외계의 환경수에 적응할 수 있는 능력을 기준으로 구분한 것이라 할 수 있다.

담수와 해수에 살고 있는 어류의 삼투압 조절 방식은 차이가 있다. 이를 가장 간단히 설명하면 어류의 체액과 환경수의 염분 농도에 차이가 있기 때문에 자연스럽게 삼투압 현상이 생기게 된다. 따라서 어류는 어체를 드나드는 물과 염류의 조절이 원활하지 않으면 결국은 폐사하게 되므로 생명 유지에 중요한 위치를 차지하고 있다.

어류의 삼투압 조절은 아가미에 있는 소금세포(salt cell, 염세포)와 신장을 통한 오줌의 양으로 조절하고 있기 때문에 포유류와는 달리 신장을 삼투압 조절기관이라고 부르고 있다.

담수어의 체액의 농도는 0.85%, 외계 환경수의 농도는 0%이다. 이 때문에 어체 내로 물이 유입되는 반면, 어체에서 염이 체외로 빠져나가는 삼투현상이 발생하게 된다. 그러므로 담수어는 어체에서 염이 빠져나가는 것을 방지하기 위하여 오줌에 녹아 있는 염의 농도는 매우 낮은 반면, 유입된 물을 방출하여야 하므로 담수어의 오줌은 양이 많은 반면 염의 농도가 낮은 오줌을 배설하게 되며, 체내로 유입되는 염을 방출하는 역할을 하는 소금세포를 가지고 있지 않다.

해산어는 체액의 농도는 0.85%, 외계 환경수의 농도는 약 3%이다. 그러므로 담수어와는 반대로 어체에서 물은 빠져나가고 대신에 염이 체내로 유입되는 삼투현상이 발생하게 된다. 따라서 해산어는 빠져나가는 물의 양을 최소화시킬 필요가 있기 때문에 오줌의 양은 매우 적은 반면, 체내로 유입된 염을 방출하여야 하므로 오줌 중에 들어 있는 염의 농도가 높은 진한 오줌을 배설하게 된다. 또 아가미에는 체내로 유입되는 염을 ATP라는 에너지를 사용하여 효과적으로 방출하기 위한 소금세포가 있다.

어류의 생활사 중에 담수에서 해양으로, 또는 해양에서 담수로 이동하면서 서식하는 어류는 외계의 환경수에 따라 아가미의 소금세포의 수를 증감시키거나 또는 오줌의 양과 오줌 중의 염의 농도를 조절하므로 새롭게 변한 환경수에 적응하여 살아간다. 그러나 일생을 담수에서만 또는 해수에서만 서식하는 어류는 이러한 적응 능력이 없기 때문에 환경수가 바뀌면 적응할 수 없어 폐사하게 된다.

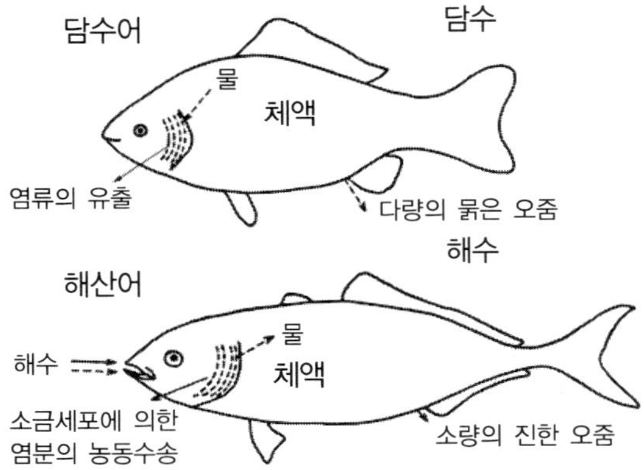

그림 1-5. 담수어와 해산어의 삼투압 조절의 모식도.

발육의 과정에 변태하는 어류가 많은 해산어는 종묘생산과정의 초기에 대량감모가 발생하는 것은 삼투압 조절을 위해 염세포에 의한 에너지의 과다 소비 때문이다. 그럼으로 넙치, 볽바리, 가자미 등의 어류를 1/2 또는 1/4해수에 사육하면 생잔율이 높아지는 것도 어류의 삼투압 조절 기구를 이용한 방법이라 할 수 있다.

6. 어류의 생체방어

1) 체표

건강한 어류에서는 병원체가 피부에 도달하기조차 힘들다. 즉 체표 점액이 물리적 장벽으로 작용하고 점액 속의 라이소자임, 보체, 단백질분해효소에 의해 용균, 자연응집소에 응집되게 되며, 체표에 세균이나 기생충이 부착하게 되면 점액을 분비하여 헤엄칠 때 물에 대한 저항력을 증가시켜 병원체를 탈락시키기 때문에 생체방어의 제 1방어선이라 할 수 있다. 이러한 체표가 병원체에 의해 돌파되게 되면 피부라는 조직이 또 다른 장벽으로 작용하여 병의 전파를 방지하고 있으며, 피부가 돌파되면 식세포가 출현(호중구가 먼저, 마크로파아지가 조금 늦게 출현)하여 침입한 물질을 비선택적으로 탐식·소화하여 전신으로 확산되는 것을 방지하고 있다. 이 때 침입한 병원체가 과거에 침입한 경력이 있는 경우에는 면역기억세포에 의해 감염의 초기 단계에서부터 항체가 작용하여, 보다 강력한 힘을 발휘함으로서 적극적으로 질병으로부터 어체를 보호하기 위한 기구를 갖추고 있다.

2) 아가미

어체 중에서 가장 부드러운 조직이며 단지 한 층의 세포층으로 어체와 수계의 경계면을 이루고 있기 때문에 수중에 들어 있는 병원체는 아가미를 통하여 침입하기 쉽다. 아가미에도 체표의 점액과 마찬가지로 점액을 분비하므로 침입한 병원체는 점액에 의해 처리되지만, 점액층이 돌파되면 곧바로 밑에 있는 혈관에서 유주하여 온 식세포의 저항을 받아 탐식당하게 되므로 질병의 전파를 방지할 수 있다.

3) 소화관

소화관 점막이 체표나 아가미의 점액과 동일한 작용 및 소화효소의 작용을 가지고 있기 때문에 점막을 통한 병원체의 침입을 방지하고 있지만, 점막이 돌파되면 식세포가 침윤하여 침입한 병원체를 처리함으로서 병의 확산을 방지하고 있다.

이처럼 어류는 질병으로부터 자신의 몸을 보호하기 위하여 병원체가 침입할 수 있는 곳에 여러 가지로 방어벽을 구축하고 있다. 이러한 방어벽은 어류가 건강하고 양호한 수질 환경 속에 놓여있을 때에 그 기능이 충분히 발휘되는 것으로 열악한 조건과 영양적으로 장애가 있는 어류는 이러한 보호벽의 기능이 충분히 발휘되지 못하므로 질병에 감염되게 되는 것이다.

7. 어류의 외부 구조

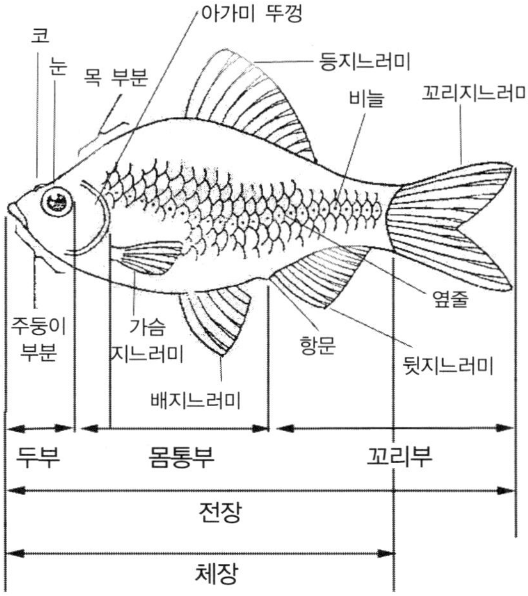

그림 1-6. 잉어의 외부 구조와 명칭.

8. 체표와 아가미의 도말표본

1) 체표 점액

기생충은 지느러미 주변에 많이 부착되어 있으므로 끝이 둥근 메스나 슬라이드 글라스의 한 쪽 면을 이용하여 그림 1-7의 화살표 방향으로 점액을 채취한 다음 슬라이드 글라스에 도말한 후, 증류수를 한 방울 적하시키고 커버글라스를 덮어서 검경한다.

2) 아가미

1, 2, 3의 순서로 절개하여 아가미 뚜껑을 제거한 다음, 새궁이 포함되지 않은 새변을 절취하여 슬라이드글라스에 올려 점액 표본과 같은 방법으로 압인 표본을 만든다. 이때 제일 앞쪽에

있는 첫 번째 새변은 사용하지 않는 것이 좋다. 아가미에 부착한 기생충은 아가미를 통과하는 수류에 저항하여야하므로 물의 흐름이 약한 곳에 부착하는 것은 생존을 위해 중요한 요소이기 때문이다.

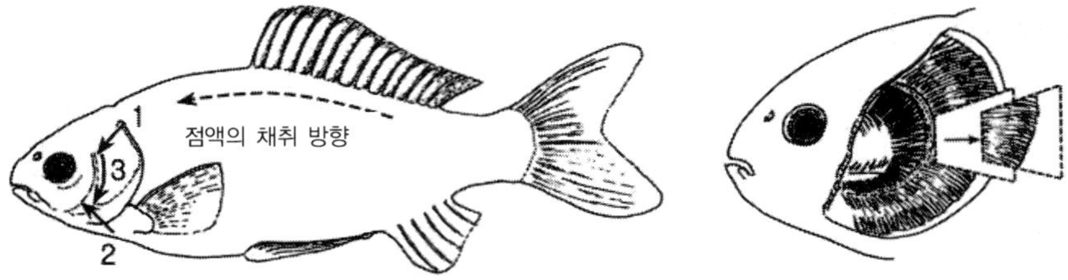

그림 1-7. 점액과 아가미의 채취 방법.

9. 잉어의 해부 순서

1) 어류를 마취액에 넣어 마취시킨다.
2) 해부대(타올 또는 신문지)위에 고기를 올려놓는다. 등지느러미가 앞쪽으로, 머리가 왼쪽으로 가도록 놓는다.
3) 필요하면 채혈하고, 미병부를 절단하여 충분히 방혈시킨다.
4) 가위로 항문의 뒤쪽을 절단한 다음 절단면에 가위의 둥근면을 안쪽으로 넣어 그림 1-8과 같이 머리 쪽을 향하여 아가미 뚜껑아래 부분까지 절단한다. 이때 내장기관을 절단하지 않도록 주의한다.
5) 항문의 절단면에서 측선을 향하여 위로 절단한 다음 측선을 따라 아가미 뚜껑 부분까지 절단한다. 이 때 잘린 복부의 면은 핀셋으로 위로 들어 올리면서 내장기관이 상하지 않도록 주의하면서 절단한다.
6) 그림의 3과 같이 3)과 4)의 양끝이 연결되도록 절단한다.
7) 뇌의 관찰이 필요할 경우에는 핀셋 또는 손으로 몸통의 양쪽을 잡고 해부용 칼로서 두부의 뇌가 위치한 부위를 아래서 위로 밀어 올리면서 잘라낸다.

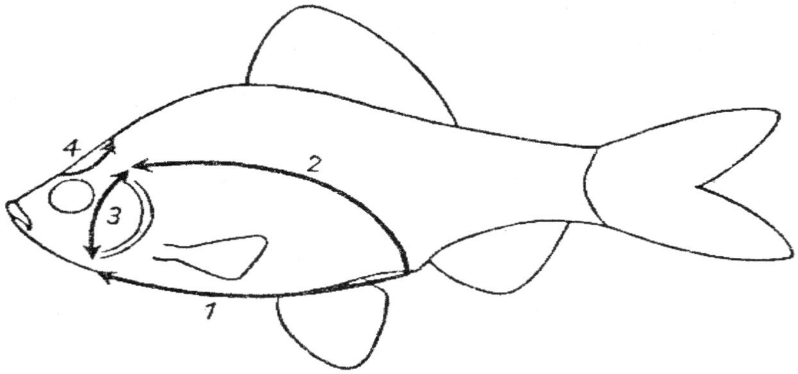

그림 1-8. 어류의 해부 순서.

10. 잉어의 내부 구조

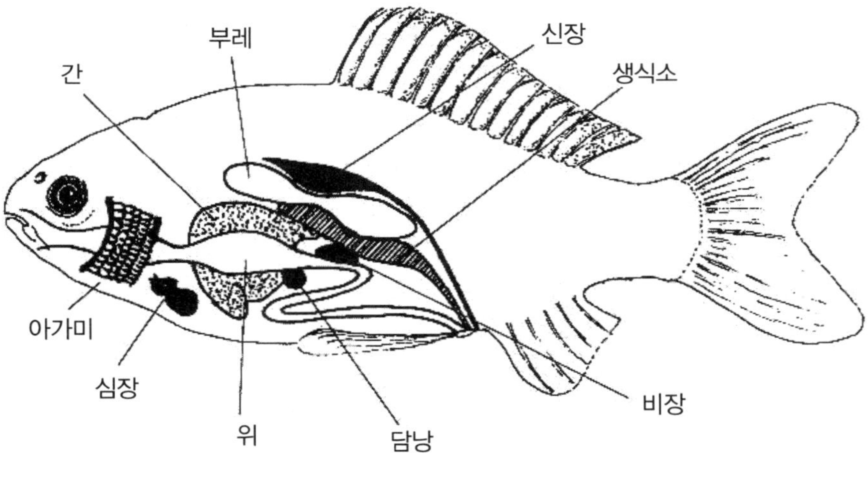

그림 1-9. 어류의 내부구조와 명칭.

11. 어류용 마취제

1) 마취제와 사용 용량

FDA에서 공인된 식용 어류의 마취제인 MS-222(tricaine methanesulphonate)의 사용 농도는 마취를 위해서는 100ppm, 어류를 안정시키기 위하여 사용할 때는 50ppm이며, 어류의 수송을 위해서는 33ppm의 농도를 사용하며, 어체에서 완전히 배출되는데는 21일이 소요된다. 또 다른 마취제인 FA 100도 식용어류에 사용되어 왔으나 최근 FDA에서 식용에 사용이 금지되었다.

현재 가장 많이 사용되는 마취제는 인간의 국소 마취제로서 사용되는 벤조카인으로 MS-222

와 같은 용량 또는 100 g을 알콜 1ℓ 에 녹인 다음 보존액으로 갈색병에 보관하면서 마취할 때 마취 효과가 나타날 때까지 적당량 첨가(25-100ppm)하여 사용한다.

최근에는 lidocaine, clover oil(10-100ppm), metomidate(2-10 ppm), Quinaldine(10-60 ppm) 또는 2-phenoxyethanol 등이 널리 사용되고 있다. 이 중 phenoxyethanol은 가격이 저렴하며 효과가 뛰어나지만, FDA로부터 아직 식용어에 사용 인가는 받지 못하고 있다. 실제 사용 농도는 소형어는 0.2 ppm, 대형어는 0.3 ppm을 사용할 것을 권장하고 있지만, 해부용으로는 100-400ppm의 농도를 필요로 한다.

그 외 특수한 목적에 사용되는 것으로 우레탄 1.5% 수용액은 뱀장어의 마취에 탁월한 효과가 있지만, 발암물질임으로 사용할 때 주의를 필요로 한다.

최근에 새로운 마취제로서 탄산가스발포제(effervescent CO_2-evolving tablet)가 개발되어 사용되고 있다. 탄산가스의 공급원으로 탄산염, 탄산염과 반응하여 탄산가스를 발생시키기 위한 유기산, 고형화를 위한 고형화제로 구성되어 있다. 탄산염으로서는 탄화수소나트륨(sodium bicarbonate, 중조), 유기산은 호박산(succinic acid) 또는 L-주석산(L-tartaric acid), 고형화제로서는 에탄올과 글리세린으로 구성되어 있다. 탄산염과 유기산을 1:1로 혼합한 다음 두 혼합물의 총무게에 에탄올은 15%, 글리세린은 10%첨가한 다음 플라스틱주형에 넣고 손가락으로 눌러 정형한 다음 종이 타올 위에 올려 실내에서 건조하여 제조한다. 농도는 0.5 g/ℓ 에 4분 정도에 마취되며 수온이 높을수록 마취시간은 짧아짐으로 고수온기에는 사용할 때는 각별히 주의해야 한다.

그림 1-10. 탄산가스 발포제.

2) 마취의 징후

어류를 마취액에 넣으면 평형감각이 상실되어 정상적인 움직임이 불가능해지고, 수조의 구석에 머리를 대고 있다가 빙빙 도는 행동을 보인다. 그 후에 배를 위쪽으로 향하게 되고 최종적으로는 물 표면에 뜨거나 바닥에 가라앉게 된다.

12. 스탬프 표본과 도말 표본

시료로 사용할 어류의 미부 정맥(caudal vein)을 절단한 다음 혈액을 자연적으로 방출시키는 방혈을 시킨 다음 해부하여 조직 내의 혈액 양을 가능한 적게 하는 것이 해부 중의 오염 방지 또는 표본내의 혈구의 양이 적어지기 때문에 검경에 적합하다.

스탬프 표본(stamp preparation)은 검사하고자 하는 내부 조직을 잘라낸 다음 여과지로 조직액을 흡수시킨 다음 슬라이드글라스위에 도장을 찍듯이 유리면에 접촉시키는 과정을 반복한다. 이때 같은 면을 계속적으로 하는 것이 아니라 사용한 면을 잘라 버리고 다시 여과지로 흡수시킨 다음 도말하는 과정을 반복적으로 하여 자연 건조시켜 염색한 다음 검경한다.

도말표본(smear preparation)은 혈액의 표본을 만들 때 사용하는 방법으로 혈액을 소량 슬라이드글라스의 한쪽 끝에 떨어뜨린 다음 커버글라스를 사용하여 슬라이드글라스 면에 엷게 펼쳐지게 하는 방법이다.

또한 아가미, 지느러미 또는 피부 점액의 경우는 슬라이드글라스에 소량의 증류수 또는 해수를 떨어뜨린 후 잘라낸 조직을 올린 다음 기포가 생기지 않게 커버글라스를 덮고 무염색의 상태로 검경하는 방법(fresh preparation)도 있다.

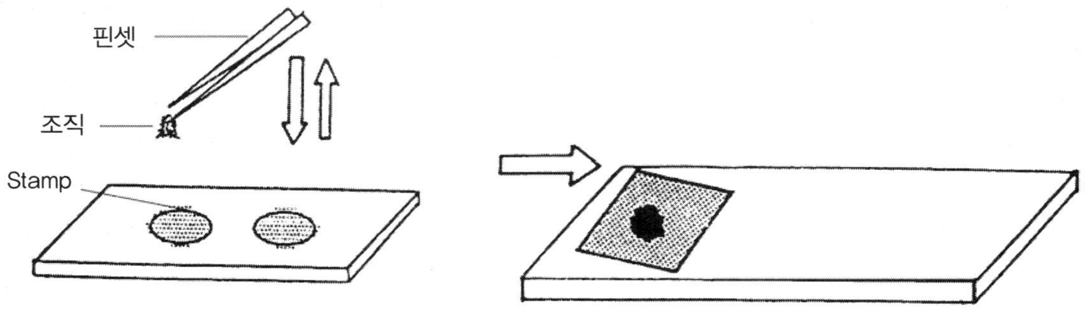

그림 1-11. 스탬프 표본(좌)과 도말 표본의 제작(우).

13. 어류의 스트레스 반응

1) 스트레스 반응

스트레스 반응은 복잡한 과정이지만 가장 쉽게 표현한다면 현재의 상태에서 다른 상태로 급하게 변화하여 그 적응단계에 있는 것 모두를 스트레스라 생각하면 된다. 더욱 쉽게 말하면 구관이 명관이고 현재의 상태의 급격한 변화를 원하지 않는다는 것이 생물의 본능이며 특히 변온동물인 어류는 포유류에 비해 그 영향이 매우 크다고 할 수 있다.

스트레스에 따른 어류의 변동은 살아남기 위한 과정으로, 병적인 과정은 아니지만 일종의 병적인 상태와 유사한 과정을 거친다는 것이다. 스트레스요인이 감지되면, 뇌의 시상하부에서 카테콜라민(catecholamines)이라는 호르몬이 분비된다.

이것은 혈관내로 유입되어 심장의 박동을 증가시켜 피의 흐름을 증대시키지만, 반대로 혈관에는 압력이 높아져 혈관의 내피세포에 손상을 초래하기 때문에 그 손상을 수리하기 위해서 피브리노겐이 많아지면 결국 손상당한 혈관 내에 딱지가 만들어지게 된다. 이러한 혈관 내피의 손상으로 혈관내의 피의 흐름은 방해를 받게 되어 액체 성분이 밖으로 빠져나오거나 혈관이 터지게 된다.

세균도 패혈증의 단계에 들어가면 결국 혈관 벽에 색전을 형성하여, 피의 흐름을 방해하기 때문에 대개 수종과 출혈 또는 울혈 같은 순환장애가 생기게 된다. 또한 위의 호르몬이 분비되면 스트레스에 적응하는 능력을 증대시키기 위해 세포의 활성이 높아져야만 한다.

세포에 에너지를 공급하기 위하여 뇌하수체를 자극하여 부신피질호르몬의 분비를 촉진하는 호르몬을 분비시키면, 부신피질에서 혈당을 상승시키는 글루카곤(glucagon)이라는 호르몬이 분비되어 간으로 전달된다.

간에서는 저장되어 있는 글리코겐을 분해하여 포도당으로 만들어 혈액 속으로 공급하여 세포에게 전달함으로서 적응력을 높이게 된다. 그러나 스트레스의 적응과정에는 스트레스에 적응에 불필요한 부분으로의 혈액의 공급은 최대한으로 줄이게 되는데, 그 대표적인 것이 소화관계에서 피의 공급의 급격한 감소이다. 이 때문에 스트레스를 받으면 소화기능이 급격히 떨어지게 되어, 만성적인 스트레스는 소화관의 장애를 유발시킨다.

에너지원인 포도당을 많이 함유한 혈액을 풍부히 공급받은 조직 또는 기관은 에너지를 생산할 수 있게 되는데, 이 에너지를 스트레스원에 저항하는데 사용할 것인지 아닌지는 숙주의 판단에 맡기게 된다. 그러므로 인간도 스트레스를 받으면 심장 박동이 빨라지고, 얼굴이 붉어지며 자신도 모르게 몸이 경직되는 것도 모두 스트레스에 대한 숙주의 반응으로, 어류에서도 유사한 스트레스 반응이 일어난다고 생각된다.

2) 스트레스에 대한 어류의 반응

어류의 스트레스 반응도 다른 척추동물과 마찬가지로 생리적인 변화를 통하여 스트레스에 적응하게 된다. 이러한 스트레스 반응은 1차 반응으로서 신경계와 호르몬계의 변화가 생겨 신장 간질의 간신선과 크롬친화세포(chromaffin cells)에서 각각 corticosteroid와 catecholamines이라는 스트레스 호르몬이 분비되고, 이 들 호르몬의 자극에 의해 생리적 변화를 유발하게 된다.

그러나 어류에 작용하는 스트레스원의 대부분은 환경에서 유발되는 것임으로 더욱 더 중요한 의미를 가지며, 생리적인 변동의 결과 최종적으로 성장, 탈피, 산란 및 질병에 대한 저항성에 영향을 미친다고 할 수 있다. 환경적 요인에 의한 어류의 생리적 변동을 요약하면 아래 표와 같다

간신선(adrenal gland)은 신장의 조혈조직에 존재하는 원형 또는 난원형으로 주변의 조혈조직에 파묻혀 있는 형상이다. 핵은 소형이며 타원형으로 잘 발달된 핵인을 가지고 있고, 세포질은 엷은 적색으로 염색된다. 피질 스테로이드호르몬(cortical steroid hormone)을 분비한다.

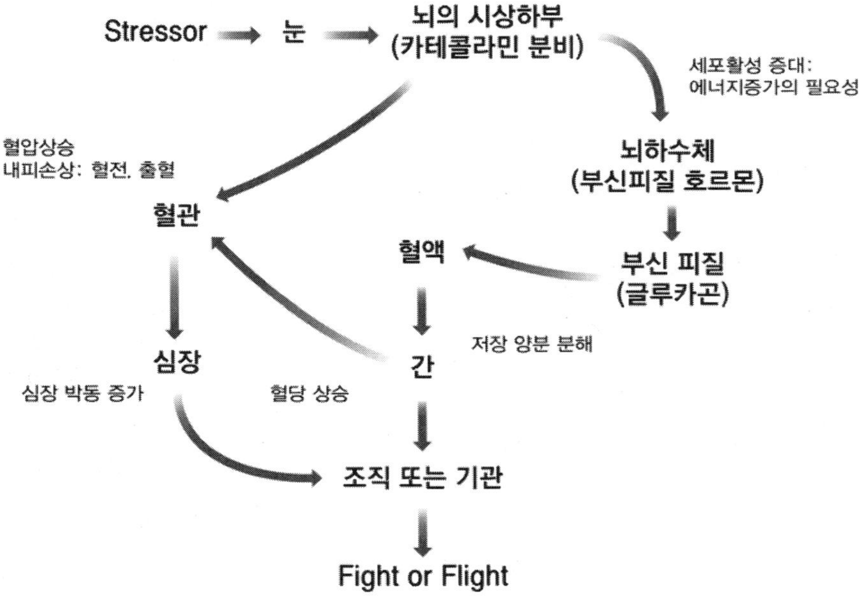

그림 1-12. 스트레스에 대한 어류의 생체내 반응의 모식도.

Chrome친화세포(chromaffin cell)도 역시 신장의 조혈조직에 파묻혀 있는 형상으로 무색 또는 엷은 호염기성을 나타낸다. 핵은 난원형 또는 불규칙한 모양으로 간신선의 핵보다는 대형이다. 크롬친화세포는 epinephrine과 norepinephrine을 분비하며 스트레스반응에 관여한다.

2조직의 공통점은 주변에 항상 혈관이 존재한다는 것과 간질 속에 섬의 형태로 출현한다는 것이다.

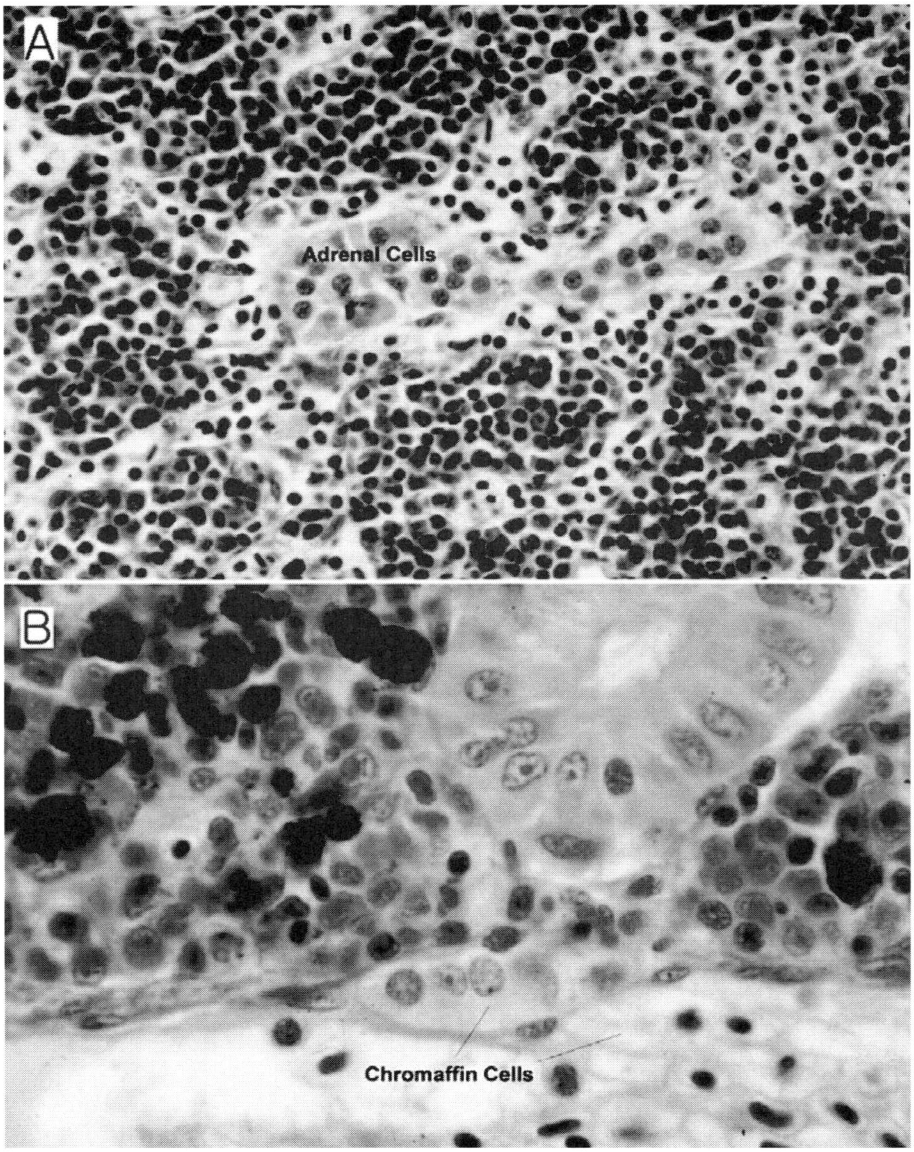

그림 1-13. 신장 조혈조직내의 간신선(A)과 크롬친화세포(B).

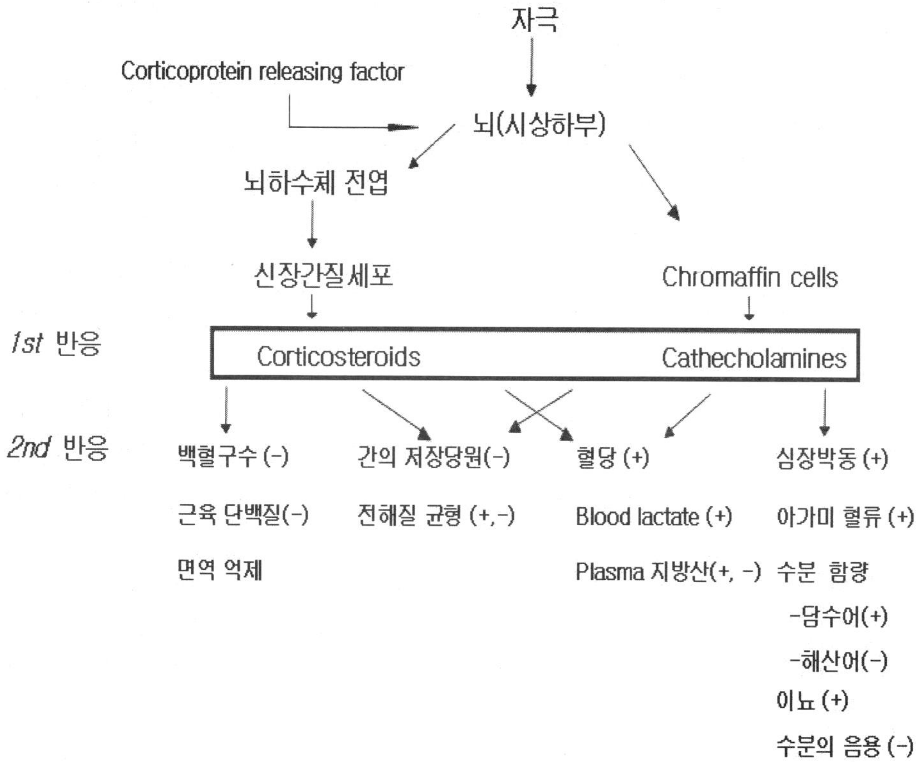

그림 1-14. 어류의 스트레스에 대한 1차 반응과 2차 반응.

14. 어류의 피부 궤양(skin ulcers)

체표와 지느러미를 포함한 어류의 표면을 덮고 있는 피부는 상피세포로 되어 있다. 어류의 상피는 육상 동물에 비해 항상성 유지에 더 밀접한 관련을 가지고 있다.

어류의 표피는 육상동물처럼 각질화된 죽은 세포가 아니라 살아 있는 층상의 입방상피(stratified squamous epithelial cell, filament cell, malphigian cell)로 구성되어 있고, 그 바깥은 점액으로 덮여 있다. 피부의 구조는 어종, 연령, 몸의 부위에 따라 차이가 있지만, goblet (mucous) cell, club cell, 감각세포, 경고세포, 소금세포 등 다양한 특화세포가 존재하고 있다. 점액과 상피에는 항체, 보체, C-creative protein(CRP), protease, transferrin, polypeptide antibody 등 미생물에 저항할 수 있는 물질을 가지고 있다.

어류의 피부는 스트레스(stressors)에 반응하여 대사 활성을 변화시킨다. 또 피부는 살아 있는 세포로 되어 있기 때문에 많은 병원체의 표적이 되고 있다. 그러므로 상피의 손상은 수중에 존재하는 다양한 미생물이 피부의 상처에 부착하여 집락을 형성하기 때문에 어류의 생체 방어에 치명적이다.

상처에는 다양한 미생물이 부착되어 있기 때문에 어떤 미생물이 피부의 궤양에 최초의 원인으로 작용하였는지 판단하기 곤란한 경우가 대부분이다. 또 피부의 손상은 병원생물의 침입을 조장할 뿐만 아니라 생명유지와 직접적인 관련이 있는 삼투압조절에 장애(osmotic stress)를 초래하게 된다. 만약 피부 면적의 10%정도가 궤양을 일으키면 삼투압 장애 때문에 50%이상의 급성 폐사가 유발되므로 폐사율은 피부의 손상 정도와 밀접한 관계를 가지고 있다. 이 때문에 외부 기생충을 비롯한 병원체가 표피에 한정적으로 감염되어 있다할지라도 피부의 손상에 따른 삼투압 장애 때문에 어류는 폐사하게 된다.

자연산 어류에서 1개의 지느러미가 완전히 손상되면 생존율은 80%이하로 감소하게 된다. 또 다른 요인은 점액 분비가 불완전한 것도 이동에 필요한 에너지 량이 증가하기 때문에 어류의 치사요인으로 작용하게 된다. 또 다른 생존율에 영향을 미치는 요인으로서 피부의 손상은 체색변화가 불완전하게 되어 포식자에 잡아먹힐 가능성이 증대하게 된다.

어류의 피부는 환경수에서 산소를 받아들여 피부에 필요한 산소를 충당하고 있다. 그러나 이러한 환경수에 독성물질이 존재한다면 피부에 손상을 초래하기 때문에, 피부가 산소를 흡수하는 것을 방해하는 요인으로 작용할 뿐만 아니라 손상당한 피부를 통하여 독성물질이 체내로 유입되게 된다.

어류에 가해지는 스트레스의 강도가 약한 경우에는 피부를 약화시키지만 감염을 유발할 정도의 피부 손상은 초래하지 않는 반면 독성물질의 체내 유입은 증가하게 된다.

물리적 요인에 의해 어류 피부가 손상을 당하는 정도는 연령, 성별, 내분비의 상태 및 환경조건에 따라 달라지는 상피의 두께와 분비되는 점액의 양에 의해 좌우된다. 넙치와 같은 저서 어류는 주로 물 표면에 분포하는 단단한 고형물질과의 접촉 기회가 적기 때문에 표층 어류에 비해 상피의 두께가 더 두텁고, 특히 유안측(ocular side)이 눈이 없는 쪽(무안측, blind side)에 비해 점액세포의 수가 많다. 표층 어류는 상피가 1-2개의 세포로 되어 있어 매우 엷기 때문에 피부 궤양이 생기기 쉽다.

어류의 피부는 외부 환경수와 직접적으로 접하고 있기 때문에 궤양을 포함한 상피의 손상은 어류가 오염 또는 스트레스 조건에 놓여 있다는 좋은 지표가 된다. 그러므로 오염된 지역에 서식하는 어류에서의 피부 궤양의 발생 빈도는 높고, 수중에서 오염물질이 감소하게 되면 궤양의 빈도도 감소하게 된다.

전혀 다른 별개의 병원체에 의한 피부의 질병도 외관상으로는 아주 비슷하지만, 전혀 다른 질병임으로 피부 손상의 요인을 정확하게 구분하는 것은 질병을 파악하는데 매우 중요하다고 할 수 있다.

표 1-4. 어류의 피부 궤양과 관련된 독성물질 및 환경 스트레스

독성물질 및 스트레스	피부 손상
원유	지느러미 부식, 피부 궤양
도시하수 및 산업폐수	지느러미 부식, 피부 궤양
구리, 아연	지느러미부식. 피부 궤양
납	지느러미 부식
제지공장 폐수	지느러미 부식
PCBs	지느러미 부식
염화비닐	피부 궤양
세제(alkylbenzen sulfonate)	피부에 병소
조류 독소	피부 궤양, 지느러미부식
pH 10	피부 궤양
pH 3.2~5.3	피부 궤양
산성수, 수온의 급격한 저하, 저염분, 강우, 낮은 DO	피부 궤양(red spot disease, epizootic ulcerative syndrome)
Nitrofurazone	피부 부식
Chloramine-T	지느러미 부식
UV	피부의 괴사
수온의 급변, 저염분	피부 궤양, 지느러미 궤양
고밀도 사육	지느러미 부식

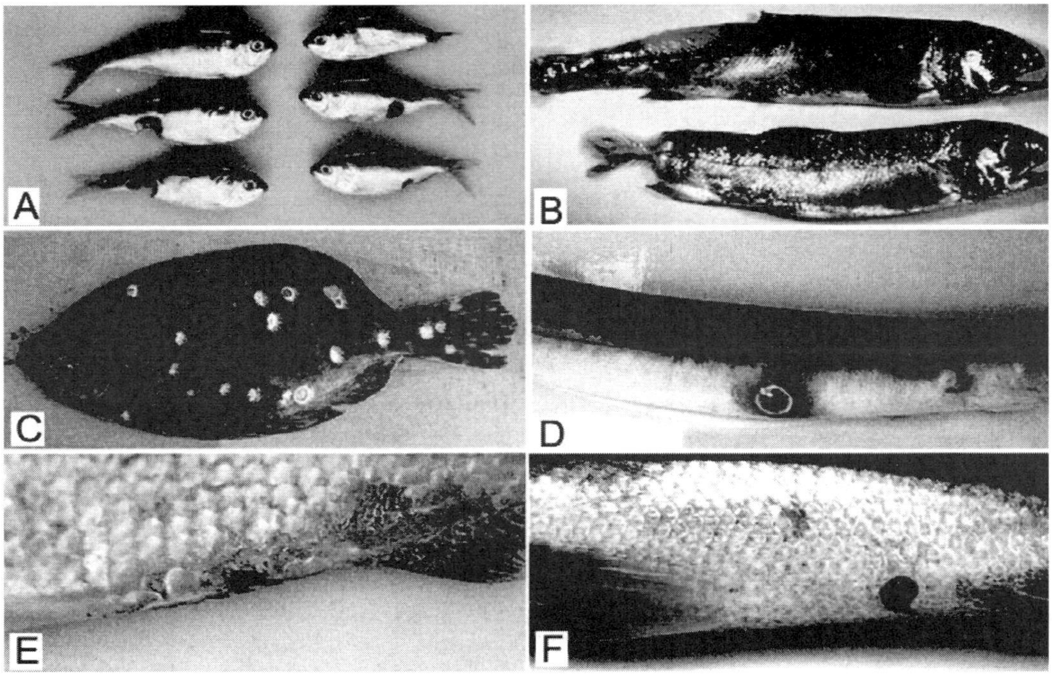

그림 1-15. A: Atlantic menhaden (*Brevoortia tyrannus*)의 곰팡이에 의한 체표와 꼬리지느러미의 대형 병소. B: 연어류의 *Vibrio*병. C: Southern flounder (*Paralichthy lethostigma*)의 진균성 궤양병. 육아종성염을 동반한 무격벽의 균사가 존재하는 병소. D: *Aeromonas hydrophila*감염 미국산 뱀장어 (*Anguilla rostrata*). E: 진균성의 소형 궤양병소를 가진 Atlantic menhaden. F: *Lernaea*감염 largemouth bass (*Micropterus salmoides*).

1) 상피세포의 궤양화 경로

환경수 특히 기수지역은 변화가 심한 지역임으로 여러 요인이 영향을 미치게 된다. 이러한 지역에 서식하는 어류에 질병이 발생하는 과정은 매우 복잡하지만, 발병은 여러 경로 중의 한 경로를 거쳐 발병하게 된다.

오염에 의한 발병에 관한 가장 단순한 생각은 수중의 독성물질이 어류의 조직에 직접적으로 영향을 미쳐 병소를 만든다는 것이다. 예를 들면 구리와 같은 오염물질에 노출되면 피부 손상을 유발할 뿐만 아니라 한편으로는 면역 기능이 불완전하게 되어 질병에 대한 감수성이 증가하게 되어 발병하게 된다. 이 보다는 직접적인 손상은 아니지만 수질의 변화 또한 면역을 불완전하게 하는데, 유기물 농도의 증가는 어류에 직접적인 손상을 유발하지는 않지만, 수중의 산소 소비가 증가되어 어류는 산소부족으로 병에 대한 저항성이 감소하게 된다. 또 수중 생태계의 균형이 파괴되면 수질이 나쁘게 변화하게 되는 요인으로 작용하여, 여분의 영양소는 식물성 플랑크톤을

과잉으로 증가하게 만들어 산소 결핍을 초래하게 된다. 또 어류에 독성이 없는 특정 영양소의 증가도 독성 플랑크톤의 숫자를 증가시켜 우점종으로 되게 함으로서 수계의 플랑크톤 조성을 변화시킬 수 있다.

만약에 독성물질이 면역억제 효과가 있다면, 이는 발병의 증가로 직결된다. 숙주에 대한 영향과는 별도로 수중 생태계의 균형이 파괴되면 질병을 유발하는 미생물의 빈도와 독성에 영향을 미치게 되어 피부에 손상을 초래하여 발병시킬 수도 있다.

그러므로 질병에는 여러 가지 요인이 관계하고 있지만, 손상된 피부는 질병을 유발할 수 있는 미생물이 2차적으로 부착하여 번식하기 때문에, 이를 파악하는 것이 질병을 진단할 때 매우 중요하다고 할 수 있다.

화학물질 또는 호르몬 불균형과 같은 요인이 외관상 피부에 육안으로 식별할 수 있는 대형 병소를 유발하는 요인보다 더 중요하다고 할 수 있다. 손상당한 피부는 재생에 의해 손상부위를 상피세포가 덮게 되면 자연 치유되는 경우도 있는데, 이때는 육안으로는 궤양은 발견되지 않는다. 그러나 표피의 손상이 심하고 치유가 재빨리 일어나지 않게 되면, 손상당한 부위에 2차적으로 부착하여 번식한 수중에 존재하는 미생물과 체표에 정상적으로 존재하는 상재균 등이 손상당한 피부를 통하여 체내로 침입하게 된다. 대표적인 것으로 수중에 존재하는 독성물질은 에로모나스병, 비브리오병 및 수생균과 같은 어류에 빈발하는 질병을 유발하는 동기로 작용하게 된다. 또 1차적으로 발병한 질병은 피부 기생충과 같은 질병의 발병을 촉진하기도 한다.

어류의 피부 궤양은 어류의 생존에 직접적인 영향을 미치지만 다른 요인의 영향에 대한 지표로서 중요하다. 왜냐하면 많은 스트레스 요인들 중에서 피부 궤양은 자극의 정도에 따라 변하는 일부분이기 때문이다. 예를 들면 *Pfiesteria*독소에 노출된 어류는 고농도인 경우 궤양이 형성됨이 없이 급성으로 폐사하지만, 저농도인 경우에는 급성으로는 폐사하지 않기 때문에 피부에 손상이 초래되고 그 결과 삼투압 장애가 유발되게 된다. 농도가 극히 미약한 경우에는 어류는 삼투압장애를 극복하지만 오래 동안 생존하면서 체표에 궤양이 형성되게 된다. 또 노출된 어류의 피부에 생긴 손상이 육안적으로는 식별할 수 없는 경우에도 어류는 손상된 상처와 상피를 재생 수복하기 위해서는 더 많은 에너지를 소비하여야 한다. 이처럼 폐사하지 않고 손상당한 피부를 수복하는데 장기간 소요되는 경우에는 어류는 성장이 느려지고 다른 질병에 대한 감수성이 증가하게 된다.

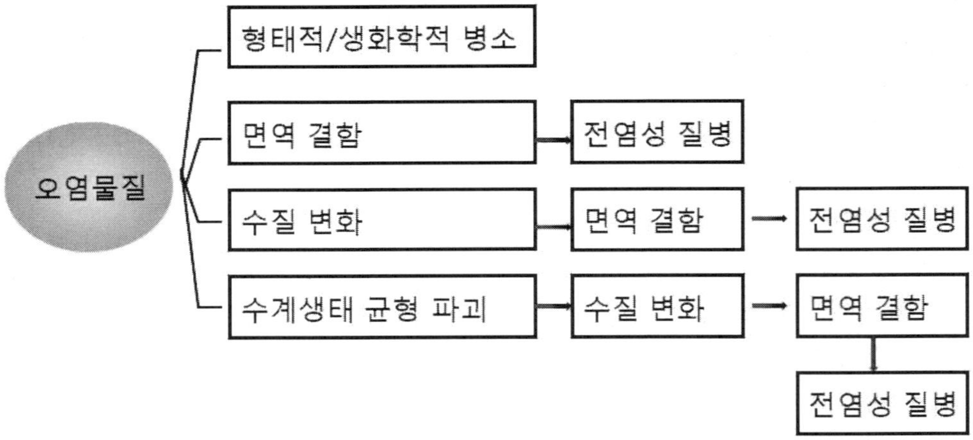

그림 1-16. 어류의 질병 발생 경로.

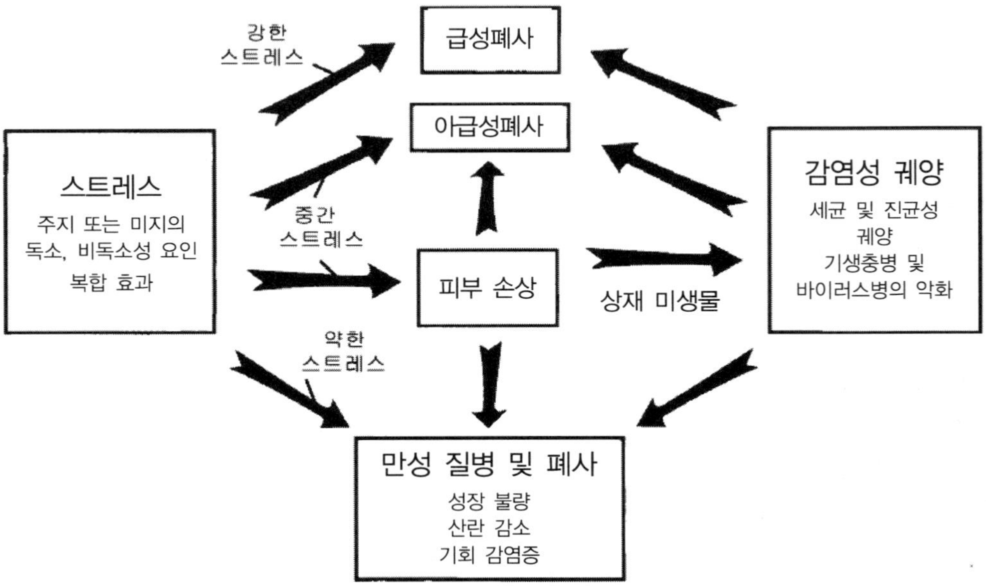

그림 1-17. 피부 궤양을 초래하는 여러 가지 요인.

어류에 가해지는 1차 스트레스원의 대부분은 자연에서 유래하는 것으로 예를 들면 수중에 용존산소가 부족한 소위 '환경성 산소결핍증'(environmental hypoxia)은 수계 생태계의 자연적 변화에 의한 것이다.

표 1-5. 독성물질과 스트레스에 의한 피부의 병리 조직학적 변화

독성물질, 스트레스	어종	노출 시간	병리조직학적 변화
도시하수	차넬메기	12주;N 4hr-24d; N	표피의 괴사
구리	잉어	1-43d	Pavement cell의 괴사 분비 공포의 증가, 백혈구 증가, 페록시다제 활성 및 콜라겐 합성 증가, 흑색색소포 감소
Cd	잉어	1h-21d; NL	Pavement cell의 괴사, 새변 분비 공포의 증가, 표피에 백혈구 증가, 흑색색소포 감소, tumor-like cell.
암모니아	큰민어 (*Nibea japonica*)	24h; NL	점액의 감소, 세포질내의 공포, 상피세포의 표면이 뾰족하게 돌출
Nitrofuran	차넬메기	10h; L	상피세포의 국소적 괴사 및 부식, 경고세포의 위축 및 소실
Nifurpirinol	차넬메기	1-14d; N	상피세포의 국소적 괴사 및 부식에 의한 궤양화, 출혈, 부종 및 근육 괴사
pH 5-6	잉어	3h-24d; N	Pavement cell의 괴사, 새변 세포의 분비 공포 증가, 상피에서의 백혈구, 곤봉세포 및 소금세포의 증가, 콜라겐 합성 증가, 상피조직내로 흑색소포의 확장
pH 10	Brook trout (*Salvelinus fontinalis*)	-7d: NL	주로 각막 상피의 부식되지만 때로 등쪽의 상피 부식, 점액세포가 비대되어 최종적으로 상피에서 탈락
고온	무지개 송어	3h: N	상피의 박리에 의해 상피조직의 두께의 급격한 감소, 괴사 및 예정세포사, 최후에는 증생됨
저온	차넬메기	24h-9d: N	3일째에 표층 점액세포 수의 감소
UV	Brown trout (*Salmo trutta*)	1-5h: N	상피가 기저막까지 박리, 점액세포 소실, "sunburn cell"
Catecholamine 과잉	Bass	N	
Cortisol과잉	무지개송어	3.5h-7d;	Pavement cell의 예정세포사 증가, 점액세포 및 림프구 증가, 흑색색소포의 이동

또 스트레스원 간의 상호작용에 관해서는 잘 밝혀져 있지 않지만, 수중의 DO결핍은 독성물질의 존재 때문일 경우가 있다. 그러므로 스트레스는 한 요인에 부가적인 형태로 영향을 미친다는 사실을 숙지할 필요가 있다. 이 때문에 다양한 스트레스가 동시에 작용하게 되면 개개의 스트레스에 의한 것보다 더 강한 스트레스 반응이 나타나게 된다.

어류의 피부 궤양의 원인과 그 형성과정은 어떤 감염성 인자와 피부에 손상을 초래하는 물리적 요인이 궤양의 원인이 되었다고 이해하고 있다. 그러나 실제로 어류의 궤양은 물리적 손상이 가해지기 전에 발생할 수도 있다. 그러므로 어류의 궤양은 창상 없이도 또는 전염성 병원체가 어체에 침입하기 전에 발생할 수도 있다는 사실을 숙지할 필요가 있다.

15. 어병의 진단 개요

1) 어병의 진단

진단은 정상과 이상을 발견하는 한편, 병증을 정확히 파악하여 질병의 원인을 찾아냄과 동시에 병리과정을 유추하여, 병어의 증상을 현재보다 악화시키지 않기 위한 치료법을 결정하여 적절한 처리를 하고 처치 후의 경과에 따라서 자신이 설정한 "병리가설"을 검증하는 것이다. 진단은 제 1차 진단(예진)과 제 2차진단(최종 진단)으로 크게 나눌 수 있다. 진단의 개요는 아래 그림에 표시했다.

(1) 제 1차 진단

발병현장에서 간단히 방법과 풍부한 경험 및 예리한 관찰력에 의해 질병의 원인을 유추하는 주로 육안적 진단을 제 1차 진단이라 한다. 따라서 제 1차 진단에서는 원인을 분류하고 질병의 악화를 막기 위한 처치법을 결정해서 처치하며 제 2차 진단을 위한 전처리, 정보의 정리. 시료의 보존 등 극히 중요한 의미를 갖고 있다.

(2) 제 2차 진단 (최종 진단)

제1차 진단에서의 정보와 시료를 이용한 보다 과학적이고 객관적으로 검사한 결과를 제 1차 진단할 때 설정한 병리 가설과 대조하는 과정을 제 2차 진단이라 한다.

(3) 제 1차 진단의 기초

① 대상어를 생물로서 이해할 것: 생물 특성, 생리, 생태, 최적 환경 내성한계 등
② 양식장을 충분히 이해할 것: 수온변동, 염분, DO변동, 조류, 풍향 등
③ 양식기술을 완전히 이해할 것: 어류의 체포, 먹이 길들이기, 양성기술, 사료의 양과 질, 전 처리법, 사료 투여법

④ 사육자의 성격을 이해할 것
⑤ 오관 특히 관찰력을 기를 것
⑥ 1가지 증상에 얽매이지 말고 통합적으로 고찰할 것
⑦ 반드시 원인은 존재한다는 것을 염두에 둘 것
⑧ 냉정하면서 객관적인 태도를 가질 것
⑨ 질병은 항상 진행되고 있다는 것을 명심할 것
⑩ 질병의 종류와 기본형을 기억할 것

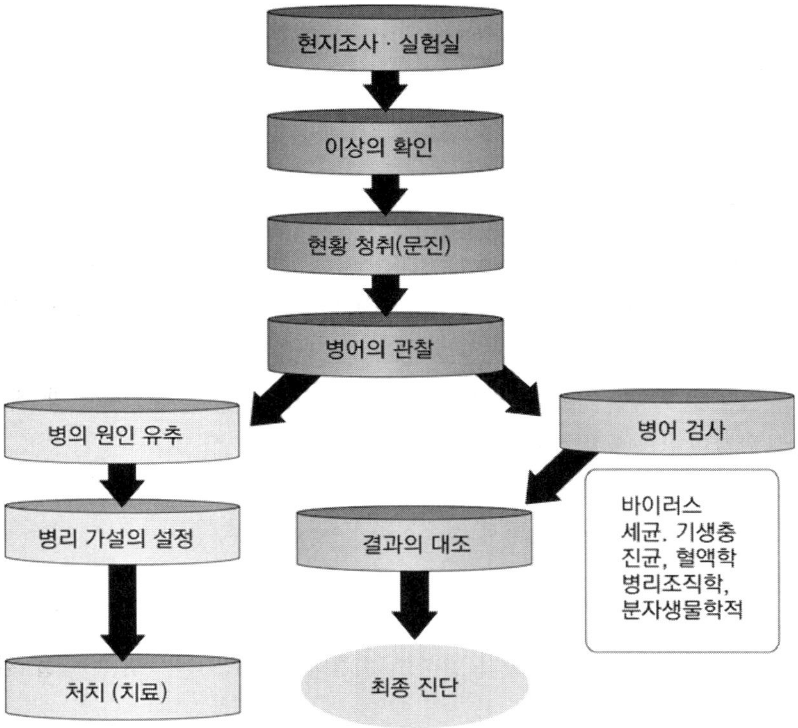

그림 1-18. 어류 질병 진단의 흐름도.

(4) 제 1차 진단의 주의점

① 이상의 발견
② 발병 증상의 확인
③ 발병과 현재의 증상에 도달하기까지의 경과를 재정리

④ 인접 양식장과 비교
⑤ 병어의 관찰(해부)과 증상의 파악
가. 사망어
나. 중증어
다. 경증어
라. 정상어
⑥ 병리 가설의 설정: 질병의 기본형의 선택 원인 유추
⑦ 가설을 검정하기 위한 병리 해부 및 정보의 수집
⑧ 병의 원인과 병리 설의 정리
⑨ 처치법의 검토
⑩ 처치
⑪ 제 2차 진단을 위한 시료보존
⑫ 처치 결과의 기록 및 검토

(5) 병어의 관찰법

① 검사할 어류의 숫자는 이상이 있는 사육지(조)에서 전형적인 증상을 나타내는 병어를 10 마리씩 검사하는 것을 원칙으로 하고 있다.
② 시료로 사용할 어류는 가능한 살아있는 것이 좋지만, 없을 때에는 사망 직후의 것을 빙장해서 운반하여 2-3시간 내에 검사한다.
③ 검사 기구의 소독은 사용 직전에 70%알-콜에 적신 솜으로 잘 닦고, 화염멸균 후 다시 70%알-콜에 적신 솜으로 닦아서 사용한다.
④ 외부 증상의 관찰
어류의 체중 및 체장을 측정한 다음 육안적으로 이상이 있는 부위를 확인하고, 상태를 기록한다. 필요하면 이상 부위를 도말하여 검경하고, 지느러미 및 비늘을 검경한 다음, 아가미를 검경한다.
⑤ 내부증상의 관찰
각 장기를 관찰하여 이상을 기록한다. 특히 주요 장기인 비장 및 신장의 세균검사를 위한 도말 표본의 작성하고, 필요하면 주요 환부와 장기를 병리조직 표본을 위하여 고정 처리한다.
⑥ 검사어의 처리
병원체의 확산을 방지하기 위해 소각하든가 화학소독(차아염소산나트륨, 10-20%)한 다음 매몰한다.

(6) 병리 해부

병리 해부는 해부학과 어류학을 기초로 하여 주로 육안적인 병변을 정확하게 파악하는 것을 그 목적으로 한다. 올바른 해부를 위해서는 어체의 구조와 기능을 충분히 이해할 필요가 있다.

어류는 고등동물에 비해 몸의 구조는 비교적 간단하지만, 수중생활에 알맞도록 발달해 있다. 사인 판정을 위한 병리 해부는 다른 동물과 마찬가지로 개체의 병증을 밝히는 것은 당연하지만, 여기에 거치지 않고 어군 전체의 병리를 밝힐 필요가 있다. 이것은 한 개체의 병리가 어군 전체의 병리가 되지는 않기 때문이다. 따라서 개체의 고유 병리는 버리고, 어군에 공통적인 병리를 찾아내기 위해 노력해야 한다.

또 병리 해부는 "병리 가설"을 가정하기 위해서 행하는 것이므로, 여러 가지 병변, 병증에 관계없이 병리의 줄기와 가지를 구별하여 병리 과정에 일치하는 병변을 규명해야 하며, 올바른 병리 가설을 설정하기 위해서는 생물에 대한 냉철한 태도를 가지는 것은 물론 무엇보다도 예리한 관찰력을 기르도록 노력하여야 한다.

1. 병리 해부의 순서

① 유영상태, 체색, 외부증상
② 체표, 입 주변, 안구, 체색, 점액, 체형, 지느러미 끝, 촉감
③ 마취
④ 안구, 비강, 구강 내부, 아가미뚜껑 내측, 아가미의 색, 체표의 자세한 관찰
⑤ **채혈, 채뇨, 방혈(미부 절단)**
⑥ 개복
⑦ 복강내부 관찰(특히 소화관, 복강 내부, 지방조직, 근육 절단면 관찰)
⑧ 신장 피막, 내장의 배면 관찰
⑨ 직장, 생식도관 관찰, 요관 절단, 위의 분문부 상부 절단
⑩ 간, 담낭, 비장, 소화관의 관찰
⑪ 위 및 소화관의 절개 관찰
⑫ 심장 절개 관찰
⑬ 비장 절개 관찰
⑭ 두부 절개: 흉부 관찰
⑮ 모든 장기를 다시 복강 내로 집어넣는다.
⑯ 기록

2. 실제의 해부 및 병변의 발견

① 체장: 전장, 미체장, 체장
② 체중
③ 체형: 척추만곡, 지느러미 결손, 여윔, 복부 팽만, 체측 요철
④ 체표 점액: 백탁, 박리, 과다
⑤ 체색: 흑화, 탈색(백화), 출혈, 흑점, 농양, 체표-기생충
⑥ 지느러미: 결손, 출혈, 기부출혈, 미병부 농양 기생충
⑦ 입 주변: 출현, 뼈 노출
⑧ 아가미뚜껑: 출혈, 발적
⑨ 안구: 결손, 백탁, 돌출, 수정체 백탁, 출혈, 기포
⑩ 항문: 주변의 발적, 확장, 출혈
⑪ 아가미: 모양과 색(암적색, 담홍색, 복숭아색), 결손, 결절, 기생충
⑫ 구강: 출혈, 기생충 존재 유무
⑬ 간장: 색(갈색, 황색, 회백색, 녹색), 모양, 경도, 탄력, 출혈, 울혈, 결절, 백색 반점
⑭ 담낭: 색(농적색, 녹색, 갈색, 담황색, 무색)
⑮ 소화관(소장, 직장, 유문수): 출혈, 팽만, 투명화, 경도, 탄력, 기생충
⑯ 비장: 색, 크기, 결절, 백점
⑰ 위: 먹이, 경도, 탄력, 출혈, 화농
⑱ 부레: 출혈, 기생충
⑲ 신장: 색, 크기, 경도, 백점, 결절
⑳ 심장: 색, 모양, 기생충, 외막
㉑ 장간막 지방: 색, 경도, 양
㉒ 복벽: 출혈, 기생충
㉓ 복강 내부: 기생충, 복수(색, 양)
㉔ 근육: 출혈, 색, 경도, 기생충, 광택
㉕ 뇌: 출혈, 백점, 기생충
㉖ 비공: 기생충

16. 수산동물 질병의 관리와 통제

세계동물보건기구(The World Organization for Animal Health, WOAH, 2003; 국제수역사무국, 국제동물질병사무국, Office international des pizooties, OIE)는 자국에서 발생하였을 때 세계동물보건기구에 통보하여야할 질병으로 어류는 9개의 질병, 갑각류는 9개, 연체동물은 7개의 질병을 설정하고 있으며, 이러한 질병의 확산을 방지하기 위한 대책을 추진 중이다.

우리나라에서도 수산동물질병예방법에 관리대상 질병으로 어류 질병 10개, 갑각류 질병 6개, 패류 질병 9개를 설정하고 있다. 이것을 WOAH의 관리질병과 비교하면 갑각류의 질병에는 차이가 없다. 그러나 연체동물에서 WOAH에 규정하고 있는 *Perkinsus olseni*가 포함되지 않은 6개의 질병으로 WOAH보다 1개 적은 반면 어류질병에서는 바이러스성질병에 차이가 난다. 즉 어류의 바이러스성 질병 중에서 DNA바이러스질병은 차이가 나지 않지만, RNA바이러스병에서 약간의 차이를 보이고 있다. WOAH의 IHN대신에 같은 랩도바이러스인 IPN이 관리 질병으로 지정되었으며, 여기에 Nodavirus인 VNN이 추가되어, 결론적으로 WOAH보다 1개의 질병이 많은 총 10개의 질병을 관리 대상 질병으로 지정하고 있다.

일본의 방역대상 질병으로는 어류는 KHV, SVC, VHS, EHN의 바이러스병 4종과 리케차병 및 *Yersinia ruckeri* 감염증의 총 6종과 갑각류의 IHHNV, YHV, TSV, *Baculorvirus penaei* (BP) 및 MBV의 5종을 관리대상 질병으로 하고 있다.

표 1-6. OIE 및 수산동물전염병예방법의 관리대상 질병

생물	병원체	OIE(2008)	수산동물전염병예방법(2010)
어 류	Virus	Koi herpesvirus disease(KHV)	Koi herpesvirus disease(KHV)
		Red seabream iridoviral disease(RSIV)	Red seabream iridoviral disease(RSIV)
		Epizootic hematopoietic necrosis(EHN)	Epizootic hematopoietic necrosis(EHN)
		Viral hemorrhagic septicaemia(VHS)	Viral hemorrhagic septicaemia(VHS)
		Infectious haematopoietic necrosis(IHN)	-
		Spring viremia of carp(SVC)	Spring viremia of carp(SVC)
		Infectious salmon anaemia(ISA)	Infectious salmon anaemia(ISA)
		-	Infectious pancreatic necrosis(IPN)
		-	Viral nervous necrosis(VNN
	세 균	-	-
	기 생 충	Gyrodactylus(*Gyrodactylus salaris*)	Gyrodactylus(*Gyrodactylus salaris*)
	진 균	Epizootic ulcerative syndrome(EUS) =진균성육아종증 *Aphanomyces invadans(=A. piscicida)*	Epizootic ulcerative syndrome(EUS) *Aphanomyces invadans(=piscicida)*
갑각류	Virus	White spot disease(WSSVD) (=Penaeid rod-shaped DNA virus(PAV))	White spot disease(WSSVD)
		Infectious hypodermal & hematopoietic necrosis(IHHNV)	Infectious hypodermal & hematopoietic necrosis(IHHNV)
		Taura syndrome(TSV)	Taura syndrome(TSV)
		Yellowhead disease(YHV)	Yellowhead disease(YHV)
		Tetrahedral baculovirosis(*Baculovirus penaei*, BP)	Tetrahedral baculovirosis(*Baculovirus penaei*, BP)
		Sperical baculovirosis(*Penaeus monodon*-type baculovirus, MBV)	Sperical baculovirosis(*Penaeus monodon*-type baculovirus, MBV)
		Infectious myonecrosis(IMN)	Infectious myonecrosis(IMN)
		White tail disease(*Penaeus vannamei* nodavirus, PvNV)	White tail disease(*Penaeus vannamei* nodavirus, PvNV)
	세 균	-	-
	기 생 충	-	-
	진 균	Crayfish plaque(*Aphanomyces astaci*) =*Aphanomyces*감염증	Crayfish plaque(*Aphanomyces astaci*)
연체동물	Virus	Abalone viral mortality	Infection with abalone herpes-like virus
	세 균	-	-
	Rickettsia	*Xenohaliotis californiensis* =Withering syndrome of abalone(전복)	*Xenohaliotis californiensis*
	기 생 충	*Bonamia ostreae*	*Bonamia ostreae*
		Bonamia exitiosa	*Bonamia exitiosa*
		Marteilia refringens	*Marteilia refringens*
		Perkinsus marinus	*Perkinsus marinus*
		Perkinsus olseni	-

제 2 장 Virus성 질병

Ⅰ. 바이러스의 구조

바이러스는 물질대사 능력이 없을 뿐만 아니라 외부의 자극에 대하여 반응하지 못하며 스스로 증식할 수 있는 능력이 없기 때문에 살아 있는 세포내에 감염세포의 물질대사계를 이용하여 증식할 수 있다. 이 때문에 바이러스에 감염된 세포는 손상을 당하여 붕괴되어 괴사되게 되는데, 괴사의 형태는 세포의 종류에 따라 차이가 난다.

바이러스는 진핵생물과 달리 핵 또는 세포질내 소기관이 없는 단순 구조를 하고 있기 때문에 바이러스를 바이러스 입자(virion)이라 부르고 있다. Virion의 모양은 구형, 정20면체(icosahedral), 탄환형 또는 섬유상 등 바이러스의 종류에 따라 매우 다양하다.

모든 바이러스는 증식에 필요한 유전정보를 가진 DNA 또는 RNA를 가지고 있기 때문에, 크게 DNA 바이러스와 RNA바이러스로 구분하고 있다. 유전정보를 가진 DNA 또는 RNA는 단백질성의 외피(protein coat)인 capsomere라는 구성단위로 이루어진 캡시드(capsid)에 싸여 있다. 유전정보물질과 capsid를 합쳐 neucleocapsid라고 한다. 바이러스의 종류에 따라 capsid의 바깥에 1개의 지질층(lipid layer)과 단백질로 구성된 glycoprotein으로 되어 있는 외피(envelope)라는 막층을 가지고 있는 바이러스도 있다. Envelope는 숙주세포의 표면에 부착하여 바이러스가 숙주세포내로 침투하도록 도와주는 역할을 한다. Glycoprotein중에서 지질 성분은 감염된 숙주에서 유래된 것이다.

Ⅱ. 바이러스의 증식

바이러스는 특이성이 있는 세포내에 감염하여 유전물질을 복제하여 증식하는데, 증식과정은 크게 부착, 유전물질의 주입, 유전 물질 방출, 핵산과 단백질의 복제, 조립 및 방출의 단계를 거친다. 바이러스 입자가 숙주세포에 부착하여 capsid와 유전물질을 세포내로 주입한다. 바이러스가 숙주세포내로 침투하는 과정은 세포내이입작용(endocytosis), fusion 및 translocation의 3가지 경로가 알려져 있다. Endocytosis는 식세포 또는 음세포작용과 마찬가지로 세포질내로 바이러스물질을 끌어들이는 방법이다. Fusion은 주로 envelope가 있는 바이러스입자가 숙주세포의 세포막과 결합한 다음 직접 세포질내로 nucleocapsid를 방출하는 방법으로 세포내로 침투한다. Translocation은 envelope가 없는 정20면체바이러스들이 직접 세포막을 통하여 nucleocapsid를 주입하는 방법이다. 이렇게 주입된 바이러스의 정보가 해독되어 자신의 단백질과 핵산이 복제된 다음, 이것을 조립하여 동일한 바이러스입자가 다수 형성되며 숙주세포의 세포막을 통하여 출아방식으로 세포외로 방출되어 새로운 감염원으로 된다.

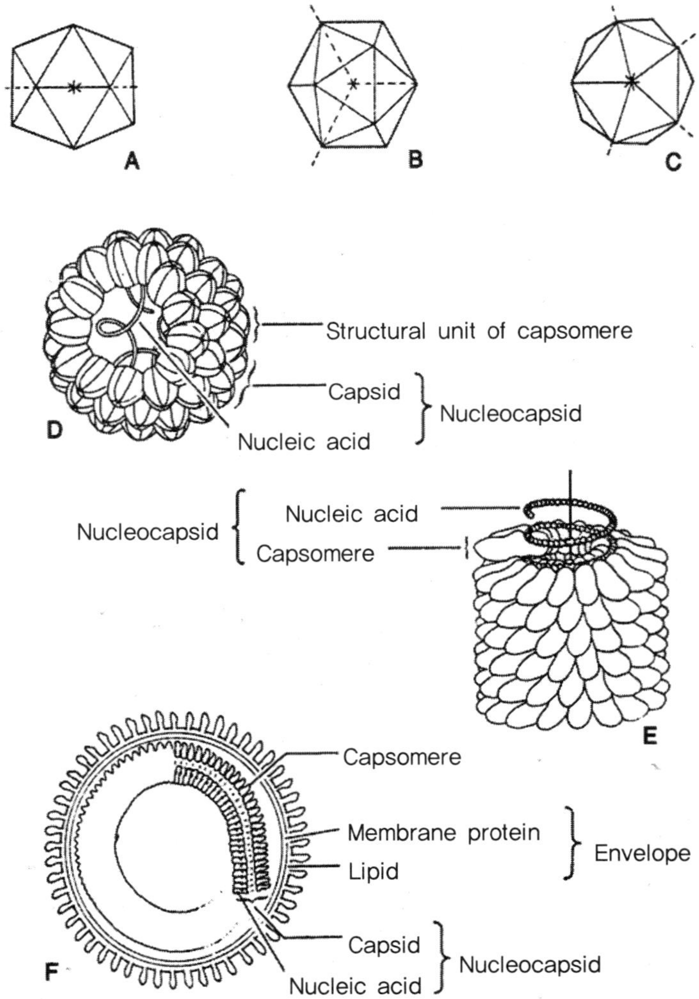

그림 2-1. 바이러스 입자의 대칭성과 바이러스 구조의 모식도.

Ⅲ. 세포 배양과 시료의 접종법

1. 시약

1) 배양액(MEM)

시판배지 MEM 500 ㎖에 혈청 50 ㎖(10%)과 항생물질(Invitrogen- Gibco의 항생물질-항진균제, 100x)을 5 ㎖첨가한다. 또 *Mycoplasma*감염을 예방하기 위해서라면 Plasmocin(Invivogen, 25 mg/㎖, 1 ㎖)의 1/5,000(5 ㎍/㎖)희석액을 MEM 500 ㎖에 0.1 ㎖첨가한다. 세포배양에 사용되는 항생물질의 양은 penicillin은 100 IU/㎖, streptomycin은 100 ㎍/㎖, mycostain은 50 IU/㎖이면 적합하다고 할 수 있다.

분말배지라면 증류수에 녹인 다음에 0.22 ㎛로 여과 멸균한 다음 혈청을 첨가한다. 여과 전에 탄산수소나트륨과 0.16 M Tris(tri-hydroxymethyl aminomethan)-HCl 또는 0.02 M HEPES(N-2- hydroxyethyl-piperazine-N-2-ethanesulfonic acid)로 완충시키고 항생물질을 첨가한다. 멸균 후에는 냉장 보존한다.

2) PBS(-)-EDTA)

시판 세포배양용 PBS(-) 500 ㎖에 0.02%가 되도록 $EDTA_4Na$를 첨가하여 고압증기 멸균한 다음 실온 또는 냉장 보존한다.

3) 세포분산액(0.05% trypsin-EDTA액, 냉장보존)

위의 시판의 세척액과 분산액을 직접 제조할 때는 아래와 같은 방법으로 제조한다.

(1) 0.02% EDTA액

EDTA (ethylendiamine tetraacetic acid) 0.1 g을 CMF-PBS에 녹인 다음, 전량을 500 ㎖로 한다. 100 ㎖씩 스크류 캡 병에 분주하여, 고압 증기 멸균한다.

(2) 디스펜스액 (분산액)

0.02% EDTA액 96 ㎖과 2.5% 트립신액 4 ㎖을 혼합한다.

(3) 2.5% trypsin액

트립신(Difco Trypsin 1:250) 2.5 g을 PBS에 녹인 다음, 전량을 100 ㎖로 한다. 완전히 녹인 다음, 구경 220nm의 필터에 여과 멸균하여, 4 ㎖씩 스크류바이엘에 분주하여 -20℃에 보존한다. 트립신은 잘 녹지 않으므로 유발과 유봉으로 갈아서 적당량의 PBS를 넣고 하루 밤 진탕한다.

(4) CMF-PBS (Ca^{2+}-Mg^{2+} free-phosphate buffer saline)

NaCl 8.0 g, KCl 0.2 g, Na_2HPO_4 ($Na_2HPO_4 \cdot 12H_2O$ 2.9 g) 1.15 g, KH_2PO_4 0.2 g, DW_2 1,000 mℓ를 완전히 용해시킨 다음 고압증기 멸균한다.

2. 배양세포의 계대 배양(25 cm^2배양 용기)

1) 배양하고 있는 세포의 상태 또는 밀도를 현미경으로 확인하여 1개의 배양용기에서 몇 개의 배양플라스크를 만들 것인가 미리 분산배수를 결정한다. 세포의 종류에 따라 다르지만, 대개 3-5배 정도의 분산배수로 계대 배양할 용기를 준비한다.
2) 세포가 손상을 당하지 않도록 배양액을 배양 플라스크에서 피펫으로 빨아들여 버리고 PBS 또는 MEM-10 3-5 mℓ로 단층 배양면을 세척한 다음 세척액을 피펫으로 흡인하여 버린다. 만약, PBS(-)-EDTA액(5 mℓ)을 사용하여 세척할 경우에는 단층 배양면에 직접 EDTA액을 강하게 주입하지 않도록 주의하여야 한다. 단층 배양면에 직접 액을 작용시키면 단층이 박리되기 때문이다. 그러므로 세포가 없는 윗면에 주입한 다음 조심하여 모든 방향으로 배양플라스크를 기울이면서 단층 표면을 씻고난 후, 5-10분간 EDTA(ethylendiamine tetraacetic acid)액을 작용시키면 얼마안가 배양면이 희게 된다.
3) PBS(-)-EDTA액을 버린 다음에 세포 분산액(trypsin-EDTA액)을 플라스크의 윗면에 0.5 ml 주입한 다음 플라스크를 살며시 기울여서 디스펜스액(분산액)을 세포 배양 전면에 확산시킨다. 배양면의 백탁화가 진행되면서 세포가 배양용기 벽에서 박리되어지는 것을 확인한다. 이 때 플라스크의 측면을 손바닥으로 두드려서 배양면을 진동시키면 벽면으로부터 세포가 쉽게 박리된다.
4) 세포가 희게 보이기 시작하면 배양용기의 측면을 가볍게 두드리면 세포가 배양면에서 쉽게 박리되면 trypsin에 의한 화학적 소화는 완료되었다는 것을 의미한다.
5) 배양액을 4.5 mℓ를 첨가하여 trypsin의 반응을 정지시킨 다음, 피펫으로 흡인·분출을 반복하여 물리적으로 세포를 분산시킨다. 분산배수(3-5배)에 맞추어 필요량의 배양액을 첨가하여 세포 부유액을 만든다. 분산배수를 3이라고 하면 분산액이 0.5 mℓ, 배양액 첨가액이 4.5 mℓ임으로 총량이 15 mℓ가 필요하므로 나머지 10 mℓ를 첨가하면 3개의 배양용기의 배양액을 만들 수 있다.
6) 새 배양용기에 세포 부유액을 옮긴다. 25 cm^2은 5-7 mℓ, 75 cm^2는 15-20 mℓ, 96 well plate는 0.1 mℓ, 24 well plate 각 well에 1 mℓ, 12 well plate에는 1.5-2.0 mℓ를 기준으로 옮긴 다음 세포가 플라스크 바닥면에 정착할 때까지 약 1시간정도 정치시킨다.
7) 라벨을 하고, 현미경으로 세포의 분산정도를 확인한 다음 배양기에 배양한다.

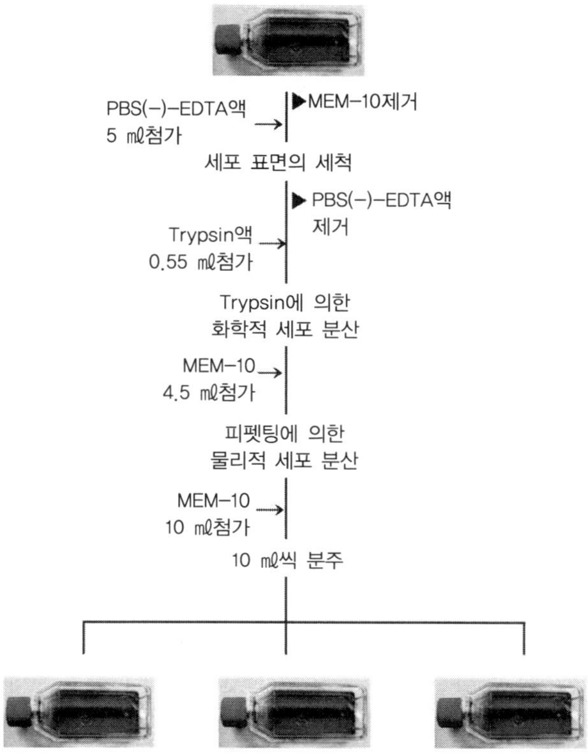

그림 2-2. 배양세포의 계대 배양법의 모식도.

표 2-1. 주요 주화세포의 배양 특성

	주화 세포				
	EPC	CHSE-214	CCO	BF-2	RTG-2
발육 온도(℃)	10-33	4-25	15-35	15-28	4-25
최적 발육온도(℃)	30	20	30	20	20
접종량(cells $x10^4/cm^2$)	30	50	35	20	40
포화 밀도(cells $x10^4/cm^2$)	300	300	300	150	200

3. 세포의 동결 보존

동결 보존제를 섞은 배양액은 글리세린 및 DMSO(특급시약)가 10%(5-15%), 혈청을 5-10%를 포함한 배양액. 또는 배량의 동결보존제가 포함한 배양액을 사용하고, 동결보존액을 포함하지 않은 배양액에 분산시킨 세포현탁액과 동량 혼합하면 이상적이다.

1) 증식기의 배양세포(계대 후 2주간 정도 충분히 자란 세포)를 5개 보존하려고 하면 25 cm^2 배양플라스크 배양세포 5개를 각각 1개의 vial에 옮겨 동결한다.
2) 세포의 계대배양할 때와 마찬가지로 세포의 부유액을 만든 다음 원심관에 옮겨 1,200rpm에 3분간 또는 1,000rpm에 5분간 원심한다.
3) 상청액을 제거하고 만들고자 하는 보존 vial 1개당 1 ㎖를 기준으로 동결보존배지를 첨가하여 피펫팅하여 세포를 부유시킨다.
4) Vial에 1 ㎖씩 분주하여 4℃에 미리 냉장시켜 놓은 biocell에 넣어 그대로 -80℃에 동결보존한다. Biocell대신에 종이 타올을 사용할 경우 실온에서 vial을 종이타올로 4겹으로 감싼 다음 비닐봉지에 넣어 -80℃동결 보존한다.
5) 약 1주일 후에 냉장보존이 성공적인가 확인하기 위하여 vial 1개를 꺼내어 세포를 배양하여 본다. 꺼낸 vial은 물에 담궈 때때로 흔들어 주면서 녹인다. 심하게 흔들어서는 안 된다. 동결이 용해된 vial은 크린벤치내로 옮긴다.
6) Vial내의 배양액을 원심관에 모두 옮기고, 배양액(혈청 첨가된 것) 9 ㎖를 첨가하여 흡인·분출을 반복하여 혼합한다.
7) 실온에서 1,200rpm에 3분간 또는 1,000rpm에 5분간 원심한 다음 상청액을 버리고, 배양액 5-7 ㎖를 첨가하여 흡인 분출로 세포의 부유액을 만든다. 25 cm^2배양 플라스크에 세포 부유액을 옮긴 다음 도립현미경으로 관찰하여 대부분의 세포가 광택이 있는 구형임을 확인한다.
8) 배양온도에 배양한 다음 익일에 대부분의 세포가 바닥에 부착하여 신장되어 있는 것을 확인한다. 부착하지 않고 대부분이 부유 상태라면 동결보존이 잘못된 것이므로 보존과정을 다시 해야 한다.
   동결보존이 성공적이라면 -80℃에 1-2년 이상 보존 가능하다. 그러나 때때로 보존 vial을 꺼내어 증식시킨 다음 재차 동결 보존하는 것이 좋다. 대개의 생존율은 약 70%정도이다.

4. 병어로부터 접종 시료의 제조

병어 개체마다 공통적이면서 전형적인 환부를 가능한 한 빨리 채취한다. 만약에 빨리 채취하는 것이 불가능할 경우에는 시료중의 바이러스 감염력을 유지하기 위해 가능한 빨리 시료를 -20℃ 또는 그 이하의 온도에서 동결 보존한다. 모든 시료의 처리는 반드시 얼음위에서 처리하여야만 한다.

어체가 클 경우에는 목적으로 하는 병어의 어류조직 또는 환부를 적당한 크기로 잘라서 시료로 하며 또 어체가 너무 작아 해부가 불가능할 경우에는 어류 전체를 시료로 한다. 빈사상태의 어류에 환부가 형성된 경우에는 보통 바이러스가 많이 존재하고 있기 때문에 환부의 유무에 주의를 기울어야 한다.

조직 에 들어 있는 바이러스를 뽑아내기 위해서는 시료를 갈아야만 한다. 이때 멸균유발에 시료 약 2 g을 넣고, 소량의 멸균 규사(실리콘)와 8 ㎖의 MEM을 가해서 멸균 유봉으로 분쇄한다. 이 작업 중에 열이 발생하기 때문에 위에서 말한 것과 같이 얼음위에서 갈아야만 한다.

조직의 분쇄액을 원심관의 2/3 정도까지 파스츄렐라 피펫을 이용해서 옮긴다, 이 때 원심관의 입구나 바깥 또는 실험실 탁자 위에 분쇄액을 흘리지 않도록 주의해야한다. 그 다음 원심관에 마개를 하든가 또는 파라필름으로 덮은 다음 4℃에서 15분간 3,000rpm 원심 분리한다.

원심분리 후 상층의 중간부분에서 피펫으로 0.2 ㎖보다 약간 많게 채취하여 스크류바이얼에 옮긴 다음에 마개를 해서 무균실 또는 클린벤치, 클린룸, 무균상자에 넣는다. 채취 후 남은 상청액은 바이러스 접종액의 조정이 완료될 때까지 원심관에 들어있는 채로 냉장 보존해 둔다. 따라서 분쇄액의 상층을 스크류 vial에 옮길 때까지의 작업은 격리된 실험실에서 행해도 별 지장은 없다.

Screw vial에 담아서 무균실에 옮긴 screw vial의 시료의 상청액은 0.22 ㎛ embrane filter를 사용하여 그 속에 들어있는 세균을 없애거나, 항생물질법에 의한 정균작업을 한다.

1) 여과법에 의한 제균(살균)

새 스크류바이얼에 MEM을 1.8 ㎖을 넣고 시료 0.2 ㎖를 메스피펫에 옮긴다. 이렇게 하므로서 시료는 50배로 희석되어진다. 주사기로 50배로 희석액한 분쇄액에 2 ㎖중 1.8 ㎖을 빨아 올린 다음 주사기 바늘을 제거하고, 0.45 ㎛ membrane filter의 윗부분에 있는 구멍에 주사기를 연결한 다음 주사기의 피스톤 부분을 천천히 눌러서 여과를 한다. 이 단계에서 시료는 직경 0.45 ㎛ 필터에 의해 세균 등의 미생물이 제거 되어 무균상태로 된다. 멸균 후 시료는 -80℃에 보존한다(급속 동결보존). 이렇게 무균 처리한 시료가 바이러스의 분리에 필요한 감수성 세포에 접종할 접종액이 된다. 사용한 membrane filter는 멸균이 정상적으로 되었는가를 확인하기 위하여 주사기의 피스톤 부분을 눌렀을 때 필터의 출구(아래쪽) 끝부분에서 공기 방울이 나오면서 주사기의 피스톤 부분이 자동적으로 뒤돌아오는 감이 있으면 정상이다.

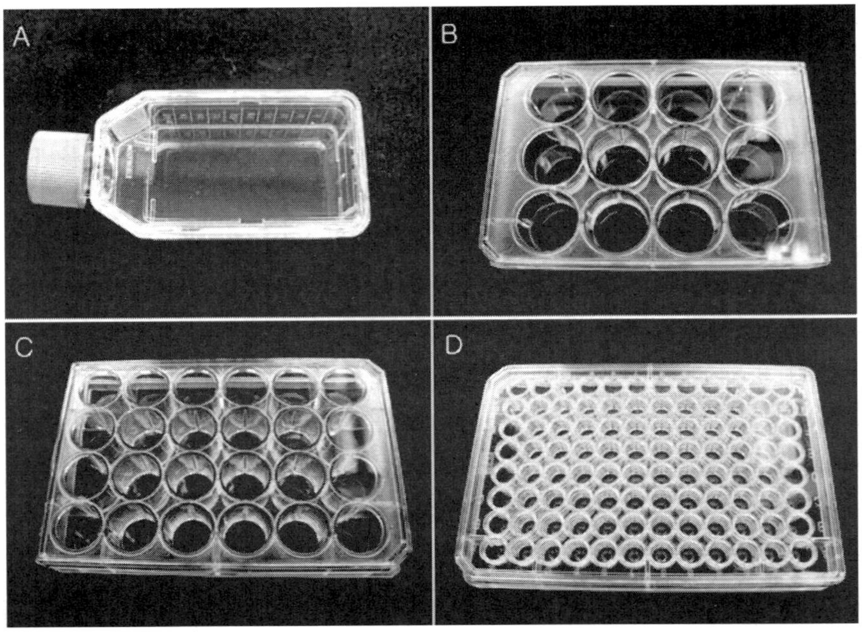

그림 2-3. 세포 배양 용기. A: 25 cm^2 플라스크. B: 12 well plate. C: 24 well plate. D: 96 well plate.

표 3-2. 세포 배양용기별 배양액의 양과 시료 접종용량

세포배양용기의 종류	배양액의 양	접종량(조직 1/100희석액)
165 ㎜배양튜브	1.0-1.5 ㎖	0.1-0.2 ㎖
96well plate	0.1 ㎖	0.05 ㎖
24well plate	1.0 ㎖	0.1-0.2 ㎖
12well plate	1.5-2.0 ㎖	0.2-0.4 ㎖
25㎠ 플라스크	5.0 ㎖	0.5-1.0 ㎖
75㎠ 플라스크	20 ㎖	1.0-2.0 ㎖

주화세포 종류에 따라서는 어류 조직 유래의 독성물질에 감수성이 높은 것도 있기 때문에 접종량을 줄일 필요가 있다. 또 RTG-2와 BB세포 등은 독성물질에 감수성이 높기 때문에 한 단계 더 10배 희석한 시료도 접종하는 것이 좋다.

어류의 난황은 특히 독성물질을 많이 함유하고 있기 때문에 연어과 어류의 난의 경우에는 난황을 제거하고 나서 분쇄액을 만들어야 한다. 또 어류 조직 분쇄액은 일반적으로 비중과 점성이

높고, 접종 후 배양용기 밑 부분에 깔리는 경향으로 접종 후 배양액을 잘 혼합하여야 한다. 한편 친어 배란액의 경우에는 독성이 낮고 바이러스량도 적은 것이 보통임으로 배양액으로 1/2-1/5에 희석하여 접종한다.

2) 배양세포에 바이러스 검사 시료 접종

(1) 잉어의 SVC는 EPC에 배양할 때 접종 전날 또는 6시간 전에 24 well plate에 각각 EPC 세포 부유액 1 ㎖를 분주하여 배양하여 둔다. 바이러스에 검사할 배양세포는 48시간을 경과한 것은 사용하지 않아야 한다. 세포의 계대배양법과 마찬가지로 화학적 분산을 시킨 다음 세포 부유액을 만들어 20 ㎕를 혈구계산판에 넣고 세포수를 계수하여 $5x10^5$ cells/㎖로 조정한다. 준비하는 well은 고농도와 저농도의 조직분쇄액과 음성 대조군이 필요하므로 시료의 숫자x2+1개의 well(음성 대조군)이 필요하게 된다. 세포의 분산은 계대배양법과 같지만, 사용하는 배지는 배지에 2%혈청과 항생물질을 첨가한 배지를 사용하여 접종한다.

(2) 해부하여 체신을 채취한다. 검사할 시료가 많을 경우에는 5마리를 pool하고, 해부가 불가능한 소형 어류일 때는 어체 전체 또는 근육부분을 제외한 어체의 앞부분만을 시료로 한다. 시료의 무게를 저울로 mg까지 측정한다.

(3) 얼음위에서 homogenizer에 시료를 넣고 10배량의 2%혈청·항생물질 첨가 MEM을 첨가한다. 조직이 250 mg이라면 배양액 2.5 ㎖를 첨가하여 homogenize한다. 조직 분쇄액의 중앙부분에서 피펫으로 약 1 ㎖를 채취하여 1.5 ㎖ 에펜돌프 시험관에 옮겨서 냉각원심분리기로 5,000rpm에 5분간 원심한다.

(4) 상청액만을 새로운 에펜돌프 시험관에 옮긴 다음 20℃ 2시간 (15℃, 2-4시간) 또는 냉장고에 하루 밤 배양한다. 배양 중에 때때로 흔들어서 항생물질에 의한 제균이 되도록 하거나 0.22 ㎛ membrane filter로 여과하여 -80℃에 보관한다.

(5) 시료 1개당 2 well에 조직의 최종농도가 1/200 과 1/1,000이 되도록 well에 접종한다. 즉 2개의 well에 각각 50 ㎕와 10 ㎕를 접종하여 고농도의 접종액과 저농도의 접종액으로 한다.

(6) 접종 후 20℃에 배양하면서 매일 도립현미경으로 CPE의 형성을 관찰한다.

(7) 7일간 관찰하여도 CPE가 나타나지 않으면, 고농도 접종액 well과 저농도 접종액 well에서 각각 50 ㎕를 채취하여 합친 100 ㎕를 전날 미리 24 well plate에 접종한 EPC배양세포가 자라고 있는 well에 접종하여 맹계대 배양한다. 맹계대 배양 well은 매일 CPE의 형성을 현미경으로 관찰하여 CPE가 나타나지 않으면 바이러스 음성으로 판정한다.

Ⅳ. 세포변성 효과

Cytopathic effect 또는 cytopathogenic effect(CPE)라 한다. 조직 배양중인 숙주세포 내에 바이러스가 증식하는 동안 숙주세포 내에서는 생화학적 및 형태학적 변화가 일어나게 되는데, 이중 숙주세포 내에 생기는 형태학적인 변화를 말한다. CPE의 정도는 바이러스의 종류, 숙주세포의 종류, multiplicity of infection(MOI) 등 여러 요인에 따라 변화의 형태와 정도가 다르기 때문에 바이러스를 동정하는 중요한 기준이 된다.

CPE는 배양세포가 완전히 붕괴되거나 또는 부분적 또는 국소적으로 붕괴되는 경우, 배양세포가 종대되어 덩어리를 형성하거나 공포가 생기거나 합포체(syncytium)가 형성되는 등의 형태로 나타나며 때로는 봉입체가 형성되기도 한다.

CPE 중 가장 심한 것은 Enterovirus처럼 단층배양 중인 주화세포가 48시간이내에 핵농축을 일으키면서 수축되어 구형화되면서 괴사되어 배양용기에서 떨어지게 된다. Togavirus, Piconavirus 또는 Paramyxovirus 등은 모든 배양세포가 죽어서 배양용기에서 탈락하는 것이 아니라 일부는 남아 있는 변화가 생긴다.

배양세포의 국소적 변화는 Herpesvirus 또는 Poxvirus의 특징적인 변화로 바이러스가 감염된 세포가 국소적으로 박리되는 변화이다. 이러한 변화는 바이러스가 배양액을 통하여 인접세포로 감염되었다기 보다는 감염세포에서 인접세포로 바이러스가 전파되어 생기는 변화라고 할 수 있다. 감염세포는 종대되어 원형으로 되면서 굴광성이 증가하게 되고, 최종적으로 주변에 감염에 진행 중인 원형의 세포로 이루어진 테두리를 남기고 배양용기에서 박리되게 된다.

Adenovirus의 특징적인 CPE는 배양세포가 박리되기 전에 종대되어 서로 뭉쳐서 포도송이(grape-like cluster)와 같은 형태를 하고 있다. Retrovirus, Paramyxovirus의 경우에는 세포질에 거품 모양의 공포가 형성되는 변화가 생기지만 염색하지 않은 경우에는 관찰할 수 없기 때문에 보통은 Giemsa염색하면 쉽게 발견할 수 있다.

4개 또는 그 이상의 세포의 세포막이 서로 합쳐져서 내부에 4개 또는 그 이상의 핵을 가진 거대세포가 형성되는 것으로 Paramyxovirus나 Herpesvirus감염의 경우에 관찰된다. 그러나 세포가 서로 붙어서 cluster를 이루고 있는 것과는 구분할 필요가 있어 세포막의 존재를 자세히 관찰할 필요가 있으며, 염색하면 더욱 분명히 구분할 수 있다.

세포 변성을 일으킨 세포를 염색하면 호산성 또는 호염기성의 핵내 또는 세포질내 봉입체를 관찰할 수 있다. 봉입체는 바이러스의 종류에 따라 1-여러 개, 대형 또는 소형, 원형 또는 불규칙한 모양의 봉입체가 형성된다.

봉입체가 형성된 감염세포는 거의 대부분이 핵질 농축되어 핵막의 바깥 부분으로 이동하였기 때문에 핵막의 테두리 부분은 진하게 염색되는 반면, 핵의 중심부는 거의 염색되지 않아 밝게 보이는 핵막 과염상을 나타낸다.

봉입체가 존재하는 부위는 바이러스성 단백질 또는 핵산이 합성되는 부분이거나 바이러스 입자가 조립되는 부위이지만 때로는 바이러스가 존재하지 않는 부위에도 형성되기도 한다.

Ⅴ. MOI와 $TCID_{50}$

1) MOI

MOI(multiplicity of infection)는 감염세포 내에 들어 있는 병원체의 비율을 의미하는 것으로 쉽게 말하자면, 세포 하나당 감염되어 있는 virus가 하나 일 때 MOI=1이다.

예를 들면 배양한 주화세포 10,000세포에 바이러스를 접종하였을 때 바이러스가 10,000개 감염되었다면 MOI=1이며, 1,000개 감염되었다면 MOI=0.1, 100,000개 감염되었다면 MOI=10이 된다. 그러나 배양한 모든 주화세포 접종한 바이러스가 감염되는 것은 아니며, 주화세포에 1개의 바이러스가 감염되는 경우도 있고 그 이상 감염되는 경우도 있다.

2) $TCID_{50}$법(50% 감염종말점법, median tissue culture infective dose)

검사할 바이러스액을 혈청을 2%정도 함유하고, HEPES 등으로 pH를 완충한 배양액인 바이러스 희석액으로 검사할 바이러스액을 10단계 희석한다. 10단계 희석한 바이러스액을 검사할 바이러스에 감수성이 높은 주화세포를 배양한 96well 마이크로플레이트의 각 well에 0.05 ㎖ 또는 0.1 ㎖를 접종한 다음 각 well당 나타나는 CPE를 관찰한다.

CPE의 결과를 아래 식에 각 수치를 대입하여 계산한다.(Behrens-Karber법)

$$= D + (h1+h2+\cdot\cdot) d + 0.5 \times d$$

여기에서 D=모든 well이 CPE양성인 희석배율의 상용 대수

h1, h2··= 전 well이 양성인 다음 각 희석액의 CPE양성율 = (CPE양성 well수/접종 well수)

d = 시료의 희석단계의 희석배율의 상용대수(10배에 대해서는 1)

$$=5 + (3/4 + 2/4) \times 1 + 0.5 \times 1$$

$$=5 + 5/4 + 0.5 = 5.5 + 1.25 =6.75 = 6.8$$

여기에서 얻은 값은 각 well에 접종한 접종액 중의 바이러스 감염가($TCID_{50}$)를 의미한다. 따라서 1 ㎖당으로 환산하기 위해서는 각 well당 접종액량이 0.05 ㎖의 경우에는 20배(대수치에는

약 1.3을 가산), 0.1 ㎖의 경우에는 10배(대수치에는 1.0을 가산)로 한다.

그 밖에는 Reed-Muench법이 있으나 실질적으로는 거의 차이가 생기지 않는다.

희석도	CPE		적산(누적) CPE		누적 양성율(%)
	음성	양성	음성	양성	
10^{-5}	0	4	0	9	100
10^{-6}	1	3	1	5	83 (5/6)
10^{-7}	2	2	3	2	40 (2/5)
10^{-8}	0	0	3	0	0

이 표에서 50% 감염률은 10^{-6}과 10^{-7}사이에 있다. 그러므로 50%를 계산하기 위해서는 2희석 배수간의 비례거리(proportionate distance)를 계산하기 위해서는

$$\frac{\text{50\%보다 높은 양성 감염률 } -50\%}{\text{50\%보다 높은 양성 감염률}-\text{50\%보다 낮은 양성 감염률}} = \frac{83\%-50\%}{83\%-40\%}$$

$$= \frac{33}{43} = 0.767 = 0.8$$

Log $TCID_{50}$=(50%이상 양성율을 나타낸 희석배수의 Log값)+(비례거리 x 희석배수의 Log값)임으로, 희석배수 10^{-1}의 Log값은 −1임으로

(−6) + (0.7 x −1)= − 6.8=Log $TCID_{50}$ 로 표시된다. 그러므로 $TCID_{50}$은 $10^{-6.8}$이 되므로 50%세포변성을 나타내는 바이러스의 역가는 $10^{-6.8}TCID_{50}$/㎖로 표시한다. 만약 접종균액이 0.1 ㎖일 때의 결과라면 $10^{-6.8}TCID_{50}$/0.1 ㎖임으로 $10^{-7.8}TCID_{50}$/㎖로 된다. 그러므로 아래 식을 이용하면 간단하게 계산해 낼 수 있다.

$$10^{-6-(83-50)/(83-40)} = 10^{-6-(33/44)}$$

$$=10^{-6.76}=10^{-6.8}$$

표시: $10^{6.8}$ $TCID_{50}$/㎖

표 2-3. 어류 유래의 주요한 주화세포

세포 명	어종과 유래 기관	세포의 종류
RTG-2(rainbow trout gonad)	무지개송어(*Oncorynchus mykiss*),난소	섬유아세포
FHM(fathead minnow)	Fathead minnow (*Pimephalus promelas*), 미병부	상피세포
BB(brown bullhead)	Brown bullhead(*Ictalurus neblosus*),	섬유아세포
CCO(channel catfish ovary)	Channel catfish, 난소	섬유아세포
BF-2 (blue gill fry)	Blue gill(*Lepomis marcrochirus*), 미병부	섬유아세포
LBF-1(largemouth bass fin)	Largemouth bass (*Micropterus salmoides*), 미병부	섬유아세포
CHSE-214 (chinook salmon embryo) CHSE-114 (chinook salmon embryo)	*Oncorynchus tschawytscha,* 발안난	섬유아세포
SSE-30(sockeye salmon embryo)	*Oncorynchus nerka,* 발안난	섬유아세포
STE-137(steelhead trout embryo)	*Salmo gairdneri,* 발안난	섬유아세포
AS(Atlantic salmon)	대서양연어(*Salmo salar*), 내장	섬유아세포
EPC(*Epithelioma papilosum cyprini*)	잉어(*Cyprinus carpio*), 폭스병	상피세포
GF-1(grunt fin)	Grunt(*Haemulon sciurus*), 지느러미	상피세포
SJU-1(St John's university)	금붕어(*Carassiur auratus*)	체세포
SWT(sword tail)	Swordtail(*Xiphophorus helleri*), 난	상피세포
Omaka	Omaka(*Caranx mate*), 치어	섬유아세포
KF-1(koi fin)	Koi fin	상피세포
CCB(common carp brain)	Common carp brain	섬유아세포

표 2-4. 어류의 주요 바이러스병의 분류

핵산	바이러스군	바이러스명	병 명	감염 어류
DNA	Herpesvirus *Alloherpesvirus	CCV	차넬메기 바이러스병 (Channel catfish viral disease, CCVD)	차넬메기
		OMV	산천어 허피스바이러스병 (*Oncorhynchus masou* Virus Disease, OMV)	강송어, 무지개송어,
		Carp Pox virus (CyHV-1)	잉어 폭스병(Pox disease of carp)=잉어 허피스바이러스성 유두종(Herpesviral papilloma of carp, CHV)	잉어, 금붕어, 잉어과
		KHV(CyHV-3)	잉어 허피스바이러스병 (Koi herpesvirus disease)	잉어, 이스라엘잉어
		HVHNV (CyHV-2)	금붕어 허피스바이러스성 조혈기괴사병(Herpesviral hematopoietic necrosis, HVHN)	금붕어
		FHV	바이러스성 상피증생증(Viral epidermal hyperplasia)	넙치 치어
		AngHV-1(HVA)	뱀장어 허피스바이러스병 (Anguillid herpesvirus, AngHV-1; *Herpesvirus anguillae*, HVA)	뱀장어
	Iridovirus	VENV	적혈구괴사증 (Viral erythrocytic necrosis virus, VENV=PEN)	해산어
		LCDV	림포시스티스병(Lymphocystis disease, LD)	해산어, 담수어
		RSIV	참돔 이리도바이러스병 (Red seabream iridoviral disease)	참돔, 방어, 농어
		EHN	유행성 조혈기괴사증 (Epizootic hematopoietic necrosis, EHN)	송어류, 개구리
		ISKN	전염성 비장신장괴사병(Infectious spleen & kidney necrosis disease)	관상어, 담수어, 해산어
	불명	VECNEV	뱀장어 혈관내피괴사증(Viral endothelial necrosis of eel, VECNE)	뱀장어
		TSUV	복어 구백증(*Takifugu rubripes* snout ulcer disease)	복어

핵산	바이러스군	바이러스명	병명	감염 어류
RNA	Rhabdovirus (Novirhabdovirus)	VHSV	바이러스성 출혈성 패혈증 (Viral hemorrhagic septicemia, VHS)	무지개송어, 넙치
		IHNV	전염성 조혈기 괴사증 (Infectious hematopoietic necrosis, IHN)	무지개송어, 은연어
		SVCV	잉어 봄 바이러스병 (Spring viremia of carp, SVC)	잉어
			뱀장어 랩도바이러스성 피부염 (Rhabdoviral dermatitis in eel)	뱀장어
		PFRV	Pike치어 랩도바이러스병 (Pike fry Rhabdovirus disease, PFRD)	Pike
		HRV(=HIRRV)	넙치 랩도바이러스병 (Hirame Rhabdovirus infection)	넙치
	Myxovirus	EV-1, EV-2	유럽산 뱀장어 바이러스혈증 (Viremia of the European eel)	유럽산 뱀장어
		Blue gill virus	부루길바이러스병	브루길
	Birnavirus (Aquabirnavirus)	IPNV	전염성 췌장괴사증 (Infectious pancreatic necrosis, IPN)	연어송어류
		YTAV	방어의 바이러스성 복수증 (Yellowtail viral ascites, YTV)	방어
		YAV	바이러스성 췌간괴사증 (Viral pancreatico-hepatic necrosis)	방어, 넙치
		PCNV	뱀장어 새변 벽주세포괴사병 (Gill lamellar pillar cell necrosis of eel)	뱀장어
	Nodavirus	VNNV	바이러스성 신경괴사증 (Viral nervous necrosis, VNN)	돌돔, 전갱어
	Togavirus	EIBS	적혈구봉입체 증후군 (Erythrocytic inclusion body syndrome, EIBS)	연어, 송어류
	Alphavirus	SPDV	췌장병(Pancreas disease, PD)	해산 연어·송어류
	Orthomyxovirus (Isavirus)	ISAV	연어 전염성 빈혈증 (Infectious salmon snemia, ISA)	해산 연어류
	Reovirus	CSV	연어 레오바이러스병(Cum salmon reovirus disease)	연어류
	Retrovirus	SLV	형질세포성 백혈병 (Plasmacytoid leukaemia, PL)	해산 연어·송어류
		VWDV	바이러스성 선회병(Viral whirling disease, VWD)	은연어, 무지개송어, 은어

1. DNA바이러스

1) Herpesvirus

Herpesvirus는 포유류, 조류, 파충류, 양서류 및 어류에 감염되는데, 어류와 양서류에 감염되는 Herpesvirus는 포유류, 조류 및 파충류에 감염되는 Herpesvirus 및 이매패류에 감염되는 Herpesvirus와는 차이가 난다. 그러므로 현재는 Herpesvirus를 포유류 등에 감염되는 Herpesvirus, 어류 및 양서류에 감염되는 Alloherpesvirirus 및 이매패류에 감염되는 Malacoherpesvirus로 재분류하였다. 또한 Alloherpesvirus는 2개의 계통군(clade)로 다시 세분되는데, 첫 번째 계통군은 뱀장어 및 잉어류에 감염되는 것으로 Herpesvirus중에서 가장 긴 genome (245–295 kb)을 가지고 있다. 2번째 계통군은 차넬메기, 송어류, 양서류 등에 감염되는 것으로 DNA genome(134–235 kb)이 작다.

우리나라 또는 일본에서 발병되는 허피스바이러스병은 연어과에 감염되는 *Salmonid herpesvirus* 2(SalHV–2), 뱀장어의 *Anguillid herpesvirus* 1(AngHV–1), 잉어에 감염되는 *Cyprinid herpesvirus* 1(CyHV–1), *Cyprinid herpesvirus* 2(CyHV–2) 및 KHV *Cyprinid herpesvirus*(CyHV–3)와 넙치에 감염되는 FHV(*Flounder herpesvirus*)가 있다.

표 2–5. 어류의 주요 허피스바이러스 감염증

바이러스명	병 명	감염 어종
Channel catfish herpesvirus (IcHV–1)	CCVD	차넬메기
Salmonid herpesvirus 1 (SalHV–1)	연어과 허피스바이러스병	무지개송어
Salmonid herpesvirus 2 (SalHV–2)	연어과 허피스바이러스병	연어 · 송어류
Cyprinid herpesvirus 1 (CyHV–1)	바이러스성 유두종증	잉어
Cyprinid herpesvirus 2 (CyHV–2)	허피스바이러스성 조혈기괴사증	금붕어
Cyprinid herpesvirus 3 (CyHV–3) (koi herpesvirus, KHV, CGNV)	잉어 허피스바이러스병	잉어
Anguillid herpesvirus (AngHV–1)	허피스바이러스성 새변괴사증	뱀장어
Flounder herpesvirus (FHV)	바이러스성 상피증생증	넙치

이 중 잉어류에 감염되는 것은 발견된 순서대로 CyHV–1, 2, 3의 명칭을 부여하였는데, 가장 문제시 되는 질병이 KHV이다. KHV와 유사한 잉어의 허피스바이러스병이 이스라엘 등지에서 발견되어 증상을 기준으로 잉어 신염 · 아가미괴사바이러스(carp nephritis and gill necrosis virus, CGNV)라는 불리어졌지만, 현재는 KHV와 동일한 바이러스임이 밝혀졌다.

KHV는 잉어과 어류에 발생하는 CyHV-1과 CyHV-2와는 유전자적으로 상동성이 높은데 특히 CyHV-1과는 항원적으로 교차반응이 일어난다. 그러나 KHV는 잉어의 치어보다 성어에 높은 병원성을 나타내며 병리 조직학적으로는 아가미의 상피세포의 증생과 괴사가 현저하지만, CyHV-1은 잉어 자어에만 치사적인 종양원성을 지니고 있다. 반면에 CyHV-2는 금붕어의 조혈기괴사증의 원인 바이러스로 잉어에게는 치사성이 없는 등, 3종의 바이러스는 숙주, 병리상, 배양 가능한 주화세포 및 세포 변성의 효과 등에서 차이가 난다.

(1) 바이러스성 상피증생증

넙치 고유의 질병으로 종묘 생산장에서 빈발하는 질병으로 부화 후 10-25일 령(길이 7-10 ㎜)에 한정적으로 발생하고 있다. 질병의 진행은 매우 빨라 발병 1-3주내(18-20℃) 전멸하는 경향이다. 또 여러 번 종묘 생산하는 종묘 생산장에서는 한번 이 질병이 발병하면 종묘생산을 되풀이 하여도 역시 발병하는 경향이 강하다.

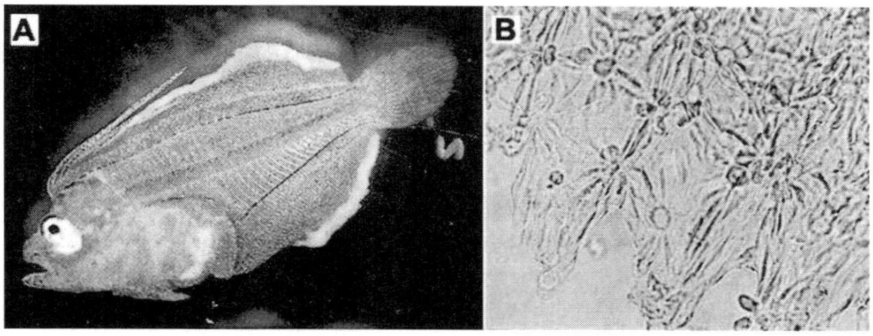

그림 2-4. 증생된 상피는 백탁되어 보이며(A), 무염색으로 관찰한 다수의 구형세포(B).

원인 바이러스는 FHV(flounder herpesvirus, DNA)로 감염세포인 상피세포의 핵과 세포질내의 바이러스 입자가 관찰된다. 그러나 핵내 바이러스 입자는 envelope가 없지만, 세포질 내 바이러스 입자는 envelope(직경 190-230 ㎚)를 가지고 있다. 현재까지 원인바이러스의 분리 배양은 성공하지 못하였지만, 원인 바이러스는 ether, pH 3, 50℃에 30분 처리하면 감염력 상실하게 된다.

병어를 육안적으로 관찰하면 지느러미와 체표의 백탁이 특징적이며, 이 부분을 절취하여 무염색 상태에서 현미경으로 관찰하면 다수의 구형세포가 관찰된다. 또 병리 조직학적으로는 상피세포의 증생을 특징으로 하지만, 상피세포의 이외의 조직에는 거의 변화 없는 것도 또한 특징적이다.

폐사 원인은 상피세포의 이상 증식에 의해 산소 섭취가 방해를 받게 되므로 용존산소가 높은 사육조건에서 사육하는 고산소 사육이 폐사를 줄이는 가장 유효한 방법이다. 또한 체표에는 삼투압을 조절하는 세포가 존재하는데, 병어는 삼투압 조절세포의 기능이 저하되기 때문에 사육수의 염분 농도를 체액의 삼투압에 가까운 저염분(1/2 또는 1/4희석 해수)으로 사육하므로 대량폐사를 방지할 수 있다.

또 자어가 변태하기 전에 인위적으로 갑상선 호르몬으로 처리하여 변태를 유도한 경우 감염은 성립되지 않는 것도 넙치를 조기에 성장시킴으로서 상피증생증을 예방할 수 있는 방법이라고 할 수 있다.

(2) 연어과 어류 허피스바이러스병(Salmonid herpesvirus, OMV)

연어과 어류의 치어에서 성어까지 모두 발병하여 간염과 체표 궤양을 일으키고, 살아남은 어류는 입주변의 종양인 기저세포 상피종이 형성된다.

원인 바이러스인 *Salmonid herpesvirus*는 직경 220-240 nm의 envelope가 있는 정 20면체 herpesvirus이다. 증식온도는 10-15℃로 매우 낮으며, 감염세포는 다핵거대세포(합포체)가 형성되는 CPE가 나타난다. 연어과 어류 유래의 주화세포이외는 증식 불가능하다.

병리 조직학적으로 체표에 궤양이 형성되는 경우에는 간장의 괴사가 현저하며, 주둥이에 종양이 형성되는 경우에는 폐사가 없이 생존하게 된다.

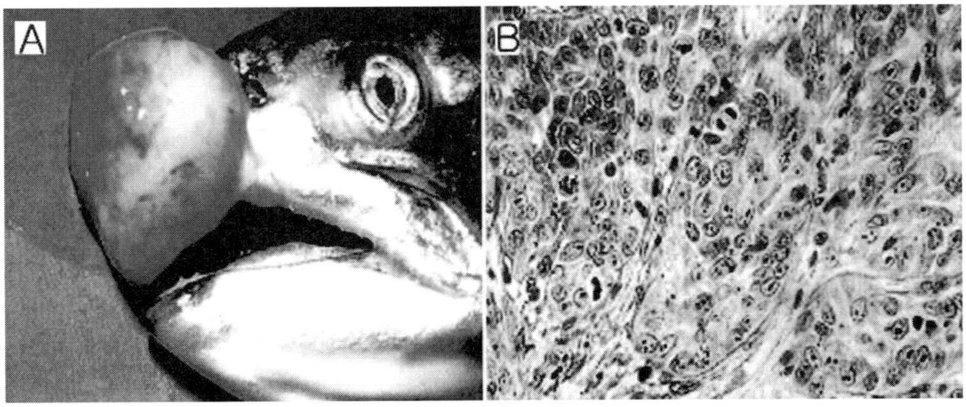

그림 2-5. A: 주둥이 상피성 유두종을 가진 OMV 병어. B: 유두종의 종단면. 엷은 결합조직으로 지탱되고 있는 증식성 상피세포. HE.

(3) 잉어의 Pox병(상피종)

표피의 상피세포의 증식에 의해 감염 잉어의 두부, 꼬리, 지느러미에 양초의 촛물이 떨어진 모양처럼 유백색 융기 환부(두께 1-2 ㎜)가 생기며, 때로는 지느러미의 기조를 따라 융기부가 형성된다. 또한 비단잉어와 금붕어에서는 피부 외에 지느러미에도 융기부의 발생이 현저하다.

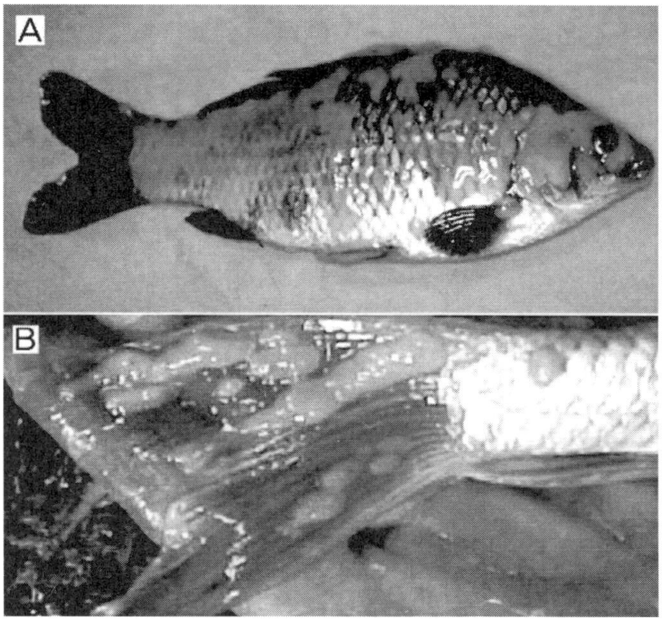

그림 2-6. Pox병 감염 붕어(A)와 잉어(B)의 체표 및 지느러미 위에 wax 모양의 유백색 편평 융기 환부.

원인바이러스는 *Herpesvirus cyprini* (cyprinid herpesvirus I: CyHV-1)로서 잉어 치어에 인위감염 시키면 간염이 발생하며 2주후의 사망률은 85%정도이다. 감염 후 살아남은 개체는 종양이 관찰되며 종양의 발병율은 55-60%이다.

병리조직학적으로 증생된 상피세포의 내부로 결합조직이 함입하는 유두종의 형태로 증생된 상피세포내에 색소세포가 없기 때문에 백색으로 보이고, 기저막층이 소실되며 점액세포의 수가 현저하게 감소되어 있다.

(4) 잉어 Herpesvirus병(KHV, Koi herpesvirus, CGNV)

수온 18-30℃의 범위에서 발병하며, 주 발생수온은 22-24℃이며, 발병기간 동안 수온이 이

범위를 벗어나 낮아지거나 높아지면 사망률은 줄어든다. 병의 진행은 매우 빨라 발병이 확인된 후 24-48시간 내에 폐사가 발생하며 10일 동안의 누적 폐사율은 80%이상이다.

병어는 아가미에 출혈이 생기며 부분적으로 희게 변색된 부분이 형성되는데, 이 부분은 점액이 과도하게 분비되어 아가미의 조직이 괴사된 부분이다. 또 거의 대부분의 병어에서는 안구의 함몰이 관찰되며 피부에도 희게 퇴색된 부분이 형성되기도 한다. 사망 직전의 병어는 무기력하며, 평형감각이 상실되고, 아가미나 피부에 퇴색된 부분이 있다. 지느러미의 기부가 충혈된 경우도 있는데, 피부에는 충혈이나 궤양이 형성되지 않는다. 이것이 잉어 봄바이러스병(SVC)과의 차이점이기도 하다.

아가미의 일부를 잘라서 현미경으로 검경하면 대개 *Ichtyobodo* sp, *Trichodina* sp. 등이 기생충이 혼합 감염되어 있는 것을 쉽게 발견할 수 있기 때문에 이러한 병으로 판단하기 쉬우므로 아가미 상피세포의 증생과 새변의 유착이 심한 경우에는 바이러스 검사가 필요하다.

병어는 때로 약간의 자극에도 쉽게 놀라는 신경질적인 반응을 보이는데 이는 아가미에 점액이 과도하게 분비되어 심한 호흡곤란을 일으키기 때문이다. 병어의 아가미를 잘라내어 현미경하에서 검경하면 많은 세균과 기생충이 발견되기 때문에 이러한 병으로 판단하기 쉽지만 반드시 바이러스의 검사를 할 필요가 있다.

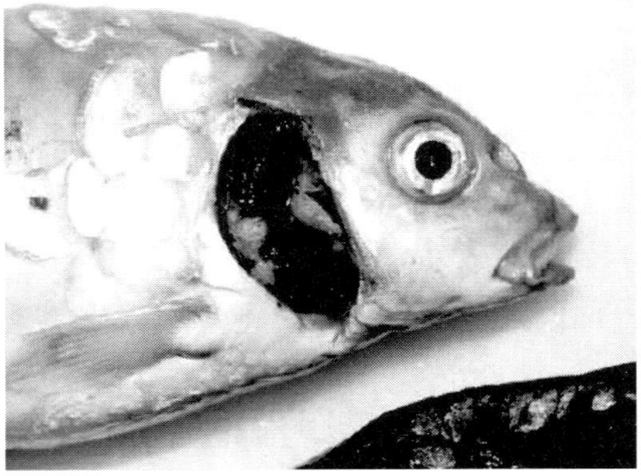

그림 2-7. KHV에 감염되어 부분적 퇴색과 괴사가 특징적인 잉어의 아가미.

이스라엘잉어도 수온 22-23℃의 범위에서 잉어와 마찬가지로 무기력해지지만 사망 직전에는 평형감각을 완전히 상실하기 때문에 신경질적으로 튀어 오르기도 한다. 체표의 점액이 다량으로 분비되거나 또는 점액분비가 불충분하기 때문에 체표에 반상 또는 넓게 퇴색되어 있는 부분이 있다. 아가미는 여러 군데에 크고 작은 붉은 반점이 보이는 경우도 있지만, 전체적으로 어두운 색조 또는 빈혈상을 나타내면서 아가미가 괴사되어 희게 보인다. 이러한 아가미의 괴사는 새궁에서 끝부분으로 가늘게 길게 생기는 경우와 새변의 끝부분만 괴사되는 경우도 있는데, 일반적으로 아가미의 끝부분의 괴사가 많이 관찰된다. 모든 병어가 그런 것은 아니지만 지느러미 기부 특히 꼬리지느러미의 기부 출혈이 생기는 경향이며, 출혈이 심한 경우에는 미병부의 앞쪽 체측근에 궤양이 형성되기도 한다. 내부 장기는 심하게 유착되어 있다. 대개의 경우 *Ichthyobodo*나 *Trichodina* 등의 원충류나 *Flavobacterium columnare*가 2차적으로 혼합 감염되어 있다.

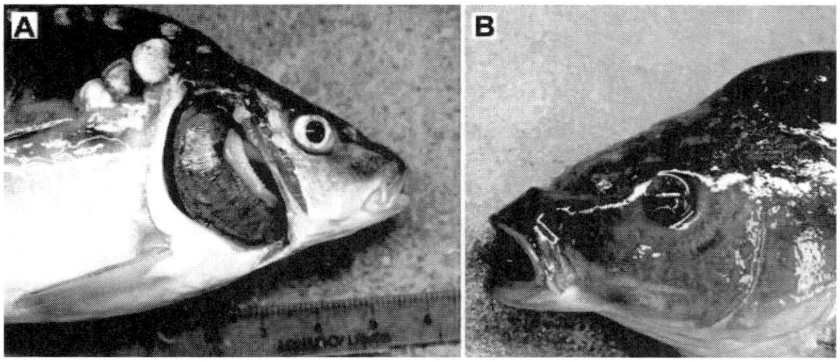

그림 2-8. KHV에 감염된 이스라엘잉어의 아가미로 빈혈을 일으키고 있으며, 아가미의 끝부분이 괴사되어 희게 변색되어 있다. 이러한 아가미의 괴사는 주로 1-2번째 아가미가 심하며, 아가미의 등쪽이 심한 경향이다(A). 두부는 점액분비의 과잉으로 희게 보이지만, 다른 외부 증상은 발견할 수 없다(B).

원인바이러스는 Herpesvirus로 성장적온은 18-27℃이고, 감염어에 폐사가 발생하는 수온은 22-27℃범위이지만 30℃를 넘게 되면 폐사는 급격히 감소한다. 18-27℃의 수온이 오랫동안 지속되면 될수록 발병의 가능성이 높아지며 폐사량도 증가한다. 감염을 차단하기 위해서는 발병이 확인되지 않은 곳에서 종묘를 구입하는 것이 이상적이지만 현실적으로 불가능하므로 일단 구입한 종묘를 18-27℃의 온도에서 14일 정도 사육하여 발병의 유무를 확인하는 것도 피해를 줄일 수 있는 좋은 방책이라 할 수 있다. 또한 이 바이러스는 어류의 생체 방어능력을 저하시켜 2차적으로 세균이나 기생충의 감염을 방어할 수 있는 능력이 현저히 저하되므로 항상 2차감염이 수반되는 것이 특징이라 할 수 있다. 원인 바이러스는 KF-1와 CCB에서만이 발육하고 FHM과 같은 주화세포에서는 발육하지 않는다.

병변은 주로 아가미, 표피, 신장, 비장, 간장 및 소화관에서 발견되는데 특히 아가미의 상피세포의 변화가 현저하다. 상피세포는 증생 또는 비대, 2차새변의 유착이 공통적으로 관찰되면서 산재성 또는 소상괴사가 일어난다. 또 아가미 상피세포는 종대되어 핵막과염상을 띄는 핵과 엷은 적색의 핵내 봉입체가 관찰되기도 한다. 다른 조직에서의 현저한 변화는 적은데 산재성의 소상괴사가 관찰되며, 아가미 상피세포와 마찬가지의 핵비대와 핵막과염상, 또는 핵내 봉입체가 관찰된다. 이러한 증상은 기생충이나 세균의 2차감염에 의한 변화도 포함하고 있기 때문에 이것만으로 단정하는 것은 곤란하다.

표 3-6. 잉어의 KHV, SVC 및 CHV의 비교

구 분	잉어의 바이러스 병		
	KHV	SVC	CHV
명칭 및 약어	Koi virus, Carp nephritis & gill necrosis virus (CNGV), Cyprinid herpesvirus-3 (CyHV-3) KHV	Infectious dropsy of carp =Spring viremia of carp SVC, SVCV	Cyprind herpesvirus-1, Koi pox, Carp herpesvirus, Herpesviral epidermal proliferation in carp (HEPC), Herpesvirus septicemia in carp (HSC) CHV, CHV-1, CyHV-1
원 인 바이러스	Herpesvirus(DNA virus)	Rhabdovirus (RNA virus) *Rhabdovirus carpio*	Herpesvirus (DNA virus) *Herpesvirus cyprini*
감염어종	잉어 류	잉어류, 금붕어	잉어 류
감염수온	18-27℃	5-18℃	20℃이하의 저온
감염경로	접촉, 변, 물, 저질	친어, 변, 물, 저질	접촉
감염연령	성어보다는 치어에 잘 감염		
행 동	무기력, 물표면 가까이 유영, 호흡곤란, 무리에서 이탈	무기력, 수조바닥에 정체 행동 이상	없음
외부증상	아가미 괴사, 눈 함몰, 세균과 기생충의 2차 감염이 보통이며 이경우 다양해 짐	패혈증, 안구돌출, 피부에 점상출혈, 복부팽만, 항문에서 피가 함유된 점액변	피부에 사마귀 같은 융기 돌출 환부 형성
내부증상	특징적은 것은 없지만 매우 다양	복수, 내장기관의 부종, 소화관의 카타르성 염증	없음
CPE	KF (Koi fin)-1, CCB	FHM, KF-1	FHM
치 료 법	수온 32℃사육		수온 20℃ 7일
예 방	32℃ 5일-23℃ 3일을 3반복 시행 후 방양	수온 20℃이상 상승	수온 25℃이상 상승 피부 병소 감소
소 독	염소 200 ppm 1시간 사염화암모늄 500ppm 1시간	염소 500ppm 1시간, pH 4이하 또는 10이상 유지, 60℃에 15분간 가열	염소 200ppm 1시간, 사염화암모늄 500ppm 1시간

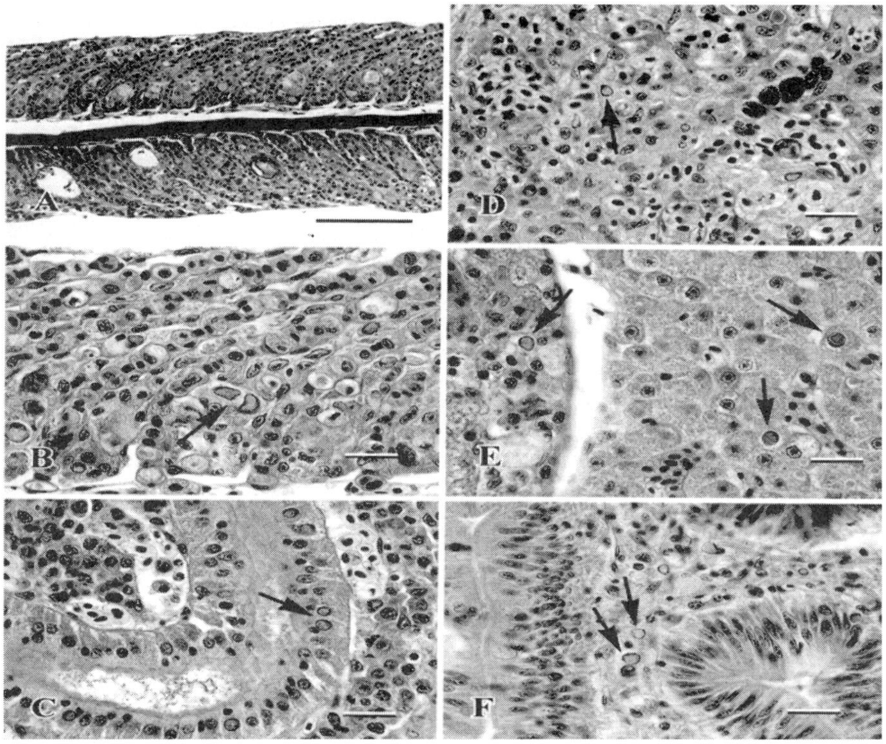

그림 2-9. KHV에 인위감염시킨 후 12시간 후에 폐사한 잉어의 병리조직상. (A)2차새변의 유착과 아가미 상피세포의 괴사, (B) 핵 비대와 핵막 과염상을 나타내는 상피세포(화살표), (C)세뇨관 상피세포의 핵으로 핵막 과염상을 나타냄(화살표), (D) 비장의 stroma cell의 핵의 변화(화살표), (E)췌장의 외분비부와 인접의 간세포도 비슷한 핵의 변화를 보임(화살표), (F) 장의 점막하조직 세포의 핵의 변화(화살표). HE 염색. Bar는 A는 100 ㎛이고, 나머지는 모두 25 ㎛임.

(5) 뱀장어의 허피스바이러스성 새변괴사증(herpesviral gill filament necrosis in eel)

수온이 25℃이상인 경우 연중 발생하며, 노지 양식인 경우 5-6월과 10월-11월에 발생한다. 원인 바이러스는 *Anguillid herpesvirus*-1(AngHV-1)로 병어는 식욕이 감퇴되며, 가슴지느러미, 아가미 뚜껑 및 복부의 피부에 출혈이 생긴다. 아가미는 중심정맥이 충혈되며, 새변에 맥류가 형성되거나 새변의 끝부분이 괴사되며, 새변에 괴사가 현저하기 때문에 허피스바이러스성 새변 괴사증이라 한다.

내장기관인 간의 울혈과 신장이 종대된다. 자연발생어의 가장 현저한 증상은 새변 결합조직의 섬유세포의 핵농축과 핵 융해를 동반한 괴사이다. 이러한 괴사소에는 약간의 출혈을 동반되며, 마크로파아지, 림프구 및 호중구 등의 염증세포가 침윤한다. 혈관의 내피세포도 제한적인 괴사상을 나타낸다. 또 현저한 변화는 아니지만 새변은 혈행 정지와 지주세포가 괴사되기도 한다.

가슴지느러미의 결합조직이 괴사되어 괴사소에는 출혈과 염증세포의 침윤이 동반된다. 간세포는 항상 혼탁종창을 일으키거나 위축되고, 세뇨관의 상피세포도 혼탁종창을 일으킨다. 또 비장의 적수에는 적혈구의 현저한 감소가 생기며, 유동은 혈액이 없이 빈 상태로 되어 종창된다.

침지법으로 인위 감염시키면 최초로 발견되는 증상은 등쪽의 피부와 목 부분의 출혈이며, 점차 아가미 뚜껑, 복부 체벽에 출혈이 생기고 이어서 두부 피부, 아랫 턱, 아가미 뚜껑 및 가슴 지느러미에 출혈이 생긴다. 질병이 진행됨에 따라 등쪽 피부의 출혈은 점차 꼬리 부분으로 확대되어 간다.

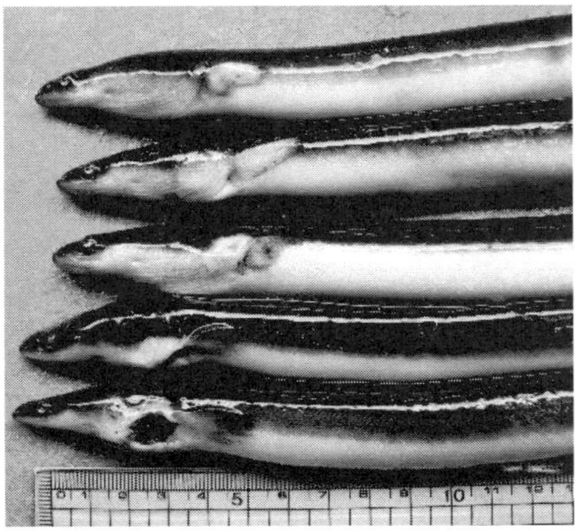

그림 2-10. 뱀장어의 허피스바이러스성 새변괴사증.

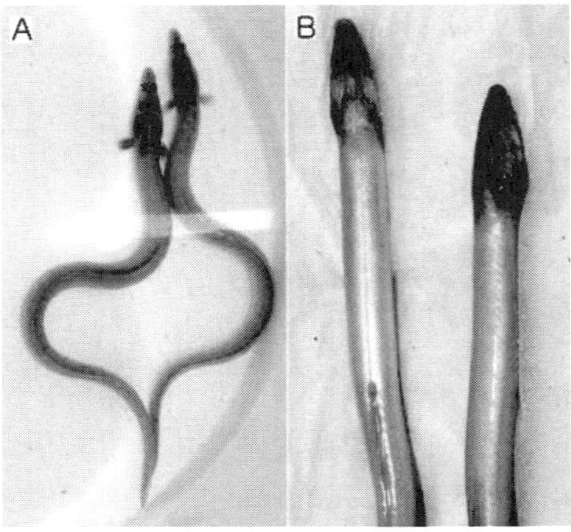

그림 2-11. 침지에 의한 인위 감염. A: 아가미 뚜껑과 가슴 지느러미의 출혈. B: 아랫 턱, 복부 및 뒷지느러미의 출혈

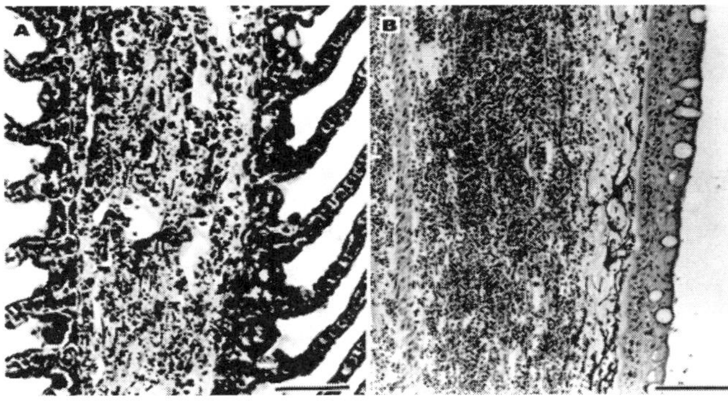

그림 2-12. 아가미와 가슴지느러미의 병리조직상. A: 새변의 가운데 결합조직의 섬유세포의 핵농축 및 핵융해를 동반한 괴사와 괴사소내의 염증세포의 침윤과 출혈. Bar=50 ㎛. B: 가슴지느러미의 결합조직의 출혈과 괴사. Bar=100 ㎛.

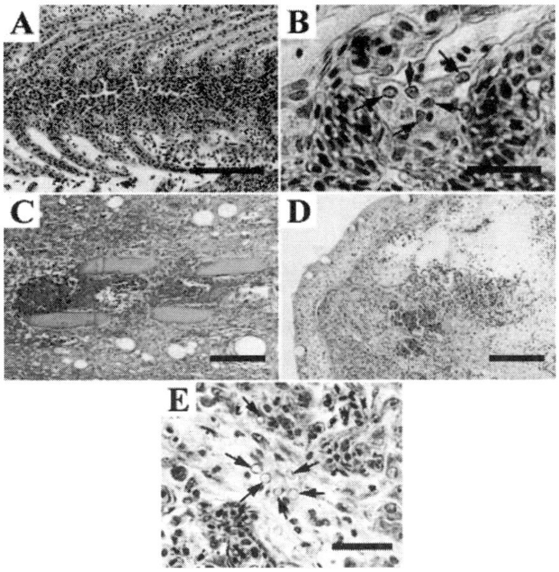

그림 2-13. 병어의 새변, 아가미 뚜껑 및 가슴지느러미의 조직학적 변화. A: 인접 2차 새변과 유착 및 상피세포의 증생. B: 핵 융해와 핵막과염상을 보이는 아가미 기저부의 상피세포. C: 가슴지느러미 결합조직의 출혈 및 괴사. D: 심한 괴사 및 출혈을 동반한 아가미 뚜껑 결합조직. E: 핵막과염상을 보이는 아가미 뚜껑 상피세포. HE, Bar=100 ㎛ (A), 20 ㎛(B), 200 ㎛(C & D) 및 50 ㎛(E).

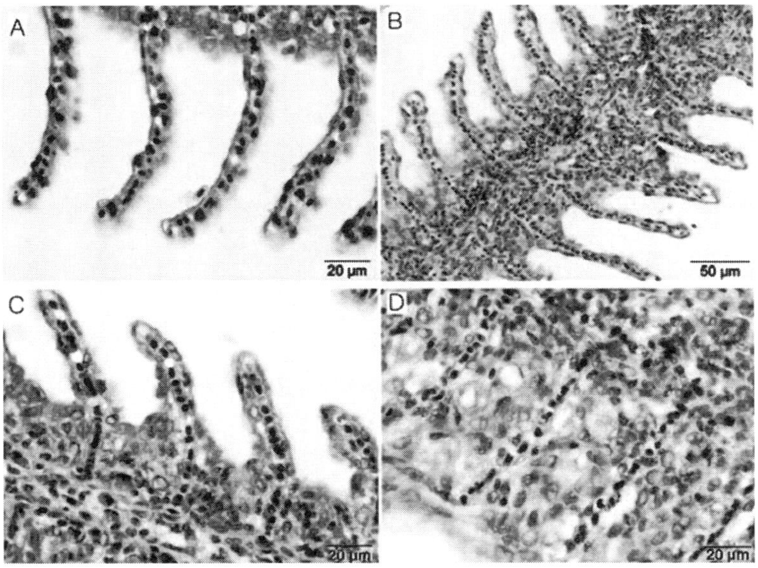

그림 2-14. 인위감염어의 병리상. A: 정상 아가미. B: 2차 새변의 증생. C & D: 2차 새변의 현저한 증생.

(6) 금붕어의 herpesviral hematopoietic necrosis (HVHN)

잉어류의 Herpesvirus에는 3종류 즉 *cyprinid herpesvirus*(CyHV-1), CyHV-2 및 CyHV-3이다. CyHV-1는 폭스병(carp pox)의 원인 바이러스로 상피세포의 증생을 유발하며, 2년생 이하의 잉어에 폐사를 유발한다. CyHV-3는 KHV(koi herpesvirus)의 원인 바이러스이며, CyHV-2는 금붕어의 herpesvirus병인 "herpesviral hematopoietic necrosis(HVHN)"의 원인 바이러스로 봄철에 모든 연령의 금붕어에 발생하여 폐사를 유발하지만, 외부증상이 현저하지 않기 때문에 진단이 까다로운 질병이다.

발병은 봄과 늦은 가을의 수온이 15-25℃사이에 발생하며, 봄철에 발병하면 수온이 25℃이상이 될 때까지 지속하다가 자연 종식되었다가 가을에 수온이 다시 20℃이하로 떨어지면 발병하여 겨울철 내내 지속된다. 발병할 때 수온을 27℃이상으로 상승시키거나, 10℃이하로 유지하면 폐사는 종식된다. 식염을 첨가하면 폐사의 감소 효과가 있을 때도 있고 없을 때도 있다.

병어는 무기력하게 수조의 바닥에 정지하여, 심한 빈혈로 대부분의 새변이 괴사되고 복부팽만, 안구돌출이 생기기도 한다. 해부하면 신장과 간은 퇴색되고, 소화관 내부에는 먹이가 없이 비어 있다. 모든 병어는 신장 표면에 백색의 과립상의 결절성 환부를 동반한 비장의 종대(splenomegaly)가 생기며, 때로는 부레에 점상의 출혈이 있다. 또 다른 증상은 호흡이 빨라지며, 평형감각의 상실 및 폐사 직전에 꼬리지느러미에 반상의 피하출혈(ecchymosis)이 생긴다.

또 종묘생산과정에 발생하는 경우에는 체장 2 ㎝이내(부화 후 20-25일령)에서는 식욕부진으로 무기력해지며 체색이 노란색으로 변한다.

병리 조직학적으로 가장 병변이 심한 곳은 아가미의 상피세포, 두신과 체신의 조혈조직으로, 핵 농축 및 핵 붕괴를 동반하여 응고괴사된다. 괴사소의 주변에 있는 세포는 핵 비대상을 나타내는데, 핵의 중심부가 엷은 호염기성-호산성을 나타내면서 크로마틴이 주변부로 이동하여 핵막과염상을 나타낸다. 신장의 세뇨관과 사구체에도 경미한 괴사가 관찰된다.

비장은 비수와 협동맥의 광범위하게 괴사되며, 때로는 괴사소에 출혈이 동반되기도 한다. 아가미는 2차 새변은 괴사되어 상피세포가 박리되면서 유착되며, 단구와 과립구가 침윤하기도 한다. 소화관의 점막고유층과 점막하조직에 염증세포의 침윤을 동반한 괴사가 생기지만 일관된 병리상은 아니며 조혈조직처럼 핵막과염상과 핵 비대를 나타내는 경우도 있다. 췌장의 외분비부 및 내분비부가 염증세포의 침윤을 동반한 괴사로 붕괴된다.

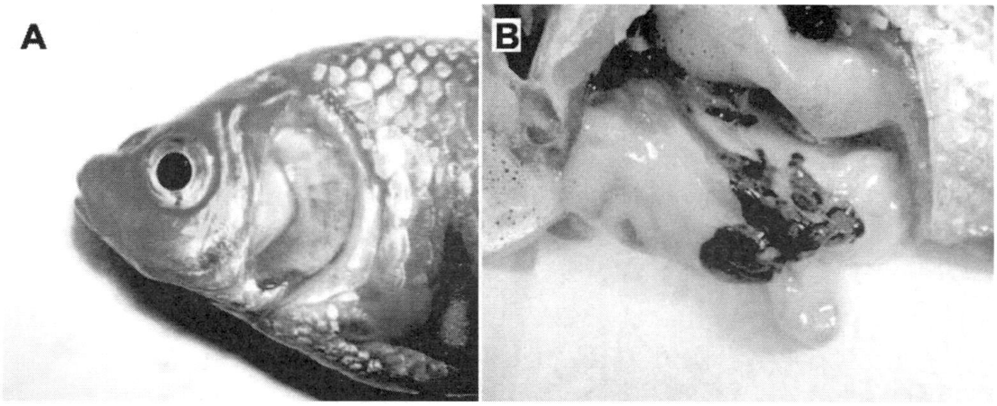

그림 2-15. A: 아가미의 괴사로 인한 백색의 반점. B: 신장의 표면에 백색의 과립상의 결절을 가진 신장의 종대.

간세포는 정상이지만, 유동에 혈류의 정체가 관찰되기도 하며, 근육, 심장 및 뇌에는 병변이 없다.

치어인 경우 두신의 조혈조직에 마크로파아지의 침윤을 동반한 괴사소가 형성되며, 괴사소 내의 감염세포의 핵은 핵막과염상을 띄면서 핵비대를 일으킨다. 두신과 비슷한 괴사소가 심근, 점막 고유층, 췌장 외분비부 및 표피와 진피에서도 발견되며, 신장의 세뇨관 상피는 혼탁종창을 일으킨다.

아가미의 2차 새변 상피의 증생으로 인한 새변의 유착이 일어나며, 감염된 상피세포는 염색질이 확대로 세포질에 비해 핵이 큰 핵비대와 비대핵의 염색질의 핵막 이동으로 인한 핵막과염이 일어난다. 핵은 미세한 균질성의 무형 또는 호염기성의 물질로 되어 있으며, 때로는 핵내 물질이 굴광성을 나타내기도 한다. 아가미에는 상피세포의 비대와 증생에 의한 변성과 응고괴사가 생기며, 림프구의 침윤이 동반되기도 한다.

HVHN의 발병은 수온과 밀접한 관계가 있어, 금붕어의 사육수온 범위에서 거의 폐사는 없지만, 판매나 수송을 위해 수온을 저하시키거나 스트레스를 가하면 발병한다. 치어나 친어 모두 상당한 양의 바이러스를 보균하고 있어도 발병하지 않지만, 수온의 급격한 저하가 발병으로 이어진다. 그러므로 발병이 의심스러운 경우에는 아가미와 조혈조직의 조직표본을 만들거나, 아가미의 괴사와 조혈조직의 괴사 및 핵 비대 및 핵막과염상의 병리상 또는 PCR반응으로 확인할 수 있다.

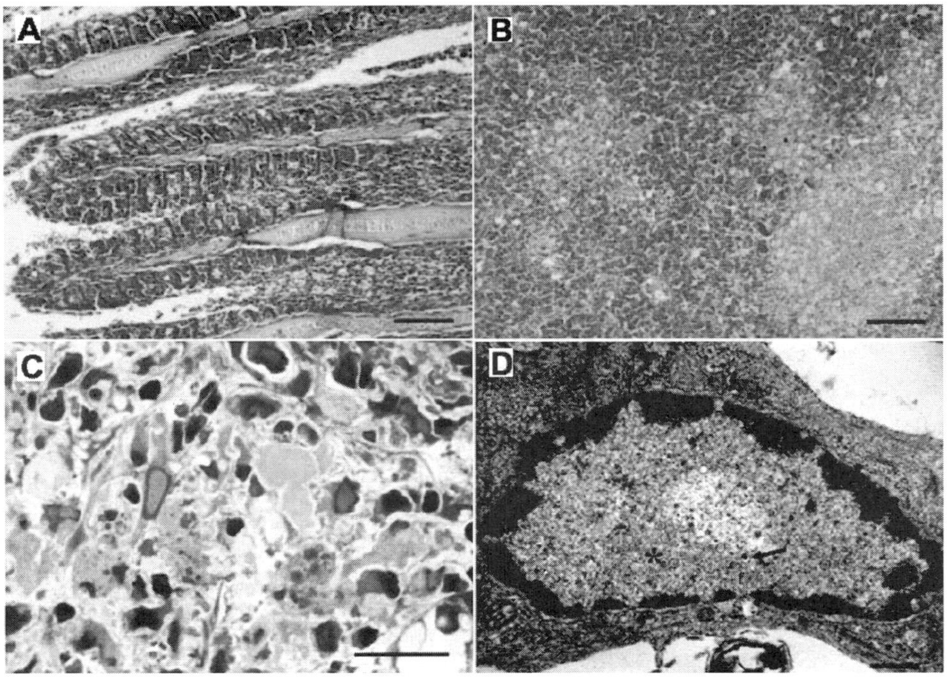

그림 2-16. A: 괴사와 상피 세포의 박리를 동반한 2차 새변의 유착. B: 비장의 2군데의 괴사소. 좌측의 소형 괴사소에는 림프구가 침윤해 있지만, 우측의 대형 괴사소는 거의 완전히 괴사되어 염색성이 옅어짐. C: Semi-thin resin section. 괴사세포와 괴사세포의 잔해. CyHV-2가 감염된 핵은 비대 및 핵막과염상을 띄고, 내부에 엷게 염색되는 봉입체가 존재. Tolidine blue, Bar=20 ㎛. D: 핵막과염상(짧은 화살표)과 내부의 종대된 핵. 핵 내의 바이러스 입자. 비리온은 중심부의 전자밀도가 높고 외막을 가짐. 형성중인 비리온은 외막이 있고 중심부는 전자밀도가 낮으며, 성숙된 바이러스 입자가 세포질 내에도 보인다. Bar=200 nm.

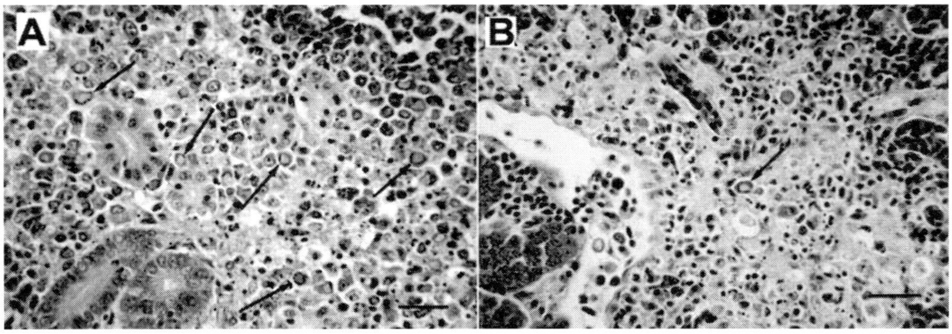

그림 2-17. 체신 조혈조직(A)과 비장(B)의 괴사. 감염세포는 핵 비대와 핵막과염(화살표). HE. Bar=50 ㎛.

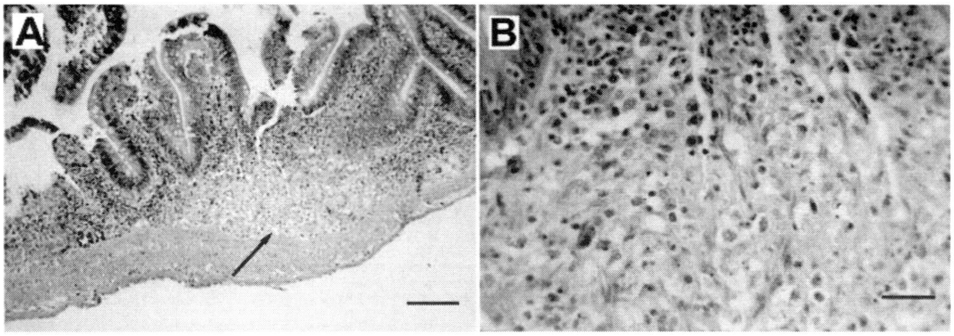

그림 2-18. 소화관의 점막고유층의 괴사(화살표)와 붕괴된 핵과 세포의 잔해가 주성분인 괴사소 확대도(B). HE. Bar=100 ㎛(A)과 40 ㎛(B).

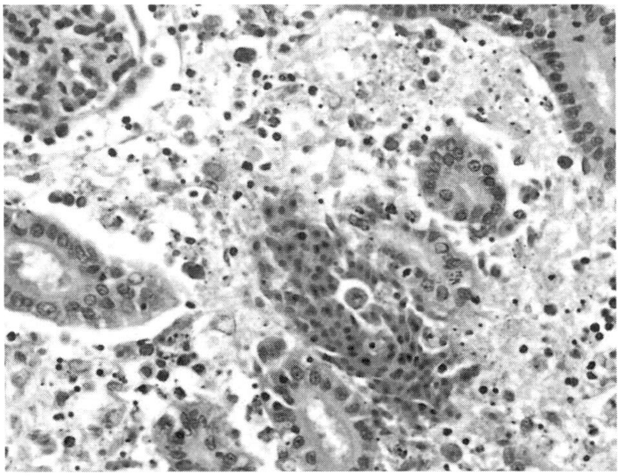

그림 2-19. 신장 조혈조직의 수종 및 섬유소 침윤을 동반한 괴사와 괴사소 내의 핵과 세포 붕괴의 잔해. 붕괴되지 않은 조혈조직(림프조직)은 핵막 과염상을 나타내며, 호염기성 세포로 변성되어 대형세포로 보임.

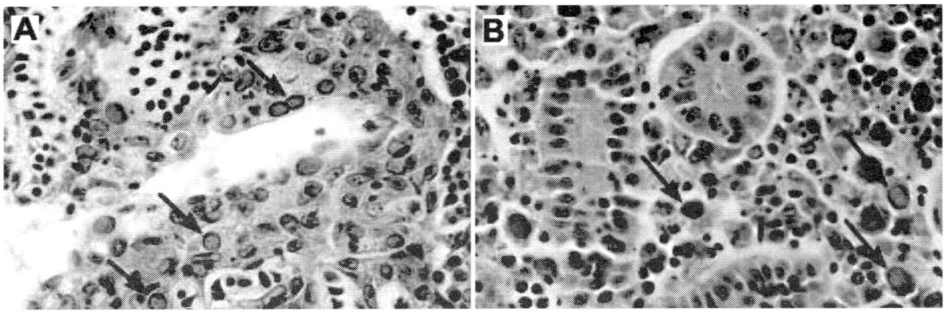

그림 2-20. A: 아가미 2차 새변의 상피세포는 크로마틴이 미세 부정형의 호염기성을 띄는 핵막과염상(화살표)을 나타내면서 비대와 증생. B: 신장 조혈조직의 변성과 괴사. 아가미와 마찬가지로 크로마틴이 미세 부정형의 호염기성을 띄면서 핵막과 염상을 나타냄.

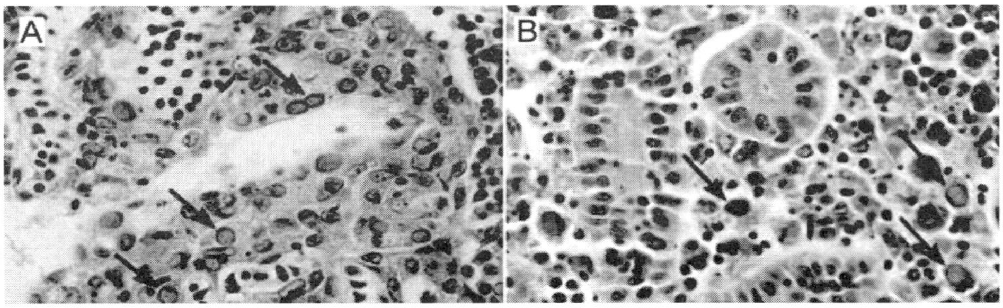

그림 2-21. A: 증생과 비대화된 2차새변 상피세포. 핵막과염, 핵 내부의 미세 무형 또는 호염기성의 물질(화살표). B: 신장 조혈조직의 괴사와 변성. 감염세포의 핵은 아가미 상피세포와 동일한 변화로 핵내의 무질은 미세한 무형 또는 호염기성의 물질(화살표)로 대체.

2) Iridovirus

Iridovirus과(Iridoviridae)는 Lymphocystivirus, Iridovirus, Chloriridovirus, Ranavirus 및 Megalocytivirus의 5개의 종으로 세분되어 졌다. 이중 Iridovirus와 Chloriridovirus는 무척추동물에 감염되는 반면, Megalocytivirus와 Ranavirus, Lymphocystivirus는 양식 담수어와 해산어 및 야생어에 빈발하며, 특히 Ranvivirus는 양서류의 주요한 질병을 유발한다. 그러나 Lymphocystisvirus는 해산어와 담수어에 감염되지만, 자연 치유되기 때문에 이 병으로 인한 경제적 손실은 매우 낮다.

(1) 림포시스티스병(Lymphocystis)

해산어, 담수어 및 관상어의 피부의 섬유모세포에 감염되며, 사망률은 비교적 낮은 편으로 방치하면 자연 치유되는 경우도 있다. 그러나 외관상 추악하기 때문에 상품으로서의 가치를 상실하기 때문에 경제적 손실을 초래한다.

원인바이러스는 LCDV(lymphocystis disease virus, iridovirus, DNA)로 바이러스 입자는 감염 숙주에 따라 차이가 있으며, 아직 바이러스의 분리는 성공하지 못하고 있다.

외부증상은 지느러미와 피부에 수포상 또는 과립상 이물이 덩어리를 형성(림포시스티스세포, 크기가 500 ㎛에 달하는 대형세포도 있음)하는 것이 특징이다.

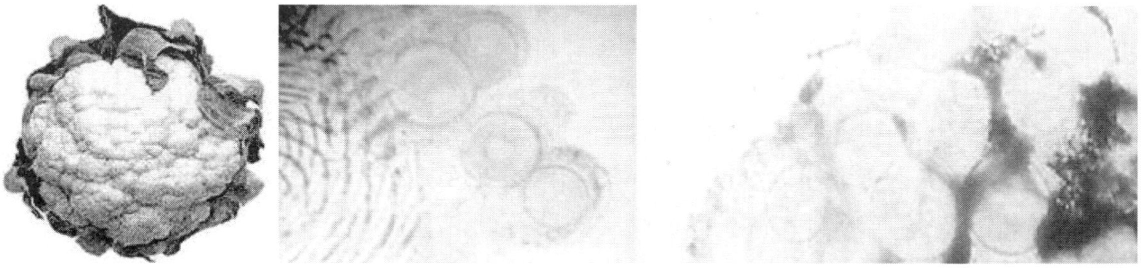

그림 2-22. 림포시스티스병의 림프시스티스 세포는 증상이 서양의 cauliflower와 닮아 있기 때문에 "Cauliflower disease"라고 한다. 융기 환부를 절단하여 fresh preparation을 현미경으로 관찰하면 그림과 같은 대형의 세포가 관찰가능하다. 관상어인 경우나 병어의 숫자가 적을 경우에는 환부를 떼어내고 chitin sulfate 60ppm에 약욕시키면 치료 가능한 경우도 있다. 또 황산동 보존액(4 g/ℓ)을 만들어 놓고 수량 톤당 200 ㎖를(1 ℓ 인 경우에는 약 4-5방울) 첨가하여 약욕시켜도 효과를 볼 때가 있다. 이 병은 진행된 단계에서는 쉽게 판단할 수 있지만, 발병초기에는 흰 반점으로 보임으로 백점병과 혼돈할 가능성이 있음으로 주의하여야 한다.

림포시스티스세포는 표적세포인 섬유아세포가 감염된 것으로 감염세포는 확대되어 비대되지만 유사분열(mitosis)상은 보이지 않는다. 감염세포가 비대되는 동안 핵은 변성을 일으켜 농축되거나 작은 조각으로 쪼개어진다. 핵내의 핵인도 변형되어 불분명해진다. 또한 비대화 과정에 세포질도 세포질 내에 호염기성의 봉입체가 형성된다. 세포질내의 봉입체는 끈 모양, 거미집 모양의 망상(가자미 종류) 또는 공포(숭어)가 형성된다. 이러한 변화와 더불어 비대화된 감염세포 주위를 두터운 초자성의 피막이 둘러싸게 된다. 이 피막은 감염초기의 염증 반응을 완화하기 위한 반응이지만 노쇠한 감염세포가 붕괴되면 내부의 내용물이 유출되므로 심한 변화를 일으키게 된다.

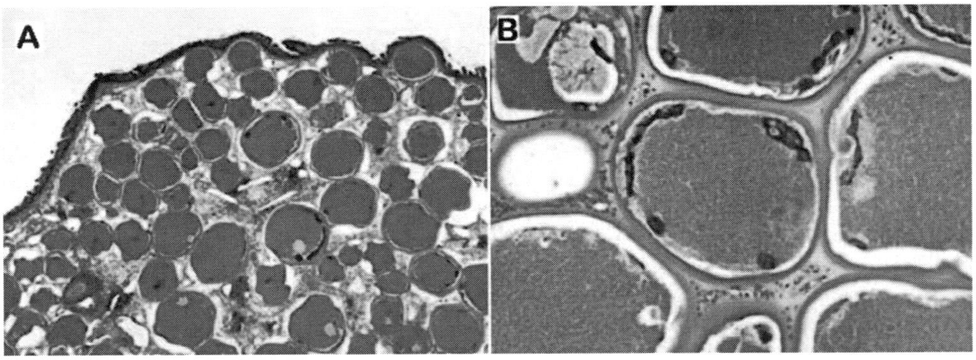

그림 2-23. A: 피부 조직내의 1개의 두터운 초자성 피막에 둘러싸인 원형의 림포시스티스세포의 집합체. B: 불규칙한 호산성의 세포질내 봉입체와 엷은 호산성의 피막에 쌓인 림포시스티스세포. 피부의 확대도. HE.

림포시스티스의 진단은 감염 피부 또는 지느러미의 병소를 잘라내어 표본을 만들거나 또는 스탬프표본을 만들어 new methylene blue로 염색하면 두터운 피막에 둘러쌓인 원형의 대형 비대세포가 발견되므로 손쉽게 추정진단 할 수 있다.

시판의 제품(new methylene blue 0.5% w/v, potassium oxalate 0.8% w/v, 식염 0.8 g, DW 100 mℓ, 아산제약)을 사용 전에 여과하여 도말 건조표본을 10-15분간 염색한 다음 증류수로 세척하고 검경한다. 이 염색법은 특히 비대세포의 관찰이 용이하므로 epitheliocystis나 lymphocystis의 진단에 매우 유용한 염색법이다.

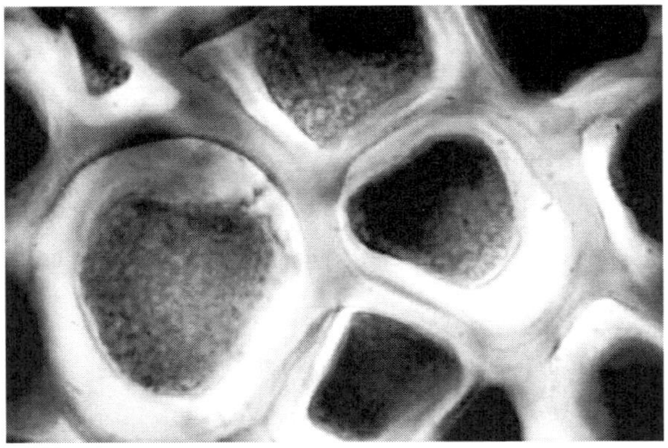

그림 2-24. 감염어의 지느러미 환부의 스탬프 표본의 new methylene blue염색상. 감염세포는 두터운 피막에 쌓인 원형의 대형 비대세포가 특징적임.

(2) 이리도 바이러스병(Megalocytivirus)

양식 참돔에 처음 발생하였기 때문에 참돔 이리도 바이러스병이라 불리었지만, 현재는 거의 대부분의 해산어(참돔, 돌돔, 방어, 잿방어, 농어 등)에 발생하고 있다.

원인 바이러스인 RSIV(red sea bream iridovirus, iridovirus, DNA)는 직경 200-240 nm의 6각형으로 envelope가 없는 Megalocytivirus에 속한다. 주화세포인 BF-2 또는 KRE-3에 접종하여 배양하면 세포의 구형화를 특징으로 하는 CPE가 나타난다. 바이러스의 증식온도는 20-25℃이며, 산(pH 3)과 유기용매에 감수성이 있다. 그러나 이 병은 RSIV와 유사하지만 차이가 나는 같은 Megalocytivirus에 속하는 ISNKV(infectious spleen & kidney necrosis virus)에 의해서도 발병할 수 있다. RSIV는 주로 해산어에 감염되지만, ISKNV는 담수어, 해산어 및 관상어에도 감염된다. 그러나 Ranavirus에 속하는 epizootic haematopoietic necrosis virus(EHNV), European catfish iridovirus (ECV), grouper iridovirus(GIV= Singapore grouper iridovirus, SGIV) 등은 참돔에 병원성이 없다.

외부 증상은 피부의 흑화 또는 퇴색, 체표의 출혈이 생기며, 내부적으로는 아가미와 위심강내의 출혈, 내장기관의 퇴색 및 비장이 종대된다.

병리 조직학적으로는 심장, 신장 및 비장, 간장과 아가미에서 세포질이 호염기성으로 진하게 염색되는 균질 또는 과립상의 원형의 대형세포(이형비대 세포)에서 관찰되며, 이형비대세포의 세포질 내에 결정배열을 한 바이러스입자가 관찰된다.

진단은 비장의 스탬프 표본을 만들어 Giemsa염색하여 이형비대세포를 확인하므로서 쉽게 할 수 있다.

해산어의 이리도바이러스 감염증은 외관상 또는 해부학적으로 특징적인 증상이 발견되지 않기

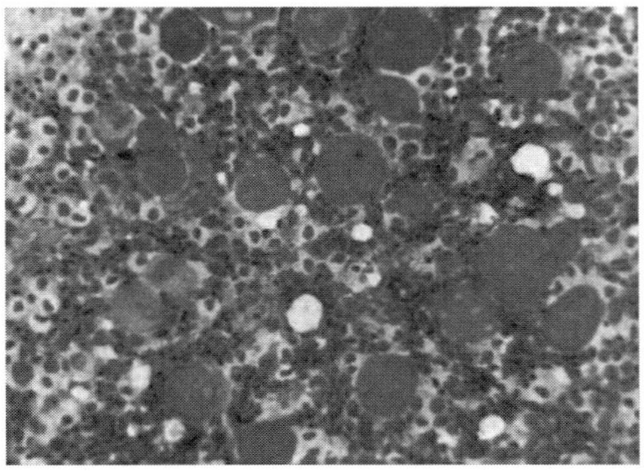

그림 2-25. Megalocytivirus에 감염된 돌돔 비장의 Giemsa염색 표본. 이형비대세포가 발견됨.

때문에 비장의 도말표본을 만들어 이형비대세포를 관찰하는 것이 현장에서의 진단법이라 할 수 있다.

이리도 바이러스에 감염된 해산어의 아가미를 잘라서 무염색으로 검경하면 아가미에 검은 점이 많이 형성되어 있다는 것을 쉽게 발견할 수 있다. 해산어의 종류를 불문하고 이러한 점이 발견되는 어류는 분자생물학적 방법으로 확인하여도 96%이상이 이리도바이러스임이 입증되었다.

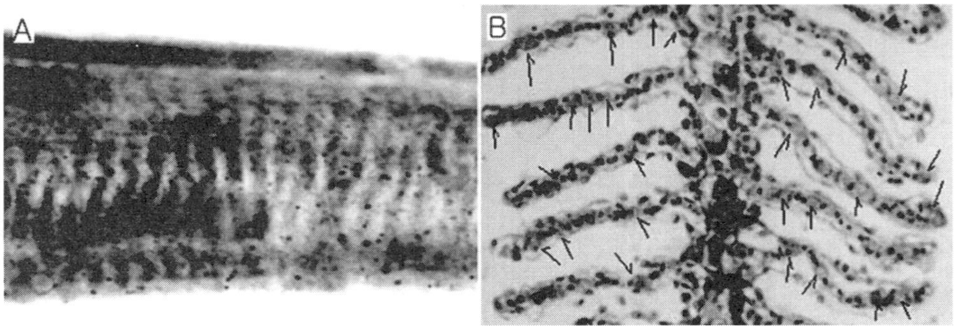

그림 2-26. A: 이리도 바이러스에 감염된 아가미에 발견되는 검은 점. B: 아가미의 병리조직표본에서는 2차새변 모세혈관내에 대형의 백혈구인 마크로파아지가 축적되어 백혈구내의 검은 색소인 멜라닌 색소가 육안적으로 검은 점으로 관찰됨.

감염어의 아가미에서 관찰되는 흑점은 방어류의 복수증에 감염된 방어에서도 발견되지만, 발생시기와 어체의 크기에 차이가 나기 때문에 오진할 가능성은 매우 낮다

흑점이 생긴 아가미의 조직표본을 만들어 보면 2차 새변의 모세혈관 내에 대형의 백혈구가 다수 모여 있다는 것을 알 수 있다. 이리도 바이러스감염어류의 아가미를 육안으로 관찰하면 핑크색으로 퇴색되어 있는 경우가 많은데, 이는 아가미 조직 내에 백혈구가 많이 모이는 것 때문이라 생각되고, 아가미에 흑점이 생기는 이유는 아가미 백혈구내의 멜라닌 색소 과립 때문이다. 병어에서 아가미에 흑점이 생기는 시기는 병어가 먹이 섭취가 나빠지며 폐사가 시작되는 시점과 일치하고 있다. 폐사원인은 모세혈관내의 백혈구(마크로파아지)의 축적에 의한 혈행장애가 폐사원인일지도 모르겠다.

따라서 현장에서의 진단은 아가미의 검은 점의 확인과 비장의 도말표본의 Giemsa염색 표본을 관찰함으로써 복잡한 분자생물학적기법을 동원하지 않고도 거의 완벽하게 진단할 수 있다.

Megalocytivirus의 전신적 감염의 병리조직학적 특징은 다양한 기관에서 호염기성의 거대세포가 형성되는 것이 특징이다. 세포질내의 엷은 거품상 또는 진한 호염기성의 과립상의 세포질내 봉입체가 세포질을 충만시키고 있기 때문에 핵은 한쪽으로 밀려나거나 압박을 받게 된다. 이러한 거대세포는 비장, 신장의 사구체와 간질, 소화관의 점막고유층에서 항상 발견된다. 또한 눈의 맥락막, 췌장의 간질, 난소 여포의 결합조직, 혈관의 주변 및 상피세포의 바로 아래에서 발견

될 때도 있다. 또한 간, 심장, 아가미 및 뇌에서는 수적으로 적기는 하지만 항상 발견된다.

거대세포의 위에 마치 모자처럼 보이는 진하게 염색되는 초승달 모양의 세포가 종종 발견되기도 하지만, 피부, 소화관 및 비강 점막의 상피세포에서는 거대세포가 형성되지 않는다.

이처럼 여러 조직에 거대세포가 형성되기 때문에 변성과 괴사가 생기게 되는데, 비장에서는 스폰지화와 협조직의 섬유성 괴사가 생기는 경우도 있지만 때로는 비장의 구조가 파괴되어 전체적인 괴사와 출혈이 생기는 경우도 있다. 신장에서는 사구체와 간질이 소실되지만 세뇨관은 거의 온전하게 남아 있다.

심한 감염인 경우에는 소화관의 점막고유층에 출혈을 동반한 변성도 일반적인 현상이지만 점막상피는 변화가 없는 것이 보통이지만 심한 경우에는 변화가 생기는 경우도 있다.

그러나 전자현미경으로 관찰하면 많은 수의 거대세포가 혈관의 내피세포 바로 아래에서 발견되는데, 이 거대세포는 혈관의 관공으로 상피세포를 밀어내는 형태를 하고 있고, 관공에는 많은 수의 바이러스입자가 발견된다.

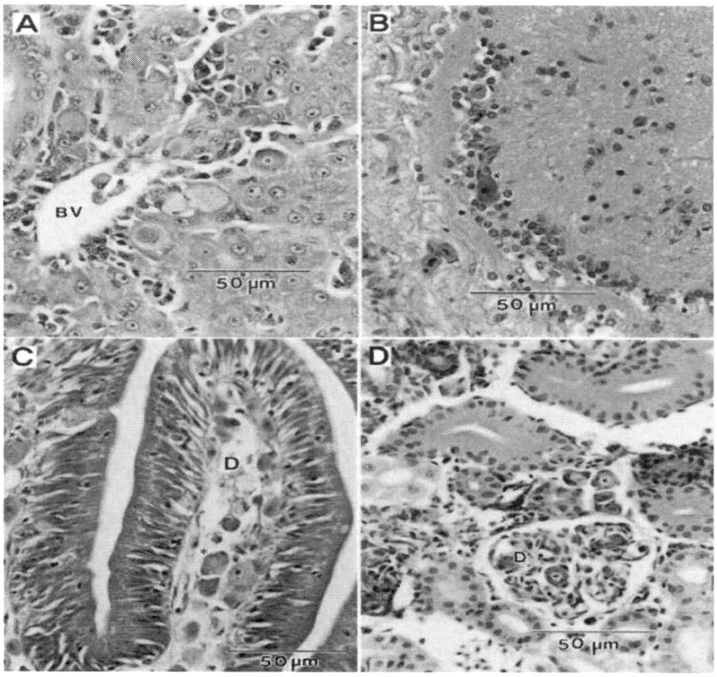

그림 2-27. A: 혈관(BV) 주변에서 발견되는 혈관의 상피세포로 추정되는 초승달 모양의 세포를 가진 거대세포(*). B: 뇌의 회백질내의 거대세포(*). C: 소화관의 점막 고유층내의 거대세포(*)가 형성으로 변성(D)되지만, 점막 상피는 정상. D: 세뇨관은 정상이지만 사구체는 거대세포(*)의 형성으로 변성(D). HE.

(2) 쏘가리의 전염성 비장·신장 괴사병(infectious spleen & kidney necrosis disease, ISKN)

DNA바이러스인 Iridovirus에 속하는 Megalocytivirus의 감염에 의한 것으로 수온이 20-32℃인 시기에 발생한다. 감염어는 먹이 섭취가 감소하며, 무기력하며 자극에 반응이 둔해지고, 체색이 옅어진다. 아가미 뚜껑, 아래턱, 눈, 배지느러미와 등지느러미 및 꼬리지느러미 기부의 점상 출혈과 복부에 점상출혈이 생긴다. 내부 증상은 신장이 갈색을 띄면서 종대되며, 비장의 종대, 간장의 점상 출혈과 퇴색 등이 관찰된다.

병리조직학적으로는 신장, 비장, 심장 결합조직과 심내막에서 감염된 거대세포의 형성, 신장과 비장의 조혈조직의 괴사이다. 감염세포는 핵농축과 진한 호염기성의 과립상의 세포질이 특징이다. 감염어의 비장은 충혈과 갈색 과립의 영역이 현저하게 감소된다. 신장은 사구체의 수축과 세뇨관과 세뇨관 사이의 수축, 사구체의 배열이 흩어진다. 쏘가리 이외에 다양한 담수어 및 해산에 감염되기 때문에 특징적인 현상인 호염기성 세포질을 가진 거대 세포의 출현은 감염어종에 따라 출현 개체수는 현저한 차이가 난다.

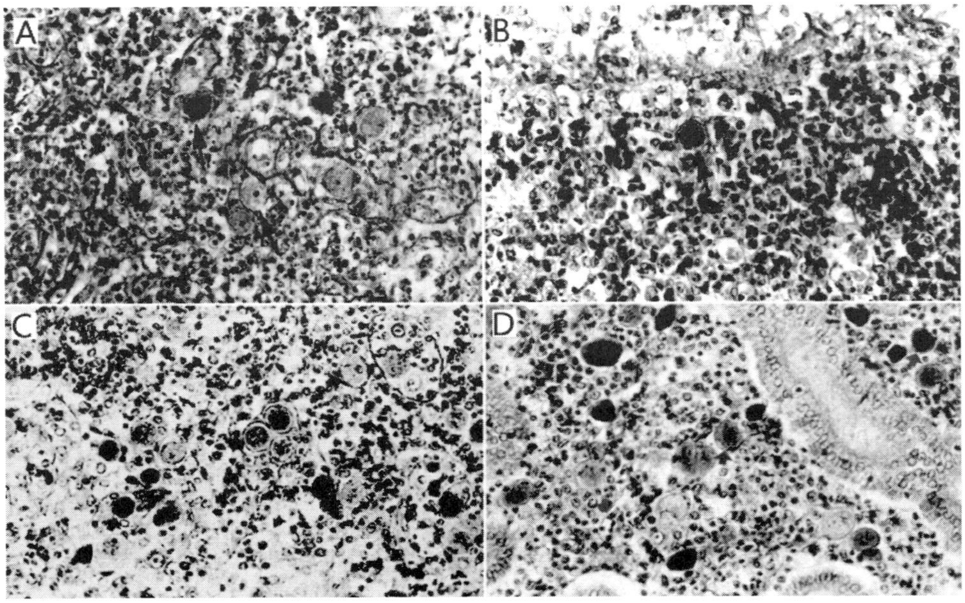

그림 2-28. A: 광범위한 괴사와 호염기성의 거대세포가 출현한 쏘가리의 비장. B: 사료어인 큰입베스의 비장의 괴사와 거대세포의 출현. C-D: 비장(C)와 신장(D)의 호염기성 거대세포. HE.

여러 어종 중에서 쏘가리가 가장 감수성이 높으며, 큰입베스도 감수성이 높다. 또한 초어도 외부 증상은 나타나지 않지만 감염되며, 거의 대부분의 담수어가 감염된다.

감염 쏘가리는 15-20℃에 사육하면 외부 증상도 나타나지 않고 폐사도 발생하지 않는다. 그러나 25℃에서는 증상이 나타나고 폐사도 증가되지만, 수온이 9-20℃일 때는 발병하지 않는다. 그러므로 자연발생 상황과 인위감염의 결과로서 ISKNV의 발병은 수온과 밀접한 관계가 있어, 20℃이상에서 발생하며 20℃이하에서는 발병이 억제된다는 것을 알 수 있다. 그러나 20℃이하의 개체에서는 발병하지 않지만 PCR의 결과는 보균이 확인되므로 carrier로서 작용할 수 있다. 또한 양식장에서 폐사가 유발될 때는 환수를 중지하면 폐사율을 줄일 수 있다.

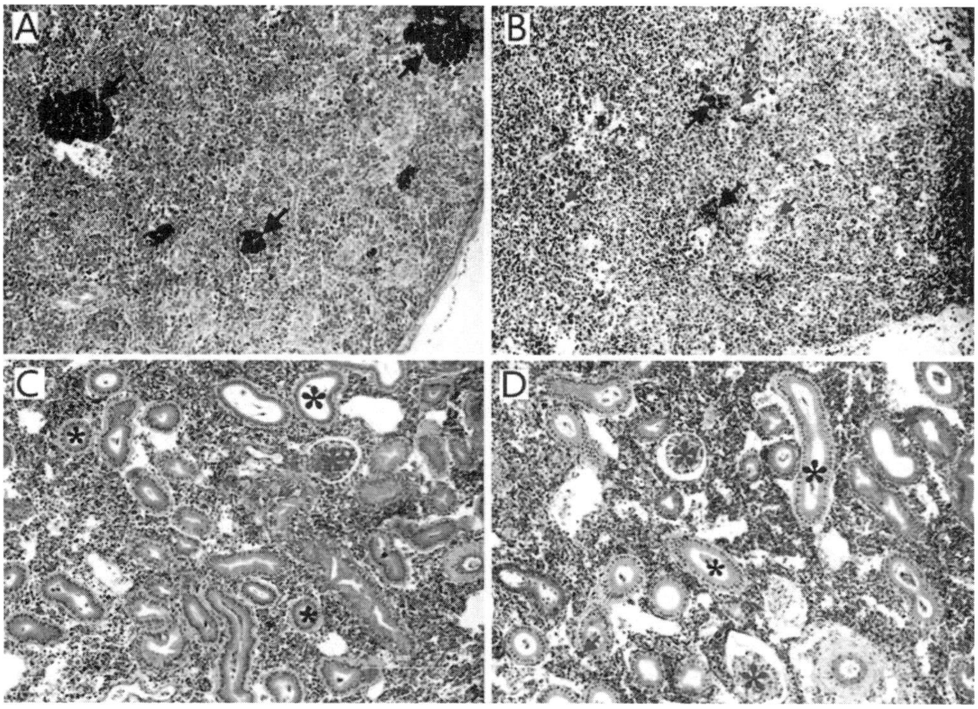

그림 2-29. Megalocytivirus감염 비장과 신장. A: 정상어의 비장. B: 충혈과 갈색 과립의 감소. C: 정상어의 세뇨관과 사구체. D: 사구체의 수축, 세뇨관과 세뇨관 사이의 공간과 사구체는 간격이 넓다. B와 D에서 헤마톡시린에 염색되는 거대세포(청색 화살표).

쏘가리는 육식성 어류로 살아 있는 소형의 어류인 초어, 대두어, 백련어, 금붕어 등을 사료로 사용하고 있기 때문에 보균하고 있는 사료어를 통하여 수직 감염되게 된다.

원인 바이러스는 50℃에 30분간에 활성을 소실하지만 30-40℃에서 30분, 25℃에 15일간, 4℃ 6개월, -20℃℃~-70℃에서는 18개월간 병원성을 유지한다. pH 11에서는 불활화되지만, pH 3~pH 7에서는 활력을 유지하며 자외선에도 불활화된다.

3) 미분류

(1) 뱀장어의 바이러스성 혈관내피괴사증(뱀장어 울혈증)

가온 양만장에서 발생하며 새변의 중심정맥동의 혈류 축적(울혈)되는 것을 특징으로, 아가미 새변의 중심정맥동(central venous sinus, CVS)에 현저하게 혈액이 충만되어 확장되고 복강내에 출혈을 특징으로 하는 질병으로 “아가미 울혈증”이라 불러오고 있는 질병이다.

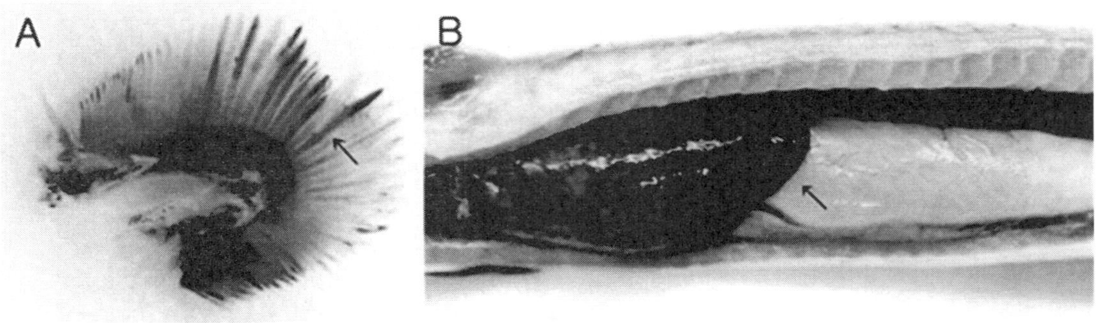

그림 2-30. 아가미 중심정맥의 울혈(A)과 간장의 울혈(B).

이 혈관계의 내피세포는 핵이 비대하여 있지만 핵의 중앙부의 염색성은 저하되고 핵막을 따라 과염상태를 나타내고 있다.

이렇게 변성된 혈관내피세포는 비대 핵의 핵막을 따라 크로마틴이 편재되어 있고 핵의 중앙부에는 섬유모양의 구조로 되어있으며, 이 섬유물 구조 속에는 직경 약 80 ㎚의 정 20면체인 DNA바이러스에 속하는 바이러스 입자가 흩어져 있다. 이러한 바이러스입자는 벽주세포에도 들어 있는 것이 보통이다.

간에는 심한 변화가 없지만 간의 표면에 있는 두꺼운 혈관의 외막 변화가 심하며 아가미 혈관의 내피세포에서 관찰되는 변성과 괴사가 생겨 있고, 교원섬유성 결합조직의 배열이 흐트러지고 부풀어 올라 있다. 이러한 혈관내피세포의 변화는 사구체 모세혈관, 간 조직 중의 정맥, 간류동 및 비장, 심장, 위, 소화관 등의 거의 모든 모세혈관 내피세포에 변화가 생겨있다.

이러한 혈관 내피세포의 변성에 의해 혈관의 기능이 장애를 받아 혈액의 순환기능을 비롯한 생리유지 기능에 장애가 생겨 전신적인 울혈이 생긴다. 또 내피에 괴사가 생긴 혈관이 붕괴되어 전신적 출혈장애가 생겨 간과 신장을 비롯한 주요 실질장기에 변성을 동반한 생리장애가 일어나 사망한다고 생각된다.

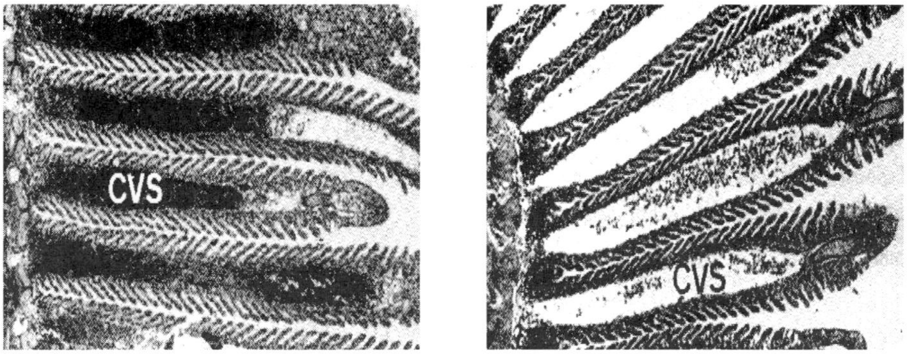

그림 2-31. VENE 병어의 아가미. 중심정맥동(CVS)내의 울혈과 CVS의 팽창 및 동공화.

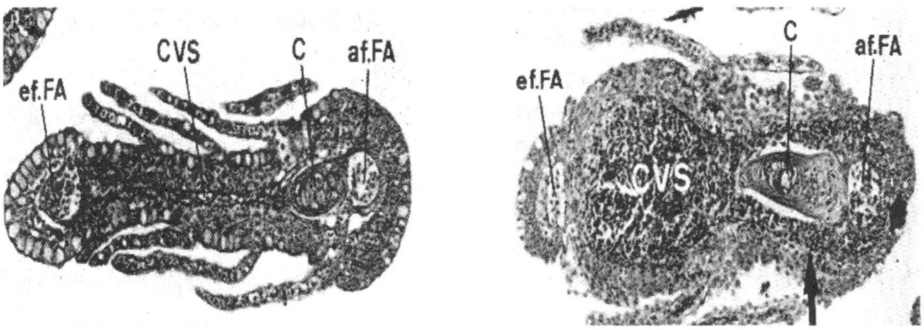

그림 2-32. 정상어(좌)와 병어(우) 새변의 횡단면. afFA: 구심성 새변동맥, C: 연골 ef.FA: 원심성 새변동맥.

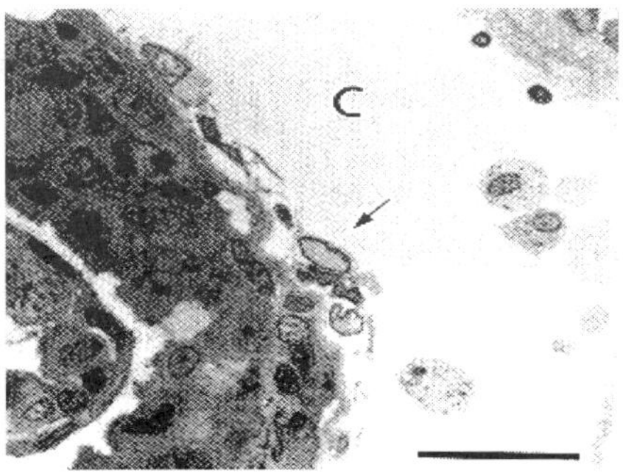

그림 2-33. 중심정맥동(C) 내피세포가 핵이 종창 되고 핵질의 균질무구조상. 핵막과염상을 나타냄.

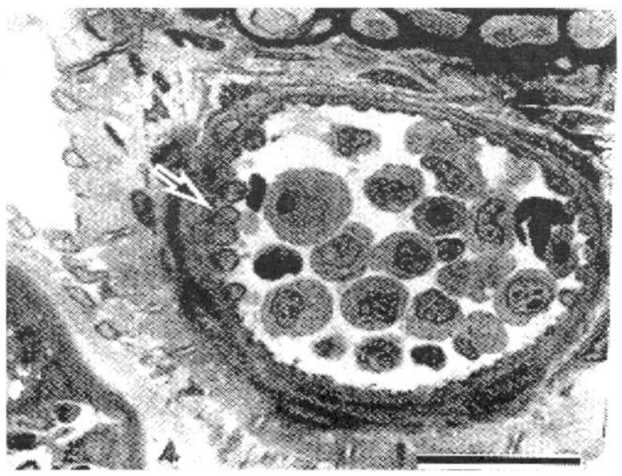

그림 2-34. 구심성 새변동맥간장. 상피세포의 변성.

VENE의 감염과 사육수온 및 사료 급이와의 관계를 보면 원인 바이러스는 20-35℃의 넓은 수온 범위에서 감염되어 발병하며, 특히 28-31℃에서 사망률이 최대로 높다. 또한 이 범위에서는 수온이 고온일수록 사망률이 높아진다. 그러나 35℃에서는 사망률이 약 18%정도이며, 저수온인 20℃에서도 사망률 낮아진다. 따라서 이병에 대한 대책으로서 수온을 20℃이하 또는 35℃이상으로 유지하는 것이 효과적이다.

또한 고수온과 더불어 먹이 투여와 사망률과의 관계는 보통의 사육수온인 30℃에서는 급이구의 사망률이 56%, 무급이구는 18%로 무급이(17일 동안)가 사망률의 저감효과가 있다. 고수온인 35℃에서는 무급이구와 급이구의 사망률이 각각 18%와 2%로 사망률이 낮아졌을 뿐만 아니라 사망어에서도 이 병의 특징적인 증상은 발견되지 않는다. 한편 30℃급이구와 35℃무급이구의 사망률을 비교하면 고수온과 무급이의 상승효과가 확인되어 35℃에서 무급이로 1일 사육하였을 때는 승온의 효과가 없었으며 최소한 3일 이상 사육하는 것이 이병의 가장 좋은 대책이라 할 수 있다. 이처럼 고수온에서 사망률이 낮아지는 것은 원인 바이러스의 불활화에 기인하는 것이 아니라 인터페론 또는 자연살해세포(natural killer cell)의 활성화와 같은 생체방어인자에 기인하는 것으로 추정되며, 승온에 의해 치유된 뱀장어는 이 병의 재감염에 높은 저항성을 나타낸다.

2. RNA바이러스

1) 랩도바이러스(Novirahabdovirus)

(1) 전염성 조혈기 괴사증(infectious hematopoietic necrosis, IHN)

10℃전후의 어체중 0.5 g이내의 치어에 주로 발생하며, 사망률 60-100%로서 치어가 성장함에 따라 사망률은 감소한다.

원인 바이러스인 IHNV는 Rhabdovirus로서 크기는 직경 80-90 nm, 길이 160-180 nm의 탄환형으로 envelope를 가지고 있다. 증식 가능온도는 13-18℃(상한 20℃)이며 CHSE-214, FHM, EPC, RTG-2 등에 감염되어 세포의 구형화, 핵내 밀도 증가 등의 CPE가 나타난다.

병어는 빈혈, 체색흑화, 안구돌출, 체측(V자 출혈) 및 기저부의 출혈이 나타나며, 해부하면 빈혈(아가미, 간 및 신장)과 장간막의 지방조직의 점상출혈이 생긴다.

조혈조직의 손상에 의해 심한 빈혈을 일으키므로 채혈한 말초혈액은 핑크색을 띄면서 적혈구의 수가 현저하게 줄어들어 있고, 헤마토크리트치도 5-10%로 감소된다. 그러므로 말초혈액 또는 신장의 도말표본을 Giemsa염색하여 검경하면 추정진단이 가능하다.

말초혈액은 적혈구의 수가 거의 없고, 2분열을 일으키고 있는 적혈구가 항상 존재하며, 표본내에 변성 괴사된 혈구의 부스러기와 마크로파아지의 거품 모양의 세포질내에 탐식한 조직의 부스러기가 발견된다. 신장 도말표본에서도 조직 붕괴물이 거품 모양의 마크로파아지의 세포질내 공포 내에서 발견되고, 바깥에는 조직의 변성물과 조직의 파괴 괴사물이 발견된다.

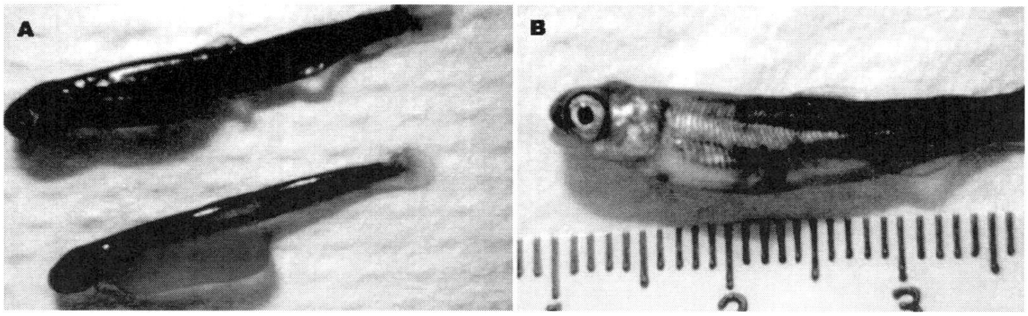

그림 2-35. IHN의 외부 증상. A: 연어 치어 난황의 심한 출혈. B: 체색의 흑변, 복부와 안구의 동공 주변의 출혈, 그 외 안구돌출, 복부 팽만, 점액변(pseudo faces), 지느러미 기부의 출혈, 내장기관의 빈혈, 내장 지방조직의 점상출혈이 생김, 위는 빈상태로 확장되어 있으며 젤라틴 모양의 물질이 들어 있음.

치료 방법이 없기 때문에 감염이 확인되지 않은 난과 종묘를 구입하여 사육하거나 발안란의 요오드 소독, 부화수 및 사육수의 자외선 또는 오존 소독하여 사용하여야 한다. 또 상수원의 어류를 제거하고 동일 양어장에서는 치어를 최상류에 사육하면서 고온 사육(20-23℃)하는 것이 좋다.

(2) 바이러스성 출혈성 패혈증(viral hemorrhagic septicemia, VHS)

5 ㎝의 치어에서부터 200-300 g의 출하 크기에도 발병하므로 산업적 피해가 심각한 바이러스성 질병이다. 원인바이러스인 VHSV(Rhabdovirus)는 크기 60-70 ㎚, 길이 180 ㎚의 탄환형으로 envelope를 가지고 있으며 발육 최적온도는 14℃(상한 18℃)이다.

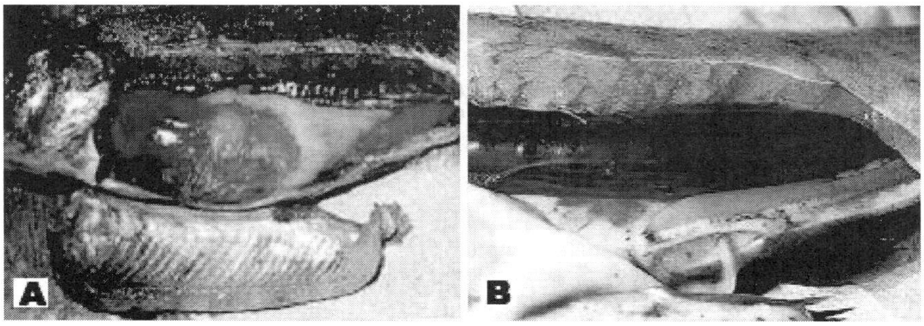

그림 2-36. VHS감염 무지개 송어. A: 근육과 간의 출혈. B: 부레와 복강 내 지방조직의 출혈.

병어는 체색흑화, 안구돌출, 복부팽만, 체측과 지느러미 기부 출혈이 생기며, 내부 증상은 간장과 신장의 충혈, 울혈, 퇴색 및 종대, 골격근의 점상출혈이 생긴다.

병리 조직학적으로는 신장의 세뇨관 및 조혈조직 괴사, 간장과 신장의 괴사와 골격근내의 출혈을 특징으로 한다.

(3) 넙치의 VHS

수온이 낮은 겨울-봄(8-15℃)에 걸쳐 발생하는 경향으로 가두리 또는 육상수조 모두 발생한다. 주 발생 시기는 저수온기로 수온이 상승하면 자연 치유되는 경향이다. 그러나 한번 발생한 집단을 계속 사육하면 다시 수온이 낮아지면 재발하는 경향이 있어 수온 상승과 함께 치유되는 것이 아니라 보균상태로 존재한다는 것을 알 수 있다. 육상 수조인 경우 수온상승이 가능하다면 수온을 20℃이상으로 상승시키면 발병을 예방하거나 폐사를 줄일 수 있다.

발병은 치어에서 성어 모두 감염되며 누적 폐사율은 70%이상인 경우도 있다. 또한 치어에 발병한 경우 거의 전멸하는 경우도 있다.

감염개체는 우선 먹이 섭취가 불량해지면서 체색이 검어지고, 유영이 불활발하여 이상 유영을 한다. 외부 증상은 복수의 축적에 의한 복부팽만, 안구돌출, 빈혈 및 출혈(안구, 피부, 아가미, 지느러미 기부)이 보인다. 내부 소견 중 심장 주변과 간장의 출혈은 고수온기에 빈발하는 에드와드병과 유사하지만, 이 병은 저수온기에 발병하므로 구분할 수 있다.

해부하여 보면 복막, 장관막 및 지방조직의 출혈, 신장과 간장의 충혈에 의한 종대와 퇴색, 골격근 내의 점상출혈이 보인다.

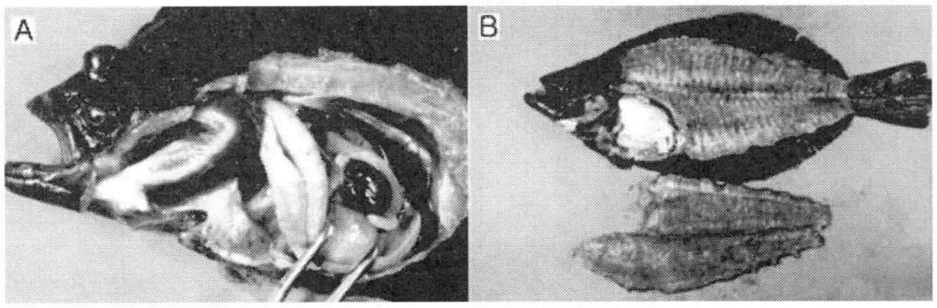

그림 2-37. A: 비장과 신장의 종대 및 간장의 퇴색. B: 체측근내의 출혈.

RSBK-2(red sea bream kidney)에 접종하여 10-20℃에 배양하면 세포의 원형화를 특징으로 하는 CPE가 발생한다.

병리 조직학적으로는 심장 조직에 병변이 가장 심하게 발생한다. 즉 심근 특히 내측의 심근섬유의 핵은 핵융해 및 핵농축을 일으키고 근섬유가 융해되면서 많은 염증세포가 침윤한다. 외측의 심근은 심하게 괴사됨과 동시에 섬유소가 침착된다. 원인 바이러스는 괴사섬유 내에서 발견되며, 심외막은 부종과 염증세포의 침윤이 동반된다.

넙치 Rhabdovirus병(HIRRVD)의 증상인 체측근과 생식소를 포함한 내장기관의 심한 출혈, 아가미의 빈혈, 복수의 축적에 의한 복부 팽만을 나타낸다. 반면에 VHS는 내장기관의 출혈 및 비장과 신장의 괴사는 유사하지만, 출혈은 현저하지 않은 대신에 부종과 울혈이 가장 현저한 변화이고, 축적되는 복수는 투명할 뿐만 아니라 복강이외에 위심강에도 생긴다는 것이 큰 차이점이라 할 수 있다.

송어류의 VHS와 마찬가지로 어체의 크기가 커짐에 따라 감수성은 낮아지지만, 상품 크기인 1 kg의 대형에서도 폐사가 유발되므로 산업적으로 중요성을 지닌다.

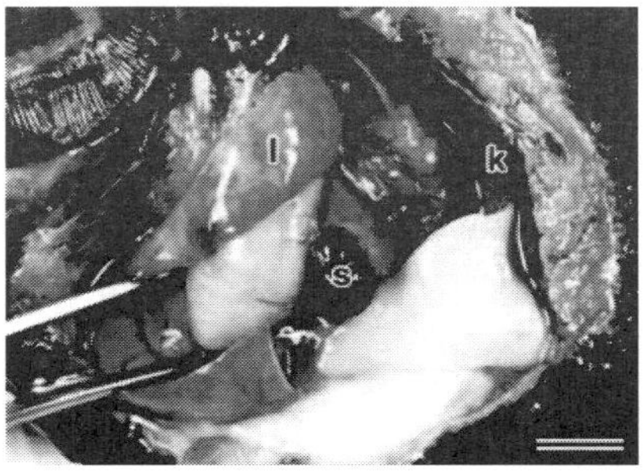

그림 2-38. VHS감염 넙치. 아가미 퇴색, 복수의 축적, 간의 울혈(l), 비장 종대(s) 및 신장의 종대(k). Bar=1 ㎝.

넙치 치어는 자어기에서 전장 30 ㎜까지는 수온이 20℃인 경우에도 감수성이 높다. 그러나 전장 50 ㎜에서는 수온 20℃에서 사육하면 전혀 사망하지 않는다. 이 크기의 어류가 20℃에서 한번 감염한 집단인 경우 수온이 15℃인 경우에도 거의 사망하지 않는다. 전장 100 ㎜의 넙치는 20℃에서는 전혀 사망하지 않는다.

그러므로 넙치 치어는 전장 30-50 ㎜의 단계에서 저항성을 획득한다는 것을 알 수 있다. 이는 이보다 작은 크기에서는 림프구가 존재하지 않든가 또는 미숙하기 때문이므로 질병에 대한 방어는 주로 식세포에 의한 비특이적 생체 방어기구가 작용한다는 것을 의미한다.

림프구는 전장 22.5-33 ㎜에서 처음으로 관찰되어 성장함과 동시에 숫자가 급격히 증가하며 이 시기가 VHS의 면역획득시기와 일치하고 있다. 이 때문에 백신을 투여하여도 인식하는 림프구가 존재하지 않기 때문에 면역을 획득할 수 없다는 것이다.

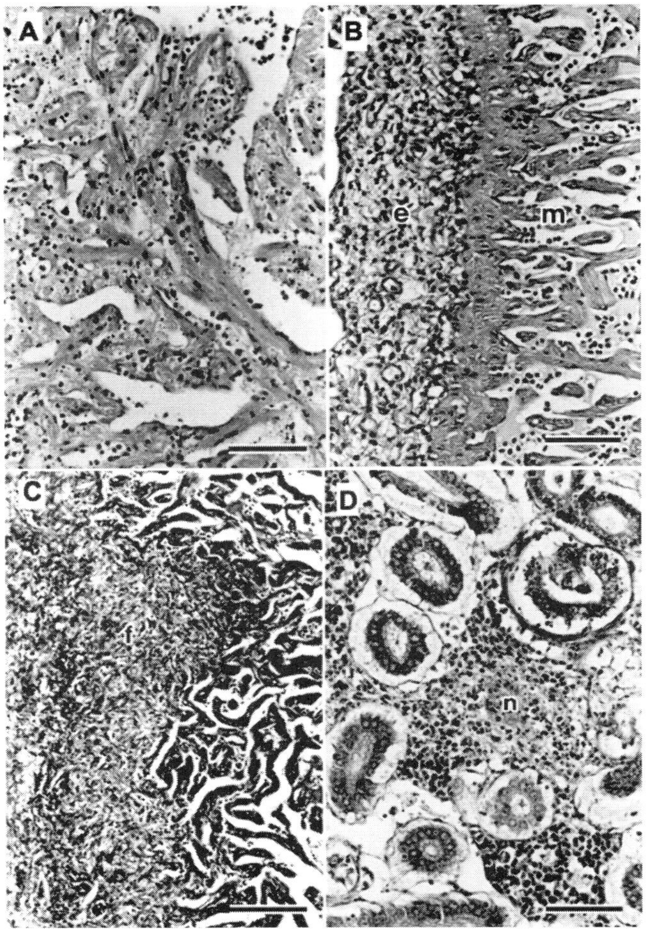

그림 2-39. A: 심실의 심근은 괴사되어 핵융해 핵농축을 일으키고 부분적으로 액화되어 있음. B: 심실의 심외막(e)의 부종과 염증세포의 침윤. 괴사된 근섬유의 외층(m)에 섬유소가 침착되어 있음. C: 괴사 근섬유의 외층의 섬유소(f) 침착. D: 신장 조혈조직의 경미한 출혈을 동반한 국소적 괴사(n). 세뇨관 상피는 부종 때문에 기저막에서 박리됨. Azan염색(C)이외는 HE. Bar=C(100 ㎛)이외는 모두 50 ㎛.

DNA백신이 효과가 있지만, DNA백신을 주사한 경우 넙치는 유전자 변형생물이 되므로 식품 위생상에 문제가 있다.

(4) 잉어 봄바이러스병(spring viremia of carp, SVC)

유럽에서 잉어의 감염성 복수증(infectious dropsy of carp, IDC)으로 불리던 질병으로, 급성인 경우에는 복수가 고이는 것이 특징인 바이러스성질병이다. 만성으로 피부의 발적과 궤양을 주 증상으로 하는 경우에는 비정형 *Aeromonas salmonicida*의 감염에 의한 세균성 질병으로 홍반성 피부염(carp erythrodermatitis, CE)라 부른다. 또한 이전의 잉어의 부레염(swim bladder inflammation, SBI)의 원인도 SVC와 같은 바이러스로 정리되었다.

발생하는 시기는 봄철에 수온이 7℃이상일 때부터 시작되어 13-20℃일 때 많이 발생하는데, 수온 17℃부근이 가장 많이 발생하게 되며, 20℃을 넘게 되면 종식되는데 일단 발병하면 수온 상승과 더불어 급속히 진행되어 2-3주간에 80-90%가 사망한다.

자치어가 이 병에 걸리지 않는 것은 종묘 생산하여 사육하는 수온이 20℃를 넘기 때문이라고 한다. 또한 1년어 이상의 어류에도 감염되지만 피해는 적다. 감염은 감염어의 변이나 점액 중에 바이러스가 존재하며 이것이 수평감염원으로 된다.

이 질병은 잉어과 어류에 한정되어 발병하며, 지역적으로는 유럽에만 발병하는 것으로 원인 바이러스는 *Rhabdovirus carpio*(RVC)로 전형적인 탄환형으로 envelope를 가지고 있다.

원인바이러스는 여러 가지 주화세포에서 증식 가능하지만 특히 잉어과 유래의 주화세포인 FHM, EPC 및 CLC(잉어 백혈구 유래) 등에 잘 증식하여, 크로마틴의 과립화, 핵의 융해, 세포의 구형화 등의 CPE가 나타난다. 이 원인 바이러스의 배양 적정 온도는 20-22℃이다.

감염어는 수류가 완만한 곳에 유영이 불활발하고 자극에 둔감하게 반응하거나 또는 바닥에 정지하여 옆으로 드러누워 있다. 외부 증상으로 체색흑화, 복부팽만, 안구돌출, 아가미의 빈혈, 피부의 반상 또는 점상 출혈, 항문의 확장과 점액상의 변 부착 등이며, 내부 증상으로는 각 장기의 수종과 출혈이 뚜렷하고 복막염과 카타르성장염이 관찰된다. 부레 표층의 점상의 출혈, 비장의 종대와 출혈 등이 관찰된다.

그림 2-40. 안구돌출, 복수, 피부에 출혈 증상을 나타내는 SVC감염 이스라엘잉어.

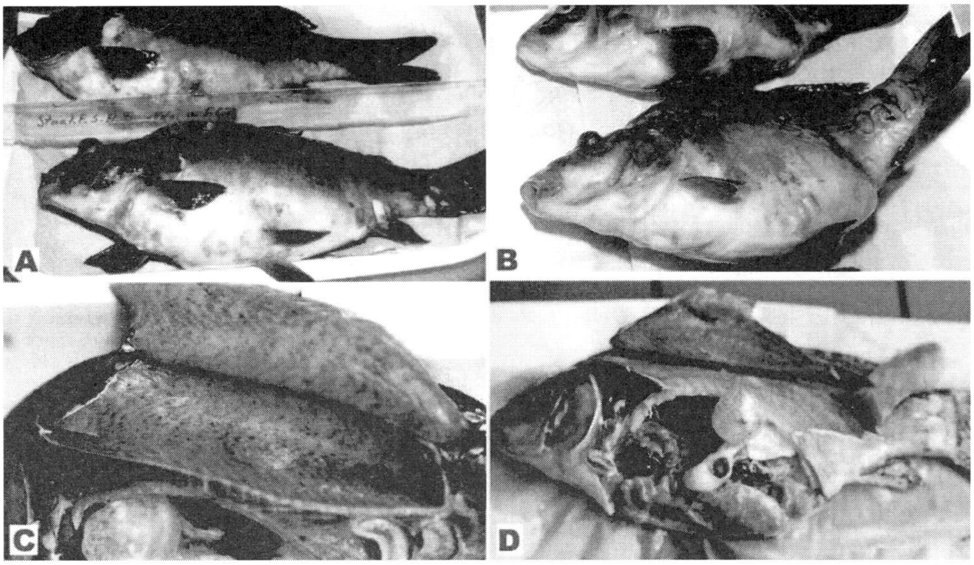

그림 2-41. SVC. 송어류의 VHS와 유사. A: 안구돌출, 복수, 피부와 아가미, B: 안구돌출, 복수, 피부에 출혈. C: 근육 내 출혈, D: 지방조직, 부레 및 모든 내장기관에 출혈. 근육 내 출혈.

2) Birnavirus

(1) 전염성 췌장 괴사증(infectious pancreatic necrosis, IPN)

체중 1 g이하 부화 후 8주 이내의 연어·송어류 치어에 발생하며, 사망률은 50-100%이다. 원인 바이러스인 IPNV인 Birnavirus(RNA)로서 크기 60 ㎚의 envelope가 없는 정20면체이다. CHSE- 214 또는 RTG-2에 배양하면 핵농축과 필라멘트상의 변화를 특징으로 하는 CPE가 나타난다. 본디 연어·송어류의 질병이었으나 현재는 해산어와 뱀장어에도 발생하고 있으며, 어종에 따라 감염되는 혈청형은 차이가 난다.

병어는 복부가 팽만되면서 선회유영을 하고, 항문에 점액모양의 변을 달고 다닌다. 병리 조직학적으로는 췌장의 외분비부 및 내분비부인 랑게르한스섬의 괴사가 현저하며, 그 외 간장의 괴사, 점액성 박리성 카타르성 장염, 신장조혈조직과 세뇨관 괴사 및 체측근의 초자변성이 생긴다.

대책은 치료 방법이 없기 때문에 IHN과 동일한 방법밖에 없지만, IHN과는 달리 난 소독의 효과는 거의 없다.

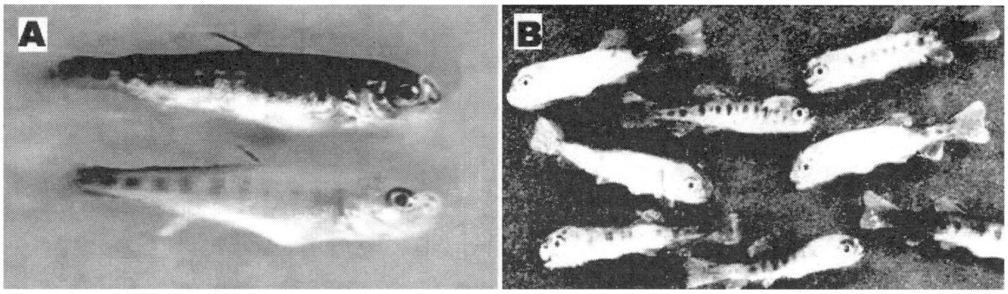

그림 2-42. IPN감염 병어. A: 정상어(상)와 복부 팽만과 미병부 흑화의 병어(아래), B: 미병부는 흑화되는 반면 두부는 부풀어 오른 느낌이 있음.

(2) 바이러스성 복수증

5-7월경의 수온 20℃경에 종묘 생산한 방어 치어(10 g)이하와 자연산 방어 치어에서 발생하며, 수온이 상승하면 발병은 종식된다.

원인 바이러스인 YHV(Yellow tail ascites virus)는 직경 65 ㎚의 envelope가 없는 Birnavirus (RNA)로서 발육최적온도는 20-30℃이다. 감염 방어는 복수의 축적에 의해 복부가 팽만되며 병리학적으로 췌장과 간장의 괴사를 특징으로 한다.

최근에는 넙치 치어(체중 1-2 g)에 복수 축적과 두부의 출혈을 특징으로 하는 질병이 발생하고 있는데, YHV와 동일 바이러스가 분리되고 있다. Birnavirus인 IPN과 유사하지만, 혈청학적으로 차이가 난다.

3) Nodavirus

(1) 바이러스성 신경괴사증(viral nervous necrosis, VNN)

종묘생산한 해산어 자치어에 빈발하며, 사망률이 높은 질병이다. 원인 바이러스인 VNN(striped jack nervous necrosis virus)은 곤충류의 바이러스질병 원인인 Nodavirus (Aquanodavirus, RNA)에 속하는 직경 25-30 ㎚의 구형으로 envelope가 없는 바이러스로 아직 분리 배양법은 확립되지 못하였다.

감염어는 물 표면을 힘없이 유영(치어는 선회, 회전하면서 가라앉는 이상 유영)하는 이상 유영 증상이 발견 후 1-2주 내에 거의 전멸한다.

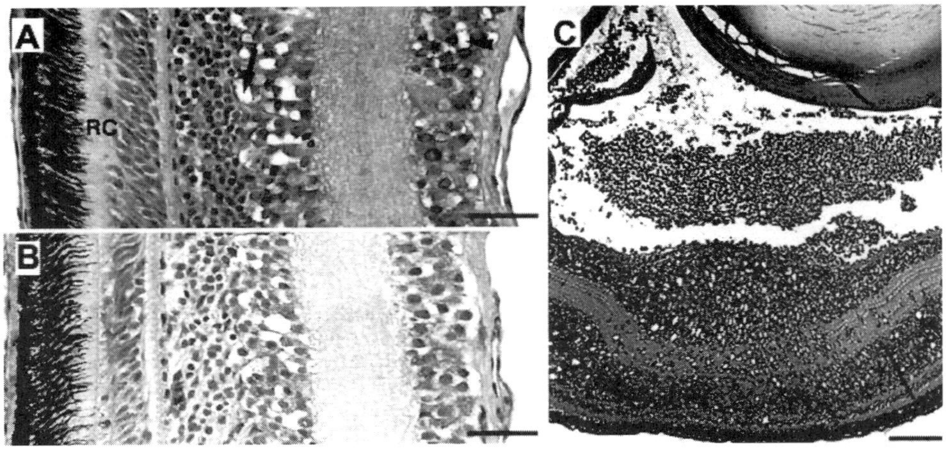

그림 2-43. VNN에 감염된 halibut의 망막(A&B)와 눈(C). A와 B: 공포변성이 쌍극세포층의 무축삭세포(화살표)와 간체추체층(RC)에도 소수 보이며, 신경세포층(화살촉)에 관찰. C: 망막 앞과 뒤에 많은 단구가 침윤해 있으며, 일부는 망막 표면과 망막 내에도 침윤해 있다. A &C: Avidin biotin alkaline phosphatase, 항SJNV혈청 및 Mayer hematoxylin. B: Avidin biotin peroxidase complex method와 Mayer hematoxylin. Bar= 100 ㎛(A & B)와 300 ㎛(C).

진단은 병리 조직학적으로 중추신경조직과 망막조직의 신경세포의 괴사 붕괴에 의한 대형 공포형성, 신경세포의 세포질 내 또는 세포 바깥에 원형의 소형 바이러스입자가 고밀도로 존재하는 것으로 가능하다.

3. 어류에 종양을 유발하는 바이러스

연어·송어류의 OMV(*Oncorhynchus masou* virus)와 잉어에서 분리된 *Herpesvirus cyprini* (CyHV-1)로서 모두 Herpesvirus이다.

OMV는 송어, 은연어, 무지개 송어 등의 연어·송어류의 치어에서 부화 후 5개월까지 발생하며 누적 사망률은 80%이다. 발병 후 살아남은 개체는 입 주변을 중심으로 미병부, 눈, 아가미의 기저부에 기저세포암(상피종)인 종양 형성(60-100%)된다. 그러나 종양세포 내에 바이러스입자는 관찰되지 않기 때문에 조직에서 바이러스의 분리는 곤란하다.

한편 비단잉어의 지느러미에 발생한 상피종양에서 분리되는 *Herpesvirus cyprini*(CyHV-1)는 감염 후 살아남은 어류가 5-6개월 경과 후에 처음 관찰 가능(최종 발병율: 55-60%)하며, 잉어과 어류에만 발병하고 다른 어류에서는 발병하지 않는다.

4. Epitheliocystis

세포내 기생체인 *Chlamydia*-like organism이 주로 아가미에 감염되지만, 때로는 피부나 위새에 감염되어 직경 1 ㎜정도의 백색결절이 형성되는 질병이다. 아가미나 피부에 형성된 백색 결절은 육안으로는 백점병 또는 바이러스성 질병인 림포시스티스병과 유사하므로 명확히 구분할 필요가 있다.

원인 생물은 그람 음성, 비운동성으로 일반 세균용 배양배지에서는 증식하지 못하여, 바이러스 배양을 위한 주화세포처럼 살아 있는 세포내에서만 증식할 수 있다.

병원체에 대한 숙주의 반응은 거의 없거나 또는 현저한 상피세포의 증생이 유발되는데, 심한 감염일 때만 숙주반응이 있고, 가벼운 감염에서는 염증반응만 유발하는 것이 일반적이다.

5. 리케챠병(Piscirikettsiosis)

1) 연어 · 송어류(salmonid rickettsiosis)

원인균은 *Piscirickettsia salmonis*로 감염세포의 세포질내에 형성된 공포내에서 증식한다.

담수 사육하던 송어류를 해수로 옮긴 6-12주 후에 발병하며, 감염 경로는 수직 또는 수평 감염된다.

감염 초기에는 피부에 소형 백색 환부 또는 출혈성 궤양이 생기지만, 점차 체색이 검게 변한다. 병리 조직학적으로는 아가미의 벽주세포의 종대, 비장, 신장 및 간의 종대와 복수가 축적된다.

진단은 환부의 도말 표본을 만들어 Giemsa염색하여 다형성의 병원체를 확인하면 되지만, 일반적으로는 2개의 세포가 연결(pairs)된 쌍구균의 형태로 관찰된다.

분리는 CHSE-214에 배양(15-18℃, 28일)하면 원형세포의 집합체(round cell의 cluster)가 만들어진다. 세포 배양을 할 때는 항생제에 아주 민감하므로 배양 시에 항생제를 사용하지 말아야 한다.

표 2-7. Epitheliocystis와 lymphocytsis의 진단상의 구분법

	Epitheliocystis	Lymphocystis
감염부위	아가미, 피부, 위새	피부
증상	백색 결절	백색 결절(특히 초기)
감염세포	상피세포 (염세포, goblet cell)	섬유아세포(fibroblast)
병리조직학적 특징	감염세포의 세포질의 비대 **핵의 편재** 세포질은 1개의 거대 과립성 호염기성 봉입체(내부는 coccoid or coccobacillary bodies)	감염세포의 세포질의 비대, 세포질은 호염기성 불규칙한 봉입체의 존재, **핵의 편재는 없음** 림프시스티스세포는 초자성의 capsule에 쌓여 있음.
Wet mount	윤곽이 두꺼운 수포상	거의 원형(중심부가 과립상이며 그 중심부에 원형의 밝은 구형 핵이 존재)

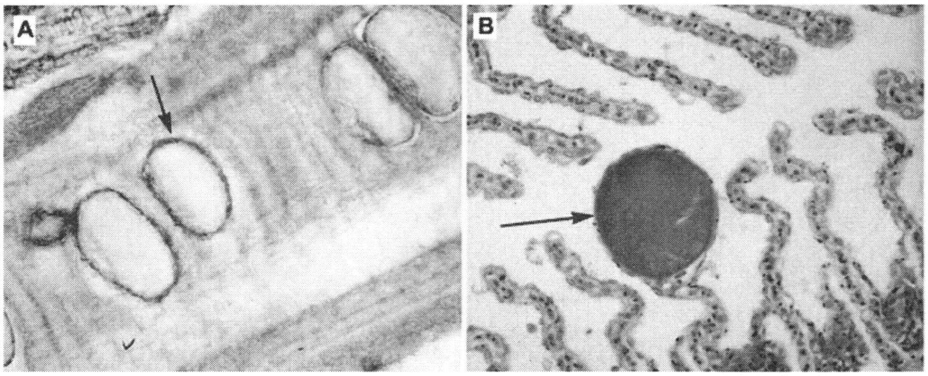

그림 2-44. Epitheliocystis감염증.A: 아가미의 무염색 표본으로 비대한 세포질내에 균질성의 봉입체를 가지고 있다. B: 비대화된 세포질 전체를 1개의 대형 호염기성 과립성 봉입체가 차지하고 있다. 봉입체의 내부는 coccoid bodies로 구성되어 있는 것이 진단상의 특징이다. HE염색 표본

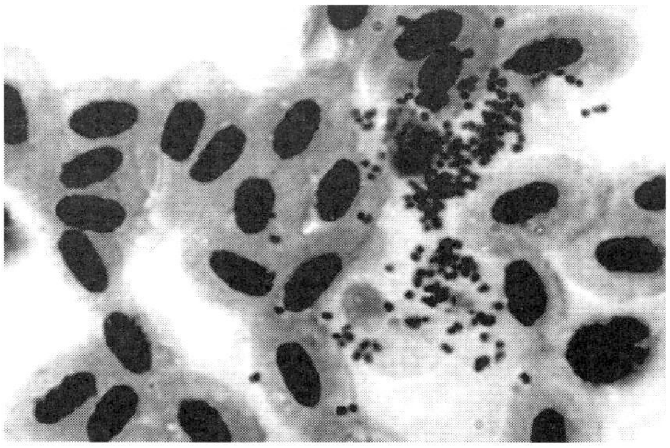

그림 2-45. *Piscirickettsia salmonis*에 감염된 coho연어 혈액의 Giemsa염색상.

2) 능성어

크기 1.2-1.5 kg의 능성어가 수온 22℃일 때 발병하며 10일간의 사망률은 약 1%정도이다.

감염어는 체색이 검어지며 내장기관에는 광범위한 울혈과 비장이 종대되며, 종대된 비장에는 백색의 결절이 형성되어 있다.

혈액은 물처럼 묽으며 혈액, 신장, 비장 및 아가미의 혈구세포의 세포질 내에 공포와 수많은 다형성의 호염기성 입자가 관찰된다. 이처럼 세포질 내에 염기성 입자를 가진 세포는 단구 또는 마크로파아지로 이들 세포의 핵은 편재되게 된다.

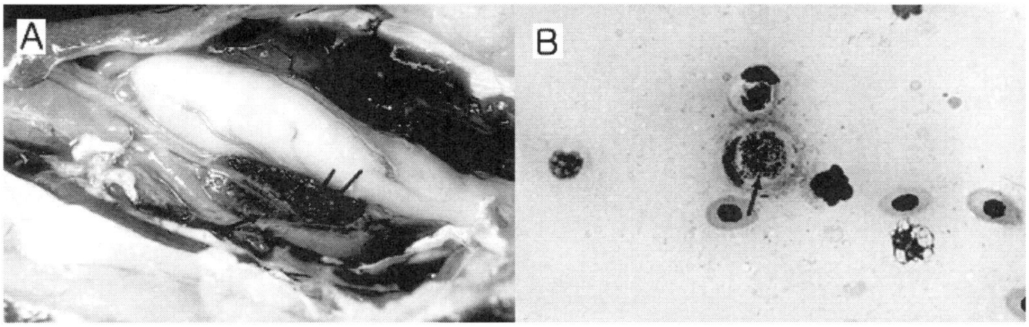

그림 2-46. 능성의 리케치아 감염. A: 비장의 종대와 백색 결절(화살표), B: 마크로파아지의 세포질내의 리케치아. Giemsa염색, x1000.

병리 조직학적으로는 비장 신장 및 간장의 혈관계에 혈전이 형성되어 광범위한 괴사소가 형성되며, 조혈조직에는 현저한 염증세포의 침윤이 생긴다.

리케치아는 변성 또는 괴사된 세포와 마크로파아지의 세포질 내에서 관찰된다. 또한 위와 장의 장막하조직에서도 유사한 병소가 형성된다. 감염어의 비장을 1:10으로 희석하여 원심한 다음 상청액 0.1 ㎖를 복강주사하면 유사한 증상이 발현된다.

Rickettsia검사를 위한 acridine orange염색은 acridine orange (AO) 20 mg을 sodium acetate buffer(1 M $CH_3COONa \cdot 3H_2O$ 100 ㎖, 1 N 90 ㎖) 190 ㎖에 녹인 후 1 N HCl로 pH를 3.5로 조정하여 보존액을 만들어 갈색병에 넣어 보관한다.

살아있는 병어의 신장(간 또는 비장)의 도말표본을 만들어 공기 중에 건조시킨 다음 AO염색을 실시한다. 도말표본을 만든 다음 즉시 염색이 불가능할 때는 -20℃에 보관하여야 한다. 도말표본을 4℃에서 보관하면 결과는 부정적이다.

도말표본은 무수 메탄올로 5분간 고정한 다음, AO액을 만재하여 2분간 염색한 후 수돗물로 세척하고 공기 중에 건조시킨다. Oil을 떨어뜨려 형광현미경으로 검경한다.

형광현미경으로 관찰하면 리케치아는 밝은 오렌지 또는 녹색으로 보인다. 크기는 0.5-1.5 ㎛ 정도로서 모양은 다양하다. 그러나 일반적인 형태는 구형이 대부분이며, 때로는 쌍을 이룬 간균으로 보일 때도 있다. 도말표본을 만들 때에 Giemsa염색용 표본도 만들어 동시에 염색하면 좋은 결과를 얻을 수 있다.

제 3 장 세균성 질병

Ⅰ. 세균(bacteria)

세균은 핵막으로 둘러싸여 세포질에서 격리되어진 핵이 없는 대신에 진핵생물의 핵처럼 유전정보인 DNA를 가지고 핵의 역할을 하는 핵양체(nucleoid)를 가지고 있는 원핵(prokarltic, 원시핵)으로서, 세포질의 내부에도 경계막에 의해 분리된 세포질내 소기관이 존재하지 않는다.

세균은 아미노산과 탄수화물로 구성된 당단백질성의 세포벽에 싸여 있고, 일부의 세균은 세포벽에 다당류가 들어 있어 세포를 보호하는 역할을 하는 협막을 가지고 있는 세균도 있다.

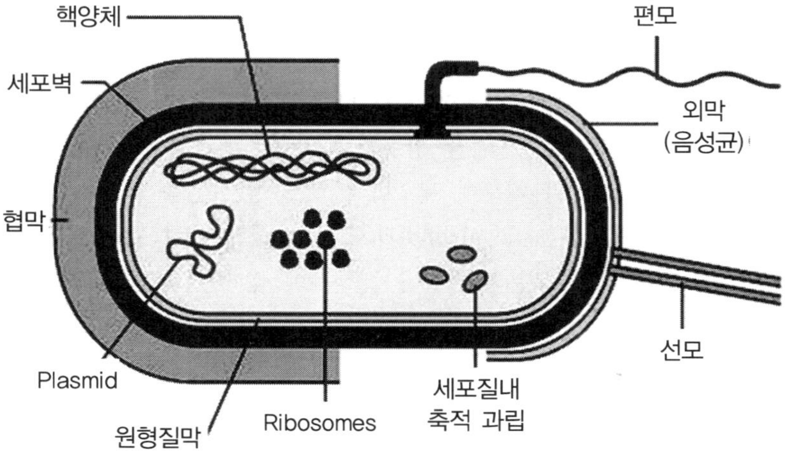

그림 3-1. 세균(그람 음성균)의 형태의 모식도.

그람염색 하였을 때의 염색성에 따라 그람 양성균과 음성균으로 구분하는데 이는 세균을 싸고 있는 세포벽의 차이 때문이다. 즉 그람 양성균과 음성균의 표층구조에는 차이가 있는데 peptidoglycan과 murein으로 구성된 세포벽은 그람 양성균이 두텁고 그람 음성균은 얇다. 또 그람 음성균은 양성균과 달리 세포벽의 바깥층에 리포다당(polysaccharide, LPS)과 단백질로 된 외피가 있다. 이 LPS는 그람 음성균의 병원성과 관계있으며, 균체항원(O항원)의 특이성은 LPS에 들어있는 다당체 부분에 의해 결정된다.

표 3-1. 그람 음성균과 양성균의 차이점

	그람 양성균	그람 음성균
세포벽의 화학구조	무코다당, 타코인산	다량의 단백질과 지방
약품에 대한 감수성		
페니실린, 설파제	높다	낮다
스트렙토마이신	낮다	높다
음이온계면활성제	높다	낮다
펩신, 트립신 감수성	높다	낮다
원형질 분리	곤란	쉽다
기계적 파괴	곤란	쉽다
세포의 등전점	낮다	높다

이러한 구분 이외에 항산성균도 있다. 그람 염색에 염색되지 않고 특수한 염색인 항산성염색에 적색으로 염색되는 균이다.

항산성균인 점액세균의 염색에 사용되는 Ziehl-Nelsen의 항산성염색(acid-fast staining)은 세균의 세포벽이 두터운 왁스성 물질을 함유하고 있기 때문에 보통의 Gram염색이나 단염색(simple stain)에 염색되지 않기 때문에 세포벽의 왁스 성분을 녹이기 위한 가온이 필요한 염색법이다. 그러나 일단 염색되면 acid-alcohol과 같은 탈색제에 잘 탈색되지 않기 때문에 항산성(acid-fast)이라 한다. 한편 대부분의 세균은 탈색제에 쉽게 탈색되기 때문에 non-acid-fast라 한다.

염색액으로 사용되는 phenol성 시약인 carbol fuchsin은 세포벽의 주요 성분인 지방성 물질을 녹이는 성질이 있기 때문에 착색되어 세포벽에 흡착된다. 이러한 색소의 흡착을 도와주기 위하여 가온염색을 함으로서 색소가 지질의 세포벽을 통과하여 세포질에 흡착되게 된다. 그러므로 염색 후 냉각하면 세포벽의 왁스 성분이 굳어지고 탈색제에 의한 탈색이 방지되므로 염색액의 색조인 적색을 띄게 된다. 대비 염색을 위해 methylene blue 등을 사용하는데, 항산성을 나타낸다는 것은 염색 후 세포질에 착색된 색조인 적색을 띄는 것을 의미한다.

Ⅱ. 세균의 증식 곡선

세균을 액체 배지에 접종하면 시간이 경과함에 따라 아래 그림과 같은 증식곡선(발육곡선, growth curve)과 같은 성장을 하게 된다. 생균수의 증가를 시간 경과를 기준으로 조사하면 4개의 성장 단계로 나눌 수 있다.

1) 유도기(lag phase, A)

잠복기라고도 하며, 세균의 수는 증가하지 않지만, 물질대사기능은 활발히 일어난다. 특히 핵산 합성, 세포벽이 팽창되는 등 새로운 환경에 적응하는 시기이다. 영양이 부족한 배지 또는 약물이나 방사선처리 후에는 재합성과 재생을 위하여 이 시기는 길어진다.

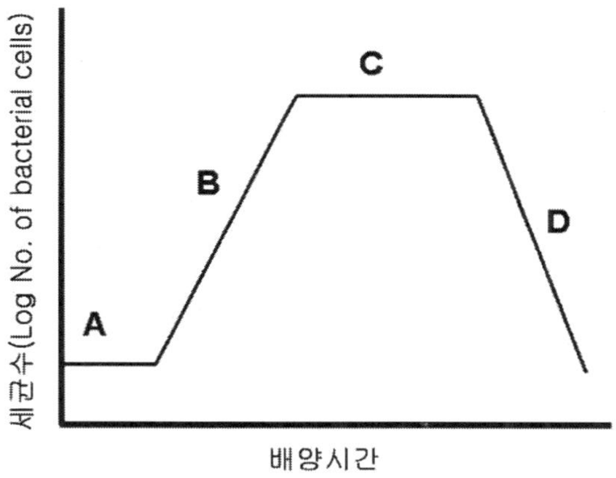

그림 3-2. 세균의 증식곡선(bacterial growth curve).

2) 대수증식기(exponential 또는 log phase, B)

세균의 세포가 2분법에 의해 2^n으로 분열하는데 걸리는 시간은 균의 종류에 따라 다르다. 세균의 분열의 속도는 배지의 영양분의 양에 비례한다. 이 시기에 세균은 2분법에 의해 기하급수적으로 증가하게 된다. 그러나 분열이 계속됨에 따라 영양분의 부족, 산소의 공급부족, 물질대사산물에 의한 장애가 일어나 분열이 정지하게 된다.

3) 정체기(stationary phase, C)

세포 분열에 의해 생산되는 세균과 죽어 가는 세균이 같은 수로 평행을 이루고 있는 단계이다. 세포의 사멸은 영양부족 또는 대수 증식기 동안에 체외로 방출된 독소 등에 의한 것이다.

4) 사멸기(death phase, D)

생균수가 줄어드는 시기로 죽은 균체가 자가 분해되는 방법에 따라 전체 균량의 감소 방식이 결정되어진다. 그러나 이 단계에서 균체가 죽어가면서 생균수의 감소가 일어나지만, 완전히 죽어버리지는 않고, 살아남은 소수의 세균은 죽은 균체의 분해에 생기는 영양분을 이용하여 장기간(수개월-수년)생존할 경우도 있다.

대부분의 세균은 1개의 균체가 같은 크기의 2개의 딸세포로 분열하므로 균수는 대수 증식하게 된다. 이 대수증식의 속도는 균체량이 2배로 되는데, 필요한 시간을 세대시간(generation time, 배수시간, doubling time)이라 한다. 세균이 증식하기에 좋은 환경이라면 세대시간은 짧아지게 된다.

Ⅲ. Koch의 4원칙과 병원성

1) Koch의 원칙(Koch's postulates)

(1) 병어에서는 원인 생물이 반드시 발견되지만 건강한 어류에서는 발견되지 않는다.
(2) 병어로부터는 원인 생물이 반드시 분리되어져야만 하며, 분리 상태는 거의 순수 상태로 분리되어져야만 한다.
(3) 분리된 병원생물을 어류에 인위 감염시켰을 때는 자연 발병어와 동일한 증상이 재현되어야만 한다.
(4) 인위 감염시킨 어류에서는 접종한 원인생물이 다시 분리되어져, 재분리된 병원체는 접종한 병원생물과 동일한 것이어야만 한다.

위의 4원칙을 충족시키고 있을 때만이 원인생물이 질병의 원인균으로 확정한다.

그러나 병어로부터 원인생물이 분리되어지지만, 어류에 재감염시켰을 때는 반드시 자연적으로 발생한 질병의 증상과 동일한 증상이 생긴다고 할 수 없다. 이러한 경우에는 분리된 병원생물을 원인균이라고 단정지을 수 없기 때문에 "ㅇㅇ증"이란 용어를 사용하며, 4원칙을 모두 만족하였을 경우에만 "ㅇㅇ병"이란 용어를 사용한다.

이처럼 병어에서 분리 되어진 세균은 어류에 인위 감염시켜 병원성을 확인되지 않으면 진정한 의미의 병원균이라 할 수 없다. 그러므로 분리된 병원체는 반드시 병원성을 확인하여야만 한다.

세균의 병원성 확인은 분리균을 배양한 한천배지에 접종하여 미리 무게를 측정한 시험관에 균태를 백금이로 긁어모은 다음 다시 무게를 달아 균과 시험관의 무게에서 빈 시험관의 무게를 빼면 균태만의 무게(습균 중량)를 알 수 있다.

시험관의 균에 고압멸균생리식염수(0.85%식염수)를 첨가하여 현탁시켜 인위 감염시킬 10 mg/㎖의 접종균 원액을 만든다. 접종균 원액을 생리식염수로 10단계 희석하여 여러 농도의 접종균액을 만든다.

각 희석 접종균액을 병이 없는 건강한 실험어의 근육내 또는 복강내에 접종한 다음 폐사 및 증상을 기록한다. 증상이 나타나는 개체 또는 사망개체에서 접종한 균의 재분리를 시도하여 접종균이 다시 분리되어지는가를 확인한다.

3) 인위 감염 접종균액의 균수 측정(Miles & Misra법)

유리 시험관을 멸균한 다음 미리 전자저울로 시험관의 무게를 측정하여 둔다. 이 때 시험관은 가능한 손으로 만지지 않도록 주의한다.

한천 평판배지에 배양한 균태를 백금이를 사용하여 모은 다음 미리 멸균하여 둔 유리시험관에 옮긴 다음 유리시험관과 균태의 무게를 측정한 다음 유리시험관의 무게를 빼면 균태의 무게(습균 중량)를 구할 수 있다.

시험관에 멸균생리식염수를 첨가하여 균액의 농도를 10 mg/㎖가 되도록 조정하여 균액의 원액으로 한다.

7개의 멸균한 작은 시험관에 멸균생리식염수 2.7 ㎖을 분주한 다음 접종균 원액에서 멸균 mess피펫 또는 자동 피펫에 접종균액을 흡입하고, 0.3㎖을 최초의 작은 시험관에 넣고 피펫은 소독액에 버린다.

첫 번째 시험관을 mixer로 충분히 혼합을 한 다음 새로운 피펫으로 다시 0.3 ㎖을 흡입하여 두 번째 시험관에 넣고 피펫은 버린다. 이 과정을 반복하여, 10배 단계희석으로 10^{-7}까지 희석시켜 접종균 희석액을 만든다.

2개 이상의 한천 평판을 준비하여 아래 그림과 같이 구획한 다음 microtiter용 dropper(0.025 ㎖) 또는 자동 피펫을 사용해서, 먼저 10^{-7}의 희석액을 그 구획에 1방울씩 떨어뜨린다. 접종균액을 높은 농도에서 낮은 농도로 희석할 때는 고농도에서 사용한 피펫에 붙어 있는 균액이 낮은 농도로 옮아간다면 커다란 오차를 유발하지만, 반대로 낮은 농도에서 높은 농도로 옮아갈 때는 피펫에 묻어 있는 균액이 높은 농도로 옮아가더라도 균의 수에는 영향을 미치지 못한다. 그러므로 낮은 농도에서 높은 농도로 옮아갈 때는 피펫을 교환하지 않고 그대로 계속 사용하여도 무방하다.

한 단계 높은 농도인 10^{-6}의 접종균 희석액을 mixer로 충분히 교반한 다음 피펫을 사용하여 수회 흡입 배출한 후, 10^{-6}의 희석액을 흡입하여, 평판에 1방울 떨어뜨린다. 이러한 과정을 반복하여 10^{-1}의 접종균 희석액까지 평판 위에 적하한다. 적하한 평판배지는 희석액이 흐르지 않게 정치시킨다. 희석액이 배지에 흡수되고, 배지표면이 건조되면, 평판을 뒤집어서 배양한다.

소정의 온도에서 24시간 혹은 그 이상 배양 후, 세균 희석액을 적하했던 구획에서 집락수를 세고(2-20개 범위), 처음의 세균의 균수(CPU/㎖)에 누적해서 계산한다.

접종균의 희석액으로 사용되는 생리식염수 중에 사멸하는 세균은 펩톤수 또는 희석액(Sodium mono hydrogen phosphate 6.0 g, calcium mono hydrogen phosphate 4.5 g, sodium thioglycolate 0.3 ㎖, 한천 1.0 g, 증류수 1,000 ㎖, pH 6.6)으로 희석하여 사용한다.

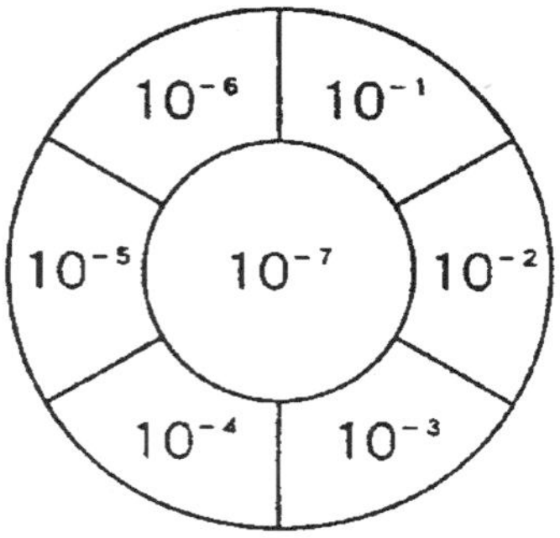

4) 균주의 보존법

분리한 세균은 보통의 배양에서는 수일에서 십 수일간 내에 죽어버리기 때문에, 이를 방지하기 위하여 또는 다른 분리 균주를 동정할 때의 대조균주로서 사용하기 위해서도 균주를 보존해 놓을 필요가 있다. 가장 쉬운 방법은 일정 기간의 간격으로 계속적으로 새로운 배지에 옮겨 접종하는 계대배양을 할 수 있지만, 시간, 비용 및 병원성이 저하하는 등의 문제가 발생한다. 그러므로 계속적으로 사용할 것인지 아니면 시간을 충분히 두고 사용할 것인가를 고려하여 계대 배양 또는 동결 보존 등의 방법을 결정한다.

(1) 반유동 고층배지

보존한 세균은 충분히 증식 가능한 액체 배지에 한천을 0.3-0.5%되도록 넣고, 가온에서 녹인 다음에 시험관 또는 바이엘 병에 넣어 분주한다. 고압멸균 후 고층을 굳힌 다음 균을 백금선으로 찔러 넣는다. 액체배지에는 당류가 들어있지 않은 것을 사용한다. 1일 정도 배양한 후, 마개를 해서 15-20℃에서 보존한다. 이 보존방법에서 보존기간은 보통 1-6개월 정도이다.

(2) 냉동보존

보존한 균주가 충분히 증식할 수 있는 액체배지에 항 동결제로서 글리세린 또는 포유류 혈청을 각각 10%되도록 넣은 다음에, 별도로 한천 배지에서 배양한 균을 부유시켜 소량씩 시험관 또는 바이엘 병 등에 분주하여 실온에서 30분간 둔 다음 -80℃에서 동결 보존한다. 대개의 경우 글리세린만 10%첨가하여도 무방하다.

항 동결제로서 글리세린을 사용하는 경우에, 액체배지는 글리세린을 넣은 후에 고압멸균이 가능하지만, 혈청을 사용한 경우에는 액체배지를 멸균한 후, 식히고 나서 여과 멸균한 혈청을 무균적으로 첨가할 필요가 있다. 액체배지에는 당분이 들어있지 않은 배지를 사용한다. 이 보존방법으로 상당히 장기간 보존이 가능하다.

5) 생균수 계산 (25-250의 범위: 예는 30-300개를 이용한 것임) (MPN법)

배양기속에서 48시간 배양한 다음 2개의 샤-레에서 자란 집락의 평균을 구하여 시료 1㎖ 중의 균수로 환산한다. 부득이 할 경우에는 5℃에 보존시켜 24시간 이내에 생균수(viable cell count, cell forming unit, CFU)를 산정한다.

시료를 희석한 경우는 25-250개의 집락이 자란 것을 골라 균수를 환산한다. 동일 희석배수에 한 개만 30-300의 범위에 들어도 2개를 계산하고, 연속 희석배수에서 한 희석 배수만 이 범위에 든다면 범위에 들어가는 희석배수만으로 계산하고 벗어나는 것은 제외한다. 전체 평판에 250개 이상 집락이 발생한 경우 250에 가까운 평판에 대하여 밀집평판 측정법에 따라 계산하며, 전체 평판에 30개 이하의 집락만을 얻었을 경우에는 가장 희석배수가 낮은 것을 측정한다.

평판배양법에서 산정된 균수의 기록은 둘째 자리 이하를 "0"으로 처리한다. 만약 3번째 자리의 숫자가 6이상과 4이하인 경우는 반올림하거나 버린다. 만약 세 번째 자리가 5일 경우는 2번째 자리수가 홀수일 경우는 위로 반올림하고, 짝수일 경우는 "0"으로 처리한다(항상 2번째 자리를 짝수로 만들어준다). 예를 들면 15,500인 경우는 16,000으로 기록하고, 14,500인 경우는 14,000으로 표기한다.

① 30 - 300 CFU/plate 인 경우

$$N = \sum C / \langle (1 \text{ x } n1) + (0.1 + n2) \rangle \text{ x } (d)$$

N = 어육 g 또는 ㎖당 세균 집락수

$\sum$ C = 모든 평판에 계산된 집락수의 합

n1 = 첫 번째 희석배수에서 계산된 평판수

n2 = 두 번째 희석배수에서 계산된 평판수

d = 첫 번째 희석배수에서 계산된 평판의 희석배수

구 분	희 석 배 수		CFU/g(㎖)
	1:100	1:1,000	
집 락 수	232 244	33 28	24,000

N = (232 + 244 + 33 + 28) / 〈(0.01x2) + (0.0.001x 2)〉

= 537/0.022 = 24,409 =24,000(4임으로 버림)

② 30 CFU/plate 이하인 경우: 무조건 30 x 희석배수(25-25인 경우에는 25 x희석배수=〈2500이지만 자료의 정리를 위해 최소희석배수의 실제값을 표시하기로 한다.: 1400으로 표시

구 분	희 석 배 수		CFU/g(㎖)
	1:100	1:1,000	
집 락 수	18 10	2 1	〈3,000

③ 300 CFU /plate 이상인 경우: 300에 가까임 값을 사용한다.

구 분	희 석 배 수		EAPC/g(㎖)
	1:100	1:1,000	
집 락 수	TNTC TNTC	630 650	640,000

TNTC : too numerous to count

EAPC : estimated aerobic plate count

(630+650)/0.002=640,000

④ 2개중 1개가 30-300 CFU/plate 을 벗어난 경우

구 분	희 석 배 수		EAPC/g(㎖)
	1:100	1:1,000	
집 락 수	322 278	23 29	30,000

Spreader가 없다면 계산한다.

(322+278)/0.02=30,000

⑤ 둘 다 30-300 CFU/plate 을 벗어난 경우: 300에 가까운 수치 사용

구 분	희 석 배 수		EAPC/g(㎖)
	1:100	1:1,000	
집 락 수	325 329	22 25	32,000

(325+329)/0.002 =317000=32,000(반올림)

⑥ Spreader가 있는 경우 있는 곳의 번식이 억제되므로 따로 계산할 것

구 분	희 석 배 수		EAPC/g(㎖)
	1:100	1:1,000	
집 락 수	274 230	35 Spreader	30,000

낮은 희석배율: (274+230)/2=504/2=252, 높은 희석배율: 350

350/252=1.38=1.4로 2배가 넘지 않으므로 따로 계산하여 합한 다음 나눈다.

1) (274+230)/0.02=25700=26,000

2) 35/0.001=35,000

3) (26000+35000)/2=30500=30,100

⑦ 30-300 CFU/plate 인 경우지만 높은 희석배율의 균수가 낮은 희석배율의 균수의 2배가 넘을 때는 낮은 희석배수의 균수만으로 계산한다.

구 분	희 석 배 수		CFU/g(㎖)
	1:100	1:1,000	
집 락 수	138 162	42 30	15,000

계산

낮은 희석배율: (138+162)/2=150, 높은 희석배율: (420+300)/2=360

360/150=2.4 즉 높은 배율의 균수가 낮은 희석 배율의 균수의 2배가 넘는다. 이것은 희석상의 잘못으로 간주되므로 높은 희석배율의 균수를 버리고 낮은 희석배율의 균수만을 계산한 15,000이 된다.

⑧ 범위를 벗어나지만, 값이 250범위에 가까울 때는 그것을 채택

구 분	희 석 배 수		CFU/ g(㎖)
	1:100	1:1,000	
집 락 수	263 252	83 92	15,000

1:000이 25-250범위이지만 최소희석배수의 수치가 250에 가까움으로 이러한 경우에는 최소희석배수만을 계산한다. 최고희석배수가 2배를 넘는다.

♣ 간편화 원칙

1. 25-250개의 범위를 찾는다.
2. 낮은 단계와 높은 단계(실수에 곱하기 10)의 각자의 평균값을 구하여 높은 단계가 낮은 단계의 2배가 되면 높은 희석 단계의 균수는 제외하고 낮은 단계의 값만으로 균수를 계산한다.
3. 4개의 평판 중 각 희석단계에서 2개중 1개가 25-300범위를 벗어난 경우에는 모두 범위에 든 것으로 계산한다.
4. 모두가 25개 보다 적을 때는 원칙은 〈25x 희석배수이지만, 작업상 실제균수를 구하여 희석배수를 곱한 실수를 표시한다.

5. 모두가 범위를 벗어난 경우에는 250에 가까운 것만 채택한다.
6. 어느 것을 채택하여야 애매할 경우 2개의 평균을 내었을 때 250에 가까운 것을 채택한다.

Ⅳ. 어병세균(bacterial fish pathogens)

어병 세균도 그람 양성균과 그람 음성균으로 구분되며, 이중 산업적으로는 그람 음성균에 의한 피해가 크다. 어병세균의 발육온도는 대부분이 어류의 사육온도와 비슷한 중온성 세균(20-30℃)이다. 그러나 예외적으로 송어류에 감염되는 세균인 *Renibacterium salmoninarum*(15-20℃), *Flavobacterium psychrophylum* (15-20℃) 및 *Aliivibrio salmonicida* (15℃) 등은 저온성 세균이다.

어류의 병원체는 크게 편성 병원체(obligate pathogen, 절대 병원체, 정통 병원체)와 조건성 병원체 (facultative pathogen, 기회성 병원체)로 구분하고 있다.

어류에 감염되는 세균은 거의 대부분이 조건성 병원체이다. 병원체가 조건병원체인지 절대병원체의 구분 기준은 병원체와 숙주와의 관계를 기준으로 판단하는데, 같은 병원체라도 어종에 따라 조건성 병원체와 편성 병원체로 될 수가 있다.

담수어와 해산어의 비브리오병의 원인균인 *Listonella anguillarum*(=*Vibrio anguillarum*)은 보통 조건 병원체이지만, 이 균은 은어에서는 편성 병원체이다. 넙치의 종묘생산과정에 빈발하는 소화관백탁증의 원인균인 *Vibrio ichthyoenteri*는 넙치 치어의 편성 병원체이다.

표 3-2. 절대병원체와 조건성 병원체의 비교

	편성 병원체(절대 병원체)	조건성 병원체(기회성 병원체)
병원성	강함	약함
주사에 의한 치사량	10^1-10^4 CFU/마리	10^7 CFU이상/마리
침지에 의한 감염실험	성립됨	성립하지 않음
환경수중의 존재	보통은 존재하지 않음	보통은 상재균임
발병을 결정하는 요인	숙주의 면역성	숙주의 종합적 저항력
주요 예방대책	방역, 면역	건강관리
예	*Aeromonas salmonicida* *Listonella anguillarum* *Renibacterium salmoninarum* *Photobacterium demsella* sub. *picicida*	*Aeromonas hydrophila* *Listonella anguillarum* (해산어) *Edwardsiellar tarda* (뱀장어) *Lactococcus garvieae* (방어)

표 3-3. 사육조건의 개선에 따른 질병의 예방과 폐사 감소법

병 명	원인 병원체	감염 어류	예방 방법
유두종(pox병)	*Cyprinid herpesvirus*-I	잉어	수온을 25-30℃로 상승
IHN	Rhabdovirus	연어, 송어	수온을 20℃로 상승
넙치랩도 바이러스	*Rhabdovirus olivaceus*	넙치	수온을 16℃로 상승
넙치VHS	*Rhabdovirus*	넙치	수온을 20℃로 상승
KHV	*Cyprinid herpesvirus*-III	잉어	수온을 32℃로 상승
뱀장어혈관 내피괴사증	DNA 바이러스	뱀장어	수온을 35℃로 상승
참돔이리도 바이러스	Iridovirus	참돔(가두리)	저밀도 사육 (2-8 Kg/ton)로 밀도와 역상관 관계의 사망율
EIBS	Togavirus	연어, 송어	수온을 20℃로 상승
VNN	Nodavirus	팬드그루퍼 (*Cromileptes altivelis*)	수온을 35℃, 14일유지 31℃바이러스 증식억제, 35℃ 어류 식욕 상실
상피증생증	Herpesvirus	넙치	O_2의 과잉 공급
적점병	*Pseudomonas anguilliseptica*	뱀장어	수온을 27℃로 상승 또는 무염분 담수 사육
두부궤양병	비정형 *A. salmonicida*	뱀장어	수온을 30℃로 상승
에드와드병	*Edwardsiella tarda*	뱀장어	수온을 35℃로 상승
에드와드병	*Edwardsiella tarda*	넙치	저밀도(2.6 kg/ton이하)
냉수병	*Flaovobacterim psychlophilum*	은어	저밀도와 고환수율 (기존의 1/3과 3배), 28℃ 3일간 사육
글루게아	*Glugea plecoglossi*	은어	수온을 29℃로 상승
아가미흡충	*Pseudodactylogyrus*	뱀장어	수온을 35℃로 상승
난균병	*Halocrusticida panulirata* *Haliphthoros milfordensis*	칼새우	3/4-2/3희석해수 (24.4-25.1‰)
	Halocrusticida okinawaensis	꽃게	사육수 pH 9.25로 상승 (0.1% NaOH)
	Halocrusticida parasitica	꽃게	〃
	Haliphthoros sp.	꽃게	〃
	Lagedinium callinectes	꽃게	수온을 23℃, pH 6.0

V. 주요 질병

1. 그람 음성균 (Gram-negative bacteria)

1) 절창병 (furunculosis, 부스럼병)

연어·송어류의 주요 질병으로 원인균은 그람 음성, 비운동성, 통성혐기성 단간균인 *Aeromonas. salmonicida*(*A. salmoinicida* subsp. *salmonicida*)이다.

*A. salmonicida*는 보통한천에 배양하면 회백색, 원형, 주변 무구조, 표면 원활, 융기, 광택이 있으며 투과광으로 청녹색의 집락인 S형(S type)의 집락이 형성된다. 그러나 계대배양을 계속하면 갈색의 표면이 원활하지 못하고 가운데가 오목하며 투과광에 크림색을 띄는 R형이 출현하게 된다. R형은 균체에 protein A layer를 가진 병원성이 강한 균주의 특징이지만, R형도 계속적으로 계대 배양하면 protein A layer가 없는 S형으로 변하면서 병원성이 약해진다.

*A. salmonicida*의 protein A layer의 확인을 위해서는 TSA에 congo red를 30 ㎎/㎖를 첨가하여 평판을 만들어 배양균을 접종하면 양성의 집락은 적색 집락이 형성된다.

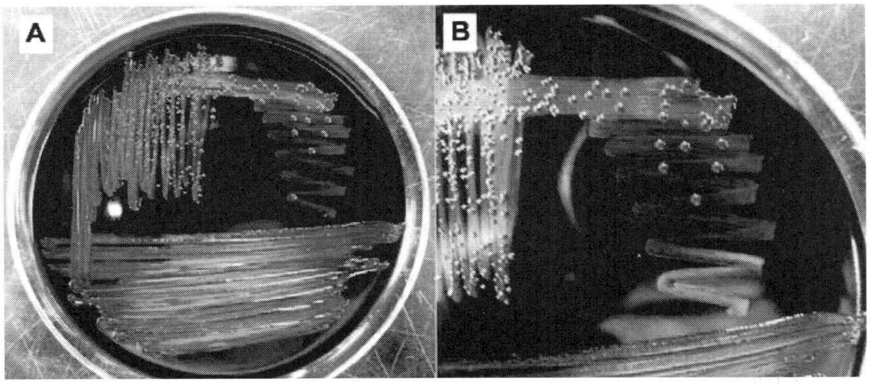

그림 3-3. TSA에 congo red 30 ㎎/㎖가 되도록 첨가한 다음 배양하면 양성 집락은 적색의 집락이 형성된다.

*A. salmonicida*의 또 다른 특징은 한천 배지에 배양하면 수용성 갈색 색소를 생산하여 집락 주변이 갈색으로 착색된다는 것이다. 갈색 색소 생산의 확인은 L-tyrosine (0.1%)과 L-phenylalanine (0.1%)를 첨가한 TSA 또는 D-glucose(0.1%)를 첨가한 columbia agar에 접종하여 7일간 관찰한다.

이처럼 갈색 색소를 생산하는 것을 정형 *A. salmonicida*(typical *A. salmonicida*)라 하며, 생산하지 않는 것은 변종으로서 비정형 *A. salmonicida*(atypical *A. salmonicida*)라 한다. 비정형

*A. salmonicida*는 전세계적으로 4아종인 *A. salmoinicida* subsp. *acromogenes*, *A. salmoinicida* subsp. *masoudida*, *A. salmoinicida* subsp. *smithia* 및 *A. salmoinicida* subsp. *pectinolytica*가 알려져 있으며, 이 중 *A. salmoinicida* subsp. *pectinolytica*를 제외한 종류는 어류에 질병을 유발한다.

비정형 *A. salmonicida*는 잉어 궤양병, 뱀장어 두부궤양병, 잉어 홍반성피부염 등의 원인이었지만, 최근에는 종묘생산 과정의 해산어에서도 빈발하고 있다. 비정형 *A. salmonicida*의 감염은 피부와 근육에 궤양이 주증상이며, 원인균은 환부의 주변에 한정되어 존재하는 경우가 많다.

아가미 또는 경구 감염으로 급성, 아급성, 만성 및 잠복까지 4가지 형태가 발생하고 있다.

이중 급성은 체색이 검어지면 발병 2-3일내에 대량폐사하며, 절창병의 특징이라고 할 수 있는 체표의 융기 환부인 절창(furuncle, 부스럼)이 형성되지 않는 반면 아급성과 만성에서는 체표에 융기 환부가 형성된다.

표 3-4. *A. salmonicida*의 변종인 비정형균의 특징

	subsp. *salmonicida*	subsp. *achromogenes*	subsp. *masoucida*
Brown pigment	+	−	−
Indole production	−	+	+
Esculin hydrolysis	+	−	+
Growth in KCN broth	−	−	−
L-histidine, L-arginine	−	−	−
Utilization of:			
L-arabinose	+	−	+
Fermentation of:			
Salicin	d	d	d
Sucrose	−	+	+
Mannitol	+	−	+
Acetoin from glucose	−	−	+
Gas from glucose	+	−	+
H_2S from cysteine	−	−	+

감염경로와 질병의 형태를 고려하면 급성형은 아가미를 통한 감염, 만성 감염은 피부를 통한 감염으로 추정할 수 있다. 아가미를 통한 감염형에서는 새박판 상피나 모세혈관에 우선 세균의 집락이 형성되어 혈행장애가 일어나고, 세균이 더욱 증식하게 되면 세균 집락의 발달과 병행하여 내장기관으로의 전이가 일어난다. 또 새박판 상피의 비후, 새박판의 변형, 그리고 새박판의 지지구조의 붕괴가 일어나 육안적으로도 식별할 수 있을 정도의 점상출혈이 아가미에 많이 나타난다. 이때부터 세균은 혈액 속으로 들어가 심장, 비장, 간장 등에 전이병소를 형성시켜 어류를 폐사시킨다.

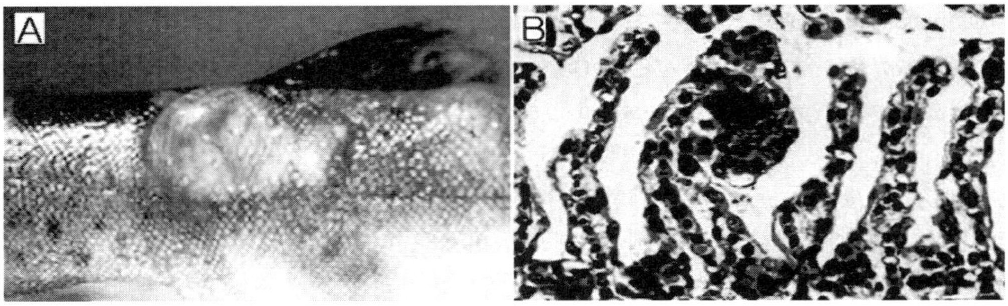

그림 3-4. A: 절창병의 부스럼. B: 아가미의 초기 감염 병소. 새박판 상피에 세균의 작은 집락(a)이 형성되고, 이 때문에 새박판 상피세포의 증생과 새박판의 변형이 유발. HE, x320.

경피감염형은 체색 흑변, 무기력, 식욕부진, 지느러미 기부의 점상출혈, 아가미 빈혈 및 체표에 융기환부가 생기며, 융기환부는 병이 진행됨에 따라 조직의 괴사물과 세균이 방출되고 궤양화된다.

내장기관의 병변은 신장, 비장 및 간장을 심하게 손상시키는데, 신장에는 세균집락이 간질에 다수 만들어지므로 실질조직이 괴사되고, 그 결과 신장은 전체적으로 연화, 종대되며 부분적인 융해가 일어나며, 사구체나 세뇨관이 괴사된다.

비장은 협조직과 기타 부위에 세균집락이 형성되어 변성, 괴사가 일어난다. 외관적으로는 비장이 종대되어 엷은 적색 또는 암적색을 띄게 된다.

간장은 류동이나 혈관 밖에도 세균의 집락이 형성되고, 퇴색되면서 지방질이 증가하는 경향이 있으며, 간장내의 세균 집락에 접해있는 조직은 변성, 괴사를 일으킨다. 또한 간장의 곳곳에 울혈과 내출혈이 생긴 경우가 많아 류동은 허혈상태로 되는 경우도 있다.

진단은 체표의 융기 환부 형성 또는 수용성 갈색 색소를 생산하는 균이 분리되면 추정진단은 가능하다. 또한 항혈청을 사용하여 응집반응으로 진단할 때는 자가 응집반응이 생기기 쉬움으로 주의를 필요로 한다.

2) 운동성 *Aeromonas*병 (motile *Aeromonas* infection)

*A. salmonicida*는 운동성이 없는 반면 운동성이 있는 *Aeromonas* sp.를 흔히 "운동성 *Aeromonas*균"이라 부른다.

대부분의 담수어에 질병을 유발하며, 뱀장어에서는 지느러미가 붉어지기 때문에 기적병(지느러미 붉음병), 잉어에서는 체표에 출혈 반점이 형성되므로 적반병 또는 진피내의 비늘 주머니에 수종 때문에 비늘이 일어서서 마치 솔방울처럼 보이기 때문에 솔방울병(입린병, 비늘이 서는 병), 금붕어에서는 체표에 궤양이 형성되므로 궤양병 등으로 불리고 있는 질병이지만, 이것들을 통틀어 운동성 *Aeromonas*병이라 한다.

원인균은 그람 음성의 1개의 편모(극모 1개)를 가진 그람 음성의 단간균인 *Aeromonas hydrophila*이며, 전형적인 조건성 병원체로 발병과 사육관리와는 밀접한 관계가 있다.

표 3-5. *Aeromonas* 3종의 특성

	A. hydrophila	*A. caviae*	*A. sobria*
Esculin hydrolysis	+	+	−
Growth in KCN broth	+	+	−
L-histidine, L-arginine	+	+	−
Fermentation of:			
Salicin	+	+	−
Sucrose	+	+	+
Mannitol	+	+	+
Acetoin from glucose	+	−	d
Gas from glucose	+	−	+
H_2S from cysteine	+	−	+

※ 옥시다제 양성, 카탈라제 양성, vibriostatic agent 0/129 양성, 발육 적온 22-28° C.

*Aeromonas*속의 특징은 oxidase(+), 포도당을 발효적으로 분해하여 가스를 생산한다. 어류의 질병과 관계가 있는 종으로는 *A. putida, A. sorbria* 및 *A, hydrophila*의 3종이 있으며, *A. hydrophila*가 대표적인 원인균이다.

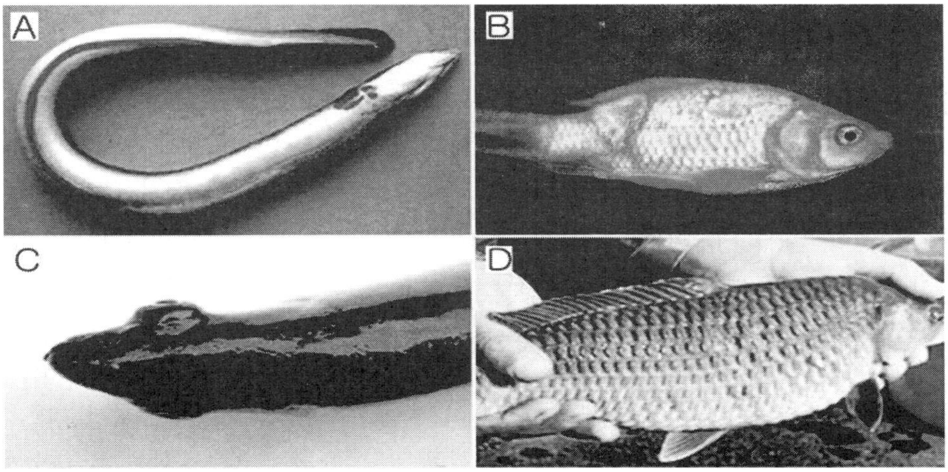

그림 3-5. A: 뱀장어의 기적병, B: 금붕어의 궤양병. C: 은어의 안구돌출. D: 잉어의 솔방울병(scale protrusion).

발병은 대개 이른 봄부터 발병하기 시작하는데, 폭발적으로 유행하는 경우는 극소수이며, 대부분 완만하며 산발적으로 발생한다. 발병요인으로는 기상조건, 과밀사육, 과식, 부주의한 작업 등이 발병의 원인으로 작용하고 있다.

감염 경로는 대부분이 경구 감염에 의해 소화관내에서 침입한 균이 이상 증식하여 그 결과 균체외로 방출되는 독소가 병원 인자로서 중요한 역할을 하고 있다.

병어의 증상은 안구돌출을 동반한 아가미와 항문주변의 국소적 출혈, 복부팽만이다 또한 꼬리나 지느러미에 괴사소가 형성되고, 빈혈과 혈액의 색깔을 띈 복수가 고이기도 한다. 피부에 출혈이 생겨있는 부위는 보통 수종을 일으켜 최종적으로는 궤양화되어, 수생균의 2차 감염을 받게 된다. 내부적으로 비장은 종대되고 신장은 액화괴사, 장은 심한 장염이 생긴다.

장염은 대부분의 경우에 생기지만, 모든 경우에 장염이 생기는 것이 아니라 체표의 궤양 형성을 주요 증상으로 하는 경우에는 장염이 현저하지는 않은 것이 보통이다.

진단은 외부 증상 및 내부 증상으로 추정 진단 가능하지만, 비브리오병, 에드와드병 및 적점병 등에서도 지느러미와 피부에 발적이 생김으로 정확한 진단을 위해서는 원인균을 분리하여야만 한다. 분리에는 Rimler-Shotts배지(R-S), McCoy-Pilcher배지 등의 선택배지도 있지만, 일반의 한천 배지로 충분하다.

예방 방법으로는 조건성 병원체이므로 어류의 생체 방어력을 저하시키지 않도록 작업, 사육밀도, 급이, 사료의 품질 및 환수 등에 주의한다.

3) 에드와드병(edwardsilosis)

A. *Edwardsiella tarda*

뱀장어의 대표적인 질병으로 이전의 노지에서 지중 양식할 때는 거의 발생하지 않았지만, 비닐 하우스내에서 가온 사육한 이후에 빈발하는 질병으로 자리 잡게 되었다.

발병은 실뱀장어의 먹이 부침 직후에서부터 출하 전까지 전 기간을 통하여 발병하고 있을 뿐 아니라 일단 발병하면 치료하기도 곤란한 질병으로 알려져 있다. 뱀장어이외의 주요 감염어종으로는 틸라피아와 차넬메기가 있으며, 잉어나 금붕어 및 송어류에 감염된 예는 없고, 최근에 한국산 메기에 발병이 보고되었다.

원인균은 그람음성, 편모(주모), 단간균, 장내세균과에 속하는 *Edwardsiella tarda*로서 SS배지에 배양하면 집락의 중심부가 흑색이고 주변이 투명한 소형 집락 형성이 형성된다. 최근에 뱀장어에서도 운동성에 차이가 나는 균주가 분리되고 있다. 또한 H_2S의 생산은 *E. tarda*의 특징이지만, 최근에는 H_2S를 생산하지 않는 변이주도 분리되고 있다. *E. tarda*는 서식지가 매우 다양하여 어류의 장내의 상재균일 뿐 아니라 뱀의 장내, 양서류, 파충류 및 조류에서도 분리된다.

감염 뱀장어는 신장이 주로 침해당하는 형(조혈조직 감염형)과 간장이 주로 침해당하는 형(간장 감염형)의 2가지 형이 있는데, 2장기가 동시에 침해당하는 경우도 드물게 있다.

외관적인 증상은 양형 간에 상당한 차이가 있다. 즉 조혈조직 감염형은 항문이 심하게 발적되고, 항문을 중심으로 구간부가 언덕배기 모양으로 부풀어 오르고, 부푼 곳 근처의 여러 곳의 피부에 충혈과 출혈을 동반한 연화와 변색된 부분이 생기는 것으로 신장 중에서도 후반부가 심하게 감염된 경우이다. 드물게는 신장의 전반부만 심하게 침해당한 경우가 있는데, 이러한 개체는 외부적인 증상은 없는 것이 많다.

표 3-6. *Edwardsiella tarda*와 *Edwardsiella ictaluri*의 성상 비교

	Edwardsiella tarda	*Edwardsiella ictaluri*
운동성		
25℃	+	+
37℃	+	−
Gas생산(포도당)		
25℃	+	+
37℃	+	−
인돌 생산	+	−
d-Tartaric acid	+	−
H_2S생산	++	±

그림 3-6. SIM에 25℃ 배양 *E. ictaluri* (1 & 2)와 *E. tarda* (3). A: 운동성과 H_2S생산. B: indole생산.

한편 간장 감염형은 복부의 앞쪽 부분이 현저하게 종창 되던가 앞쪽 복부 아래 쪽의 복벽에 커다란 구멍이 생기고, 복부 각 부분의 피부에 출혈을 동반한 연화와 변색부분이 나타나는 개체가 있다. 그러나 이 2가지 감염형 모두 구간 복부측 피부 전체와 뒷지느러미가 심한 울혈과 다수 형성된 출혈점 때문에 심하게 발적된다.

해부하면 간장과 신장에 화농병소가 형성되어 심한 악취가 나며, 시간이 경과되면 심장과 비장에도 전이 병소가 형성되어 패혈증으로 사망한다.

틸라피아나 차넬메기의 병어는 구간부와 미병부의 근육에 화농병소가 형성되고, 가스의 충만으로 환부가 솟아오르는 경우도 있다.

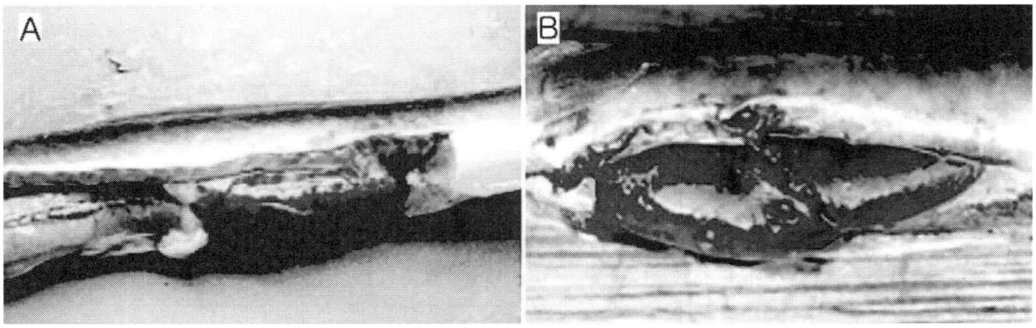

그림 3-7. A: 조혈조직염형. 신장에 많은 농양이 형성되어 종대되어 있다. B: 화농성 간염형. 간장에 백색의 농양과 화농병소, 인접 근육에 화농병소가 형성되어 있으며, 배농된 농이 복강내에 고여 있다.

진단은 외부 및 내부 증상으로 가능하지만 선택배지인 SS한천 배지 또는 DHL배지, XLD배지를 사용하여 원인균을 분리 동정할 필요가 있다. 감염 화농병소에는 호중구의 침윤을 특징으로 한 액화괴사가 생긴다.

원인균은 호중구에 탐식되어 일부는 사멸하지만, 호중구에 대한 저항성이 강하여 호중구 내에서 생존하여 번식하게 되므로 균구를 형성하여 만성화되는 경향이 강하며, 약제의 효과도 감소시키는 결과를 초래하고 있다.

뱀장어 양어장의 저질에서도 분리되므로 찌꺼기와 변 등을 신속히 제거하여 감염원을 감소시키는 것이 예방 대책이다.

발병하면 항생제의 경구 투여에 의존하여 치료하고 있었다. 그러나 최근에 뱀장어의 치료 대책으로 온도를 올려 사육하는 새로운 방법이 개발되었다.

뱀장어의 사육 온도는 28-30℃가 일반적이며, 가장 빈발하는 질병은 *Edward*병으로서 항생제의 경구투여에 의해 치료를 시도하지만 잘 치료되지 않는다.

*Edward*병에 감염되었을 때는 일시적으로 사육수온을 사육온도보다 높은 35℃로 올려서 사육하면 치료 효과를 기대할 수 있다. 이 때 온도를 올려서 효과를 기대할 수 있는 기간은 최소 5일이며, 이보다 오랫동안 사육하면 효과는 더욱 확실하다. 완치된 다음에는 통상의 사육온도로 내려서 사육하면 연료비를 절감할 수 있다.

표 3-7. 뱀장어의 세균성 질병의 출혈 및 발적 증상)을 중심으로 한 증상 비교

병 명	가슴지느러미	등지느러미	뒷지느러미	항문	두부	피부
기적병	●	△	●	△	■	△
*Edward*병	■	△	●	●	■	△
적점병	△	△	△	△	●	△
비브리오	△	△	△	●	■	● 융기, 궤양
적점병	△	△	△	△	△	●
연쇄구균병	△	△	△	■	■	■

* ●: 심함, ■: 경미. △: 거의 없음.

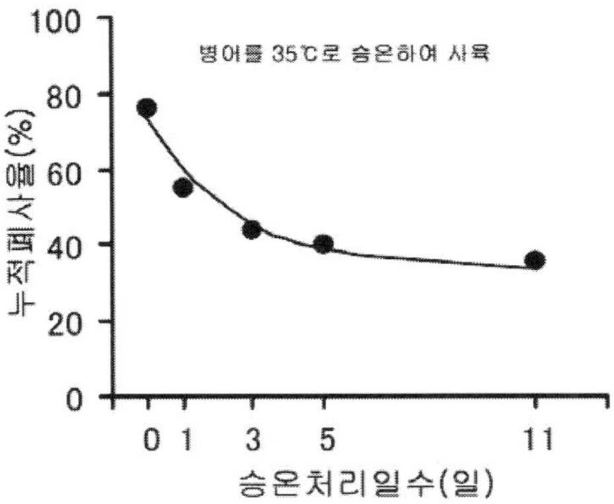

그림 3-8. 35℃로 승온한 경과일수별 폐사율.

*E. tarda*의 감염과정은 6단계로 구분할 수 있다. 이 중 1-4단계는 장염을 유발하는 과정으로 침입과 상피세포 내에서의 증식과 관련되어 있다. 침입한 세균은 상피세포 하부의 조직 깊은 곳으로 침투하여 식세포에 의해 탐식되게 된다(5단계). *E. tarda*는 증식과 숙주의 생체 방어체계를 극복하기 위하여 상피세포나 숙주세포에서 생존하여 숫자가 증가하여 전신감염을 유발하게 된다.

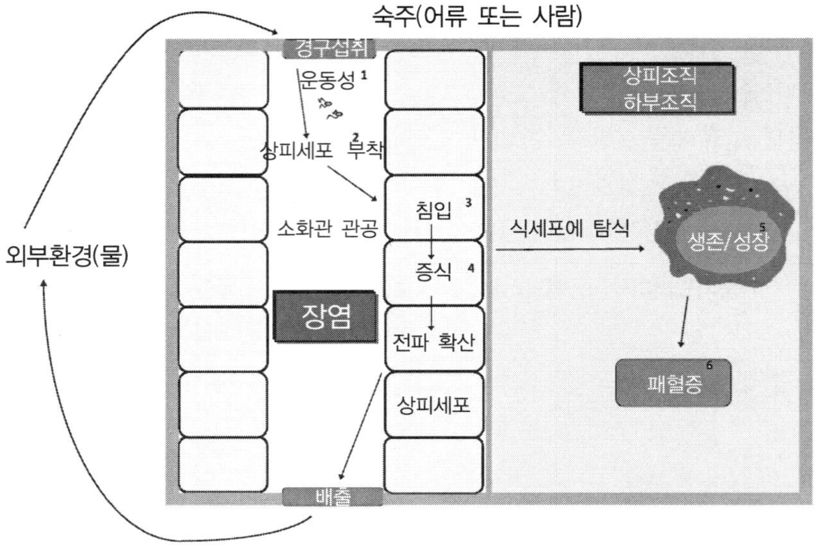

그림 3-9. 상피세포를 통한 *E. tarda*의 감염 6단계의 모식도. 1-4: 장염, 1-6: 패혈증을 포함한 상피세포 하부 조직의 감염.

*E. tarda*는 숙주의 상피세포에 도달하거나 부착하기 위하여 편모를 이용(1단계)하는데, 편모의 주요성분인 flagellin은 독력을 지니고 있다. 또한 숙주 상피세포에 부착하여 감염을 유발하기 위해서 fimbrial protein(fim A), afimbrial hemagglutinin, autotransporter adhesion AIDA 등의 adhesin을 사용한다(2단계)

숙주의 상피세포에 부착하게 되면 조직 또는 세포내로 침입하기 위하여(3단계) EthA hemolysin과 같은 invasion-like protein의 도움을 필요로 하게 된다. 상피세포내에 침입한 세균은 세포내에서의 증식을 위해 bacterial type III와 VI secretion system(T3SS, T6SS)을 사용한다(4단계). 증식에 의해 균수가 증가되거나 숙주의 방어체계를 능가하였을 때는 상피세포에서 하부 조직으로 침입하여 혈액과 림프에 도달하게 된다. 이때부터 식세포와 만나게 되어 식세포에 탐식당하게 된다. 그러나 T3SS와 T6SS의 독력이 식세포내에서 *E. tarda*가 생존하여 증식이 가능하도록 한다.

식세포내 또는 하부 조직으로 침투하는 과정에서 식세포와 숙주의 혈청에 의한 살균과 같은 방어체계와 부딪히게 된다(5단계). *E. tarda*는 gadB와 같은 산중화 gene(acid neutralizing genes)을 가지고 있어 소화관내의 산성 조건 또는 식포내에서 생존하게 하고, 카타라제와 superoxide dismutase에 code되어 있는 KatB와 sodB gene은 H_2O_2와 같은 활성산소를 분해시켜 무력화하게 한다.

마크로파아지의 세포 내에서 EsaC와 EseB와 같은 T3SS protein의 양의 현저히 증가하는 반면, 세포내에서는 운동과 침입과정이 필요하지 않기 때문에 편모 유래의 단백질과 EthA는 점차로 감소하게 된다.

감염이 진행됨에 따라 성장과 증식을 위해서 영양을 필요로 하게 되는데 필수 영양소인 인과 철을 얻기 위하여 인의 운반에 매우 높은 친화성을 가진 pstSCAB-phoU operron과 sidropore 생산을 위한 astA gene이 활성화되게 된다.

이때부터는 hemolysin, chondroitinase, collagenase 및 protease와 같은 균체외 효소가 전신감염을 위하여 세균이 퍼져나가도록 도와준다(6단계). *E. tarda*의 T6SS가 결여되면 증식이 감소되기 때문에 T6SS가 전신감염에 중요한 역할을 한다는 것을 알 수 있다.

*E. tarda*의 T3SS와 T6SS는 숙주내에서 *E. tarda*의 생존, 복제 및 독력에 필수적으로, 특히 병원성의 가장 중요한 2요소이다. T3SS와 T6SS는 숙주내에서 *E. tarda*가 위치하는 조직내 환경요인에 따라 활성화 또는 불활화된다. 이러한 제어에 의해 *E. tarda*는 침입을 위한 다른 특성을 지니게 되어, 숙주내의 환경을 효율적으로 이용함으로써 숙주 내에서의 생존과 병원성에 핵심 요소로 작용한다.

T3SS는 식세포 내에서의 분해를 방지하여 세포내에서 증식할 수 있도록 하는 바늘과 같은 복합체로서 분비된 단백질이 세균의 세포질에서 숙주세포의 세포질로 들어가도록 하여 독력 gene의 전사를 제어한다.

T6SS는 *E. tarda*가 숙주세포내에 정착하여 전신감염을 유발시켜 숙주를 폐사시키는 분비계이다.

B. 해산어 에드와드병

담수 및 기수 지역의 상재균으로 뱀장어에서 중요한 질병이었지만 최근에는 숭어, 붉돔, 참돔, 넙치 및 가자미류 등에서 발생하는 질병으로 특히 고수온기의 넙치 양식에서 최대로 피해를 유발하는 질병이기도 하다.

원인균인 *E. tarda*는 그람 음성, 옥시다제(-), 통성혐기성 단간균의 장내세균과의 세균으로 숭어와 넙치 유래 균주는 주모를 가지고 운동성 있는 반면, 붉돔 또는 참돔 유래 균주는 운동성 없기 때문에 정형적인 *E. tarda*라 보기는 곤란하며, 일종의 변이주라고 생각되고 있다. 원인균의 분리에는 SS, DHL한천, XLD한천(중심부 흑색)을 사용한다.

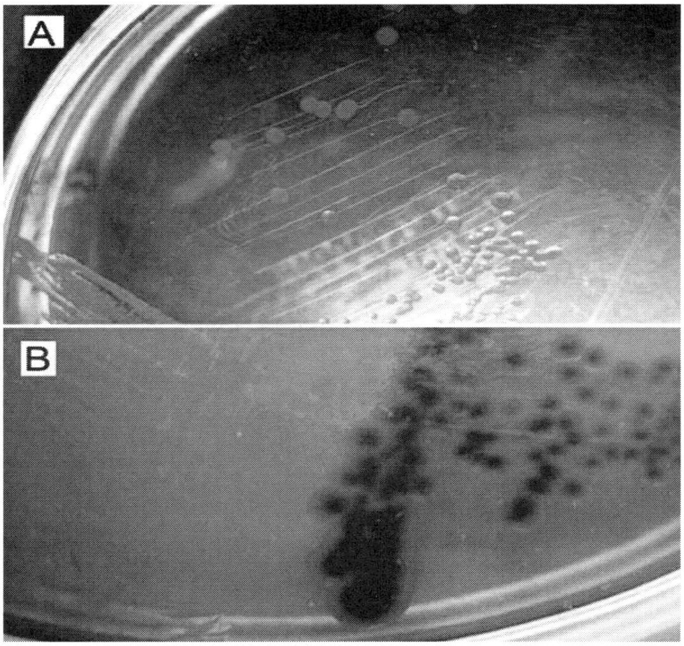

그림 3-10. SS(A)와 EIA(B)에서 25℃ 48시간 배양한 *E. ictaluri*의 집락.

정형 *E. tarda*는 운동성이 있으며, arabinose, galactose, mannitol and mannose등의 당에서 산을 생성하지 못하며, 대개는 담수어 및 넙치 등에서 분리되고 있다. 한편 비정형 *E. tarda*는 참돔 또는 방어 및 turbot에서 분리되는 것의 대부분으로 운동성이 없으며, 정형 *E. tarda*가 이용하지 못하는 arabinose, galactose, mannitol and mannose등을 이용하여 산을 생성한다. 이 때문에 두 종을 구별하기 위하여 atypical *E. tarda*(비정형 *E. tarda*)라는 명칭을 붙였다.

넙치에도 간장과 신장에 농양 병소가 형성되며, 복수의 축적에 의한 복부팽만, 직장이 항문으로 돌출하는 탈장, 안구 돌출, 구강 내 또는 지느러미 기부에 농양이 형성된다.

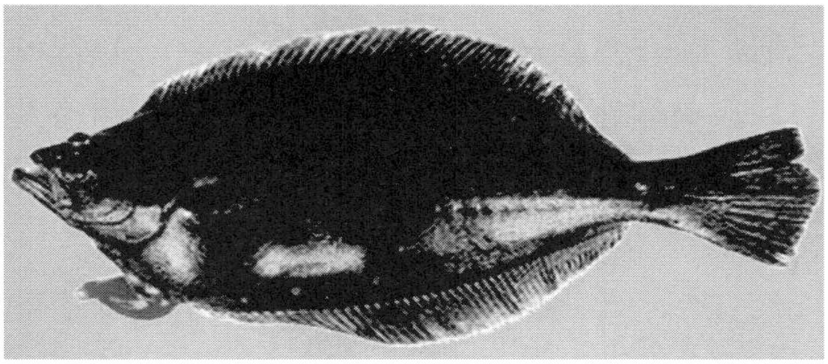

그림 3-11. 탈장과 복수의 축적에 의한 복부 팽만된 넙치의 에드와드병.

돔류는 두부 앞쪽과 미병부에 육아종이 형성되어 피부가 파괴되면서 궤양화된다.

진단은 증상으로 추정 가능하지만, 환부에서 원인균을 분리하여 그람 음성의 운동성 단간균, oxidase(-), OF(acid, gas+), TSI(사면, 적색; 중층부, 노란색), gas(+), H_2S(+)의 특징을 확인할 필요가 있다.

발병하였을 때는 어종에 상관없이 사육밀도를 저하시키는 것이 피해 경감에 효과적이며, OTC의 경구투여로 사망률은 감소하지만 완치는 곤란하다.

C. *Edwardsiella ictaluri*

*E. tarda*와 함께 장내세균과에 속하는 세균으로 차넬메기의 주요한 질병의 하나(enteric septicaemia of catfish, ESC)이지만, 최근에는 차넬메기과 이외의 어류인 한국산 메기와 동남아산 메기 및 은어에도 발병되고 있다. 대개의 경우 급성으로 병이 진행되지만 때로는 만성으로 진행되는 수도 있다.

외부 증상의 가장 특징적인 것은 두 눈 사이의 두개골에 궤양병소가 형성되며, 머리를 위로 한 채 꼬리를 밑으로 하고 수면 가까이서 회전운동을 한다는 것이다.

병어는 보통 목과 입 부근 피부에 점상의 출혈이 있으며, 아가미 빈혈, 안구돌출, 복부팽만 등의 증상을 나타낸다. 내부증상은 신장과 비장이 종대되고, 간에 출혈과 괴사소가 관찰되며, 복강 내에는 혈액이 혼합된 복수로 충만되어 있고 근육에도 점상의 출혈이 생긴다.

한국산메기에서의 증상을 보면 차넬메기에서의 증상이외에도 가슴지느러미 바로 후방에 궤양병소, 가슴지느러미의 기부 출혈 및 항문주변의 발적과 융기 등이 관찰되는 전형적인 패혈증의 증세를 나타내고 있다.

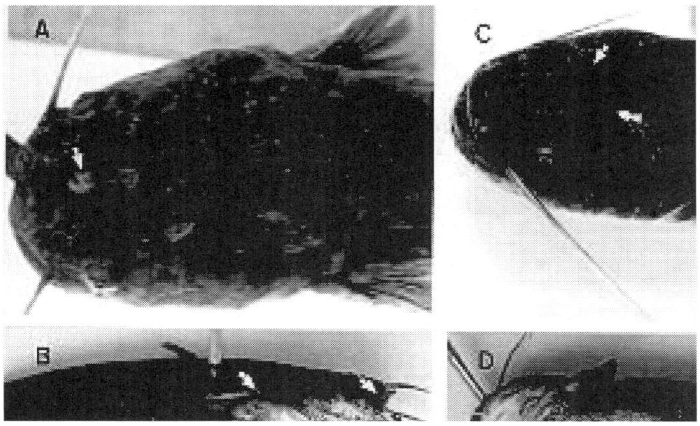

그림 3-12. 한국산메기의 *E. ictaluri*감염증.

이 병의 발생은 수질과 수온과 밀접한 관계가 있어 유기물이 많은 사육지에서 빈발하며, 치어인 경우 대개 30℃부근에서 빈발하지만, 어체가 커지게 되면 25℃에서도 빈발하게 된다.

일본에서는 자연산 은어 및 방류한 은어에 발생하여 자원관리상 문제가 되고 있는 질병이다. 또한 동남아시아의 메기류(*Pangasius hypothalmus*)에서도 대량폐사를 유발하는 것으로 밝혀졌다.

동남 아시아산 메기 병어는 수조 표면을 힘없이 유영한다. 외부 증상은 출혈성 복수의 축적에 의한 복부 팽만과 복부의 점상출혈이 현저하며, 각 지느러미의 기부와 항문 주변에 출혈이 생긴다. 내부 증상은 아가미가 빈혈로 심하게 퇴색되고, 간장이 출혈 때문에 적색을 띄며, 신장 특히 두신과 비장 및 간장의 표면에 많은 수의 농양이 백색 반점(직경 1-2 ㎜)으로 보이는 것이 특징이다. 최근에는 동자개에도 메기와 유사한 증상을 나타내면서 발생하고 있다.

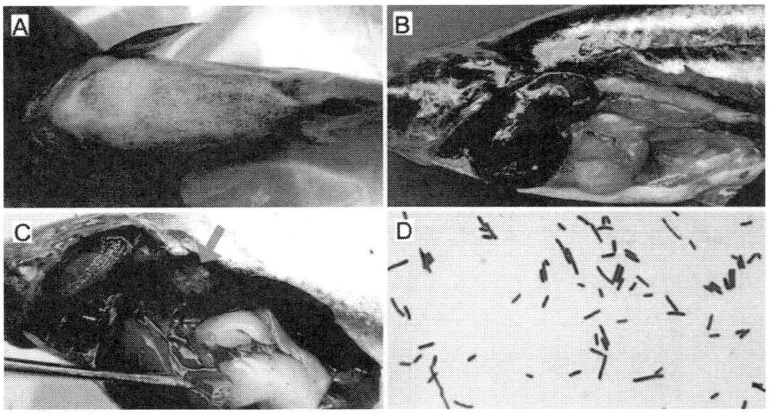

그림 3-13. A: 복부 점상출혈, 복부팽만, 지느러미 기부 발적 및 항문 주변의 발적, B: 출혈로 인한 간장의 적변, C: 두신 표면의 백색 결절(화살표), D: 분리 초기의 그람 음성 대소 부동 크기의 원인균.

원인균의 분리에는 선택배지인 EIA(*Edwardsiella ictaluri* isolation medium)에 배양하면 *E. icatluri*는 녹색, *E. tarda*는 중심부 흑색, 소형 집락 (크기는 *E. ictaluri*와 비슷), *A. hydrophila*는 갈색의 대형 집락, *P. fluorescence*는 점상의 흑색 집락이 형성된다. 이 배지에서 집락의 크기는 *Aeromonas*〉 *Edwardsiella* 〉*Pseudomonas*의 순이다.

4) 비브리오병(vibriosis)

(1) *Listonella anguillarum(=Vibrio anguillarum)*

해산어의 주요 질병이지만 담수어에도 빈발하는 질병이다. 이처럼 해산어의 질병이 해수와는 전혀 무관한 담수에서 번식을 하고 있는 무지개 송어나 해수와 접하지 않은 호수산 은어에도 발생하고 있다. 이러한 이유는 어류 자체의 보균으로 이들 어류의 상재균일 가능성이 높기 때문이라 생각된다.

뱀장어에는 발병이 적은 이유는 실뱀장어 체포 후 곧 담수 순치시키기 때문으로 추정되지만 양식장이 염분의 영향을 받는 해안가에 위치한 경우에는 양성 중에도 빈발하게 된다.

원인균은 대부분이 *Listonella anguillarum(=Vibrio anguillarum)*이지만, 뱀장어에는 *Vibrio vulnificus*, 은어에는 *Vibrio ordalii*가 감염될 때도 있다.

*Vibrio*균은 그람 음성의 단간균으로 1개인 편모를 가지고 있다. 보통한천에서 발육하지만 호염성 세균임으로 식염을 1%첨가가 발육이 더욱 양호해진다.

*Vibrio*속은 옥시다제(+), 포도당을 발효적 이용(gas생산 -), VP양성이지만, 알기닌 분해에서 *L. anguillarum*은 양성, V. *ordalii*는 음성이다.

내열성항원(O항원)을 기준으로 3개의 혈청형인 J-O-1, J-O-2, J-O-3의 3형으로 구분하고 있는데, 담수어 유래 분리균은 대부분이 J-O-1(A형에 속함)에 속하며, *V. ordalii*는 *L. anguillalrum* J-O-1(A형)과 공통항원을 가지고 있다.

증상은 체표에 궤양이 형성되는 궤양형과 체표에 출혈이 생기는 출혈형으로 구분할 수 있다. 또한 병의 진행 상태에 따라 급성형과 만성형으로 구분할 수 있다.

급성형은 대부분이 별다른 증상이 없거나 또는 체표의 일부에 미약한 출혈을 동반하면서 급성으로 폐사하는 경우는 발병의 빈도는 낮고, 대부분이 체표, 아가미, 주둥이, 아가미 뚜껑, 항문 부근에 발적 또는 출혈, 내장 및 복막에 생기는 것을 출혈형이라 할 수 있다.

만성형은 전형적인 궤양형으로 체표에 특징적인 궤양이 형성되며, 항문의 확장, 복수의 축적 및 안구 돌출과 같은 증상이 나타난다.

감염 은어에서는 *Listonella anguillarum*감염의 경우에는 체표에 궤양이 형성되는 형은 극히 적고, 대부분이 체표의 출혈형이다. 그러나 은어에 *V. ordalii*감염은 이와는 반대로 체표의 출혈은 현저하지 않고, 궤양화는 되지 않지만 체표에 융기 환부가 형성되는 경우가 많다. 이는 *V. ordalii*가 *L. anguillarum*에 비해 발육이 매우 느리다는 사실의 결과일지도 모른다.

한편 뱀장어의 경우 *L. anguillarum*감염의 경우를 "비브리오 A형 감염증"이라 부르며, *Vibrio vulnificus* (serovar E=biotype 2)의 감염에 의한 것과 같은 종으로 혈청형이 servar A형의 감염을 "비브리오 B형"이라 부르고 있다. *Vibrio vulnificus*의 감염형 중에서는 servar E형의 감염이 병원성이 A형보다 강한 것으로 밝혀져 있다.

*L. anguillarum*과 *V. vulnificus* 모두 원인균이 *Vibrio*균이기 때문에 염분이 다소 포함된 양어지에서 발생하는 것은 동일하지만, 발병온도에서 차이를 보이고 있다.

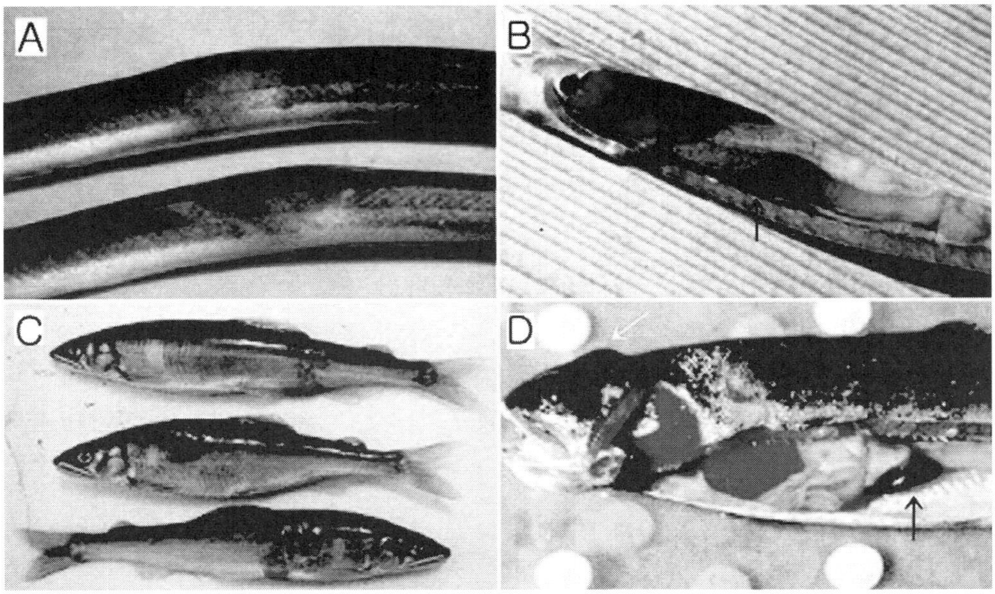

그림 3-14. A: 뱀장어. 체측에 출혈과 궤양을 동반한 돌출 환부를 가짐. B: 뱀장어의 내부 증상. 간의 울혈과 장전반부에 장염이 일어남. C: 은어 체측부에 궤양성 또는 출혈병소가 있으며, 가운데 것은 돌출환부가 보임. D: 송어의 두부에 돌출환부, 체측부에 출혈성 궤양, 안구돌출, 비장의 종대가 보임.

즉 비브리오 B형의 원인균은 본디 인체 병원균임으로 발육 온도가 높기 때문에 뱀장어에서도 비브리오 A형보다 발병 수온이 높아, 20℃에서만 발병하게 된다.

증상에서도 A형과 B형에 차이가 있어, A형은 주로 출혈과 발적이지만, B형은 체표에 발적을 동반한 종창 및 궤양이 생긴다는 것이다. 그 외 A형은 지느러미와 복부의 발적이 현저하며, 내부적으로 간장의 발적과 비대가 특징적이다.

B형은 A형과 지느러미의 발적과 간장의 발적과 비대는 동일하고, 가장 현저한 특징은 두부의 눈과 윗턱 주변의 심한 출혈이 생긴다. 그 외에 아가미 뚜껑과 아래턱의 부식, 아가미의 충혈과 괴사 및 항문의 확장과 충혈 및 장염이 생기며, 괴사된 아가미 부분을 아래로 하여 헤엄치는 이상 유영상태를 나타낸다.

진단은 증상이 같은 family에 속하는 *Aeromonas hydrophila*와 유사하기 때문에 선택배지인 TCBS를 사용하거나 일반 배지를 이용하여 20-25℃에 2-3일간 배양하면 *L. anguillarum*은 광택이 있는 황색 집락이 형성되며, 보통 한천에서는 투명감이 있는 회백색 집락이 형성된다. 원인균을 순수 분리한 다음 항혈청을 이용한 응집반응으로 진단할 수 있다.

표 3-8. TCBS배지에서 발육하는 세균과 집락의 색깔

세 균	TCBS에서의 집락의 색깔
V. cholerae	yellow
V. alginolyticus	yellow
V. anguillarum	yellow
V. cincinnatiensis	yellow
V. fluvialis	yellow
V. furnissii	yellow
V. tubiashi	yellow
V. metschnikovii	yellow
V. carchariae(=harveyi)	yellow/green
V. vulnificus	pale yellow
*V. hollisae*와 *V. ordalii*	green (no growth)
V. parahaemolyticus	green
V. campbellii	green
V. vulnificus	green
V. damsela	green
V, mimicus	green
V. proteolyticus	green
Aeromonas species *hydrophila, veronii*	yellow-green
Pseudomonas species	blue/green*
Proteus species	yellow/green*
Enterococcus species	yellow
Photobacterium damselae subsp. *piscicida*	no growth
Photobacterium damselae spp damselae	green

* 집락의 크기는 *Vibrio*속 세균보다 소형.

치료는 조기에 발견하여 투약하면 효과가 있지만, 약제 내성균의 출현이 문제가 되고 있다. 현재는 송어와 은어에 대한 예방 백신이 개발되어 실용화되어 있으므로 예방에 효과적이라 할 수 있다.

표 3-9. Vibrio static agent(0/129)의 농도별에 따른 감수성

세균의 종류	0/129 (10 ㎍/㎖)	0/129 (150 ㎍/㎖)
F. branchiophilum		S
F. columnare		S
F. jonsoniase		S
Tenacibaculum maritimum		S
F. flevense		S
F. pectinovorum		S
F. saccharophilum		S
F. succinicans		S
Citorbacter freundii	S	
Pleisomonas shigelloides	R	S
Pseudomonas anguilliseptica	S	R
Pseudomoans ulvae	S	S
Listonella aguillarum	S	S
Moritella viscosa	R	S
Photobacterium damsella subsp. *damselae*	S	S
Photobacterium damsella subsp. *piscicida*	S	S
V. aglinolyticus	R/S	S
V. colerae 01	S	S
V. colerae non 01	S	S
V. mimicus	S	S
V. parahemolyticus	R	S
V. carchariae(harveyi)	R	S
V. vulnificus	S	S
V. fischeri	S/R	S
V. logei	S	S
V. proteolyticus	S/R	S
V. fluvialis	R	S
V. splendidus I	S	S
V. splendidus II	S	S
V. tubiashii	S	S
V. ichthyoenteri	S	S
V. tapetis	S	S
V. ordalii	S	S
V. pectenicida	S	S
V. salmonicida	S	S
V. lentus	R	R
V. mediterranei	S	S
V. campbellii	R	S
V. holiisae	R	S

(2) 세균성 소화관 백탁증

넙치 종묘생산 시설에서 발생 종묘생산 치어에 발생하며, 전염성도 강하지 않고, 넙치 이외의 어류에 발생한 예는 없다.

그람 음성의 통성 혐기성 단간균으로 1개의 편모(극모)를 가지고 운동성이 있는 *Vibrio ichthyoenteri*가 원인 세균으로 2개의 혈청형이 존재한다.

발병은 부화 후 2주일째부터 착저기까지의 자어기(부화 후 25-30일)에만 발생하며, 발병 수온은 18-20℃이다. 병어는 체색이 흑화되며, 먹이 섭취가 불량해지며, 소화관 백탁 및 위축, 복부의 팽만 또는 함몰, 항문에 점액모양의 변을 달고 다니며, 유영이 불활발하게 된다. 병어의 복부 팽만은 장액이 삼출되어 복강에 축적되기 때문이고, 복부가 함몰되는 것은 소화관에 형성된 병소에 의해 소화관이 변형되었기 때문이다.

그림 3-15. 착저에 들어간 넙치 자어의 장관백탁증.

병리 조직학적으로는 장상피세포의 괴사와 박리, 소화관내 또는 소화관 상피 표면에 원인균의 이상 증식이 관찰된다.

발병시기와 증상으로 추정 진단은 가능하지만, 식염을 2-3%첨가한 한천배지로 소화관에서 균을 분리하여 동정한다.

원인균에 오염된 사료 투여가 발병의 원인이므로 생물 사료는 약욕 또는 수 일간 동결한 다음 투여하면 예방 가능하다. 발병 후에는 병의 진행속도가 빠르므로 사망률이 매우 높고, 투약이 곤란한 경우가 많다.

(3) 자주복의 *Vibrio harveyi*

양식 자주복 1세어에서 3세어가 8월 중순-11월 하순에 걸쳐 발생하며, 누적 사망률은 약 30% 정도이다. 병어는 식욕을 상실하여 먹이를 섭취하지 않으므로 쇠약해져 폐사한다. 증상은 다른 비브리오병과 달리 체표에 궤양이 형성되지는 않는다는 것이 특징이다.

아가미 뚜껑을 절개하면 아가미 뚜껑의 기부에서 아가미 뚜껑의 내면에 커다란 농양병소가 관찰되며, 아가미 뚜껑의 바깥 면에도 결절 병소 및 내출혈이 생긴다. 또한 아가미에 점액의 과다 분비와 새변에 미소한 농양이 관찰된다.

병리 조직학적으로는 새강의 결합조직에 심한 육아종성염이 증식하고 육아종의 내부에는 크고 작은 농양과 농양을 피포하는 육아조직이 형성된다. 농양과 육아조직 내에는 세균의 증식이 현저하다. 이러한 농양은 신장 및 비장에 형성되며, 심근에는 출혈이 생긴다.

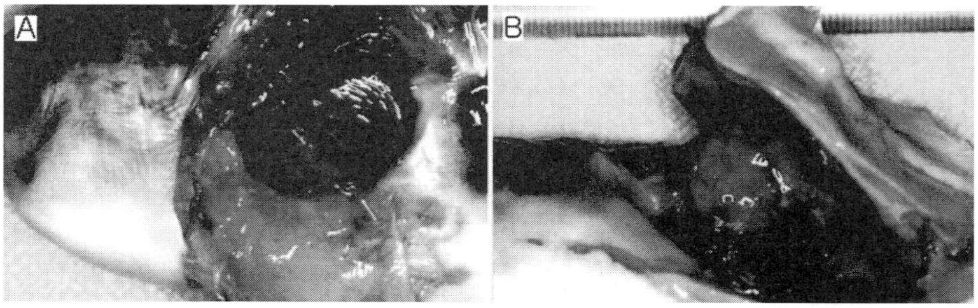

그림 4-16. A: 아가미 뚜껑의 기부와 내부에 농양의 백색 결절, B: 흉선 부근에 있는 아가미 뚜껑의 내부에 대형의 농양 병소가 형성

원인균은 다른 비브리오균과 마찬가지로 25℃에 배양함으로서 쉽게 분리하며, 용혈성이 현저한 균이다. OTC를 경구 투여함으로서 치료할 수 있다.

*Vibrio harveyi*선택배지인 *Vibrio harveyi* agar(VHA)의 조성은 D-cellobiose 2 g; L-ornithine 2 g; NaCl 30 g; Tris (hydroxymethal) aminomethane 1.21 g; agar 20 g; K_2HPO_4 0.075 g; thymol blue 0.04 g; Bacto peptone 0.1 g; yeast extract 0.1 g; DW 1 ℓ 이다.

각 성분을 혼합하여 끓인 다음에 56℃로 냉각시킨 후 1 M NaOH로 pH를 9.0으로 조정한 다음 샤-레에 분주하면 azure blue색깔을 띈다.

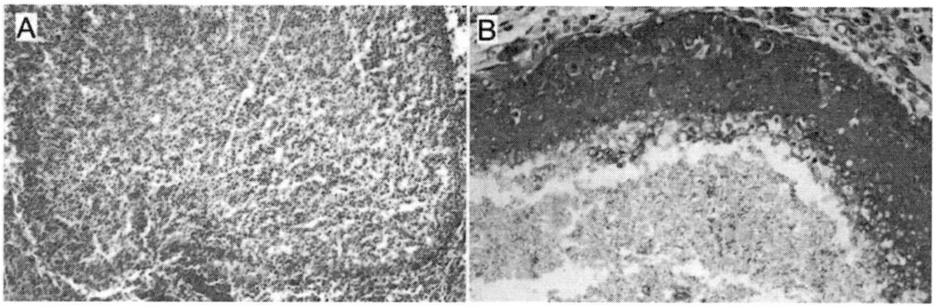

그림 3-17. A: 새강 내부의 형성된 농양의 육아조직상. B: 육아종의 내부에는 세균의 증식이 현저하고 그 외부를 류상피세포가 둘러싸고 있는 육아종의 농양

첨가한 ornithine의 탈탄산에 의해 pH를 알칼리로 변화시키므로 집락은 청색을 띄게 되고, cellobiose의 발효는 pH를 산으로 변하게 함으로서 집락은 녹색으로 되거나 집락 주변에 노란색의 halo를 형성하게 된다. 탄소원으로 cellobiose를 이용하고 ornithine탈탄산 능력이 있는 *V. harveyi*는 고염분과 배양온도 때문에 다른 *Vibrio*균보다 빨리 발육하게 된다.

VHA에서 *V. harveyi*는 28℃ 48시간 배양하였을 때 직경 2-5 ㎜의 중심부가 흑색인 엷은 녹색의 집락으로 집락 주변에 노란색 halo가 형성된다. 그러나 *Listonella anguillarum*, *V. vulnificus*, *V. pelagius*는 발육하지 못하며, *V. alginolyticus*, *V. parahemolyticus* 및 *V. carchariae*는 직경 5 ㎜이상의 대형 집락은 퍼지게 되며, 직경 4-5 ㎜는 엷은 청색, 2-5 ㎜의 암청색, 2-5 ㎜의 퍼지는 진한 청녹색 집락이 형성된다.

(4) *Vibrio alginolyticus*

어병학에서 중요도는 낮지만, 농어목의 날새기를 비롯한 해산어에 감염되는 *Vibrio alginolyticus*가 있다. *Vibrio alginolyticus*는 TCBS배지를 사용하여 *Vibrio*균을 분리할 때 종종 함께 분리되어지는 노란색 집락의 세균이다. 이러한 경우 *Vibrio alginolyticus*선택배지(VAL agar)를 사용하면 *L. anguillarum*은 발육하지 않으므로 쉽게 식별할 수 있다.

VAL한천배지의 조성은 BHI broth 37 g; sucrose 85 g; Difco oxgall 1 g; bromcresol purple 0.02 g; agar 15 g; D.W. 1 ℓ 이다. 각 성분을 혼합하여 끓인 다음 55℃로 냉각한 후 pH를 7.4±0.2로 조정하여 샤-레에 분주하면 violet-blue색깔을 띈다.

항균물질인 bile salt의 첨가와 더불어 고염분과 sucrose의 발효가 선택성을 부여하고 있다. Sucrose를 이용하는 세균은 pH의 변화를 초래하므로 *V. alginolyticus*는 sucrose를 발효적으로 이용하여 산을 생성함으로서 37℃에 24-48시간 배양균은 원형의 녹황색 집락이 형성된다. *A.*

*hydrophila, L. anguillarum, V. vulnificus, V. harveyi, V. parahemolyticus, V. vulnificus*는 발육하지 못한다. 그러나 *V. epidermidis*는 *V. alginolyticus*와 유사한 녹황색 집락을 형성하지만, 집락의 직경에서 차이가 나기 때문에 2종을 구분할 수 있다. 즉 48시간 배양한 *V. alginolyticus*는 2-3 ㎜인 반면 *V. epidermidis*는 0.5-1.0 ㎜로 집락의 크기가 매우 작다. 37℃의 고염분에서 발육하는 *V. proteolyticus*는 sucrose를 발효하지 못하기 때문에 녹색 집락을 형성하므로 쉽게 구분할 수 있다.

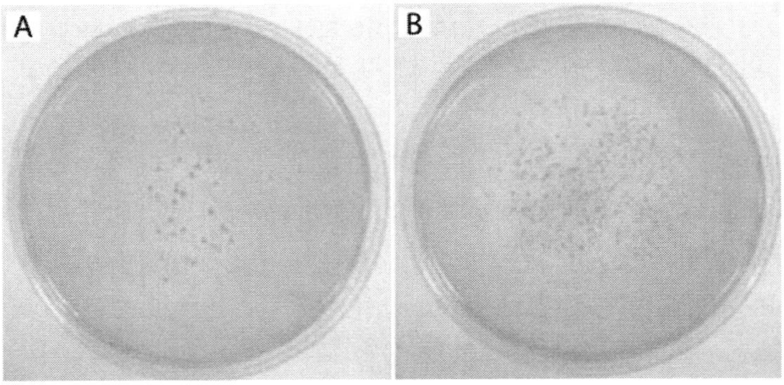

그림 3-18. VAL한천배지에 *V. alginolyticus*단독(A) 및 *V. proteolyticus*의 혼합액의 배양하면 *V. alginolyticus*는 녹황색, *V. proteoltycius*는 청색의 집락이 형성.

*V. alginolyticus*는 식염 9%에서도 발육하지만, *Vibrio*에 속하는 세균의 대부분은 높은 식염 농도에서는 발육하지 못한다. 또한 고온인 37℃에서 배양함으로서 대부분의 해양세균의 발육이 억제된다. 이 때문에 TCBS와 함께 배양하면 발육하는 집락의 수는 항상 VAL agar가 적게 나타난다.

5) 활주세균병

(1) 담수어 부식병(콜룸나리스병, columnaris disease)

15℃이상의 수온에서 사육중인 온수어와 냉수어 모두에 발생하며, 자연산 어류인 경우에는 갈수기와 고수온기에 잘 발생하는 경향이지만 대체로 담수어가 주 감염대상 어종이다.

원인균은 그람 음성의 호기성 장간균인 *Flavobacterium columnare*이며, 환부의 도말표본을 400-600배의 현미경으로 검경하면 바깥쪽에 원주 또는 돔 모양의 균 집락 형성되는 것이 특징이다. 원인균은 유리면을 미끄러지듯이 이동하는 듯한 활주운동을 한다.

분리 배지로서는 cytophaga한천 배지가 사용되며 발육한 집락은 주변이 수지상인 황색의 편평한 특징을 가진 집락이 형성된다.

원인균이 최초로 감염하는 부위는 찰과상을 입기 쉬운 조직인 아가미, 지느러미 및 주둥이이거나 또는 방어능력이 저하된 체표의 상처 등과 같은 국소에 우선 감염된 다음 주변조직으로 확산되어 간다.

환부는 육안적으로 원인균의 집락인 황백색 작은 반점이 생겨 점차 크기가 커지면서, 환부의 주변은 발적되고 시간이 경과되면 괴사되어 붕괴된다. 이러한 부식증상을 부식 부위에 따라서 아가미 부식병, 피부 부식병 또는 지느러미 부식병이란 병명을 붙여서 사용하고 있다. 그러나 내장기관에는 병변이 없는 것이 일반적이다. 때때로 내장에서 원인균이 분리되는 경우는 우연이라고 할 수 있겠다.

진단은 외부 증상 또는 환부의 도말표본 검경하므로 거의 확정할 수 있지만, 잡균이 혼입된 경우에는 환부 주변(테두리)의 근육이나 내장에서 원인균을 분리 하여야만 원인균을 분리할 수 있다.

아가미, 피부 또는 지느러미의 상처가 발병을 유발하므로 상처가 생기지 않도록 주의하여야 하며, 감염이 가벼울 때 약제의 경구투여로 치료 가능하다.

A. *Flavobacterium*의 분리용 배지

가. Hsu-Shotts agar

Tryptone 2 g, yeast extract 0.5 g, gelatin 3 g, agar 15g, distilled water 1,000 ㎖을 고압 멸균한 다음 50℃로 냉각시킨 후 별도로 여과 멸균한 neomycin sulfate를 4 ㎍/㎖가 되도록 첨가한 후 배양하면 노란색 집락(yellowish spreading colony)이 형성된다.

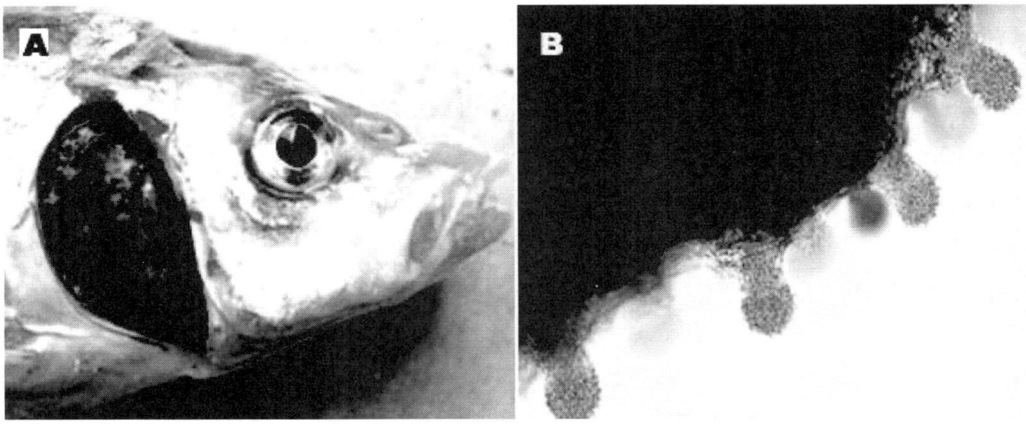

그림 3-19. 잉어의 아가미 환부(A)와 환부에 부착된 원인균(B).

나. Anacker-Ordal agar(AO agar)

Tryptone 0.5 g, yeast extract 0.5 g, sodium acetate 0.2 g, beef extract 0.2 g, agar 9g, distilled water 1,000 ㎖를 혼합하여 평판을 만든다.

다. Cytophaga agar

Tryptone 0.5 g, yeast extract 0.5 g, beef extract 0.2 g, sodium acetate 0.2 g, agar 9-11 g, distilled water 1,000 ㎖를 혼합하여 평판을 제작한다.

라. TY (Tryptone-yeat extract) agar

Tryptone 3 g, yeast extract 2 g, agar 15 g, distilled water 1,000 ㎖를 혼합하여 평판을 만든다.

마. Tyrosine agar

Nutrient agar를 100 ㎖제조하여 고압증기 멸균한다. 별도의 용기에 L-tyrosine 0.5 g을 증류수 10 ㎖에 용해하여 잘 혼합한 다음 고압증기 멸균한다. Nutrient agar에 멸균한 tyrosine 용액을 첨가한 다음 잘 혼합하여 평판 또는 사면배지로 한다. 활주세균 중에서 tyrosine agar에 갈색색소를 생산하는 균(*T. maritimum*)과 약 양성인 *Flavobacterium columnarae*및 음성인 *F. pshychlrophilum*이 있다.

B. *Flavobacterium*의 extracellular galactosamine glycan (cartenoid pigment) 생산을 확인

Anaker-Ordal agar(AO agar)에 자란 독립된 집락에 congo red액 1-2방울을 적하시킨 다음, 2분 후에 집락을 증류수로 세척한다. 양성의 집락은 색깔이 적색으로 발현한다. 적색으로 변한 집락은 여러 시간 동안 적색을 띠고 있다. 0.01% congo red 수용액은 congo red 10 ㎎을 증류수 100 ㎖에 녹인 다음 실온에 보관한다.

C. *Flavobacterium*의 황색색소(flexirubin)생산 확인법

슬라이드 글라스 도말법과 한천 평판법의 2가지가 있다. 슬라이드글라스 도말법은 백색의 종이를 놓고 그 위에 슬라이드 글라스를 위치시킨다. AO agar에서 자란 집락을 슬라이드 글라스에 도말한 다음 20% KOH를 충분량 적하시키고 색깔의 변화를 관찰하여 적자색 또는 갈색으로 변색되면 양성으로 판정한다.

한천 평판법은 AO 평판에 자란 집락에 20% KOH를 적하하여 색깔의 변화를 관찰하는 방법이다. 단 집락의 성장이 충분하지 않으면 색깔의 변화를 관찰하기 곤란한 경우가 있다. 20% KOH 적하 후 적색으로 변한 집락에 다시 산성 용액을 떨어뜨리면 본래의 색깔로 되돌아간다.

(2) 냉수병(cold water disease, low temperature disease, fry mortality syndrome, peduncle disease, 미병병)

연어·송어류 등 저온성 어류의 질병이었지만, 최근에는 은어에도 발병하고 있다. 원인균은 그람 음성, 호기성 장간균인 *F. psychrophilum*로서, 활주운동은 매우 약하므로 운동성을 관찰하기는 실제로 곤란하다.

원인균의 분리 배양에는 cytophaga한천 배지(18℃, 5일)를 사용하면 활주운동을 하였음을 의미하는 불규칙한 파도 모양의 테두리를 가진 황색 집락이 형성된다. 그러나 운동성이 약하므로 집락의 테두리가 smooth한 것도 혼재하여 자라는 경우가 대부분이다. 또 25℃에서 대부분의 균주는 자라지 않으며, 30℃에서는 전혀 자라지 않는다.

그림 3-20. AO에 5일간 배양한 다음 배경을 청색으로 하여 근접 촬영한 *F. columnare*의 집락으로 노란색을 띄며, 평판에 엷게 퍼진 형태로 주변이 불규칙하게 나무뿌리 모양으로 되어 있다.

다른 노란색 색소를 생산하는 세균과의 차이점으로는 BHI와 30℃에서 발육하지 않으며, 발육한 집락에 20% KOH를 적하하면 집락이 적색 또는 적갈색으로 변하므로 노란색 색소인 flexirubin을 생성한다는 것을 알 수 있다.

원인균은 포도당을 비롯한 많은 탄수화물을 이용하지 못하지만, gelatin, casein 등의 단백질은 분해한다.

증상은 미병부(꼬리 자루)에 문드러짐 또는 궤양이 잘 생김으로 미병병이라고도 불리고 있다. 감염어종 및 어류의 크기에 따라 증상은 다양하며, 무지개 송어의 자어에서는 무지개송어자어증후군(RTFS)라 불리는 경우도 있는데, 이는 육안적 증상은 내장에만 생기므로 "내장 냉수병"이라고도 한다.

은어의 성어에 감염되었을 때는 아가미와 내장의 빈혈이외에 현저한 증상은 없다.

진단은 저수온기에 발생하며, 미병부의 특징적인 병변인 궤양으로 추정 진단할 수 있다. 원인균은 어체 표면에는 없고, 피하, 근육, 내장, 혈액 등에서 분리 가능하다. 그러나 분리균을 순수분리하여도 유사한 집락의 잡균도 많이 혼재되어 들어오기 때문에 집락의 형태에 변화가 많은 경향이다. 또 세균의 단독 감염일 때 보다는 IHN이나 EIBS등의 혼합감염이 많은 것도 특징이라 할 수 있다. 또한 발병의 말기의 생잔어는 척추 변형, 두부의 등쪽이 흑변, 체측의 흑변 등의 변화가 남게 된다.

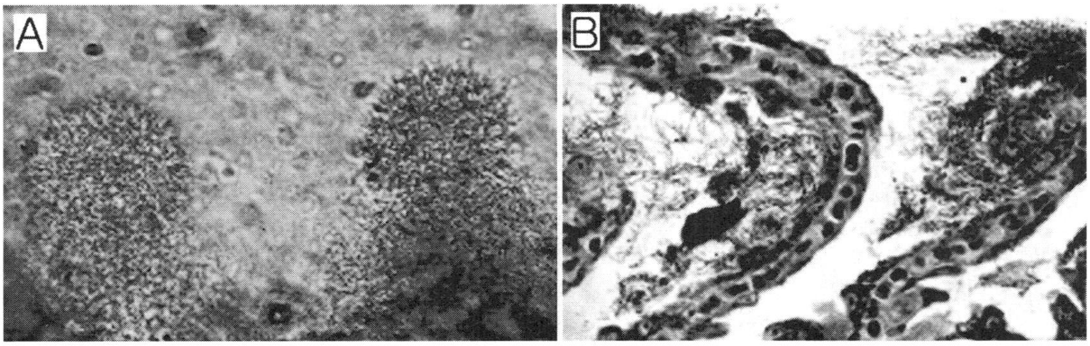

그림 3-21. A: 아가미부식병의 원인균의 반구 상 또는 원주 모양의 집락. B: 아가미의 초기병소. 장간균이 새박판에 침입하여 호흡상피가 괴사됨. GS, X320.

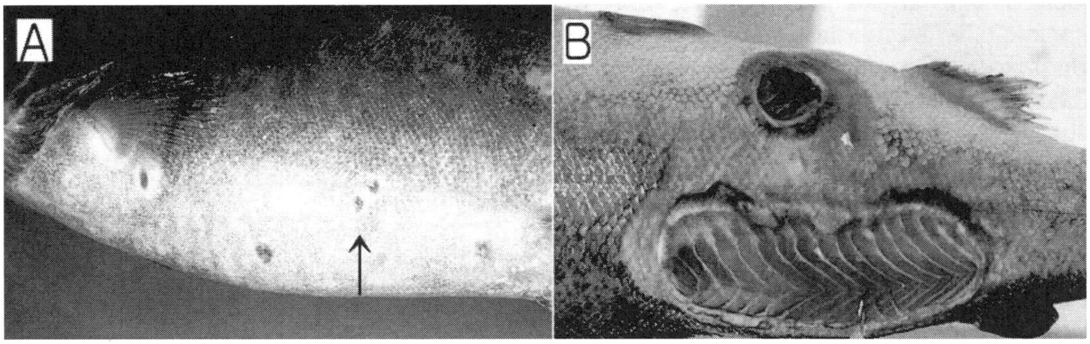

그림 3-22. A: 감염 초기의 무지개송어의 환부. B: 상피가 박리되어 근육이 노출되고 지느러미가 부식된 병어.

원인균은 25℃이상에서는 거의 발육하지 않으므로 은어는 가온 사육하면 예방할 수 있지만, 자연산 어류인 은어나 잉어에도 발생하고 있다는 문제점이 있는 것이 이 질병의 확산 방지의 커다란 문제점이라 할 수 있다.

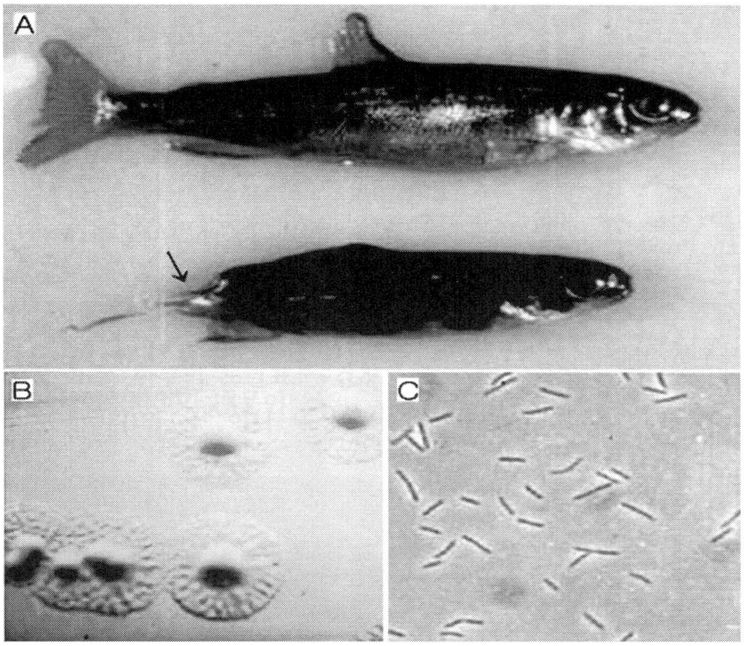

그림 3-23. A: 정상어(위)와 미병부와 꼬리지느러미가 부식된 병어(아래). B: cytophaga한천 배지에서 발육한 중심부가 노란색인 집락. C: 장간균인 원인균.

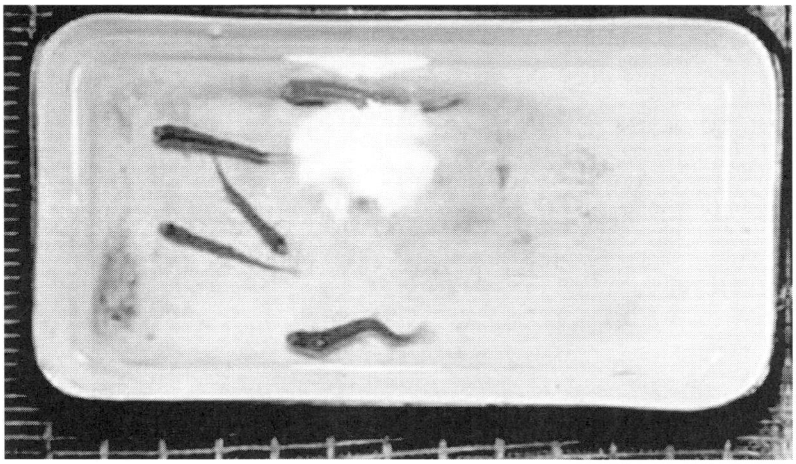

그림 3-24. 냉수병 감염 후 살아남은 코호 연어의 척추 변형.

(3) 세균성 아가미병(bacterial gill disease, BGD)

연어·송어류의 오래 전부터 잘 알려진 질병으로 아가미의 표면에 많은 장간균이 번식하므로 그 자극에 의해 새박판이 비후되어 새변이 유착하는 것이 특징인 질병이다. 연어·송어류 이외의 어종에서 발병한 예는 없다.

원인균은 그람 음성의 비운동성, 호기성 장간균인 *Flavobacterium psychchlophilum*이다.

Cytophaga한천배지에 접종하여 18℃, 5일 전후로 배양하면 담황색, 원형, 주변 무구조, 표면 원활, 융기한 광택이 있는 소형 집락이 형성된다. 그러나 식염을 0.1%이상 첨가된 배지에서는 발육하지 않는다.

원인균은 glucose와 sucrose를 이용하지 못하므로 산을 생산하지 않지만, gelatin, casein 및 starch는 분해한다.

초기 증상은 먹이 섭취가 불량하며, 무리에서 이탈, 수면 부근에서 힘없이 유영하게 된다. 병세가 진전하게 되면 다량의 점액 분비되므로 아가미 뚜껑이 열리게 되고, 아가미도 울혈로 종창된다. 원인균은 아가미의 상피세포에 감염되지만 세포내부로 침입하는 경우는 거의 없다. 원인균이 상피세포에 감염됨에 따라 새박판의 상피세포가 증생되어, 새박판이 유착을 일으켜 곤봉화된다. 이 때문에 병어는 혈액과 가스 교환 장애로 호흡곤란을 유발하여 폐사가 발생하게 된다.

진단은 병어의 아가미 일부의 도말표본을 검경하였을 때 가늘고 긴 장간균의 존재와 상피세포의 증생과 유착을 확인함으로서 추정 진단 가능하다. 그러나 병이 진행되게 되면 잡균이 혼합되어 있음으로 원인균의 관찰이 곤란하므로 가능한 감염 초기의 병어를 시료로 사용하는 것이 좋다.

대책으로서는 과밀, 암모니아 농도 증가, 용존산소 저하, 혼탁물의 증가 등이 발병 요인으로 작용하게 되므로 사육관리에 주의하는 것이 좋다. 발병하게 되면 수%의 식염수에 2분간 침지하는 염수욕이 원인균의 제거에 효과적이다.

그러나 송어류의 가장 빈번한 질병중의 하나지만 처치가 늦으면 대량 폐사가 발생하며, 실제 양식 규모에서는 염수욕을 실시하기가 곤란한 경우가 대부분이며, 또한 원인균이 외부 기생세균이므로 백신 개발이 곤란하다는 것이 문제점으로 제기되고 있다.

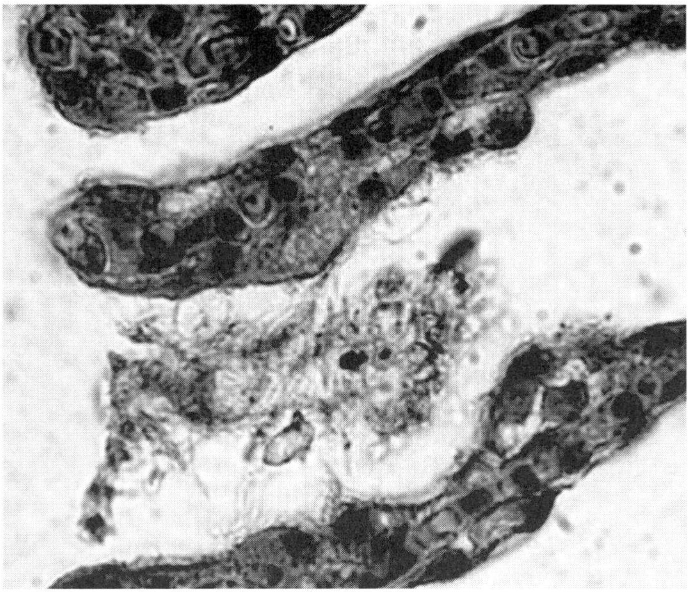

그림 3-25. 병어의 아가미 조직 표본. 새변 사이에 감염되어 있는 원인균. HE.

(4) 해산어 저수온기 활주세균증(부식병, saltwater columnaris병)

저수온기에 참돔 및 방어 등의 해산 어류에 감염되는 활주세균 중에서 해산어에 감염되는 *Tenacibaculum maritimum(=Flexibacter maritimus)*이다.

원인균은 그람 음성, 호기성 장간균으로 편모가 없으며, 특징적인 활주운동을 한다.

한천 배지에 배양하면 집락의 표면이 거칠고 테두리가 불규칙한 담황색의 집락이 형성된다.

가을에서 겨울에 걸친 저수온기의 질병으로, 발병의 근본원인은 체표의 손상, 냉해와 영양장애(변질사료 중독)에 의한 진피의 혈행장애 등으로 생긴 표피 박리 부위에 활주세균이 침입하기 때문이다.

침입한 활주세균은 우선 진피의 소성결합조직에서 증식하게 되고, 그 후 진피의 치밀 결합조직으로 전파되어 활발하게 증식한다. 그 결과 감염국소는 괴사되고 비늘이 탈락하며, 체표가 박리된다. 진피에서 증식한 세균은 피하지방 조직에서 구간근조직에 까지 도달하여 근육이 노출되기도 한다.

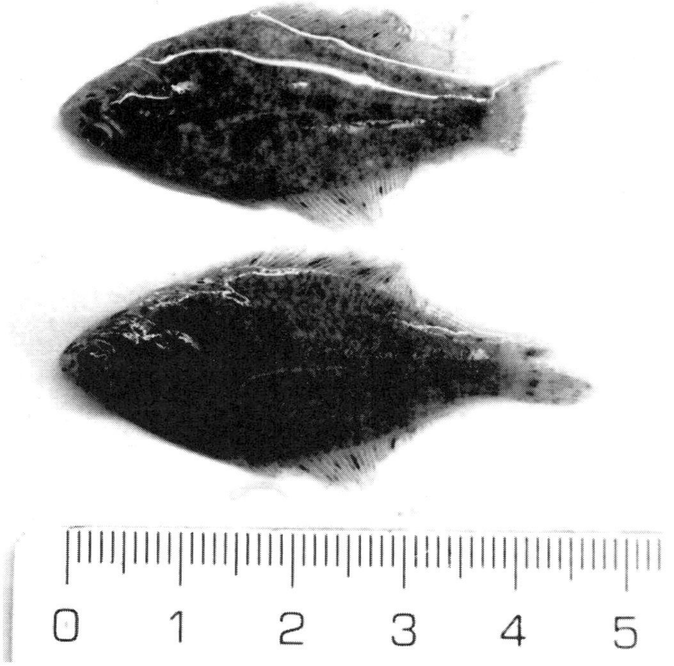

그림 3-26. 문치가자미 치어의 활주세균병.

치어에 감염되었을 때는 주둥이가 문드러지며, 지느러미가 결손되며, 피부와 근육이 국소적으로 괴사되어 희게 보인다. 대형어에 감염되었을 경우에는 체표와 지느러미의 국소적 발적과 출혈이 생겨 점차 궤양화된다. 그러나 치어와 대형어를 불문하고 환부를 도말하여 검경하면 활주운동을 하는 많은 장간균이 관찰되지만, 내부 장기에는 이상이 없다.

환부를 도말하여 활주운동을 하는 장간균을 확인하면 진단 가능하며, 해수로 만든 cytophaga 한천 배지 또는 TCY한천배지로 원인균을 분리할 수 있다.

체표의 상처가 감염의 문호가 되므로 선별 또는 수송할 때 체표에 상처가 생기지 않도록 주의하여야 한다. 또 스트레스와 발병과도 관계가 있기 때문에 스트레스 요인을 제거한 사육방법을 강구할 필요가 있다.

치료는 OTC의 경구투여 또는 sodium nifurstyrenate약욕이 효과적이지만, 병세가 진행되면 투약에 의한 치료 효과는 기대하기 힘들다.

참돔의 경우에는 환부가 대형이면 2차 감염이 생겨, 최초로 감염된 활주세균은 사라지고 대신에 다른 균인 *Vibrio*균만 검출되는 균교대증이 발생한다. 이러한 균교대증의 병어에서 원인균은 발병 초기의 환부에서만 분리할 수 있다.

6) 유결절증(pasteurellosis)

양식 방어에서 6월에서 7월에 걸쳐 발생하는 질병으로, 방어 양식에서는 연쇄구균 다음으로 피해가 심각하다. 또한 최초 발생 시는 유·치어기의 질병이었지만 현재는 1년어 이상에도 발병하며, 여름의 고수온기에는 종식되었지만 현재는 9월말까지도 유행하는 경우가 있어 피해는 더욱 심각해졌다.

원인균은 *Photobacterium demsella* subsp. *piscicida (= Pasteurella piscicida)*로서 그람음성, 비운동성, 통성혐기성간균이다. 한천배지에 배양한 집락은 점조성이 현저한 것이 특징이다. 이러한 점조성은 계대 배양을 반복하면 점조성이 상실되면서 분리균의 병원성도 낮아지게 된다. 또한 병어에서 분리한 직후의 균은 양쪽 끝이 진하게 염색되는 양극 농염성을 나타내지만, 계대 배양하면 이러한 특성은 없어지게 된다. 병원성도 배양과 밀접한 관계가 있어 계대 배양하면 병원성이 급격히 저하된다.

원인균은 편성조건성병원체로서 어체 내에서만 생존 가능하지만, 실제는 해수 중에 휴면상태로 생존 가능하게 되었다.

병어는 외부 증상 거의 없고 비늘이 2-3개 탈락하고, 탈락 부위에 어두운 청색을 띄는 정도이다. 해부하여 보면 신장과 비장에 1 ㎜전후의 작은 백점 모양의 백색 결절이 생겨 있다. 백색결절은 조직학적으로 균체가 류상피세포에 둘러싸인 육아종이다.

질병의 유행시기와 증상으로 추정진단 가능하지만, 식염 2-3%첨가 BHIA에서 세균을 분리하여 동정할 필요가 있다.

암피실린, 옥소린산, 클로람페니콜 등의 항생제의 경구투여가 효과적으로, 감염 초기에는 치료가 가능하지만, 백색결절이 형성되고 나서는 투여하여도 효과를 기대할 수 없다.

그림 3-27. 비장, 신장 및 간장에 백색결절이 형성된 방어.

7) *Francisella piscicida* (francisellosis)

틸라피아(*Oreochromis* spp.)의 병어는 피부 궤양과 신장과 비장을 비롯한 내장에 백색결절을 형성하는 질병이다. 환부의 도말표본을 만들어 Liu의 그람 감별법 또는 Gram염색하면 세포질 내에 다형성을 나타내는 그람음성의 마크로파아지의 세포내에 감염되는 세균인 간구균 또는 간균인 *Francisella piscicida*가 관찰된다.

환부를 Thayer-Martin agar에 접종하여 23℃에 3-6일간 배양하면 회색의 주변 원활한 집락이 형성된다. 30℃에서는 발육이 매우 느리거나 발육하지 않고, 35℃에서는 발육하지 못한다.

병리 조직학적으로 육아종이 발견되는 곳은 신장과 비장은 100%, 간, 아가미, 생식소, 소화관 심장 부레 및 눈의 순서로 육아종이 많이 형성된다. 감염초기에는 세포질 내에 공포상으로 보이는 구조를 가진 세포가 여러 곳에 모여서 중심부가 점차 괴사되면서 바깥 부분이 섬유소로 둘러싸이게 된다.

육아종의 괴사소에서는 대형의 공포를 가진 세포가 자주 발견되는 것도 매우 흥미로운 현상이다. 세포내 세균을 전자현미경으로 관찰하면 식세포 내에 $1.45\pm0.35\times0.35\pm0.15$ ㎛크기로 관찰된다. 더 고배율로 관찰하면 몇몇 세균은 전자 밀도가 낮은 좁은 테두리로 세포질과 격리되어 있다는 것을 알 수 있다.

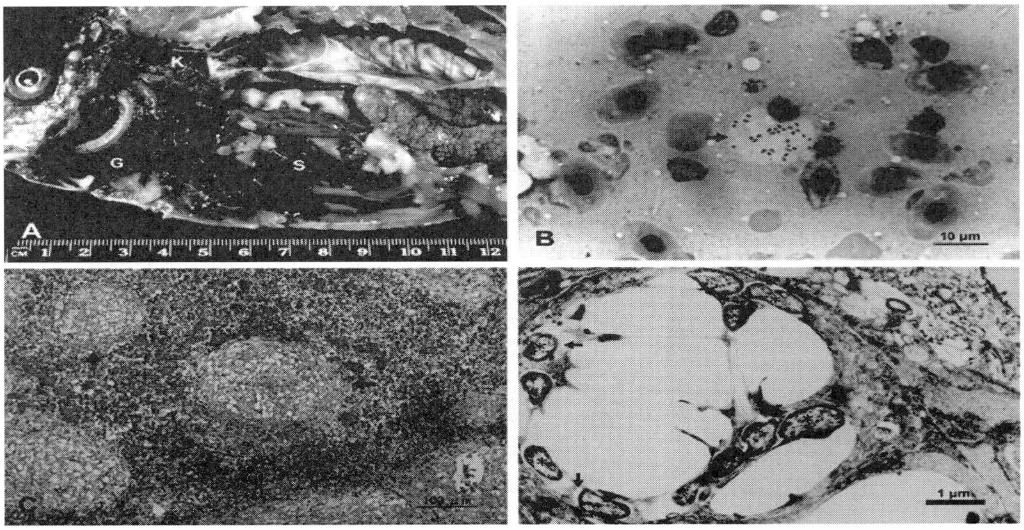

그림 3-28. A: 비장(S), 신장(K) 및 아가미(G)에 백색 결절이 형성된 틸라피아 병어. B: 신장의 도말표본내의 식세포에서 세포질내의 공포 속에 많은 그람음성 세균(Gram 염색), C: 신장 내의 육아종의 중심부는 괴사되어 있고 바깥은 많은 층의 유상피세포 또는 공포가 있는 세포 및 섬유소(화살표)로 둘러 싸여 있다. D: 신장의 전자현미경상, 세포 내 세균은 모양이 불규칙한 다형성으로 식세포의 세포질 내 공포 내에서 발견되며 1개의 엷은 공간이 식세포의 세포질과 격리시키고 있다.

2. 그람 양성균 (Gram-positive bacteria)

1) 세균성 신장병(bacterial kidney disease, BKD)

연어・송어류의 대표적 질병으로 Dee disease(스코틀랜드) 또는 kidney disease(미국)라고도 부른다.

원인균은 그람 양성, 비운동성, 비항산성의 미소 간균인 *Renibacterium salmoninarum*로서, 분리 배지는 KDM-2, CSA(cysteine serum agar) 또는 항생제를 첨가한 SKMD2를 사용하여 15℃에 2-6주간 배양하여야 한다.

발병은 부화 후 수개월까지는 거의 발병이 없고, 발병하면 장기간에 걸쳐 사망이 지속된다. 6개월 미만의 어류는 증상이 거의 없다. 병어는 복부의 팽만, 체색 흑화, 안구 주변의 출혈, 안구 돌출, 배수구 부근에 힘없이 모여 사망하게 된다. 사망률은 15℃와 20.5℃에서 최대가 되며, 발병은 담수에서 감염된 어류가 바다로 이동 후 발병하는 것임으로 연어・송어류를 해수 양식하지 않는 우리나라에서는 발병하지 않는다고 할 수 있다.

외부 증상이 없는 개체라 할지라도 해부하면 신장에 백색의 병소가 형성된다. 백색 병소는 경증인 경우에는 직경이 2-3 ㎜, 중증인 경우에는 병소가 융기되어 있고 내부는 크림 모양의 융해물이 들어 있다. 또 간장과 비장에도 백색의 반점이 형성된다. 이러한 내장기관의 백점 또는 융기 환부의 도말표본을 만들어 그람염색 후 검경하면 그람 양성의 소간균이 관찰된다. 그러나 원인균은 어류의 멜라닌색소 입자로 오인하는 경우가 있음으로 주의하여야 한다.

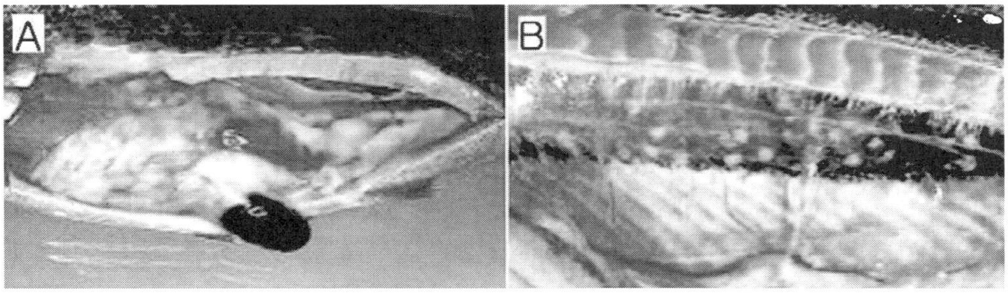

그림 3-29. A: 출혈과 신장비대. B: 신장의 육아종성 배객 결절.

진단을 위해서 신장 병소의 도말표본에서 그람 염색 양성소간균을 확인하면 되지만, 원인균을 배양하기 위해서는 장시간 소요된다. 이 때문에 형광항체법을 사용하여 진단하는 것이 가장 정확하다고 할 수 있다. 그 외 환부조직을 homogenize 또는 가열하여 얻은 추출물을 항혈청과 gel내 침강반응을 실시하거나 항체 감작 *Staphylococcus*를 이용한 공동응집반응으로 진단한다.

치료 방법은 erythromycin에 감수성 있지만 만성적인 경우에는 치료가 곤란하므로, 예방적 차원에서 요오드로 난 소독을 실시하는 것이 효과적이다. 그러나 난소 내부에도 원인균이 침입한 경우에는 요오드 소독을 실시한다고 하여도 효과는 기대할 수 없다. 그러므로 채란 예정인 친어에 미리 erythromycin 20 mg/kg을 주사하고 나서 채란하면 난으로 수직감염을 예방할 수 있으며, 예방적 차원에서 항상 미감염 어류를 상류에서 사육하도록 하는 것이 예방책의 하나이다.

2) 연쇄구균병 (streptococal infection)

연쇄구균병은 온도에 따라서 병원성에 차이가 나기 때문에 고온에서 발병하는 형인 "warm water streptococcosis"와 저온에서 발병하는 형인 "cold water streptococcosis"의 2형으로 구분하고 있다.

고온형 연쇄구균병은 15℃이상에서 폐사를 유발하는 것으로 *Lactococcus garvieae (=Enterococcus serilocida)*, *Streptococcus iniae(=S. shilosi)*, *Strepotococcus agalactieae(=S. difficilis)*, *Streptococcus parauberis* 및 *Streptococcus phocae*가 해당된다. 한편 저온형 연쇄구균병은 *Vagococcus salmoninarum*과 *Lactococcus piscium*의 감염에 의한 것으로 15℃이하에서 발병한다.

(1) *Lactococcus*와 *Streptococcus*

최초에 방어에서 분리될 때는 *Streptococcus* sp.로 분류되었지만, *Enterococcus seriolicida*로 개명되었다가 현재는 *Lactococcus garviaeae*로 변경되었다. 병명은 장구균병이라고도 불리지만, 최초에 사용한 연쇄구균병이라 부르는 것이 일반적이다. 그 후에 *L. garviae*이외에도 여러 종류의 연쇄구균이 분리되어져 이것을 통틀어 연쇄구균병이라 부르고 있다.

통성혐기성, 비운동성, 그람 양성 구균, 연쇄상 배열하고 있는 연쇄구균의 중요한 특징은 적혈구를 용해시키는 용혈성(hemolysis)이다. 용혈성은 적혈구가 혈구의 세포막에 손상을 초래하는 요인에 의해 손상됨으로서 헤모글로빈을 용출하는 현상이다. 적혈구의 세포막에 손상을 초래하는 요인이 생물학적인 경우에는 용혈소(hemolysin)이라 한다. 그 외 약품, 중금속, 상처 등이 있으며, 병원생물인 경우에는 생산하는 독소에 의한 것이 대부분이다.

혈액한천 배지에서 혈액을 용혈하는 방식에는 알파(α), 베타(β) 및 감마(Υ)의 3가지 방식이 있다. 즉 적혈구의 세포막을 완전히 분해하지 못하여 적혈구의 ghost가 남게 되므로서 약간 불투명한 용혈환이 만들어지거나 용혈대가 녹색을 띄는 것을 알파 용혈, 적혈구가 완전히 분해되어 투명한 용혈대가 형성되는 것을 베타 용혈, 용혈대가 생기지 않는 것을 감마용혈(비용혈)이라 한다.

연쇄구균중에 *L. garviae*는 α -용혈, *Streptococcus iniae*와 *Streptococcus euisimilis*는 β

–용혈 및 *Streptococcus parauberis*와 *Streptococcus* sp.는 ϒ–용혈(비용혈)이다.

어종별로 분리되는 균의 종류에도 차이가 있다. 즉 방어에서는 대부분이 알파 용혈의 *L. garviae* 이지만, 때로 β–용혈의 *S. iniae*(베타 용혈)도 분리되고 있지만, 드물게 *S. equisimilis*가 분리되는 경우도 있지만 극히 드문 예이다.

넙치와 돌돔에서는 β–용혈의 *S. iniae*가 원인균이었지만, 현재는 대부분이 ϒ–용혈의 *S. parauberis*가 분리되고 있다.

참돔과 숭어에서는 β–용혈의 새로운 종인 *Stretpococcus galactiae(=S. difficilis)*가 분리되기도 한다.

최근에 들어서는 방어에서 *L. garviae*는 감염증과 증상은 매우 비슷하지만 원인균 다르기 때문에 "신연쇄구균병"으로 불리는 질병에서는 β–용혈의 *Streptococcus dysgalactiae* subsp. *dysgalactiae*가 분리되고 있다.

방어에서의 증상은 일반형과 뇌염형의 2가지 형태로 구분할 수 있다. 즉 일반형은 안구 백탁 및 돌출, 아가미 뚜껑 내측의 발적, 지느러미 기부와 아가미 뚜껑의 내측의 농양 병소 및 심외막염이 특징적이다. 뇌염형은 광분 유영이 특징적으로 일반형의 증상이 나타나는 경우는 드물다.

또한 연쇄구균 감염증은 어류의 변형과 관련이 있어, *S. iniae*에 감염된 자연산 방어 치어에 변형이 빈발하고 있다.

방어 이외에 다른 해산어에서는 안구 백탁 및 돌출이 생기기 쉽고, 넙치는 안구의 이상 이외에 복수가 축적되는 것이 일반적인 증상이다.

원인균의 분리는 BHIA, TSA 등 영양분이 풍부한 배지 사용하여 환부나 뇌에서 분리하지만, 뇌의 병소를 시료로 사용하는 것이 순수상태에 가까운 원인균을 분리할 수 있다.

발병의 원인은 환경과 부적절한 사육 관리가 관련되어 있음으로 고밀사육을 방지하고 양질의 사료를 투여하는 것이 좋다. 발병 후에는 마크로라이드계 항생제의 투여가 유효하지만 최근 내성균이 증가하는 추세에 있으므로 주의를 요한다.

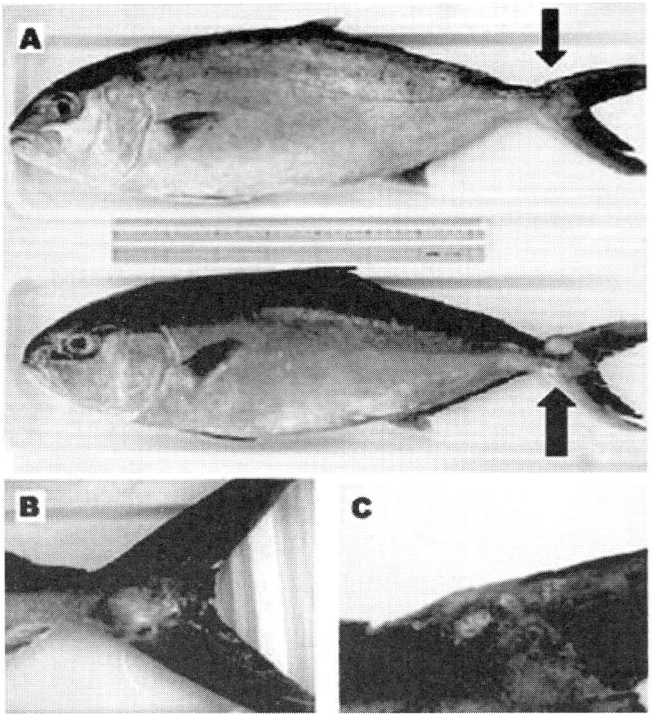

그림 3-30. *Streptococcus dysgalactiae*에 감염된 잿방어. 미병부의 특징적 괴사(A-C).

표 3-10. 그람 양성 연쇄구균과 포도상구균의 카타라제와 옥시다제의 차이

	연쇄구균	포도상 구균
카탈라제	-	+
옥시다제	-	-

(2) 넙치의 *Streptococcus parauberis*

5월경에 크기 15 ㎝전후의 양식 넙치에 감염된다. 감염어는 입, 눈, 가슴지느러미 주변에 출혈과 복수의 축적에 의해 복부팽만을 일으킨다.

내부증상은 간의 종대와 퇴색이다. Turbot의 경우에는 가슴지느러미와 눈 주변에 출혈을 일으킨다.

원인균의 분리는 병어의 간장을 식염을 1.5%첨가한 BHIA에 접종하여 25℃에 24시간 배양하면 ϒ-용혈(비용혈)의 그람 양성의 소간균(cocci-bacilli)이 분리되어진다.

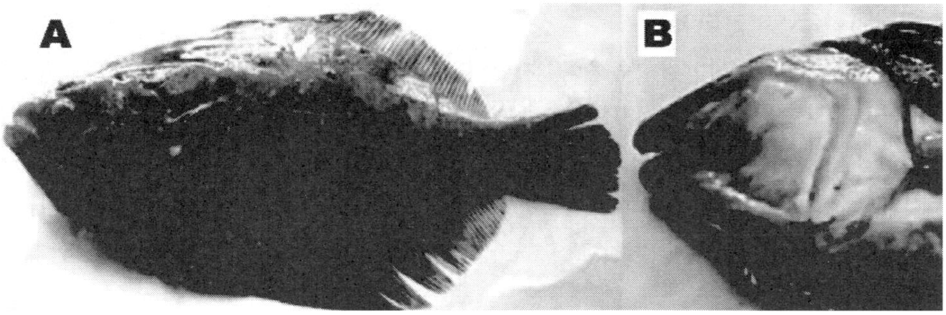

그림 3-31. 눈과 가슴지느러미(A)와 입 주변(B)의 발적을 특징으로 하는 *Streptococcus parauberis*에 감염된 넙치.

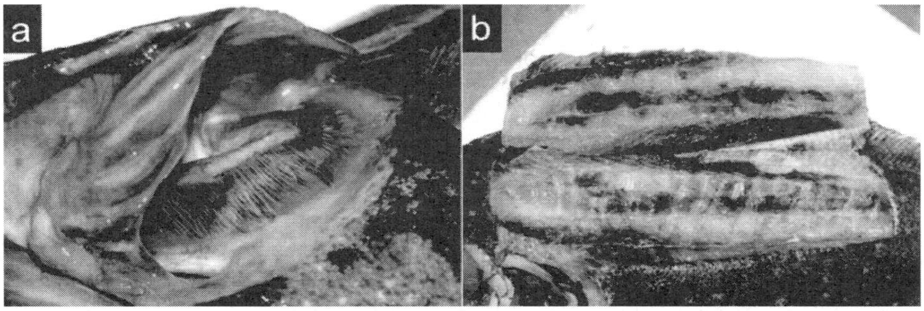

그림 3-32. *Streptococcus parauberis*감염 넙치. A: 아가미의 괴사, B: 체측 근육내 출혈. 그 외의 증상으로 안구돌출, 체표의 발적 또는 궤양, 신장과 비장의 종대 등이 특징적으로 *Streptococcus iniae*의 체색흑화, 안구 백탁, 출혈 또는 돌출은 거의 없다.

표 3-11. 넙치의 VHS와 *S. parauberis*의 증상 비교

증 상	VHS(랩도바이러스)	*S. parauberis*
발병 수온	발병 수온은 2-18℃, 15℃이상 자연 종식	16-18℃
체색 흑화	ㅇ	-
안구 돌출	ㅇ	-
복수	ㅇ	ㅇ
체측 근육내 출혈	ㅇ	ㅇ
생식소 울혈	ㅇ	-
지느러미 기부 출혈	ㅇ	ㅇ (가슴 및 뒷지느러미)
체표 궤양(미병부)	-	ㅇ
아가미 괴사	-	ㅇ
비장의 종대	ㅇ	ㅇ
입 주변의 출혈	-	ㅇ
눈 주변 출혈	-	ㅇ

3) 노카르디아증(norardiosis)

방어와 잿방어에서 처음 발견되었으며, 감염어는 아가미 또는 내장기관에 백색의 결절이 형성되며, 결절은 육아종임으로 치료 대책이 전혀 없다.

그람 양성, 호기성, 분지상의 사상균, 약항산성의 *Nocardia seriolae(=N. kampachi)*가 원인균으로, 보통 한천에서 발육 못하지만, 소천(Ogawa)배지 또는 BHIA로 분리 가능하다. 한천 배지상에서 집락의 모양은 표면이 거칠고 불규칙한 담황색 집락의 집락이 형성된다. 한천배지에서 배양일수가 길어지면 장간균 또는 구균으로 변하며, 균체의 세포벽에 mycolic acid 또는 nocardiomycolic acids함유하고 있다.

방어에서는 결절이 만들어지는 부분에 따라 구간부 결절형과 아가미 결절형으로 구분하고 있다.

구간부 결절형은 주로 구간부 피하 또는 근육에 농양과 결절 형성되어 융기되지만, 때로는 신장과 비장 등의 내장에도 결절이 형성될 때도 있다. 한편 아가미 결절형은 저수온기에 많이 발생하며, 아가미 표면에 덩어리 모양의 결절이 형성된다. 잿방어에 발병한 경우에는 주둥이 부근에 결절이 형성된다.

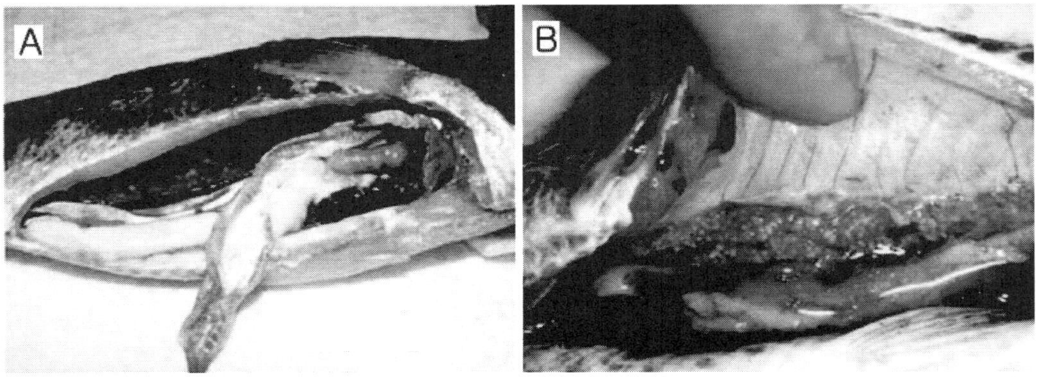

그림 4-33. 부세(A)와 가물치(B)의 노카르디아증. 체표에 궤양과 내장기관에 백색의 결절이 형성됨.

진단은 환부의 결절 또는 농즙의 도말표본을 그람염색하여 그람 양성의 분지상의 균체 확인하면 된다. 발병지의 펄 등에 잠복하여 있으면서 새로운 감염원으로 되는 것으로 알려져 있으며, 시험관내에서 투약효과는 인정되지만 실제 현장에서의 치료 방법은 없다고 할 수 있다.

제 4 장 곰팡이성 질병

Ⅰ. 진균의 특성

최근의 Ainsworth & Bisby's dictionary of the Fungi, 10th ed.(Kirk *et al,* 2008)에서는 이전의 진균에 속하는 것을 Chromista계, 원생동물계(Protozoa) 및 균계(Fungi)로 구분하고, Chromista계는 다시 난균문(Oomycota), Hyphochytriomycota 및 Labyrinthulomycota로 구분하고 있어, 이중 진균에 속하는 것을 진균(fungi)이라 부르고 있다.

현재 수산생물에 질병을 유발하는 난균강(Oomycetes)은 새로운 분류 체계에서는 Chromista계의 난균문(Oomycota)으로 옮겨져 엄밀하게 말하면 진균으로 취급할 수 없기 때문에 최근에는 난균에 의한 질병을 "진균병"이라 부르지 않고 "난균병"이라 부르기 시작하고 있다.

어패류에 감염되는 진균병의 원인균은 형태학적 특징으로 진균목으로 분류되고, 진균목에는 편모균류(Matigomycotina), 접합균류(Zygomycotina), 자낭균류(Ascomycotina), 담자균류(Bisidiomycotina) 및 불완전균류(Deuteromycotina)의 5아문으로 구분하고 있다. 이중 수산생물에 가장 많은 진균성 질병을 유발하는 것은 편모균아문의 난균강(Oomycetes)으로 Leptomitales, Saplogegniales, Lagediniales 및 Peronosporales의 목이 여기에 속한다.

난균강에서 어류에 질병을 유발하는 진균은 *Saplolegnia*속, *Achlyla*속, *Aphanomyces*속이 있으며, 해조류의 붉은갯병(red rot disease)의 원인균은 난균강의 Pythiales속의 *Pythim porphyrae* 및 호상균병(chytrid disease)의 원인균인 *Olipidiopsis porphyrae*는 난균강의 Olipidiopsidales속에 속한다. 또 갑각류의 종묘생산과정에 질병을 유발하는 진균은 모두 난균강의 Lagediniales에 속한다.

표 4-1. 진균(fungi)의 분류

균 류	1. **변형균문** Myxomycota
	2. **진균문** (5개 아문) Eumycota 1) 하등균류 (1)편모균류 Matigomycotina (2)접합균류 Zygomycotina 2) 고등균류 (3)자낭균류 Ascomycotina (4)담자균류 Basidiomycotina (5)불완전균류 Deuteromycotina

표 4-2. 하등균류와 고등균류의 비교

	하등균류	**고등균류**
균사의 직경	〉10 ㎛, 뚜껍다	수 ㎛, 가늘다
균사의 격벽	없다	있다
포 자	1. 편모균류(zoospore) 편모 있음: 유주자(운동성 있음) 2. 접합균류(zygospore) 편모 없음: 부동포자(운동성 없음)	
예	1. 편모균류 *Saprolegnia* 2. 접합균류 *Ichthyophonus*	1. 자낭균류 영덕 대게 2. 담자균: 없음 3. 불완전균류: 효모(*Fusarium*)
		불완전균류의 번식 분생자 또는 출아법

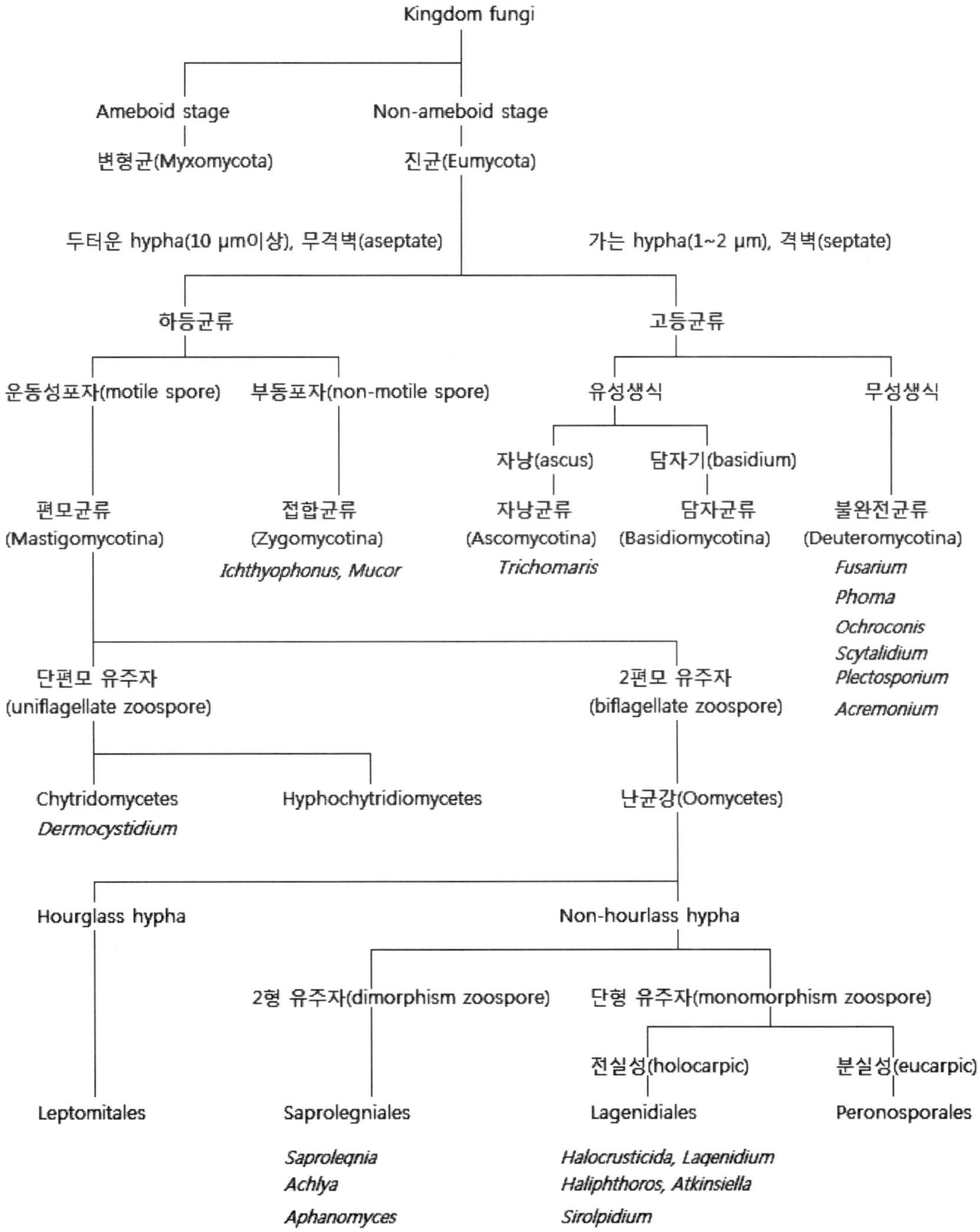

그림 4-1. 어패류에 감염되는 진균의 계통도.

Ⅱ. 어류의 진균성 질병

표 4-3. 어패류 및 해조류의 병원성 진균

<table>
<tr><th colspan="2">구 분</th><th>종 류</th></tr>
<tr><td rowspan="2">하등균류</td><td>편모균류</td><td>1) Chytridomycetes
Dermocystium
2) 난균류(Oomycetes)
(1) 수생균류 (Saprolegnia)
Sarpolegnia
Achyla
Aphanomyces
Branchiomyces
(2) 난균류(Lagenidiales)
Lanenidium
Haliphthoros
Halocrusticida(=Atkinsiella)
(3) Pythiales
Pythium phorphyrae(김의 붉은 갯병 원인균)
Pythium flevoense(은어의 내장진균증)
(4)Olipidiopsidales
Olipidiopsis porphyrae(김의 호상균병의 원인균)</td></tr>
<tr><td>접합균류</td><td>Entomophthorales
Ichthyophonus, Mucor</td></tr>
<tr><td rowspan="2">고등균류</td><td>자낭균류</td><td>1) 핵균류(Pyrenomycetes)
Sphaeriales
Tricomaris</td></tr>
<tr><td>불완전 균류</td><td>1) 분생자과 불완전균류(Coelomycetes)
Phoma
2) 불완전사상균류(Hyphomycetes)
Candida, Fusarium, Ochroconis, Exophiala, Scytalidium</td></tr>
</table>

Ⅲ. 편모균류

1) *Dermocystium*.

배양이 불가능하므로 생활사 또한 불분명하다. 영양체내에 구형의 무수한 포자를 가지고 있는 것이 특징으로 포자는 내부에 핵과 구상의 봉입체를 각각 1개씩 가지고 있다. 어류 기생충은 14종이 보고되어 있으며, 대표적인 질병으로는 잉어류의 *Dermocystium koi*와 유럽산 뱀장어에 감염되는 *Dermocystium anguillae*가 있다.

유럽산 뱀장어 치어에 *Dermocystium*은 6-7월경에 발생하며, 중증인 경우 폐사를 유발한다. 그러나 한국산 뱀장어에는 발생하지 않는다.

원인 곰팡이인 *Dermocystium anguillare*의 영양체의 모양은 소시지 모양, 서양배 모양, 신장 모양 등 다양하며, 크기는 0.6-1.5x1.6-4.1 ㎜이다. 대개 2-3개의 영양체가 한 마리의 아가미에 형성된다. 영양체내의 포자의 크기는 직경 7.0-8.8 ㎛, 구상 봉입체의 크기는 직경 5.2-6.2 ㎛정도 이다.

감염 뱀장어는 아가미에 *Dermocystium*의 영양체가 형성되는데, 영양체가 대형이면 아가미 뚜껑을 닫지 못하게 되어 항상 열려 있게 된다. 이 때문에 물 표면을 힘없이 유영하다가 쇠약하여 죽게 된다.

진단은 아가미에 형성된 영양체 내부에서 포자의 특징을 확인하므로 가능하며, 중증인 경우 사육수온을 30℃로 상승시키면, 영양체는 붕괴되어 아가미에서 소실된다.

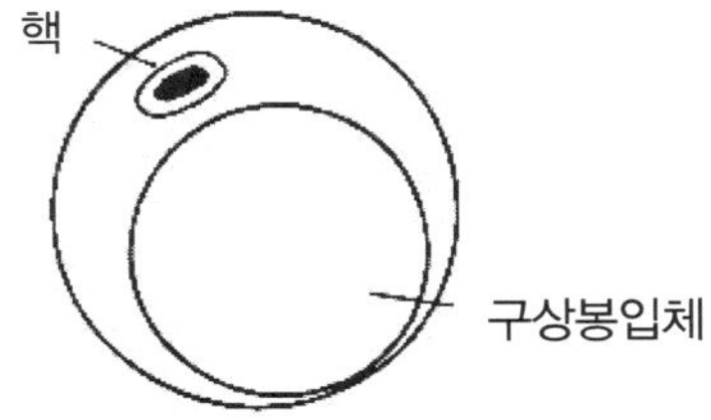

그림 4-2. *Dermocystium* 포자의 특징.

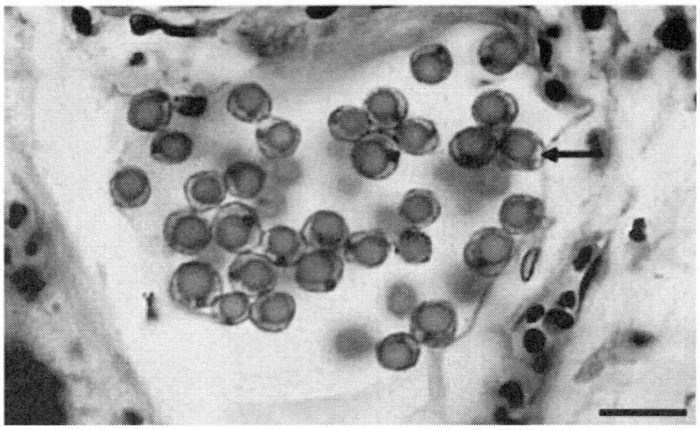

그림 4-3. *Dermocystidium koi*의 포자. 대형의 중심 봉입체인 vacuoplast(화살표)와 포자의 테두리의 좁은 범위에 핵과 세포질이 존재하는 것이 특징임. H&E, 50 ㎛.

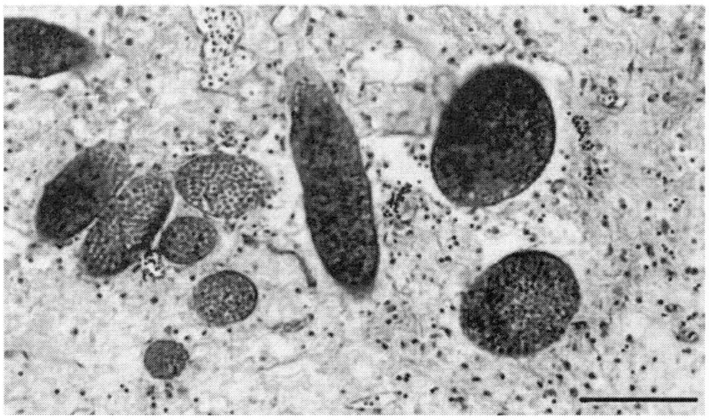

그림 4-4. 잉어의 피하조직 내에서 발육중인 *D. koi*의 포자. 균사가 발육하여 다핵과 단핵세포로 된 다음 이것이 포자로 변화된다. H&E, 200 ㎛.

2) 수생균(water mold)

유주자낭에서 길이가 같은 2개의 편모를 가진 유주자를 생산하며, 유주자낭에서 방출된 1차 유주자는 꼭지 부분에 편모를 가지고 있지만 감염력은 없다. 1차 휴면 후 1차 유주자는 2차 유주자로 되는데 2차 유주자는 측생의 편모를 가지며 어류에 감염력이 있다.

수생균 3속중 *Saprolegnia*와 *Achyla*속의 많은 종이 어류 기생이며, *Aphanomyces*는 게의 기생으로 유명하였지만, 현재는 유행성궤양증증후군(epizootic ulcerative syndrome, EUS)의 원인균인 *Aphanomyces invadans* (=*Aphanomyces piscicida,* 일본에서만 부르는 명칭임)가 더 중요하게 자리 잡고 있다.

수생균류에 속하는 *Saprolegnia, Achyla* 및 *Aphanomyces* 3속은 유주자를 생산하는 방법(무성생식의 방법)에 따라 구분하고 있다. 즉 *Saprolegnia*는 유주자낭 내에 여러 줄로 배열되어 있는 유주자는 유주자낭에서 방출된 다음 곧 바로 유주자낭에서 떨어져 수중에서 1차 휴면포자로 되고, *Achyla*속은 유주자낭에 들어있는 포자는 *Saprolegnia*속과 마찬가지로 유주자낭의 윗부분은 여러 줄로 배열되어 있지만, 유주자낭의 아래쪽은 한 줄로 배열되어 있으며 유주자낭에서 방출된 유주자는 유주자낭의 끝부분에서 덩어리를 형성하여 1차 휴면포자로 된다.

한편 *Aphanomyces*속은 유주자낭에서의 유주자의 배열이 위의 2속과 달리 한 줄로 배열되어 있으며 유주자낭에서 방출된 후에는 *Achyla*속과 마찬가지로 유주자낭의 끝부분에 덩어리를 형성하여 1차 휴면포자로 된다.

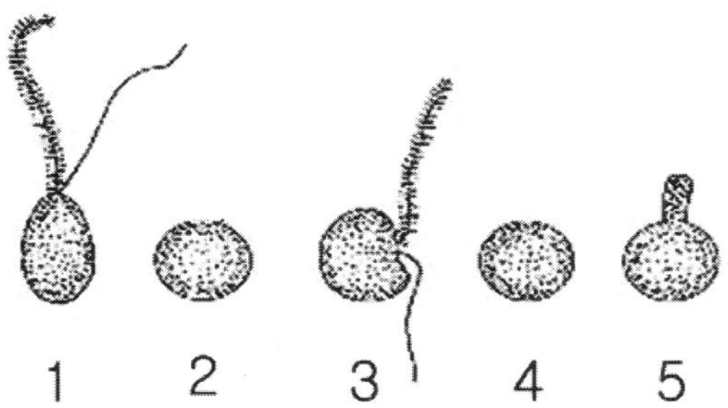

그림 4-5. 수생균의 유주자의 형태적 특징. 1: 1차 유주자, 2: 1차 휴면포자, 3: 2차 유주자, 4: 2차 휴면포자, 5: 발아.

수생균의 종의 동정은 유성생식의 방식으로 결정하지만 주로 조란기에 조정기의 가지가 부착하는 방식과 난포자의 내부 구조에 의해 결정된다.

(1) 수생균병

수생균 3속에 의한 질병을 수생균병이라 하며, 외관상 솜털 모양의 균사체 덩어리가 보이므로 발병은 알 수 있지만, 증상만으로 원인균을 확정지을 수 없다

기생 부위는 아가미, 체표, 지느러미 등으로 20℃이하의 수온이 번식 적온으로 양식 어류의 대부분은 *Saprolegnia*의 감염에 의한 것(saprolegniasis)이다.

관상어인 온수성 담수어는 25℃이상에서 사육하므로 *Saprolegnia*가 아닌 *Achyla*(achlylosis)나 *Aphanomyces*의 감염(aphanomycosis)이 많은 편이다.

송어의 수정난은 부화하는데 수주일 걸리므로 부화하는 동안에 죽은 알에 수생균이 감염되어 주변에 있는 건강한 난에도 감염시키므로 부화장에서는 수생균의 대책이 중요하다.

뱀장어의 노지 양식인 경우 봄철 먹이 투여 시작 시에 수생균의 대유행이 있었으나 현재는 대부분이 하우스 가온 사육임으로 발병은 거의 없는 편이다. 노지 양식의 경우 보통 *A. hydrophila*가 먼저 감염되고 수생균이 2차적으로 감염된 것이다.

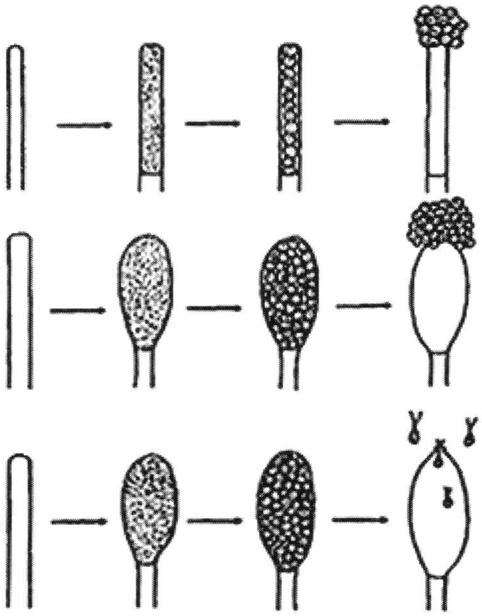

그림 4-6. 수생균 3속 (*Saprolegnia, Achyla, Aphanomyces*)의 유주자 생산 방식의 모식도. 상: *Aphanomyces*, 중: *Achyla*, 하: *Saprolegnia*.

1) 원인균

어류의 체표 기생 수생균은 유성생식기관을 형성하지 않는 것이 특징(불념성)이지만, 배양하면 드물게 조란기와 부정형의 장원형인 단성형의 조정지를 형성하는 경우도 있다.

이처럼 유성생식 기관의 형성 유무에 따라 유성생식기관을 형성하지 않는 것을 *Saprolegnia parasitica*, 유성 생식기관을 형성하는 것을 *S. diclina* Type 1로 분류하여 왔지만 실제로는 *Saprolegnia parasitica*=*S. diclina* Type 1이다.

*Saprolegnia parasitica*를 동정할 때는 많은 수의 후막포자 gemma가 형성되는 것과 휴면포자 표면에 긴 바늘 모양의 털(구상모)가 존재하는 것을 확인하여야만 한다.

한편 환부에서 *S. diclina* Type 3분리되지만, 이것은 어체 내에서 번식하므로 송어류의 내장 진균증 등의 원인이 되지만, 체표에 발생하는 수생균병의 원인균으로는 되지 않는 것이 특징으로 체표에는 병원성이 없다고 이해하면 된다.

*S. diclina*의 주요 특징은 단기간 배양에 구형의 조란기는 형성하고, 후막포자는 형성하지 않는다. 또 발아 방식은 직접 발아 방식이며, 광학현미경으로 구상모가 관찰되지 않는 점 등을 특징이라 할 수 있다.

그림 4-7. *S. parasitica*의 2차 휴면포자 표면의 구상모

병원성이 있는 *S. parasitica*(=*S. diclina* Type 1)와 *S. diclina* Type 3은 구별 가능한데, 쉽게 표현하면 앞의 것은 기생이고, 뒤의 것은 병원성이 없이 나중에 2차적으로 부착된 것으로 판단하면 이해하기 쉽다.

두부, 꼬리, 기름지느러미 등에 잘 감염되며, 환부는 외관상 체표에 수생균이 번식하여 솜털 모양으로 보인다.

아가미에 감염된 경우 호흡곤란에 의해 많은 폐사가 발생할 수도 있다. 체표 환부는 표피가 소실되고, 진피가 노출되는 경우가 많다. 그 결과 체내의 염류가 체외로 소실되어 삼투압 장애를 일으켜 사망한다.

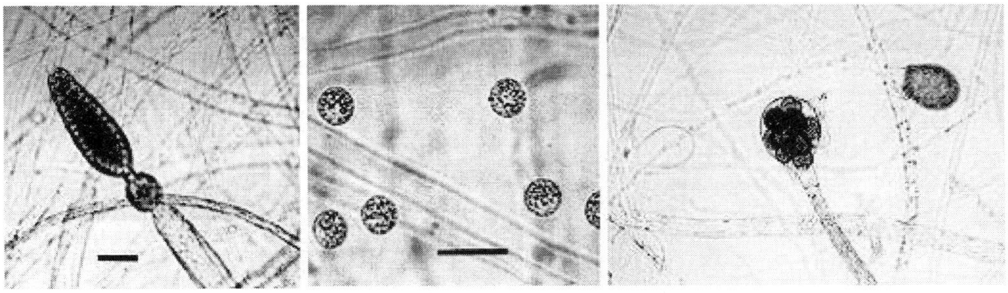

그림 4-8. 수생균의 유주자낭(좌), 유주자(중) 및 조란기(우).

진단은 환부의 솜털모양을 떼어내어 검경하여 균사체를 확인하면 쉽게 진단할 수 있다. 이 때 식물성 플랑크톤과 혼돈을 일으키는 경우가 있는데, 수생균에는 광합성에 필요한 엽록체가 없는 것을 확인하면 된다.

무지개 송어는 산란기에 인공 채란한 암컷이 채란 후에 잘 걸리는데, 이는 채란 과정에 생긴 체표의 상처에 수생균이 감염되었기 때문이다.

산천어는 산란기가 되면 수컷이 먼저 발생하고 뒤이어 암컷에 발생하는 경향이 있다. 이 때문에 수컷이 많이 사망하므로 채란할 때 수컷이 부족한 경우가 발생하게 되므로 문제가 심각하다.

(2) 은어의 진균성 위염

*Saprolegnia diclina*가 은어의 위에 감염되어 위염을 유발하며, 선별 또는 망갈이 후에 자주 발생하는 경향이다.

(3) Aphanomyces

A. 진균성 육아종증(mycotic granulomatosis)

금붕어, 붕어, 블루길, 가물치, 숭어 등에 발생하며, 잉어에 발생한 예는 없다. 유사한 질병으로 유행성궤양증후군(epizootic ulcerative syndrome, EUS)이라고 부르는 경우도 있다.

원인 곰팡이인 *Aphanomyces invandans(=Aphanomyce piscicida,* 일본에서만 사용)는 유주자낭의 모양이 단순하여 균사와 같은 굵기 또는 끝은 더 가는 것이 특징이다. 유주자는 유주자낭에 간격이 일정하지 않지만 한 줄로 배열한다. 유주자낭에서 방출된 유주자는 유주자낭의 끝부분에서 1차 휴면하게 되며, 유성생식기관은 형성하지 않는다.

발육적온은 15-30℃, 발육 pH는 5-9이다. 어류의 근육 내에서 발육하여 육아종이 형성되지만, 환부가 궤양화되는 단계에서는 균사체의 끝부분에서 유주자낭이 형성되어 유주자를 생성한다.

병리 조직학적으로는 근육에 침입한 균사체가 발아하므로 근섬유는 붕괴되고, 육아종이 형성되므로 육아종이 있는 외부의 체표는 발적되어 부풀어 오른다. 부풀어 오른 체표 환부의 피부가 붕괴되면 적색의 육아종이 외계로 노출되어져 궤양화되기 때문에 궤양병이라 불리게 되었다.

그러나 감염 은어는 체표의 환부가 궤양화되기 전에 죽는 경우가 대부분이다.

진단은 체표 환부의 도말표본을 검경하여 환부내의 격벽이 없는 균사체를 확인하거나 병리 조직학적으로 육아종이 형성되었음을 확인하면 된다.

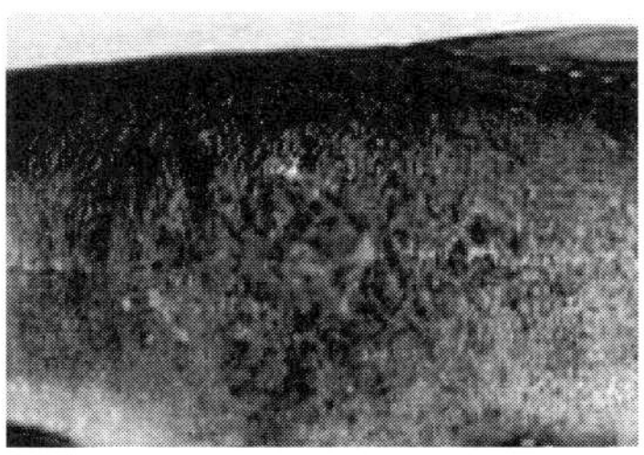

그림 4-9. 진균성육아종에 감염된 은어의 체표 환부.

B. 유행성궤양병증후군(epizootic ulcerative syndrome, EUS)

담수어, 기수어 등의 근육에 감염되어 육아종을 형성하는 질병이다. 저수온인 18-22℃에 강수 후에 빈발하는 경향이며 이러한 조건이 *Aphanomyce invandans*의 포자형성에 좋은 조건이며, 저수온은 어류의 생체 방어 메카니즘이 *Aphanomyces*의 감염에 대한 염증 반응을 지연시키기 때문이다.

진단은 전형적인 증상과 병리 조직학적으로 확인한다. 감염초기는 식욕을 상실하고 체색이 검어지며 수조표면에 힘없이 부유하고 있다가 갑자기 헤엄치는 이상 유영을 보이며, 체표에는 발적과 궤양이 생겨있다. 체표에 형성된 발적 부위가 점차 부풀어 오르면서 그 주변에 반상의 출혈이 생기고 최종적으로 근육내에 형성된 육아종은 피부가 붕괴되어 수중으로 탈락하게 된다. 체표, 두부, 아가미 뚜껑 및 미병부의 발적, 적색 또는 갈색의 테두리를 가진 궤양 병소는 감염 후기에 관찰되며, 육아종성 주변에는 현저한 염증반응이 수반된다.

궤양병소의 테두리 부분의 압인표본을 만들어 검경하면 직경 12-25 ㎛의 격벽이 없는 균사체가 다수 관찰된다. 그러나 이러한 도말표본에는 항상 세균과 진균이 혼재되어 있기 때문에 조직학적으로 진균성 육아종의 형성과 원인 진균을 분리할 필요가 있다.

병리조직표본을 제작할 때는 궤양병소의 테두리 부분을 시료로 하는 것이 좋다.

분리는 궤양병소의 비늘을 제거한 다음 궤양의 바깥부분을 주변의 근육부분도 포함되도록 절취(2 mm^2)하여 penicillin G(100 units/mℓ)와 oxolinic acid(100 ㎍/mℓ)를 첨가한 glucose/peptone(GP) agar(3 g/ℓ glucose,1 g/ℓ peptone, 0.128 g/ℓ $MgSO_4 \cdot 7H_2O$, 0.014 g/ℓ KH_2PO_4, 0.029 g/ℓ $CaCl_2 \cdot 2H_2O$, 2.4 mg/ℓ $FeCl_3 \cdot 6H_2O$, 1.8 mg/ℓ $MnCl_2 \cdot 4H_2O$, 3.9 mg/ℓ $CuSO_4 \cdot 5H_2O$, 0.4 mg/ℓ $ZnSO_4 \cdot 7H_2O$)위에 얹어 실온 또는 25℃에 배양하면서 매일 관찰한다.

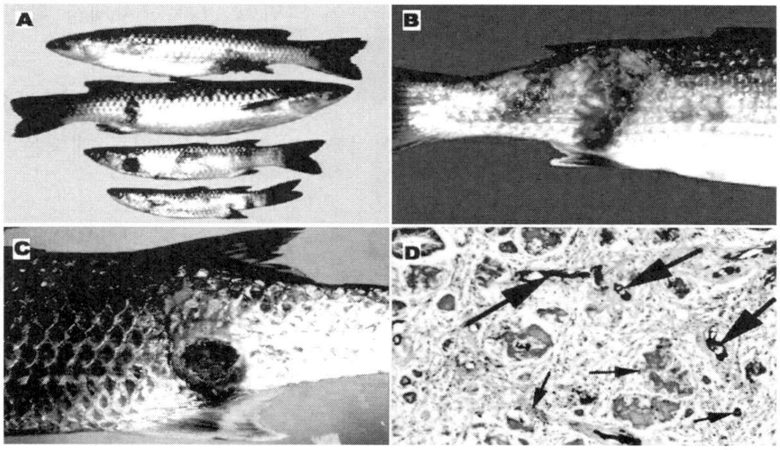

그림 4-10. EUS감염 숭어. A: 체표에 출혈성 환부, B: 궤양화, C: 육아종 탈락 후 근육 심부까지의 궤양화, D: Gomori methenamine silver염색 조직.

*Aphnaomyces invandans*는 유성생식기관을 형성하지 않기 때문에 형태만으로 동정할 수는 없다. 그러나 분리된 oomycetes를 사용하여 포자 형성을 유발시키거나 무정생식기관의 특징을 관찰함으로서 할 수 있다.

*A. invandans*는 배양할 때 매우 느리게 자라며, 37℃의 GPY agar(GPY broth +12 g/ℓ)에서는 발육하지 않는다.

GPY broth(GP broth+0.5 g/ℓ yeast extract)를 넣은 샤-레에 균사체가 잘 자란 크기 3-4 ㎜의 한천 조각을 넣고 20℃에 4일간 배양한다. 접종한 한천조각은 멸균한 사육수로 5회 세척하여 제거하고 멸균 사육수에 넣어 20℃에 하루 밤 방치한다. 12시간 후에 1차 유주자가 형성되므로 방출되는 운동성의 2차 유주자를 현미경으로 검경한다.

(4) 연어과 어류의 내장 진균증(visceral mycotic disease)

부상치어에 먹이 급여한 후 1-2주에 발생이 특징으로 하는 연어과 어류의 치어의 고유 질병으로, 발생에서 종식까지 약 20일 소요된다. 감염어는 대부분 사망하는데, 원인 곰팡이는 *S. diclina* Type 3이다. 곰팡이의 증식 온도는 균주에 따라 차이 있지만 대개 10-15℃에서 발육한다.

감염경로는 경구 감염으로 위의 유문수를 통하여 감염된다. 원인 곰팡이가 위의 유문수에서 발육한 다음 위벽을 관통하여 복강 내에서 균사체를 뻗어내면서 발육함으로서 복강 내에 들어있는 각 장기도 균사체가 뻗어나가 최종적으로는 전신 감염이 유발된다.

복강 내부 전체에 균사체가 감염되므로 복부 전체 또는 위가 있는 곳이 팽만되어 부풀어 오르기 때문에 유영이 활발하지 못하고 곧 폐사하게 된다.

진단은 내부 장기를 떼어내어 압인표본을 검경하여 격벽이 없는 균사체를 확인함으로서 진단한다.

발생시기가 종묘생산기로 한정되어 있기 때문에 종묘생산기에 수조의 바닥청소를 철저히 하여 수생균의 번식을 차단하는 것이 최선의 방법이며, 일단 발병하면 치료 대책은 없다.

3) 뱀장어의 *Branchiomyces*

온수성 담수어의 아가미의 모세혈관 내에 기생하며, 대표적인 종은 뱀장어에 기생하는 *B. sanguinis*이다.

균사체는 격벽이 없고, 불규칙하게 만곡되어 있으며, 균사체 내부에 많은 구형의 포자가 관찰된다. 병어는 아가미 부식 증상을 나타내며 폐사한다.

4) 난균류(Lagenidiales)

(1) 라게니디움증(*Lagenidium*증)

심해성(저수온) 새우류의 성체 또는 유생에 감염된다. *L. myophilum*은 저온성의 곰팡이이지만 고온에서 배양하여도 발육 가능하다.

새우류의 성체에 감염되면 몸의 일부가 흑색으로 변하며, 아가미도 흑색으로 변한다. 그러나 유생에 감염되었을 때는 유생의 체내에 균사가 발육하여 있다. 새우류 이외의 갑각류로서 꽃게류의 난이나 유생의 내부에 균사가 발육하는 경우도 있다. 분류상 특징은 유주자를 생산할 때 방출관의 끝부분에 소낭(vesicle)이 형성되고, 그 내부에 유주자가 형성된다.

진단은 환부의 도말 표본을 만들어 균사체 확인하거나 PYGS(peptone-yeast extract-glucose-starch) agar배지로 분리하여 유주자 형성방식을 관찰한다.

꽃게의 유생에 발생하였을 때는 부화조에 포르말린 25ppm첨가하면 치료 가능하다. 그러나 꽃게도 야외에서 종묘 생산한 경우에는 거의 발병하지 않는다.

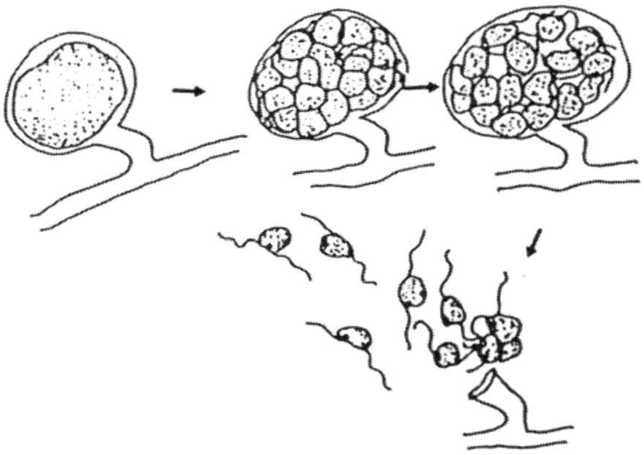

그림 4-11. *Lagedinium*의 유주자 생산 방식. 방출관의 끝부분에 소낭(vesicle)이 형성되어 그 내부에 유주자가 형성된 다음 수중으로 방출된다.

(2) 할리프도로스증

꽃게, 새우 등의 유생 및 보리새우의 유생에 감염되며, 갑각류가 아닌 전복에도 감염된다.

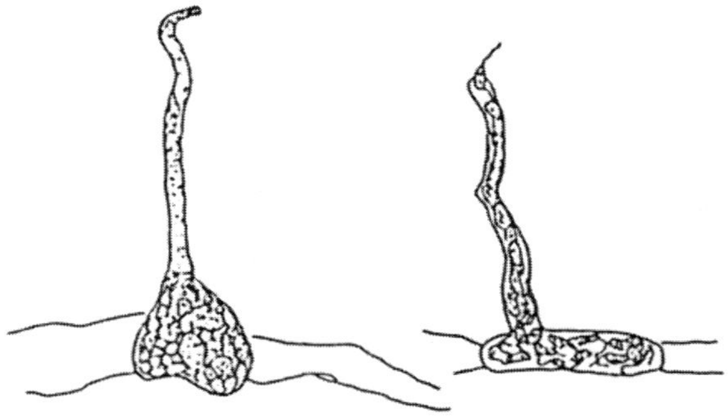

그림 4-12. *Haliphthoros*속의 유주자 생산 방식. 균사체의 한부분에 원형질이 모여 fragment가 만들어지고, fragment에서 방출관이 뻗어 나와 그 내부에 유주자가 만들어진 다음 수중으로 방출된다.

원인 편모균류인 *H. milfordensis*는 균사체 내에 원형질이 모여 여러 가지 모양의 분절 단편(fragment)를 형성하며, 분절 단편에서 방출관이 신장하여 그 내부에 유주자가 만들어져 유주자를 수중에 방출하는 것이 특징이다.

보리새우의 성체에 감염되었을 때는 *L. myophilum*가 감염하였을 때처럼 아가미가 검게 변하므로 검은 아가미 병으로 불리고 있다. 그러나 유하에 감염되었을 때는 아가미는 검어지지 않고, 체내에 발육하고 있는 균사체만 발견된다.

도말표본을 만들어 기생하고 있는 균사체의 모양으로 진단 가능하며, PYGS한천 배지로 분리하여 유주자 형성방식을 관찰하여 진단한다. 대책은 *Lagedinium*과 동일하다.

(3) 할로크라스티시다증(*Halocrusticida*)

꽃게류에 주로 감염되며, 꽃게의 종류에 따라 감염되는 종은 다양하다. 즉 꽃게와 칼새우에는 *H. parasitica*, 꽃게에는 *H. okinawaensis*, 닭새우에는 *H. panulirata*이 감염되며, 갑각류 아닌 윤충류인 로티퍼(*Rotifer*)에는 *H. parasitica*가 감염된다.

꽃게류에 감염되어 있는 영양체의 균사체는 다른 편모균류처럼 균사모양이 아니라 주머니 모양임으로 집락이 대형으로 되는 경우는 없다. 방출관은 유주자낭에서 여러 개가 만들어질 뿐만 아니라 방출관이 여러 갈래로 분지하는 것이 특징이다

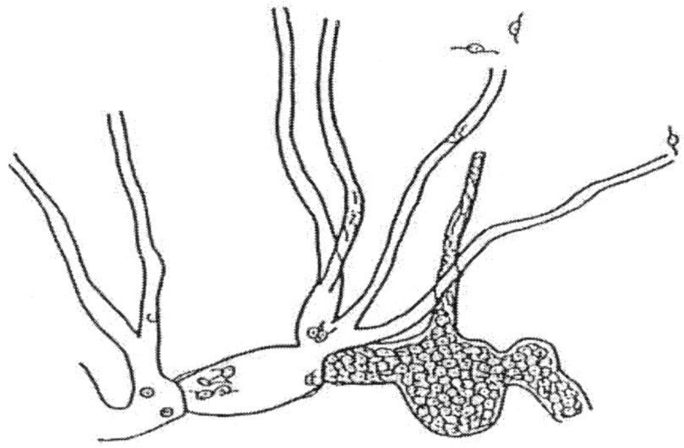

그림 4-13. *Halocrusticida*속의 유주자 생산 방식. 유주자낭에서 여러 개의 방출관이 만들어지는데 방출관도 여러 갈래로 분지되는 것이 특징으로 각 방출관어 통하여 유주자를 수중으로 방출한다.

증상과 치료 대책은 *Lagedinium*이나 *Haliphthoros*와 비슷하며, 기생하고 있는 균사체의 모양으로는 진단하기 곤란하므로 PYGS한천 배지로 분리하여 유주자 형성방식을 관찰하여 진단한다.

Ⅳ. 접합균류(*Ichthyophonus* sp.)

무지개 송어와 방어 치어에 발병하는 질병으로 전염성이 강하며, 발병하면 치료는 불가능하다. 자연산 해산어가 감염되어 보균상태에 있는 것을 먹이로 투여하였을 때 발병되며, 위가 없는 어류에서는 발병되지 않는다.

원인균은 *I. hoferi*로서 병어의 환부에서는 여러 발육 단계의 병원균이 관찰되지만, 보통 환부 내에는 다핵구상체가 발견된다.

감염은 병어에서 방출된 다핵구상체를 섭취하면 위의 점막상피에서 발아하여 균사체가 신장하여 점막상피내로 침입하고, 거기서 사상체포자를 생산한다. 사상체포자는 혈류를 따라 감염국소로 운반되어 다시 발육하여 많은 사상체포자 형성하여 다핵구상체를 만든다. 다핵구상체가 성숙하여 발아하면 균사체로 되고, 균사체내에는 2개의 핵을 가진 사상체포자가 형성되어 조직 중으로 방출된다. 조직 속에서 사상체포자의 핵이 분열하여 핵의 수를 증가시켜서 점점 커지면서 세포벽이 두꺼워져 직경 140 ㎛까지 성장다핵구상체로 된다.

그러므로 *Ichthyoponus*의 생활사는 발육기, 전발아기, 발아 및 사상체기 및 번식기의 4단계로 나눌 수 있다. 발육기는 2개의 핵을 가진 사상체포자가 핵분열에 의해 핵의 숫자를 증가시킴과 동시에 세포벽이 두터워져 핵이 10-100개인 다핵구상체로 발육하는 과정이다.

전발아기는 다핵구상체가 발아를 준비하는 단계로 핵의 수와 세포질의 양은 지속적으로 증가하면서 원형질이 위족 모양으로 변화하면서 세포벽에서 분리되고, 그 바깥에 새로운 세포벽이 형성된다.

발아 및 사상체기는 세포벽의 일부가 파괴되고, 새롭게 만들어진 세포벽에 쌓인 채로 세포벽의 바깥으로 발아하여 원형질 바깥에 세포벽을 분비하면서 신장하여 사상체로 된다.

번식기는 사상체 내에서 세포체가 분열하여 엷은 세포벽에 쌓인 핵이 2-10개인 사상체포자가 형성되고, 사상체포자의 끝부분이 파열하여 사상체포자를 방출한다.

감염된 연어류는 질병이 만성적으로 진행되며, 중증어는 복수의 축적과 신장의 종대에 의한 복부 팽만, 결절(심장, 비장, 간장, 신장, 소화관 등) 및 빈혈이 생긴다. 감염이 성립 후 선별 등 스트레스를 가하면 폐사가 발생하게 된다.

방어는 뚜렷한 외부 증상이 없지만 내부 증상은 연어류와 비슷하다. 대개 7월경의 치어에 발생하지만, 수온이 20℃를 넘으면 원인균의 발육가능한 수온의 상한선이 20℃로 그 이상에서는 발육하지 못하기 때문에 자연적으로 종식된다.

진단은 병어의 신장 압인표본을 만들어 다핵구상체를 확인하면 된다. 치료 방법이 없기 때문에 연어과 어류는 살처분 후 양어지 건조, 소독하여 원인균을 사멸시켜야 하며, 방어는 생사료 먹이 투여를 중지하고, 냉동어류 급이하면 발병을 미연에 방지할 수 있다.

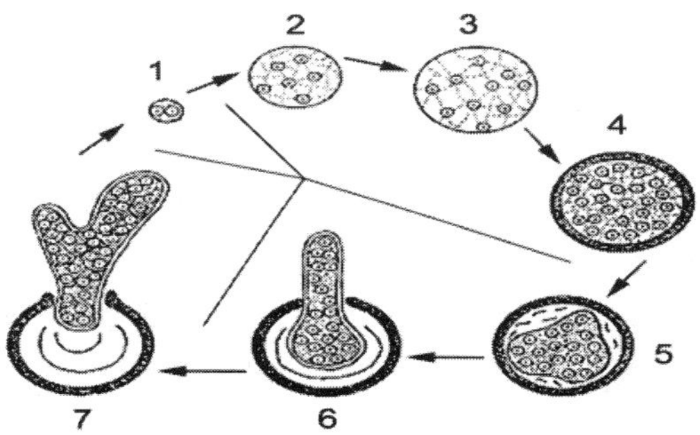

그림 4-14. *I. hoferi*의 생활사. 1: 사상체 포자(2개의 핵), 2-4: 핵 분열하여 커지면서 세포벽이 두꺼워진 다핵구상체, 5: 다핵구상체의 세포벽에서 원형질 분리, 새로운 세포벽 분비. 6: 발아, 7: 균사 모양의 사상체 형성. 사상체 내에서 사상체 포자 형성.

V. 불완전균류

Phoma, Candida sake, Fusarium solani, F. oxysporum, Ochroconis humicola, O. shawytschae, Exophiala salmonis, E. pisciphila, E. psychrophila, Scytalidium infestans. 등이 속하며, 대개 산발적으로 발생하며, 폭발적으로 유행하는 것은 없다.

대표적인 질병으로 은어의 *Phoma*병, 송어의 *Candida sake,* 갑각류의 *Fusarium solani* 등이 있다.

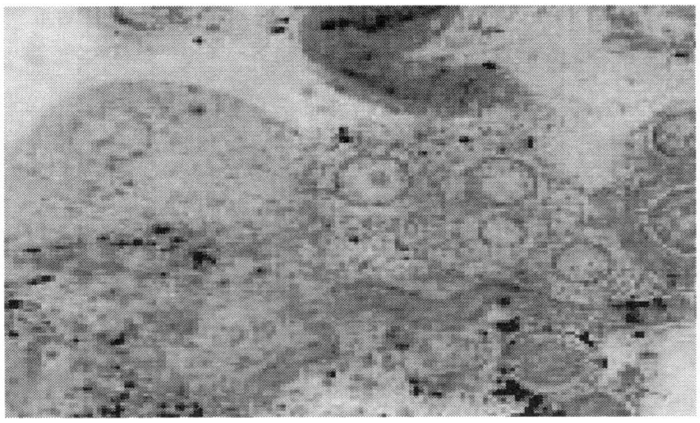

그림 4-15. 신장 도말 표본의 다핵 구상체.

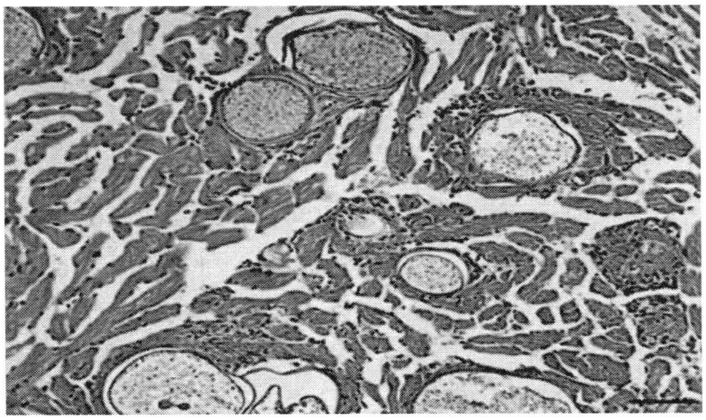

그림 4-16. 심장(심실)에 감염된 *Ichthyophonus*의 다핵 휴지 단계의 포자. 대부분의 포자에 대한 숙주 반응은 만성염증, 섬유화가 있지만 전체적으로 미약한 편임. H&E, 50 ㎛.

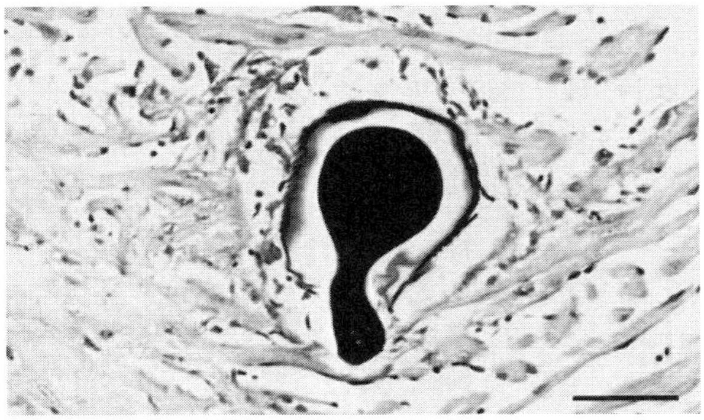

그림 4-17. 심장내의 *Ichthyophonus*의 발아. 균사체는 처음에는 1개이지만, 나중에 분지하게 된다. 휴지 단계의 포자와 발아하고 있는 균사체는 PAS에 양성임. PAS, 50 ㎛.

1) 은어의 *Phoma*증

은어 치어의 부레내에 침입하여 번식함으로서 전신감염을 일으켜 폐사시키는 질병이다. *Phoma*의 분생자는 균사체 위에 형성된 분생자각 내에 생기는 분생자로 번식한다.

2) 송어의 고창증(gastrotympanitis)

*Candida sake*가 송어류의 위내에 번식하여 가스를 형성하므로서 위가 팽만되게 된다. 효모의 일종으로 영양세포(포자)는 출아 방식으로 만들어진다.

3) 전갱어의 스키타리디움증(*Scytalidium*증)

종묘 생산한 치어의 체표 궤양부에 많은 엷은 갈색의 분절이 있는 균사체가 형성된다.

4) 오크로코니스증(*Ochroconis*증, 흑색진균증)

연어과 어류의 질병으로 *O. tshawyschae*와 *O. humicola* (은연어, 무지개송어)의 2종류가 있다. 연어과 어류 이외에 해산어인 전갱어, 참돔 등에는 *O. humicola*가 감염된다.

균사의 색깔이 담갈색이고, 배지 상에서는 흑갈색의 집락을 형성하는 불완전균류의 한 종으로 "흑색진균"이라 불리고 있다. 분생자의 형태에는 차이가 있어, *O. tshawyscha*: 3격벽 4세포성 분생자, *O. humicola*: 1격벽 2세포성의 분생자가 형성되는데, 분생자의 모양은 2종 모두 난형 또는 원통형이다

산천어 대형어에 감염되었을 때는 체표에 궤양, 복수를 동반한 복부 팽만, 신장의 종대가 생긴다.

해산에 치어에 감염되었을 때는 등지느러미의 기부 또는 몸통부에 궤양이 형성되며, 연어류에 감염되었을 때와는 달리 근육 또는 신장에 균사체의 발육은 없다.

진단은 환부의 압인 표본을 검경하여 담갈색의 가는 균사체를 확인하여야 하며, 발병하였을 때는 대책이 없음으로 병어는 폐기 처분하여야 한다.

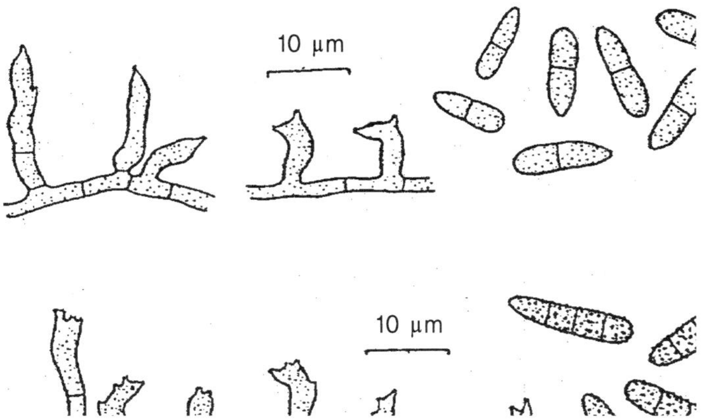

그림 4-18. 분생자 자루와 분생자의 형성 방식 및 분생자의 모양. 위: *O. humicola*, 아래: *O. tshawytschae*.

5) *Fusarium*증

보리새우에서 발병되며 아가미가 검게 변하기 때문에 검은 아가미병으로 불리고 있다. 원인균은 *Fusarium solani*이지만, 이것 이외에 여러 종이 발견되지만 대부분이 *F. moniliforme, F. graminiarum*이다.

*Fusarium*의 최대의 특징은 대분생자와 소분생자의 2종류의 분생자를 생산하는 것으로 *F. solani*는 필라멘트의 끝에 분생자가 덩어리 형성되고, *F. moniliforme*는 소분생자가 연쇄상으로 형성되며, *F. graminiarum*는 소분생자를 형성하지 않고 대분생자만 형성하는 특징이라 할 수 있다.

또 다른 특징으로 환경조건이 불리할 때는 후막포자(chlamydospore)를 형성한다는 것이다. 후막포자는 균사의 끝부분 또는 중간의 세포가 비대되어 세포벽이 두꺼워진 다음 균사에서 떨어져 나온 세포로서 무성생식의 일종이다. 이러한 후막포자는 환경조건이 불리할 때 형성되는 것으로 내구성이 좋은 일종의 휴면구조물로서 모양은 원형에서 곤봉 모양 등 매우 다양하며, 후막포자끼리 서로 연쇄상으로 연결하기도 한다. 이러한 후막포자는 환경이 좋아지면 다시 발아하여 균사체를 형성한다.

증상은 아가미가 흑색으로 변하는 것이지만 편모균류의 할리프도로스증도 아가미가 검게 변하므로 구분에 주의하여야만 한다.

진단은 환부에서 진균을 분리하여 슬라이드 배양하여 분생자의 생산 방식 관찰하여 동정한다. 치료 방법이 없으므로 발병 새우는 폐기하고 양어지를 염소 소독하여야 한다.

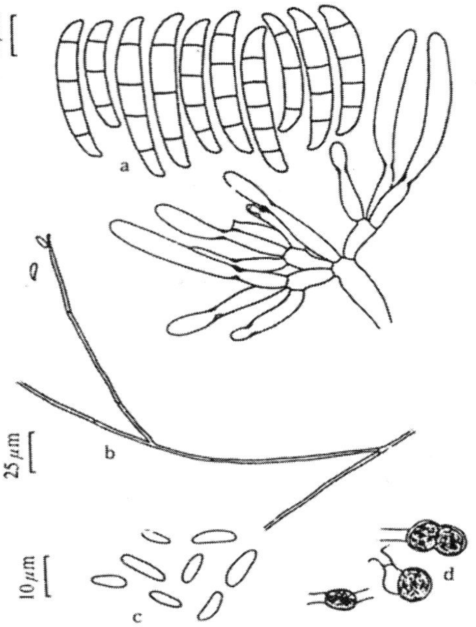

그림 4-19. *Fusarium solani*. a: 대분생자(3격벽 4세포성), b: 균사와 분생자 형성 세포, c: 소분생자(1격벽 2세포성), d: 후막포자(chlamydospore)

표 4-4. 갑각류의 검은 아가미병(새흑병)비교

곰팡이의 종류		감염 어종	주요 특징
난 균 류	*Lagedinium*	새우, 꽃게	-유주자 -방출관의 끝부분에 소낭 형성
	Haliphthoros	보리새우	-유주자 -균사체내에 fragment형성 -Fragment에서 방출관 신장
	Halocrusticida	꽃게	-유주자 -유주자낭에서 분지된 방출관 형성
불완전균류	*Fusarium*	새우류	-분생자 -대분생자(3격벽 4세포성) -소분생자(1격벽 2세포성)

제 5 장 기생충성 질병

Ⅰ. 단세포 기생충

1. 원생동물(protozoa, 원충)

원생동물은 단세포로서 1개의 진핵을 가진 진핵생물이며 독립된 생활을 영위하기 위하여 먹이 섭취, 운동, 삼투압조절, 생식에 필요한 세포내 소기관을 가지고 있다. 한편 후생동물은 원생동물처럼 단세포가 아니라 여러 개의 많은 세포가 모여 조직이나 기관을 구성하고 독립된 생활을 영위하는 능력을 발휘하는 원생동물에 비해 형태적으로나 기능적으로 모두 더욱 진화된 생물이다. 그러므로 진화 과정에서 원생동물은 세포학적으로, 후생동물은 조직학적으로 진화되었음을 의미한다.

원생동물은 육질편모충문(Sarcomatigophora), 라비린스라문(Labyrintho- morpha), 첨복포자충문(Apicomplexa), 미포자충문(Microsporora), 아세토스포라문(Acetospora), 점액포자충문(Myxozoa) 및 섬모충문(Ciliophora)의 7개의 문으로 구성되어 있다.

원충류의 기생 부위는 피부, 아가미, 근육, 내장, 신경조직 등 다양한 부위에 기생하며 기생하는 종류도 많다. 그러나 모든 종이 병해를 초래하는 것은 아니고, 숙주와 기생체간에 균형을 이루고 있는 동안에는 병해가 없지만, 숙주와 기생체간에 균형이 파괴되면 기생수가 증가하여 숙주는 감염 증상을 나타내게 된다, 종에 따라서 감염 숙주에 치명적인 병해를 초래하여 폐사시키는 경우는 드물지만, 감염어는 상품성이 낮으므로 문제시 되는 종도 있다. 예를 들면 방어, 잿방어의 *Kudoa*증에서는 체측근에 cyst를 형성하여 성장에 지장이 없지만 상품성이 저하되고, 참치의 근육에 기생하는 점액포자충인 *Hexacapula neothunni*는 pellet의 가공과정에 충체가 생산하는 protease가 참치 근육을 용해시켜 jelly cyst라는 상태가 되므로 상품으로서의 가치가 없게 된다.

2. 편모충류

육질편모충문에는 편모충류(mastigophora), 오팔리나류(Opalinata) 및 육질충류(sarcodina)의

3 아문이 있다. 오팔리나류는 섬모로 덮여있지만, 세포구(cytostome)를 가지고 있지 않는 것이 다른 섬모충류와의 차이점이다. 대부분 양서류의 장내 기생충이지만, 어류의 소화관에 기생하는 것은 4종이 보고되어 있다.

육질충문(아메바류)은 위족을 내어 운동이나 먹이를 섭취하는 것이 특징, 생활사의 일부 시기에 편모를 가진다. 아메바류는 대부분 자유 유영생활을 하지만 어류의 아가미나 소화관에 기생하는 종도 있다.

편모충류는 식물성 편모충강(Phytomastigophorea)과 동물성 편모충강(zoomastigophorea)으로 구분하고 있으며, 핵은 1개이며, 영양체(trophozoite)는 1개 또는 여러 개의 편모를 가지고 운동하고, 번식은 종분열에 의해 무성적으로 번식한다.

식물성 편모충류는 식물의 특징인 엽록소를 가진 색소체(chromatophore)를 가지고 있다. 대부분이 자유생활을 하며, 적조를 유발하는 적조생물인 와편모충류도 여기에 속한다. 어류 기생종으로는 아가미나 피부에 기생하는 *Amyloodinium ocellatum*이 대표적이다. 동물성 편모충류는 식물성 편모충류와 달리 엽록체를 가지고 있지 않지만, 세포내 소기관으로 에오진호성 과립인 자기 증식성의 세포내기관인 kinetoplast와 파동막(undulating membrane)을 가지고 있다.

어류에 기생하는 종으로는 뱀장어의 혈액에 기생하는 파동편모충(*Tryphanosoma* sp.), 아가미나 피부에 기생하는 *Ichthyobodo* spp, 송어류의 소화관에 기생하는 육편모충류인 *Spironucleus salmonis(*이전의 *Hexamita salmonis*) 등이 있다.

혈액에 기생하는 주혈편모충 감염에는 거머리의 매개가 필요하지만, 대부분 중간숙주가 필요 없이 물을 통하여 어류에 직접 감염된다.

1) *Amyloodinium*

식물성 편모충류(와편모충류)인 *A. ocellatum(=Oodinium ocellatum)*으로서 주 기생 부위는 피부나 지느러미이다. 종래에는 고밀도로 사육하고 있는 수족관 어류에서 많이 발생하였지만, 최근에 양식어류에 빈발하고 있다.

어류에 기생하고 있는 충체는 영양체로서 성숙하게 되면 수중에 방출되어 내부분열에 의해 쌍편모를 가진 유주자를 방출하게 된다. 유주자는 편모를 가지고 수중을 유영하다가 숙주를 만나면 편모가 소실되면서 기생 생활로 들어가게 된다. 수중에서 형성된 시스트는 8회 분열하여 최대 256개의 유주자를 생성한다.

충체는 어체에 부착하기 위하여 가근상 돌기를 내어 상피세포에 부착하게 됨으로서 상피세포는 혼탁종창을 일으키고, 충체의 부착 부위에는 염증, 증생 또는 출혈이 생긴다.

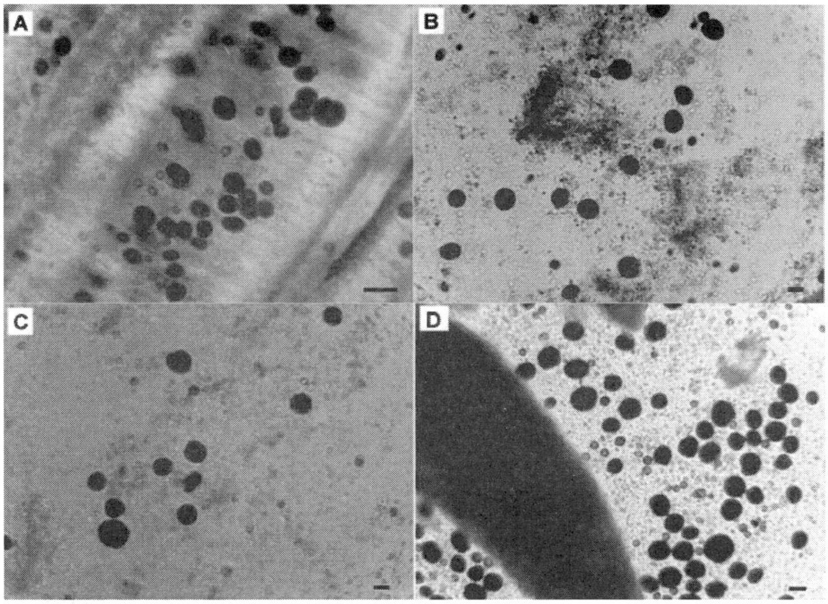

그림 5-1. 어류에 감염하고 있는 *Amyloodinium* sp.의 영양체. A: 무염색 도말표본, B & D: Lugol액을 적하시킨 표본. C: Diff-Quick III액, D: 황산동 5 ppm으로 24시간 약욕 후에도 충체 아가미에서는 떨어지지만 새변 사이에 사멸되지 않고 생존함. Bar= 100 ㎛(A)과 50 ㎛ (B-D).

충체가 부착하게 되므로 어류는 호흡장애, 삼투압 조절 장애 또는 세균의 2차 감염을 일으켜 폐사하게 된다.

2) 익티오보도증

동물성 편모충류로 담수어와 해산어의 피부와 아가미의 표면에 기생하는 종으로 이전에 *Costia*로 불리던 종이다. 최근 연어과 어류와 양식 넙치 및 자주복과 담수어인 잉어에 빈발하는 질병일 뿐만 아니라 방류된 종묘의 자연감모의 주요 요인으로 알려져 있다.

원인 기생충인 *Ichthyobodo necator(=Costia necatrix)*는 체장 8-10 ㎛으로 소형으로 2개의 편모를 가지고 있으며, 기생하는 숙주 범위는 매우 넓다. 충체는 유영할 때는 원형이지만, 어류에 기생하고 있을 때는 방추형이다. 특히 연어과 어류에 기생하는 종은 어체를 떠나 해수 중에서도 생존 가능한 것으로 밝혀졌다.

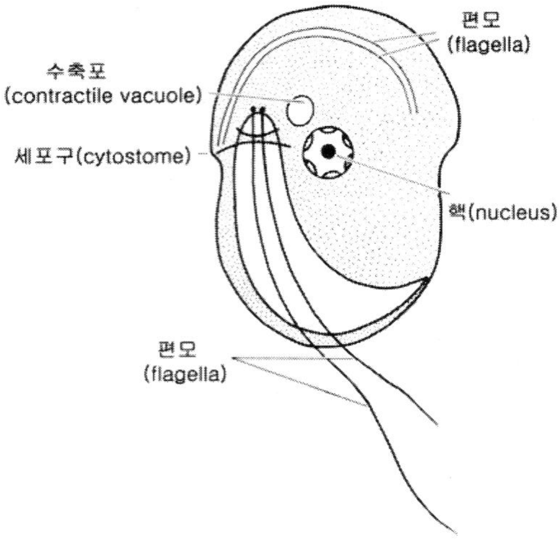

그림 5-2. *Ichthyobodo*의 모식도.

어체에 부착반(attachment disc)을 사용하여 어체의 상피세포에 부착하여, 세포구 돌기(cytostome process)를 세포내로 신장시켜 내부의 영양을 섭취한다. 이 때문에 기생 자극에 의해 상피세포는 괴사되고, 충체가 많이 기생한 경우에는 상피세포가 붕괴되어 출혈을 일으키므로 어류는 삼투압장애가 유발된다.

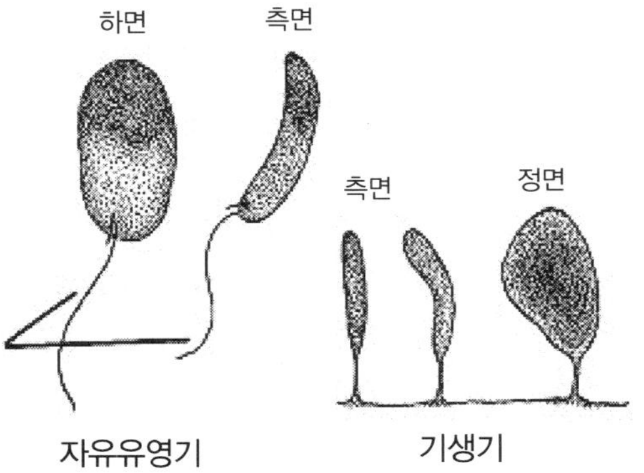

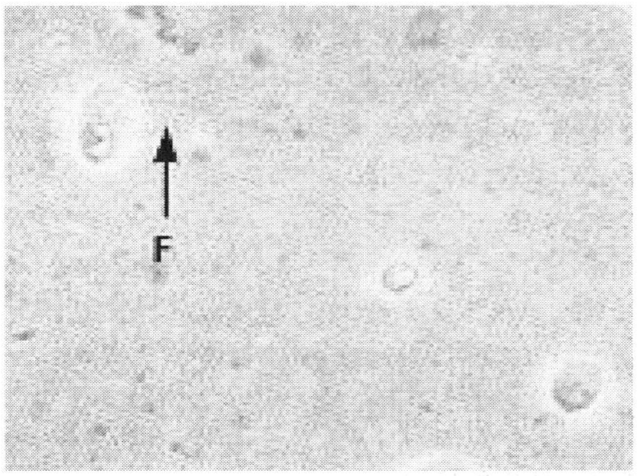

그림 5-3. *Ichthyobodo necator*의 모형도와 아가미 도말표본(F=편모).

연어과 어류의 종묘생산 시설의 사육수 중에는 항상 높은 비율로 발견되는데, 이러한 종묘를 해수에 이식하여 사육하게 되면 해수 적응능력의 현저한 저하로 대량 폐사가 유발된다. 충체에 대한 숙주의 반응은 상피세포에 기생하고 있는 충체를 탈락시키기 위해 상피세포에 PAS양성 점액세포가 대량 방출된다.

아가미와 지느러미를 절취하여 도말표본을 만들어 200-400배로 검경하면 충체를 발견할 수 있다. 충체는 숙주의 점액세포와 닮아 있음으로 세심히 관찰하여 충체의 편모를 확인하여 점액세포와 구분할 필요가 있다.

감염어는 포르말린 약욕할 수 있지만, 기생한 다음에 스트레스가 가해지면 성장저하 및 대량 폐사가 생기기 쉽다.

3) 대구, 가자미, 넙치류의 X-cell disease

X-cell disease는 다양한 해산어에 상피성 pseudotumor, 새변에 병소 및 위새의 종대를 초래하는 질병이다. 원인체는 분자생물학적 해석에 의해 미동정의 기생충으로 확인되었지만, 분류학적 위치는 불분명하며, 실험 감염은 성공되지 못하고 있다.

대서양 대구의 위새의 pseudotumor의 병어는 체색이 검어지고 일반적으로 같은 해에 어획되는 미감염 개체에 비해 크기가 작다. 감염 위새는 현저하게 종대되어 있고, 크림상의 백색을 띄고 있는 반면 미감염 개체의 위새는 정상적인 색깔인 적색을 띄고 있다.

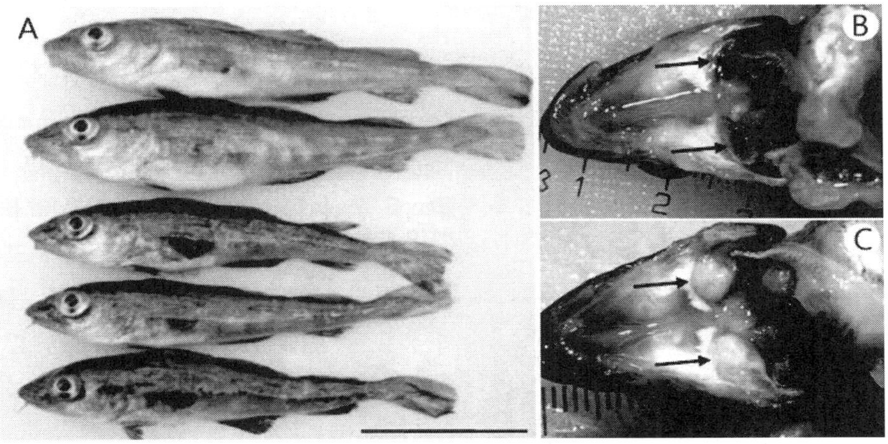

그림 5-4. A: 미감염어(위 2미)와 감염어 (아래 3미). B: 미감염어는 아가미 색조인 적색 기미의 위새. C: 감염어의 위새는 종대된 크림색의 백색임. Bar= 4 ㎝.

가자미류인 *Pseudopleuronectes obscurus*도 상피성 pseudotumor가 형성되는데, 가자미류에서 알려진 증상과 마찬가지로 체표에 융기된 대형의 환부가 형성되지만 그 아래의 근육층에까지는 침투하지 못한다.

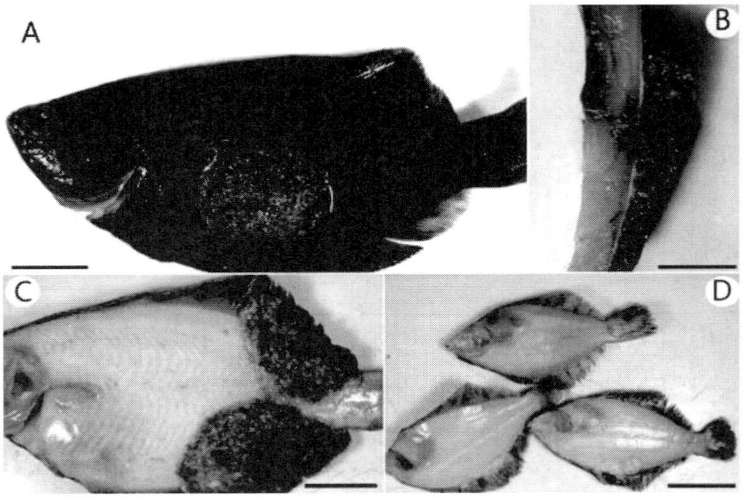

그림 5-5. 상피성 X-cell pseudotumor감염 가자미류의 포르말린 고정 표본. A: 대형 환부. B- C: pseudotumor가 등쪽에서 복부로 확장. D: 감염 치어는 복부의 pseudotumor는 무색소임. Bar=B(10 ㎜)이외는 3 ㎝.

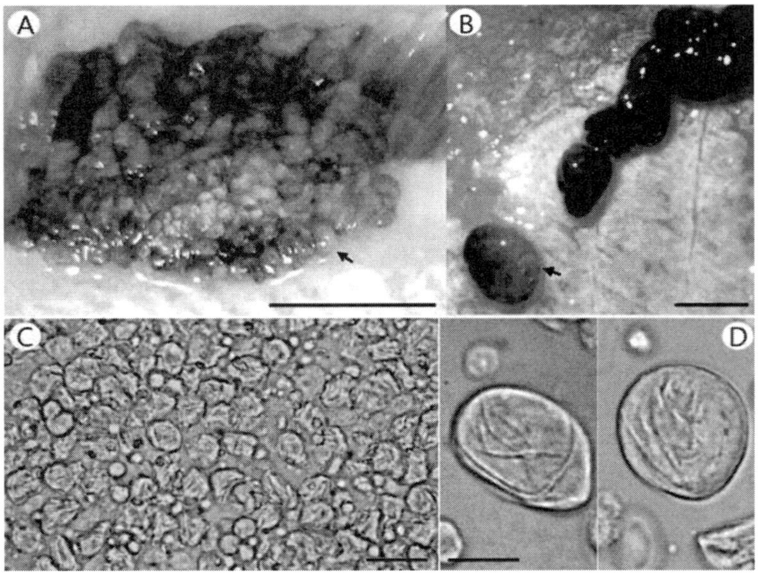

그림 5-6. 무고정 가자미류의 상피성 pseudotumor의 끝부분의 주머니 모양의 구조물. A-B: 주머니 모양의 구조물은 pseudotumor의 본체에서 분리 가능. C: 주머니 구조물의 붕괴 후 내부의 x-cell과 세포 부스러기. D: 적출 X-cell은 해수에 24시간 경과 후에도 형태에는 별다른 변화 없음. Bar=A(10 ㎜), B (2 ㎜), C (20 ㎛) 및 D (10 ㎛).

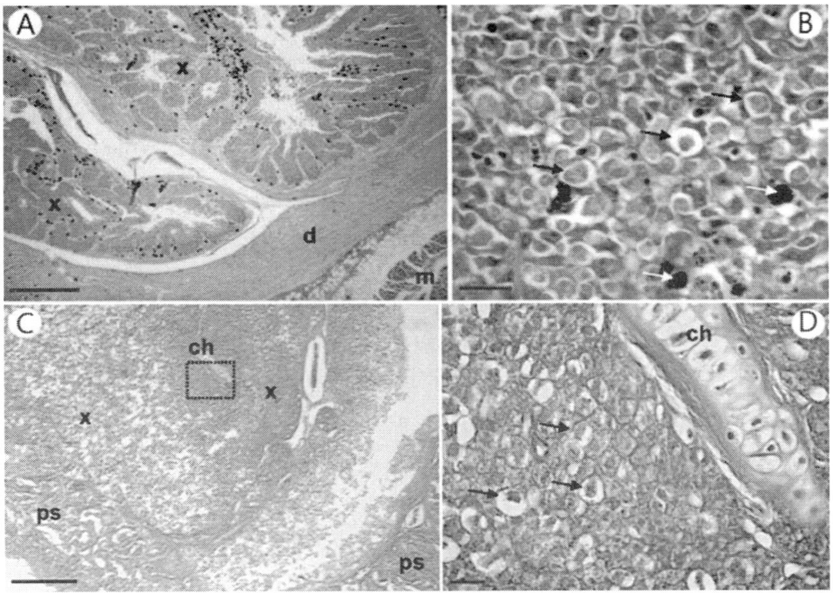

그림 5-7. A: 가자미의 상피성 X-cell tumor내에는 많은 X-cell이 감염 숙주조직의 주름 내에 존재. 진피(d)와 근육(m)은 미감염됨. B: X-cell은 특징적인 다각형으로 대형 핵(검은 화살표)은 엷게 염색되며, 많은 멜라노마크로파아지(백색 화살표)가 존재함. C: X-cell집합체는 위새조직(ps)에 인접하지만, 연골세포(ch)를 함유하고 있는 주변의 위새 연골에도 존재. D: 많은 X-cell(검은 화살표)는 pseudotumor의 집합체를 형성, 위새 연골은 X-cell에 의해 둘러싸여 있음. HE. Bar=A & C(400 ㎛)와 B & D(20 ㎛).

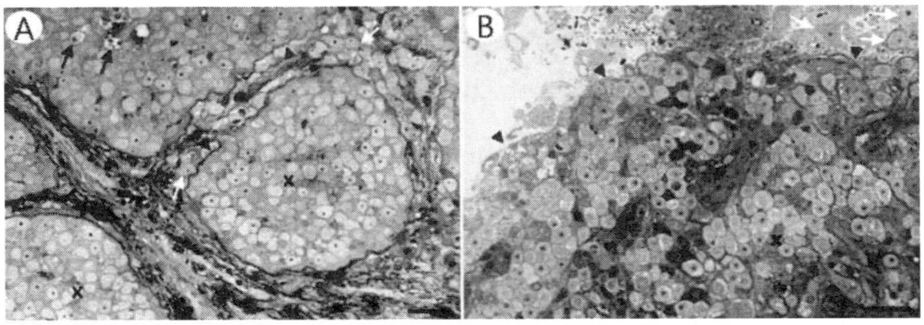

그림 5-8. 상피성 X-cell pseudotumor의 thin section. A: 주머니 모양 구조물의 중앙부. X-cell은 주로 두터운 기저막(검은 화살표 머리)에 싸인 상피조직내에 대형 집합체 형성, 집합체내의 몇몇 X-cell은 변성됨(검은 화살표), 결합조직(백색 화살표)에도 X-cell존재. B: 주머니 구조물의 테두리 부분. 조직이 덜 체계화됨. X-cell의 집합체(X)는 막성 구조물의 내부에 존재하는 것이 아니라 주변부(검은 화살표)에 존재하며 몇몇은 주머니 구조(백색 화살표)에서 떨어져 존재. Bar=20 ㎛.

이러한 환부는 항상 유안측에 형성되며, 무안측에는 색소가 침착하기도하고 없을 때도 있다. 때로 종양은 지느러미 가장자리까지 확대되기도 한다. 떼어낸 종양에는 주머니 모양의 구조가 발견되는데, 주머니는 쉽게 붕괴되며 내부에는 X-cell과 세포 부스러기 등이 들어있다. 또한 적출 종양을 해수 중에 넣어두면, 24시간 후에도 처음 떼어내었을 때와 모양의 변화가 없으며, 현저한 수축도 일어나지 않는다.

병리조직학적으로 pseudotumor내에는 많은 수의 X-cell이 발견된다. 가자미류인 *Pseudopleuronectes obscurus*의 피부 종양인 경우에는 X-cell은 피부층에만 한정적으로 형성되며, 많은 마크로파아지와 미동정의 숙주세포가 주름이 잡혀 있는 일정한 배열로 분포하고 있다

X-cell은 어체에 감염되어 숙주세포내에서 증식하여 pseudotumor가 형성되게 되면, pseudotumor의 끝 부분이 탈락하여 해수 중으로 방출되게 된다. 바닥의 펄과 같은 기질 속에서 적당한 온도, 염분 농도 및 유속의 조건하에서 다시 어류에 감염하기 위한 발육을 하게 된다. 발육이 완료되면 어체에 감염하기 위한 운동기관으로서 편모같은 것이 형성되어 다시 어류에 감염될 것으로 추정하고 있다.

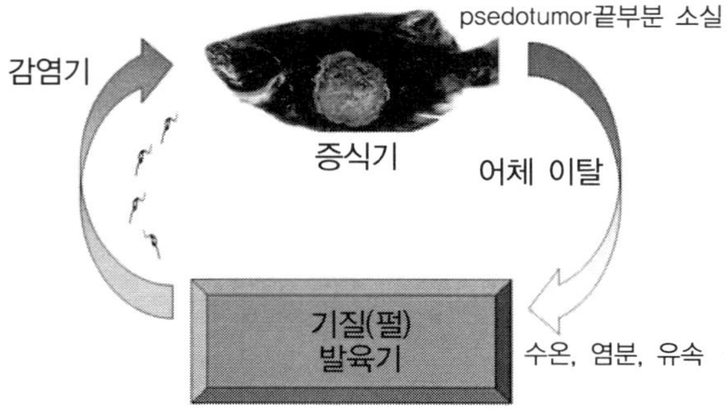

그림 5-9. X-cell (parasite)의 생활사의 모식도.

3. 첨복(尖複)포자충류(Apicomplexa)

첨복포자충문에 속하는 종은 모두가 기생종으로 가축에 기생하는 종이 많으며 대표적인 것으로 말라리아원충(plasmodium)이 있다.

어류에 기생하는 종은 지렁이(빈모류)와 갑각류 등의 무척추동물이 중간숙주로서, 생활사 중에 숙주에 감염하기 위해 충체의 앞부분에 전자현미경으로 관찰할 수 있는 "apical complex, apicomplexus"라는 특수 구조를 가지는 것이 특징이다.

어류의 기생충은 모두가 구포자충(Coccidia, 콕시디움아강)에 속하기 때문에 “콕시디움증”이라고도 한다. 어류에 기생하는 중요한 기생충은 송어류의 유문수에 기생하는 *Eimeria truttae,*

잉어의 장에 기생하는 *Goussia carpelli(=Eimeria carpelli),* 전갱어의 간장에 기생하는 *G. cruciata* 및 어류의 백혈구나 적혈구에 기생하는 *Adelleida* 등이 있지만, 산업적 피해는 거의 없는 편이다.

낭포자(oocyst)는 포자각에 싸인 방추형 또는 난형으로, 내부에 4개의 포자(sporocyst)가 원형의 2개의 피막에 둘러싸여 있고, 다시 sporocyst의 내부에는 각각 2개의 종충(sporozoite, 포자소체)이 들어 있다.

감염은 이 낭포체를 먹이와 함께 섭취하게 되면, 소화관에 도달한 다음, 낭포체가 파열되어 내부의 포자가 방출된다. 방출된 포자내의 종충(sporozoite)은 포자막에 있는 구멍을 통하여 빠져나와, 소화관의 상피세포에 침입하여 형태가 난형으로 변화하게 된다.

구포자충의 생활사는 크게 영양생식기(merogony, 증원생식). 배우자생식기(gamogony, 유배우자 생식기)와 포자기(sporogony)의 3단계로 구분할 수 있다.

소화관의 상피세포에 감염한 난형의 종충(sporozoite)은 증원생식에 의해 핵이 분열 증식하고 이어서 각각의 핵이 소량의 세포질에 둘러싸인 많은 딸세포(merozoite, 분열소체)로 된다. 그 후 감염 상피세포가 파괴되면서 분열소체는 소화관공내로 방출되어 다시 새로운 상피세포에 감염되는 과정을 반복하면서 상피세포를 파괴시킨다. 이렇게 형성된 분열소체의 일부가 대배우자모세포(macrogametocyte, 암생식세포) 또는 소배우자모세포(microgametocyte, 수생식세포)를 형성하면서 배우자생식기로 들어간다.

대배우자모세포에서는 1개의 대배우자(macarogamete, macrogamont)가 만들어지고, 소배우자모세포는 몇 회의 핵분열을 반복한 다음에 많은 수의 소배우자(microgamete, microgamont)를 형성한다. 소배우자는 2개의 편모를 가지고 활발히 운동하면서 상피세포를 빠져나와 대배우자와 접합하여 접합자(zygote)가 되면 튼튼한 피막에 둘러싸인 낭포자(oocyst, 낭포낭, 낭포체)로 된다.

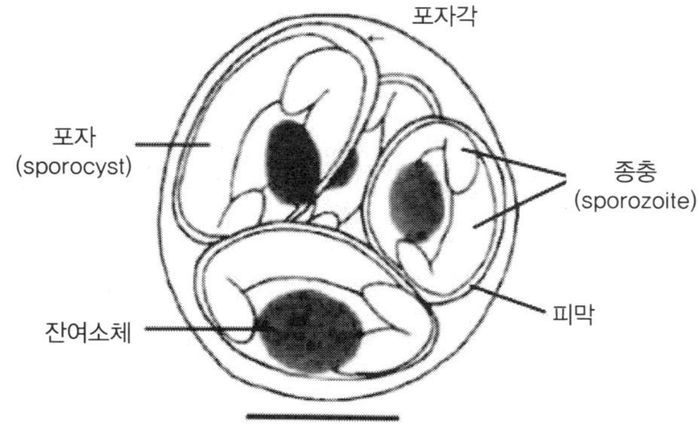

그림 5-10. *Goussia carpelli*의 낭포자(oocyte)의 모식도. 내부에 포자(sporocyst), 포자 내부에 종충(sporozoite)과 잔여소체.

낭포자내의 핵은 2회 분열하여 4개의 핵으로 되고, 이것에서 4개의 포자(sporocyst)가 만들어진다. 4개의 포자는 각각 다시 한번 핵 분열하여 2개의 종충을 형성한다.

이렇게 만들어진 낭포자는 소화관공으로 나와 변과 함께 수중으로 방출되면 새로운 감염원으로 된다. 어류에서 변과 함께 방출될 때는 엷은 황녹색의 젤리상의 물질에 싸여 있는 미숙상태이지만, 수중에 방출되어 성숙된다.

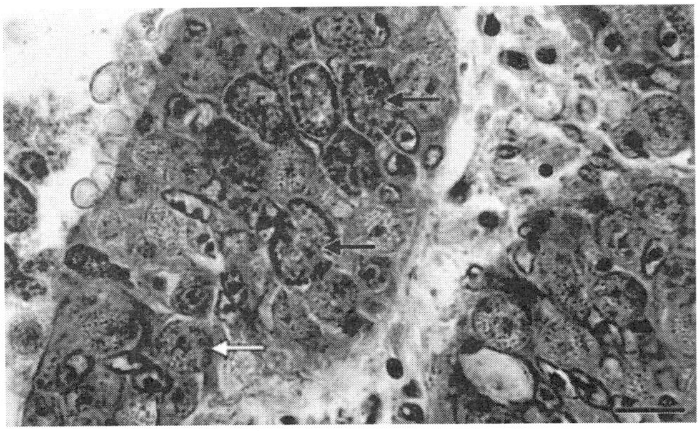

그림 5-11. 양식 잉어의 장 상피내의 *Goussia subepithelialis*의 macrogametocytes와 microgametocytes. 특징적인 중심핵과 세포질내에 amylopectin 과립의 존재를 특징으로 하는 macarogatocytes(백색 화살표)는 많은 소형의 주변핵을 특징으로 하는 microgametocytes(검정 화살표)보다 숫자가 많다. H&E, 15 μm.

4. 미포자충(microspora)

미포자충은 다양한 동물에 기생하고 있는데 숙주 세포에 독립적으로도 감염하지만 특히 어류에 기생하고 있는 기생충인 첨복포자충, 점액포자충 및 흡충 등에도 감염되기 때문에 “기생충의 기생충” 또는 “초기생충”이라고도 불린다.

대표적인 예로서 복어류의 점액포자충성 여윔병은 포자충의 감염에 의한 것으로 이 포자충에 미포자충이 감염되어 있는 것이 발견되고 있다. 이렇게 미포자충이 감염된 포자충은 포자형성이 방해를 받게 된다.

미포자충은 숙주세포 내에 매우 작은 포자를 형성하는데, 포자는 원형질막, 내각 및 외각의 순으로 3층의 구조막에 의해 싸여 있고, 내막과 외막의 중간에는 키틴질의 막이 존재한다. 내부의 원형질은 핵이 1개 또는 2개이며, 극관 및 공포가 들어있다. 이러한 포자의 내부 구조는 포자가 너무 소형이기 때문에 광학현미경으로는 관찰할 수 없다. 극관은 숙주 세포에 침입할 때 필수적인 것으로 외부 자극에 의해 극관이 반전되어 외부로 돌출하게 되면 이 관을 통하여 포자

원형질을 숙주세포 내로 주입하면 감염이 성립하게 된다.

미포자충의 분류는 포자가 작기 때문에 포자의 형태에 의한 분류는 불가능하므로 포자를 형성하는 과정 즉 증원생식기와 포자 형식의 방식과 형태에 의해서 분류하고 있다.

미포자충은 원시 원생동물로 생각되어 왔지만, protein-coding gene(tubulins, HSP70, RPB1)을 사용한 분류 방법으로 곰팡이와 밀접한 관계가 있다는 것이 밝혀졌다. 이 때문에 Microsporidia문은 Eomycota 아계(subkingdom)로 옮겨지게 되었다. Ecomycota는 Minisporea와 Microsporea의 2 강(class)으로 나누어진다. Minisporea는 2개의 아강(subclass)인 Pleisophorea와 Disporea로 나뉘어진다.

Pleistophora아강은 모세포에서 작은 원형질을 가진 딸세포로 분체되어 증식하는 원충분체(plasmotomy)에 의해 분열하는 미포자충으로 정의되며, 포자의 형태는 1종류로서 *Pleistophora, Amblyospora, Glugea, Encephalitozoon* 등이 여기에 속한다. 한편 Disporea는 2분법에 의해 분열하는 미포자충으로 2형태의 포자(disporogenic)를 가지고 있으며, *Nosema, Enterocytozoon, Spraguea, Caudospora*등이 속한다.

어류에 감염되는 미포자충은 5개의 그룹으로 나누고 있다. Group 1에는 *Pleistophora, Ovipleistophora, Heterosporis, Vavraia*가 속하는 family Pleistophoridae이다. Group 2는 family Glugeidae로서 *Glugea*와 갑각류에 감염되는 *Tuzetia weidneri*가 속한다. Group 3은 3개의 clade로 구분한다. 즉 *Loma*와 *Microsporidium*; *Ichthyosporidium*과 *Pseudoloma*, 그리고 *Loma acerinae*의 3 clade이다.

Group 4에는 *Spraguea*와 *Tetramicridae*가 속하는 family Spragueidae, *Microgemma*와 *Tetramicra*가 속하는 family Tetramicridae의 2개의 family와 *Kabatana* 및 *Microsporidium seriolae*가 속하는 1개의 clade로 구분된다.

Group 5는 *Nucleospora*와 포유류에 감염되는 *Enterocytozoon*가 속하는 family Enterocytozoonidae이다.

미포자충은 숙주세포의 세포질에 침입하여 숙주세포를 붕괴시키거나 세포의 비대를 초래한다. 감염세포는 발육하고 있는 충체와 숙주세포가 생리적으로 완전히 통합된 형태의 특별한 세포인 xenoma를 형성하지만, 형성하지 않는 종도 있다. Xenoma를 형성하지 않는 미포자충은 감염 숙주 세포의 세포질내에 단순히 발육단계의 충체가 들어 있고 숙주세포와는 특별한 경계가 없다. *Kabatana*는 근육세포에 기생하는 것으로 세포질이 붕괴된 숙주세포의 내부에 증식단계의 충체가 들어있다. *Pleistophora hyphessobryconis*는 초기의 meront는 근육세포의 세포질내에 부정형의 halo에 둘러싸인다. 어떤 종류의 *Plesitophora*는 발육중인 meront와 sporont는 충체가 분비한 두꺼운 벽에 의해 쌓여 있다.

한편 xenoma형성 미포자충에서는 xenoma세포로 되는 세포의 종류는 미포자충의 종류에 따라 다르다. *Spraguea lophii*는 신경절세포(ganglion cell), *Glugea anomala*는 마크로파아지 또는 조직구, *Tetramicra brevifilum*은 단구, *Glugea stephani*는 호중구이다.

*Glugea*와 *Loma*는 식세포에 xenoma를 형성하는 종이지만, *L. salmonae*와 *L. embiotocia*는 아가미의 상피세포가 target기관으로 xenoma를 형성한다.

Xenoma에는 2가지의 특징적인 형태가 관찰되는 것이 필수적이다. 가장 현저한 변화는 섬유아세포와 함께 세포를 지탱하는 원형질막(plasmamemma)의 변형이다. 숙주세포내의 충체의 분포는 세포내에 불규칙하게 흩어져 있거나 층상을 이루고 있다. *Glugea*는 발육단계에는 세포의 주변부에 성숙포자는 중앙에 층상을 형성한다. 반면에 *Spraguea*는 2핵체는 중앙에 단핵체는 주변부에 분포한다. 또한 세포의 비대로서 충체의 숫자가 많아짐에 따라 약간 확대되는 것부터 감염세포가 실제적으로 커지는 비대가 일어난다. Xenoma의 크기와 숙주세포의 분화는 미포자충의 종류에 따라 특징적이다.

계통 발생학상 곰팡이에서 진화한 미포자충은 모두가 세포내 기생의 진핵생물이다. 병원 기생충은 미토콘드리아와 운동기관이 없다. 그러나 미토콘드리아의 기능을 하는 mitosome을 가지고 있지만, 미토콘드리아와는 달리 마이토솜(mitosome)에는 유전자 정보가 없다.

미포자충의 포자는 소형 (3-10 ㎛)으로 엷은 단백질성의 외막(exospore)과 두터운 키틴성의 내막(endospore)으로 이루어진 포자각(spore wall)에 싸여 있다. 내부에는 땅콩 모양의 핵, 포자원형질(sporoplasm), 액포 및 돌출기관(extruction apparatus)으로 구성되어 있다. 돌출기관은 극관(polar tube)과 극모(polar cap)로 구성되어 있다. 극모는 층상구조를 하고 있으며 polysaccharide를 함유하고 있기 때문에 PAS양성 반응을 나타낸다.

감염은 어류가 포자를 경구 섭취하면 포자는 소화관에서 포자의 극관이 반전 탄출되면서 숙주 세포에 삽입한 다음 포자원형질이 극관을 통하여 숙주세포로 된다. 숙주세포내로 주입된 포자 원형질은 영양생식기(merogony, 증원생식), 포자형성기(sporogony) 및 포자기를 거치면서 포자를 형성하게 된다.

어류 기생종은 약 11종과 속을 정할 수 없는 종 모두를 통칭하는 *Microsporidium*이 있으며, 기생하는 부위는 특이성이 강하다.

감염어는 복부가 팽만, 항문에서 황색의 점질물질을 내고 있다. 또한 어류는 심하게 여위어 눈이 함몰되며, 지느러미가 잘려나가서 동작이 완만하게 된다.

주요한 기생충으로는 은어에 기생하는 *Glugea,* 연어・송어류에 기생하는 다께다미포자충, 뱀장어의 근육에 기생하여 요철병을 유발하는 *Heterosporis*(= *Plesistophora)* 등이 있다.

경구 섭취된 미포자충의 포자는 어류의 소화관내에서 소화 자극에 의해 포자내 압력이 증가하여 극모 아래에 있는 polaroplast(극막층)가 팽창하게 되고, 내부에 있던 극관을 뒤집어지면서 포자 밖으로 방출된다. 방출된 극관을 통해 포자원형질이 방출되어 소화관의 상피세포로 주입하면 마크로파아지에 탐식된 다음 친화성 기관으로 이동하게 된다.

미포자충의 생활사는 merogony(schizogony, 증원생식, 분열증식)와 sporogony(포자형성기)의 과정으로 구분할 수 있다.

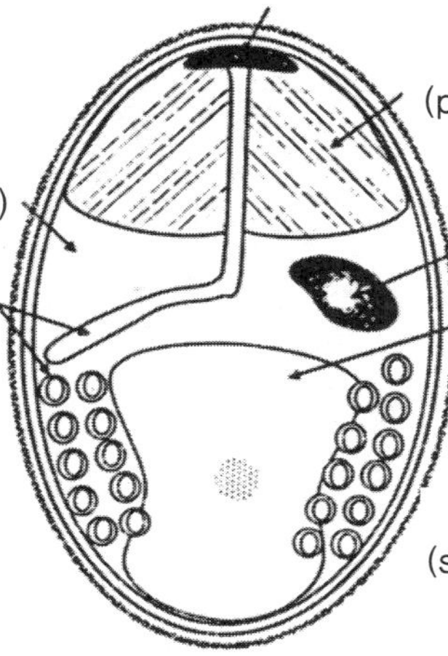

그림 5-12. 미포자충 포자의 모식도.

미포자충이 세포내에 감염되는 경로는 마크로파아지 등에 탐식당하여 감염되는 경우도 있지만 대부분은 포자가 적극적으로 숙주세포에 침투하여 세포질 또는 핵내에 감염되게 된다. 이처럼 숙주세포에 침투한 아메바 모양의 포자원형질을 meront라 한다.

증원생식기(merogony)는 어체에 침입하여 감염하고 있는 단계인 메론트(meronts, 증원생식체, 제 1분열모세포)를 생산하는 과정이다. 즉 상피세포내로 방출된 포자원형질은 내부 분열을 반복하면서 숫자를 증가시키게 된다. 이것이 2분열하여 단핵세포 또는 다분열하여 다핵체인 메론트가 만들어진다.

Meront는 2분열 또는 다분열을 반복하는 증원생식을 한다. 증원생식동안에 세포질의 분열은 일어나지 않고 핵분열만 일어나기 때문에 meront는 다핵체로 된다.

다핵체는 분열하여 소형의 다핵체로 되거나 분열하기 전과 같은 단핵의 meront로 되는 과정을 몇 회고 반복하게 된다. 이처럼 meront는 숙주세포에 침입하여 감염을 확대하는 시기라고 생각할 수 있다.

증원생식에 뒤이어 포자가 형성되는 포자형성기로 들어간다. 즉 meront의 표면이 1층의 외막에 의해 둘러싸이면서 sporont로 변하게 된다. Sporont는 다핵인 것이 대부분이지만 때로는 단핵, 2핵, 또는 4핵의 sporont를 생성하는 미포자충도 있다.

Sporont는 다시 분열하여 포자아세포가 형성되는데 어류에서는 3가지 방식으로 포자아세포가 형성되는 것으로 알려져 있다. 즉 sporont가 2분열하여 2개의 포자아세포가 형성, 세포분열에 의해 소형의 다핵체가 형성된 후 각각 포자아세포로 되든가, 다핵체인 sporont가 여러 개의 포자아세포전구체로 분열한 다음 각각 2개의 포자아세포를 생성하는 방식이다. 생성된 포자아세포는 포자로 변화하게 된다.

미포자충의 포자형성과정은 숙주세포 내에서 노출된 상태에서 이루어지는데, 대부분은 특별히 만들어진 담포자포(sporosphorous vesicle)이라는 막상의 구조물 내에서 이루어진다.

감염된 숙주세포는 미포자충이 증식함에 따라 크기가 커지게 되는데 이것을 xenoma라 한다.

이처럼 미포자충의 발육과정은 매우 복잡하지만 meront가 단핵인가 2핵인가, xenoma의 형성 유무, 담포자포 내에서의 포자 형성 유무, 포자형성이 숙주세포의 어떤 조직 또는 기관에서 일어나는가 등을 기준으로 분류하고 있다.

*Heterosporis(=Pleistophora)*는 내부에서 segmentation가 생겨, 다시 sporoplasm을 형성하여 분열을 반복하는 것이 특징이다.

포자 형성기는 기생충의 종에 따라 약간의 차이가 있다. 뱀장어의 근육에 기생하는 *Heterosporis (=Plesistophora)*는 증원생식의 결과 만들어진 메론트(제 1분열모세포)가 내부 분열을 계속하여 숫자를 증가시킨 다음 분열함이 없이 sporogonial plasmodium(많은 핵이 들어있는 원형질세포, 변형체, 원충)이 만들어지고, 내부에 sporophorous vesicle(pansporoblast, 담포자아세포)라는 막이 형성된 다음 분절하여 단세포의 포자가 형성된다.

은어에 기생하는 *Glugea*는 증원생식의 결과 만들어진 메론트가 내부 분열을 계속하여 숫자 증가시킨 다음 분열하지 않고 sporogonial plasmodium이 만들어지고, 내부에 sporophorous vesicle라는 막이 형성된 다음 분절하는 단계까지는 *Pleistophora*와 같다. 그러나 plasmodium이 분절하여 바로 단포자의 포자가 만들어지는 것이 아니라 우선 모sporoblast(mother cell)가 만들어진 다음, 이것이 2분열하여 딸sporoblast가 형성되고, 이것이 성숙하여 포자로 된다.

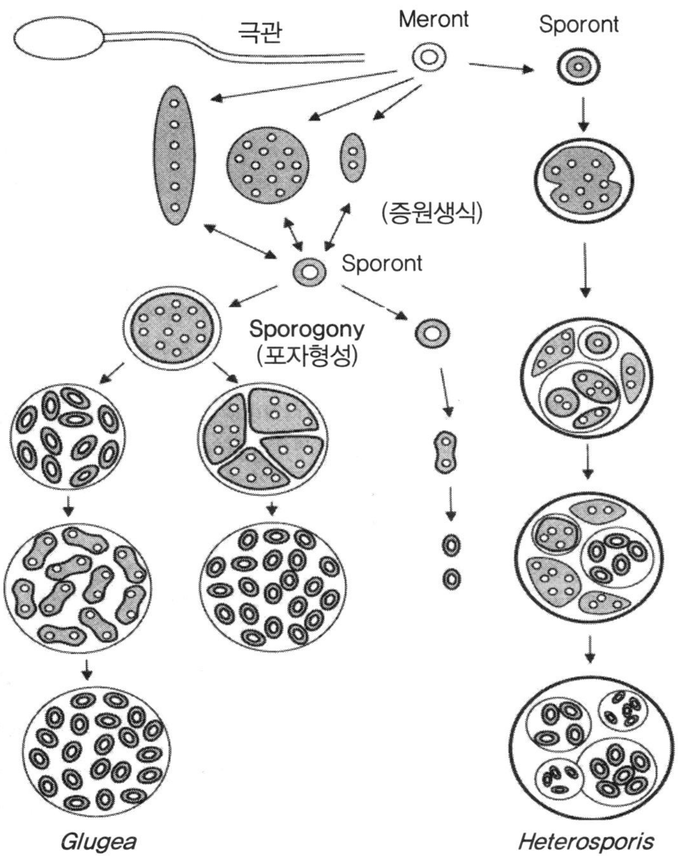

그림 5-13. 미포자충의 발육 단계와 포자 형성의 모식도.

1) 은어의 글루게아증

인공 종묘 생산한 은어 또는 자연산 은어에 발생하며, 치사성은 약하지만 상품성 저하로 은어 양식에 피해를 초래하고 있다

경구섭취된 포자는 소화관에서 극관을 탄출시켜 상피에 부착하게 된다. 극관을 통하여 포자원형질을 상피세포 층으로 주입하면 점막 고유층의 유주세포인 마크로파아지가 포자원형질을 탐식하면 마크로파아지의 세포질 내에서 증원생식을 개시하게 된다. 이 때 마크로파아지도 기생충의 자극에 의해 핵의 크기가 증대되어 마크로파아지의 크기도 비대하게 된다. 이처럼 숙주세포의 내부에 들어 있는 기생체가 증원생식을 하여 최종적으로는 숙주세포와 기생충의 복합체가 만들어지는데 이를 제노마(xenoma)라 한다. 소형의 xenoma는 숙주세포인 마크로파아지의 유주에

의해 복강내의 내장기관의 장막에 도달하게 되고, 류상피세포에 피포되게 된다. 그 후에도 내부의 기생충은 증원생식은 지속하게 되므로 xenoma의 크기는 점차 증대되어 최종적으로 백색의 구상체가 만들어지게 된다.

포자 형성의 완료되면 xenoma의 내부는 숙주세포의 핵과 세포질이 없어지고 완전히 성숙포자로 채워짐으로 숙주세포는 죽게 된다. 이때에 xenoma 주변을 싸고 있던 숙주세포의 세포막이 붕괴되면서 내부의 포자 덩어리가 노출되게 되면 xenoma주변은 육아종으로 변하게 된다. 육아종의 일부가 xenoma내부로 침입하여 마크로파아지에 의한 포자가 탐식당하는 조직상도 나타나게 된다.

글루게아 시스트의 내부에는 많은 포자가 형성되고, 포자 형성이 끝나면 시스트는 붕괴되고 내부의 포자가 방출되어 주변 조직의 재감염이 일어나기 때문에 이를 자기 감염이라고 한다.

포자는 길이 5-6 ㎛의 장타원형이며, 제노마의 발육은 온도 의존성으로 고온에서는 빠르고, 18℃이하에서는 완만하며, 16℃이하에서는 발육이 정지된다.

Xenoma(제노마)를 피포하는 뚜꺼운 숙주유래 막은 PAS에 양성 반응을 나타낸다. Xenoma 형성시기에는 숙주반응 거의 없지만, xenoma 때문에 주변 조직을 압박하기 때문에 울혈 또는 조직의 위축이 생긴다.

포자 형성이 끝나면 xenoma가 붕괴되어 인접 조직으로 포자가 방출되어 자기 감염을 일으키거나 또는 어체 밖으로 방출되게 된다. 포자의 체외 방출 경로는 난소의 xenoma는 방란 방정할 때, 피하조직 또는 체표 부근의 xenoma는 직접 외계 환경수로 방출된다. 그러나 조직 깊은 곳의 xenoma가 어떻게 체외로 방출하는 가는 아직 명확하게 밝혀지지 않았지만, 어류가 죽은 다음 어체가 분해되면서 내부의 잔존 포자가 수중으로 방출되는 것으로 추정하고 있다.

진단은 제노마의 도말표본을 Giemsa염색하여 포자의 특징을 조사함으로서 가능하다. 치료는 항설파제인 fumagillin을 감염 후 10-25일내에 투여하면 제노마의 발육이 억제된다. 또는 감염 후 10-26일이내의 은어는 수온 28-29℃에 5일간 고온사육하면 cyst 형성이 장애를 받아 발병이 정지된다.

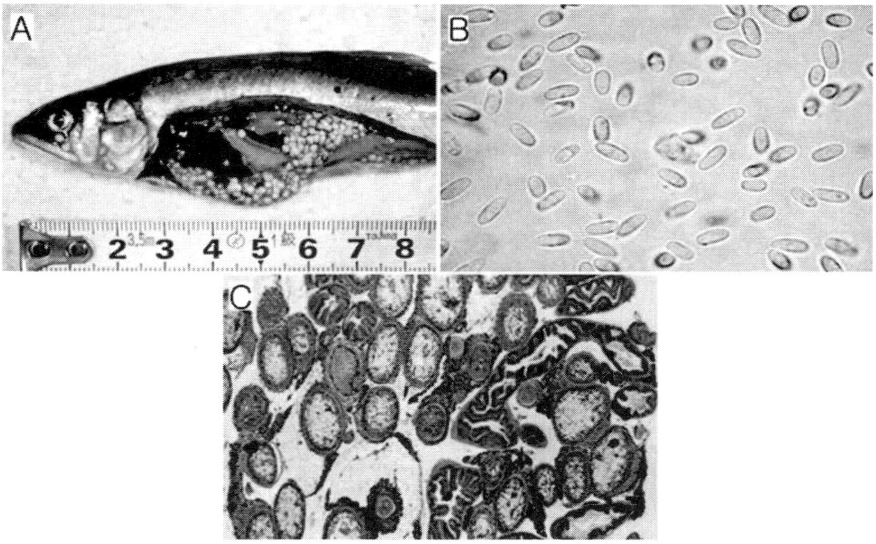

그림 5-14. A: 신장 표면의 백색 cyst. B: Cyst내의 타원형의 포자. C: 복강내에 형성된 xenoma.

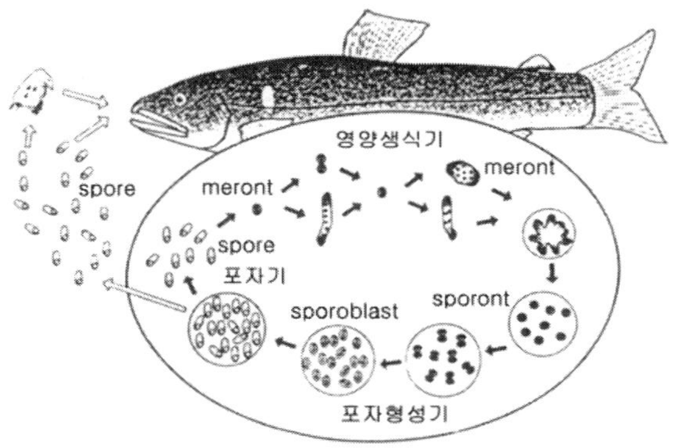

그림 6-15. 은어 미포자충 *Glugea plecoglossi*의 생활사.

2) 다께다미포자충

Kabetana takedai (=*Microsporidium takedai*)가 무지개 송어의 심장의 근육에 기생하여 cyst가 형성되는 연어과 어류에만 감수성이 있는 질병이다. 원인 미포자충인 *K. takedai*는 *Pleistophora, Nosema, Glugea* 등으로 분류되었지만, 현재는 모두 통틀어 *Microsporidium*속에 넣었다.

증상은 만성형과 급성형으로 구분되는데, 만성형은 심장의 근육에만 침입하며, 겉으로 보기에 이상이 없고 사망 또한 없다. 한편 급성형은 심장의 근육은 물론 체측 근육에도 감염되어 3-4

㎜정도인 방추형의 백색 영양체 덩어리인 cyst가 형성된다. 이 때문에 심장이 비대되면서 심장 표면에 cyst의 돌기가 형성되고, 체표가 융기되게 된다. 병어는 심장의 비대 때문에 산소부족에 약하게 되며, 근육섬유에는 세포의 침윤, 단열 및 괴사가 생겨 폐사하게 된다.

생활사는 영양생식기, 증원생식기, 포자형성기 및 포자기로 구분할 수 있다. 포자는 길이가 3-5 ㎛인 난형이다. 포자의 영양생식의 결과 기둥 모양의 다핵체인 메론트(meront)가 만들어지고, 이것이 스포론트(sporont, 포자아모세포)로 된 다음 분열하여 2개의 포자가 형성된다. 포자 형성 완료 후 cyst가 붕괴되면서 내부의 포자가 방출되어 포자 덩어리를 형성한다. 포자의 덩어리는 숙주세포와 사이에 경계막을 가지고 있지 않은 것이 특징이다.

진단은 심장과 체측근 근육에 백색 시스트의 존재 유무를 실체 현미경으로 확인하거나 심장의 압인표본을 검경 또는 도말표본을 Giemsa염색한 다음 영양체와 포자의 형태를 관찰하면 된다.

대책으로서는 충체의 발육이 온도 의존성으로 15℃이하에서는 영양체가 형성되지 않는다. 따라서 저수온기에 감염되어도 충체의 발육이 방해를 받아 발병하지 않게 되며, 수온을 13℃로 하여 사육할 시 감염예방에 효과적이다.

3) 뱀장어의 *Heterosporis*(=*Pleistophora*)

미포자충인 *Heterosporis*(=*Pleistophora*) *anguillarum*이 체측근 조직에 기생해서 근육조직을 괴사 융해시키므로 구간 표면에 외관적으로도 쉽게 식별할 수 있는 요철이 생기므로 '요철병'이라 불러왔다.

체장 10 ㎝미만의 유어에서 성어에 이르기까지 발병되어지며, 특히 실뱀장어기의 가온 사육시에 발병하게 되면 심각한 문제를 야기할 정도로 피해는 크지만, 1년생어 또는 2년생어에 발병하게 되면 폐사율은 낮은 반면 체표에 생긴 요철 때문에 상품가치가 저하된다.

환부를 절개하면 흰색 또는 황백색 젖 모양의 물질이 흘러나온다. 경구 감염된 경우에는 위벽의 근육에 cyst가 형성된다. 그러므로 *Heterosporis*는 경피 또는 경구의 경로로 감염되며, 경피 감염인 경우에는 체측근에, 경구 감염인 경우에는 위벽의 근육에 cyst가 형성된다.

근육조직에 침입한 포자는 극관을 탄출시켜, 극관을 통하여 포자 원형질을 근육세포내로 주입한다. 근육세포내에 증원생식과 포자형성이 이루어진다. 근육조직에 감염된 포자 원형질은 자신이 분비하는 무구조의 막에 둘러싸인 원형의 cyst 또는 sporophorocyst가 형성된다.

Cyst는 내부에 들어 있는 meront의 증원생식에 의해 다핵체로 된 다음 각각 sporont로 된다. Sporont중의 일부가 무구조의 포자각에 싸이면서 포자형성기가 시작된다.

포자 형성기에서 1개의 sporont가 대포자(macrospore)를 형성할 때는 4-8개의 대포자가 만들어지고, 소포자(microspore)가 만들어질 경우에는 16개 이상의 포자가 만들어진다. 그러나 cyst내의 sporont가 모두 같은 발육 단계에 있는 것이 아니라 일부는 포자 형성기에 들어가는 것도 있는 반면 여전히 증원생식을 계속하고 있는 것도 있다. 이것이 대포자와 소포자의 크기가 다른 포자가 형성되는 것과 cyst내의 sporont의 발육이 같은 단계가 아니라 차이가 있다는 것이 *Heterosporis*의 특징이라 할 수 있다.

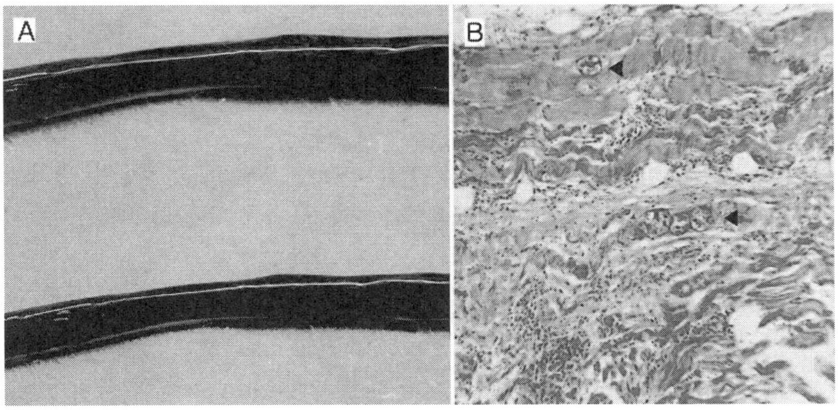

그림 5-16. *Heterosporis*감염 뱀장어(A)와 근육내에 형성된 cyst(B).

포자는 난형으로 뒷부분에 후부 액포(posterior vacuole, 2/3정도 차지함)이 있고, 그 내부를 여러 줄의 실 모양의 구조가 횡단하고 있다.

포자 형성이 완료되면 cyst의 벽이 붕괴되고 조직 내로 방출된 포자는 운동성이 없기 때문에 마크로파아지에 탐식된 다음 마크로파아지의 이동에 의해 체외로 방출되는 것으로 생각된다.

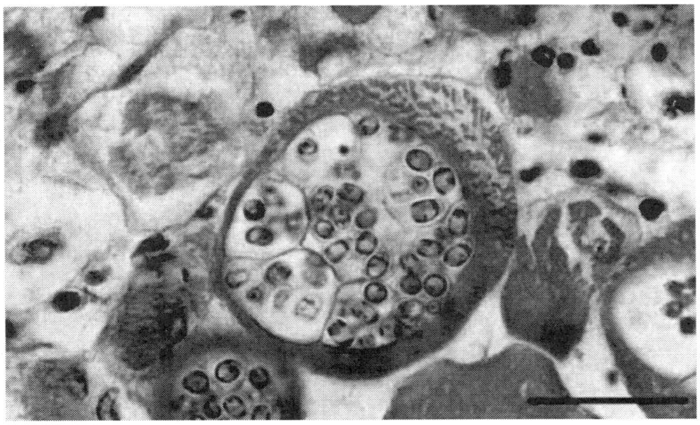

그림 5-17. 뱀장어의 근육 내 기생 *Heterosporis anguillae*(=*anguillarum*). 포자가 들어 있는 sporophorus vesicles에 둘러싸인 sporophorocyst. Microspore와 macrospore가 형성되며, 포자는 뒤쪽에 대형의 공포를 가지고 있다. H&E, 40 ㎛.

체측 근육내의 cyst는 숙주 유래에 막에 싸여 있으며, cyst가 존재하는 근육의 근섬유는 변형되거나 배열이 혼란되며, 초자변성을 일으킨다. 포자 형성이 완료된 다음 cyst가 파열되면 주변 근섬유가 융해되고, 림프구의 침윤과 출혈이 생기면서 포자는 상피세포의 기저막 쪽으로 이동하여 체외로 방출된다. 그러므로 어체에 감염된 영양체의 발육기 또는 포자 형성기에는 병변이 거의 없지만, 포자가 방출될 때에 현저한 병변이 유발된다.

5. 점액포자충(myxozoa)

점액포자충은 포자를 묵즙액에 넣어서 관찰하면 포자 주변을 점액물질이 덮고 있기 때문에 포자 주변에 투명대가 형성되기 때문에 점액포자충이라 불리게 되었다. 점액 포자는 포자각이 두 개인 쌍각류와 3매 이상인 다각류로 구분하고 있다.

쌍각류의 대표종이 *Myxobolus*이다. 쌍각류의 포자는 포자각이 이루는 공간에 원형질이 들어 있고, 극낭이라는 주머니가 원형질이 있는 반대쪽이 있으며, 극낭에는 코일 모양으로 된 극사가 들어 있다. 이러한 포자의 극낭의 수와 배치, 포자각의 수, 포자각의 돌기 등의 부속물로서 분류하고 있다.

점액포자충강(Myxosporea)과 방선포자충강(Actinosporea)의 2강으로 구성되어 있다. 이 중 어류에 기생하는 것은 점액포자충강의 충체로서 확인되고, 방선포자충은 중간 숙주의 소화관에서 발견되므로 어류의 기생충과는 직접 관련은 없다.

2강으로 분류하였고 서로 다른 숙주에서 포자를 만들기 때문에 전혀 무관하다고 생각할지도 모른다. 그러나 결국은 방선포자충은 점액포자충의 지렁이 내에 기생종에 불과하므로 방선포자충강은 없어지게 되었고, 점액포자충의 1강으로 취급하는 것이 타당하다. 바꾸어 말하면 담수산 점액포자충은 빈모류와 어류의 다른 2종의 숙주를 필요로 하는 생활사를 가지고 있다고 말할 수 있다. 이 때 2종의 중간숙주에서 모두 포자가 형성되므로 중간숙주와 종숙주를 구별할 수는 없게 된다. 그러므로 빈모류를 점액포자충의 중간숙주라는 용어를 사용하지 않고 “교대숙주(alternative host)”라 부르고 있다. 그러나 해산에 기생하는 점액포자충은 아직 이러한 교대숙주가 발견되지 않고 있다. 또한 방선포자충의 표기는 같은 종임으로 이탤릭체로 표기하지 않는 것을 원칙으로 하고 있다.

점액포자충은 대개 조직이나 관공에 기생하며, 충체의 포자는 형태가 매우 다양하지만 크기는 대개 7-20 ㎛정도이다. 포자는 1-7개의 포자각(spore valve, 각편)에 둘러싸여 있고, 그 속에 1-2개의 포자원형질이 있으며, 포자원형질의 숫자와 같은 숫자의 극낭(polar capsule)이 있다. 각 극낭에는 1개의 극사(polar filament)가 나선상으로 들어 있다. 포자 원형질의 내부에는 공포가 1개 존재한다.

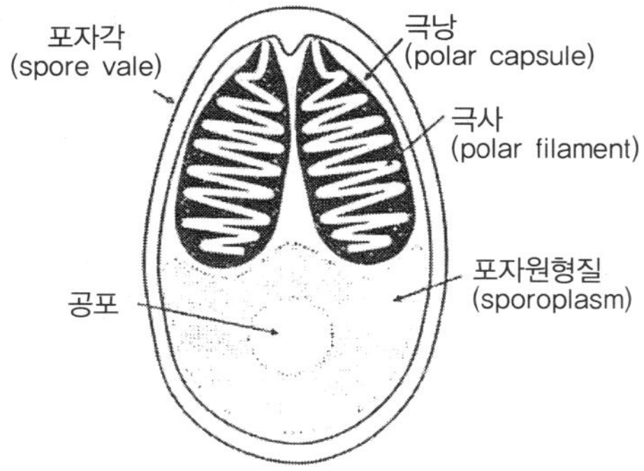

그림 5-18. 점액포자충 포자의 모식도

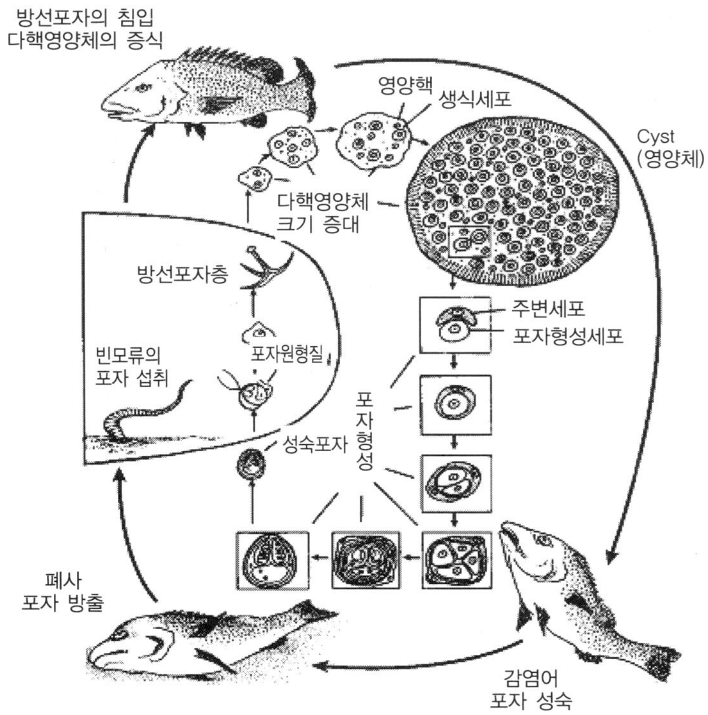

그림 5-19. *M. cerebralis*의 생활사.

점액포자충으로 연어·송어류의 선회병의 원인인 *Myxobolus cerebralis*의 생활사를 살펴보면 수중에 방출된 포자를 교대 숙주인 빈모류 실지렁이(*Tubifex tubifex*)가 섭취가 섭취하게 된다. 빈모류의 소화관 벽에서 발육하여 방선포자충(Actinosporean)으로 되어 방선포자를 수중에 방출한다. 방선포자는 어류의 아가미, 구강 및 체표의 상피를 통하여 조직내에 침입하여 핵분열 반복하면서 두부 연골에 도착하여 "영양형"으로 된다. 영양형의 핵이 "sporont(포자아모세포)"로 되고, 핵분열을 반복하여 "sporoblast(포자아세포)"로 된 다음 성숙하여 포자로 되어 다시 수중으로 방출된다.

어류 기생종으로는 무지개 송어의 선회병의 원인인 *Myxobolus cerebralis,* 연어·송어류의 내장에 기생하는 세라토믹사증(*Ceratomyxa shasta*), 방어 또는 잿방어의 *Kudoa*증의 원인인 *Kudoa amamiensis,* 방어의 점액포자충성 측만곡증의 원인인 *Myxobolus acathogobil* (=*Myxobolus buri)*, 금붕어의 신종대증의 원인인 *Hoferellus carassii* 등이 있다.

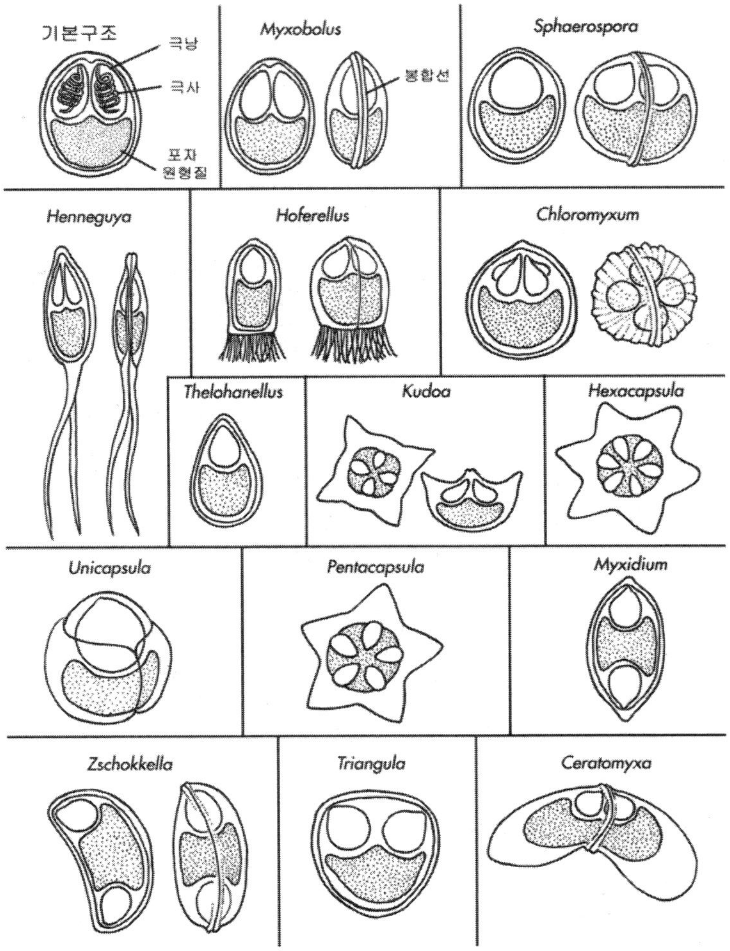

그림 5-20. 어류 기생 주요 Myxozoa 포자의 모식도. 모든 Myxozoa의 포자는 극낭, 극사를 가짐.

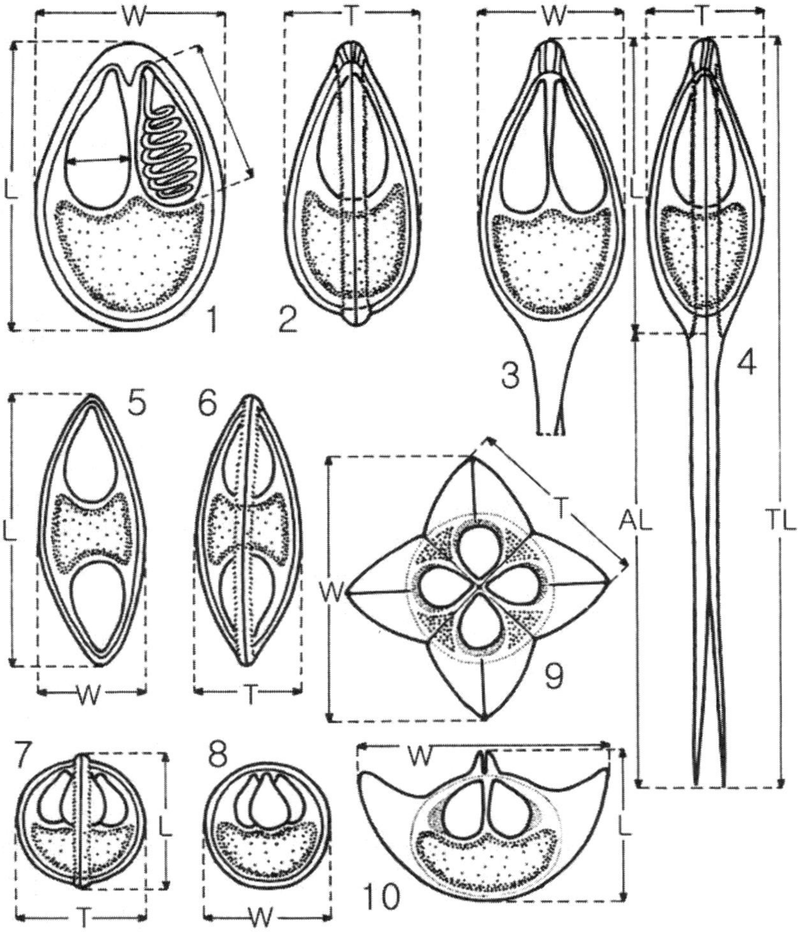

그림 5-21. 여러 종류의 포자충의 크기 측정 및 표기법. 1&2: *Myxobolus*, 정면(1), 측면도 또는 봉합선에서 본 형태(2). 3&4: *Henneguya*, 정면(3) 및 측면도(4). 5&6: *Myxidium*, 정면(5) 및 측면도(6). 7&8: *Chloromyxum*, 측면 또는 봉합선면(7)과 정면도(8). 9&10: *Kudoa*, 위에서(9) 및 측면도(10). L: 포자의 길이, W: 포자의 너비, T: 포자의 두께, AL: 미부 부속지(caudal appendage)의 길이, TL: 포자의 전체 길이.

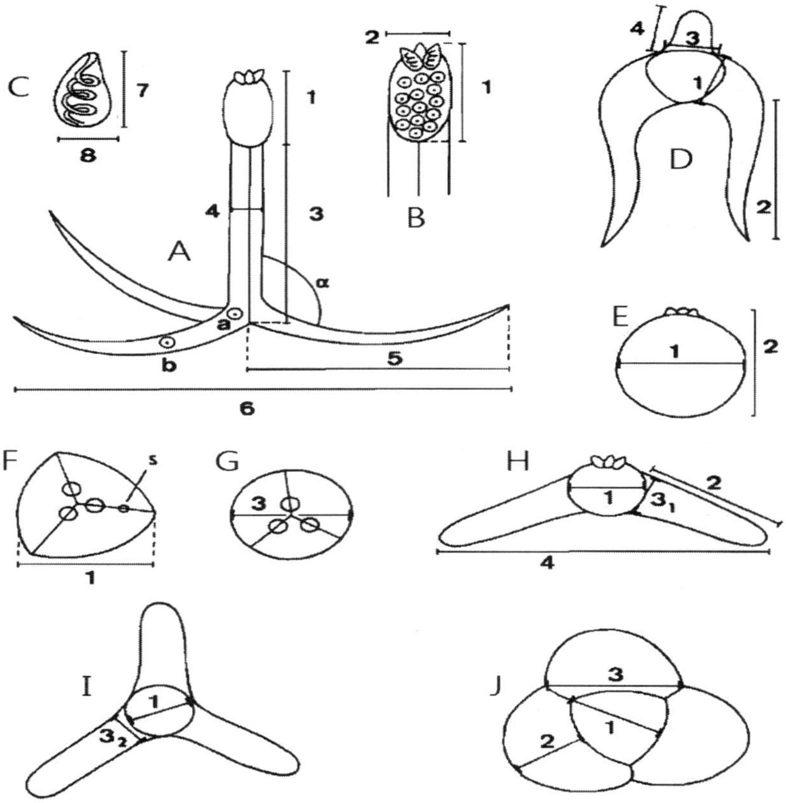

그림 5-22. 방선포자충의 측정과 표기법. A-C: Triactinomyxon, 포자의 측면(A), 포자체의 측면(B) 및 극낭의 측면도(C). 1: 포자체의 길이, 2: 포자체의 너비, 3: style의 길이, 4: style의 너비, 1+3: 포자의 길이, 5: 미부돌기의 길이, 6: 미부돌기의 끝 간의 거리, 7-8: 극낭의 길이와 너비. α : style과 미부돌기의 각도, a-b: valvogenic cell의 핵의 위치, 극사의 꼬임 수와 포자 원형질내의 2차세포의 수를 표기.

D: Synactinomyxon, 위에서 본 그림(극낭과 봉합선은 분명하지 않음). 1-2: 가장 긴 미부돌기의 길이와 너비, 3-4: 짧은 미부돌기의 길이와 너비.

E-G: Sphaeractinomyxon, E-F: angular spore의 측면도와 위에서 본 그림. G: Sphaeractinomyxon의 위에서 본 그림. 1: 포자체의 직경, 2: 포자체의 길이, 3: 타원형의 포자체의 직경(대부분 1과 동일), s: suture line.

H-I: Aurantiactinomyxon의 측면도와 위엣 본 그림, 1: 타원형 포자체의 직경, 2-31: 측면에서 본 미부돌기의 길이와 너비, 32: 위에서 본 미부돌기의 너비, 4: 미부 돌기 끝 간의 최장 거리.

J: Neoactinomyxon의 위에서 본 그림(극낭은 미표기), 측면도에서는 미부돌기가 팽대되면 포자의 크기는 측정하기 곤란, 1: 포자체의 너비, 2-3: 미부돌기의 길이와 너비.

1) 생활사

(1) 분열증식기

생활사는 숙주 내에서 무성분열을 반복하여 개체수를 증가시키는 분열증식기와 발육의 최종 단계로서 포자를 형성하는 포자형성기(sporogony)로 구분할 수 있다. 미포자충 또는 첨복포자충의 분열증식에서는 영양체가 2분열 또는 다분열하기 때문에 증원생식(merogony)라고 부른다. 그러나 점액포자충은 영양체 세포의 내부에 새로운 세포가 만들어지는데, 이것은 영양체의 핵이 분열할 때 분열한 핵의 한 개가 주변의 원형질에 의해 둘러 싸여 세포막이 형성되기 때문으로 최초의 세포를 1차세포, 내부의 세포를 2차 세포라 한다. 분열한 핵 중에서 세포막이 쌓이지 않은 나머지 핵은 1차세포의 핵으로 남게 된다.

1차세포의 핵분열에 의해 2차세포가 만들어지는 과정을 몇 회고 반복하게 됨과 동시에 1차세포내에 만들어진 2차세포도 분열하게 되어 최종적으로 영양체내에는 2차세포로 가득 차게 된다. 이러한 분열과정은 미포자충의 분열증식과 다르기 때문에 merogony와는 구분된다.

이렇게 만들어진 영양체내의 2차 세포는 포자형성기로 들어가게 되지만 포자충의 종류에 따라서는 분열증식기에 뒤이어 증식기가 있는 종도 있다. 이러한 종은 1차 세포 내에 1개의 2차세포를 가진 영양체의 내부에 들어 있는 2차 세포가 분열증식을 반복하게 되면 2차 세포 내부에 3차세포가 형성되기 시작하여 최종적으로는 모든 2차세포가 3차세포로 된다. 3차세포의 형성이 완료되면 1차 세포는 붕괴되고 영양체(1차 세포) 바깥으로 나온 2차 세포는 다시 1차 세포로 되어 내부의 세포분열을 반복하게 되어 다시 많은 2차세포가 형성되게 된다.

포자 형성기에 들어간 영양체를 plasmodium(다핵체)이라 부르게 되는데, 기본적으로는 분열증식기의 1차 세포와 같은 구조이다. 숙주세포 내에 시스트를 형성하는 종은 분열증식과 포자형성을 모두 시스트 내에서 일어나게 된다.

*Myxobolus*는 시스트를 형성하는 종으로 시스트는 숙주 유래의 결합조직에 둘러싸이게 되지만 숙주세포에 의해 파괴되는 일은 없고 숙주 유래의 시스트막을 통하여 가용성의 영양분을 흡수하면서 점차 크기가 커지게 되는데 이러한 관계는 숙주는 벽을 만들어 기생충을 봉쇄하여 다른 부위로의 침입을 방지하면서 막을 통하여 영양분을 제공하므로 생존을 보장하는 관계가 성립하므로 일종의 숙주와 기생충의 타협관계라 설명할 수 있다.

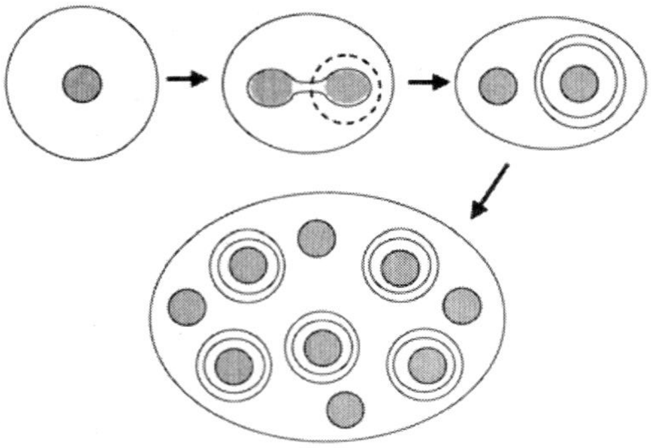

그림 5-23. 분열증식기의 영양체내에 2차세포가 형성되는 과정의 모식도.

(2) 포자형성기

포자 형성기에 들어가게 되면 시스트 내의 2차 세포는 다른 2차세포를 자신의 세포질내로 받아들여 2개의 2차 포자가 1개의 세포내세포를 가진 담포자포(sporophorous vesicle)에 싸인 pansporoblast라는 세포가 만들어지게 된다.

Pansporoblast의 바깥의 세포는 세포막이 형성됨에 따라 1회 분열하여 2세포로되고, 내부의 세포는 2회 분열하여 4개의 세포로 되는 포자아세포(sporoblast)로 된다. 바깥의 2세포는 포자각으로 되고, 내부의 4개의 세포 중에서 2개는 극낭으로 되고, 나머지 2세포는 합쳐서 2핵의 포자원형질로 되어 1개의 포자가 완성된다.

한편 시스트를 형성하지 않는 점액포자충은 소형의 다핵체(plasmoidium)내부에 보통 2개 드물게는 1개의 포자가 형성된다. 2개의 포자가 만들어지는 종은 1차세포 내에 12개의 2차 세포가 만들어져 각각 6개의 2차 세포가 덩어리로 된 다음 포자각, 극낭, 포자원형질로 되어 2개의 포자가 만들어진다.

결론적으로 시스트를 형성하는 종은 시스트의 숫자는 적지만 1개의 시스트 내에 많은 포자가 만들어지는 반면 시스트를 만들지 않는 종은 소형의 1차 세포 내에 많은 2차세포가 형성되게 되지만 2종류 모두 분열증식기에 세포수를 늘린 다음 포자 형성기에 포자를 형성한다는 점은 동일하다고 할 수 있겠다.

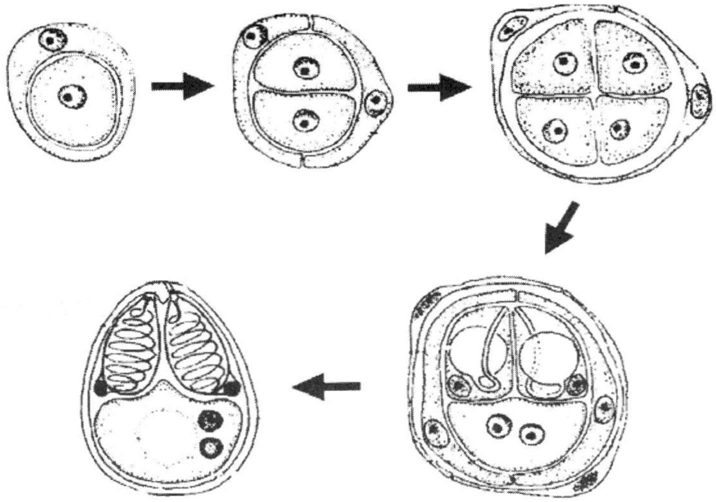

그림 5-24. 점액포자충(*Myxobolus*)의 포자형성과정의 모식도.

(3) 방선포자충

Raabeia는 모양과 크기가 triactinomyxon과 유사하지만, triactinomyxon의 돌기 부분은 포자원형질을 싸고 있는 각의 바로 아래로 직선적으로 뻗은 봉상체(style)가 3갈래의 직선으로 나누어지는 반면, raabeia는 직선 부분으로 뻗는 부분이 봉상체(style) 부분이 없이 곧 바로 3갈래로 나뉘면서 미부돌기(cadudal process)의 끝 부분이 분지된다. 이러한 미부 돌기 부분은 최초에는 충체 내부에 말려 들어가 있는 형태지만, 수중에 방출하게 되면 물을 흡수하여 신장되게 된다.

Aurantiactinomyxon은 raabeia보다 소형이며, 반구 모양의 본체 중앙부에 3개의 극낭과 본체에 나온 돌기는 짧고 돌기가 이루는 각도는 120°를 이루고 있으며, 끝부분이 밋밋한 모양으로 마치 인공위성과 같은 모양이다. Epispore에 style은 없고, 포자체는 타원형이다. Caudal process의 끝이 뾰족하며 길이는 동일하며, caudal process의 기부는 거의 포자체를 덮고 있다. Type 1은 64-128개의 2차 포자, type 2는 64개의 2차 포자가 형성된다. Type 3이 가장 많은 형태로 크기가 가장 크다. 개개의 포자는 echinactinomyxon의 특징과 유사하지만, caudal process의 거의 직선적이며 끝 부분이 뾰족하다. Caudal process의 각도가 120도를 이루는 것이 aurantiactinomyxon의 특징이지만, echinactinomyxon은 그렇지 않다. Type 4는 포자체의 크기가 가장 소형이며, 2차세포는 32개 이다.

Triactinomyxon은 포자체는 봉상체가 있고, 2차세포는 8-256개, 화주와 2차세포의 수가 종에 따라 차이가 난다.

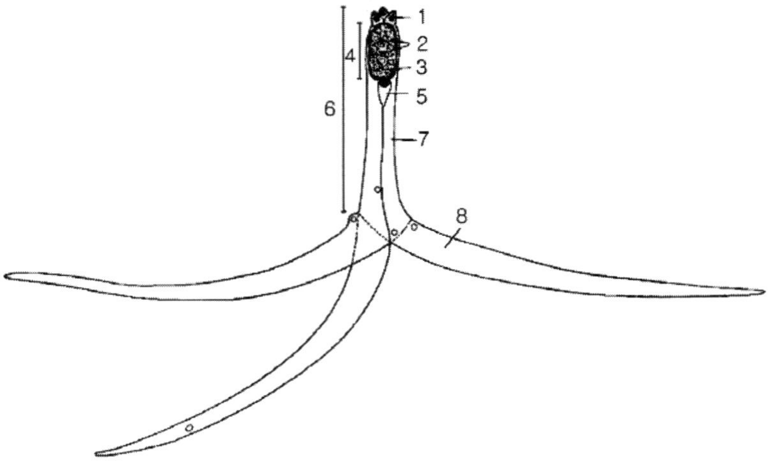

그림 5-25. *Myxobolus*의 triactinospore의 모식도. 1: 방추형의 극낭, 2: 포자원형질(sporoplasm)내의 18개의 2차세포, 3: 포자원형질, 4: epispore(포자체, spore body)의 길이, 5: 포자원형질의 끝부분에 부착된 타원형의 1개의 dark body를 포함하고 있는 원뿔구조(conical structure), 6: style(봉상체)를 포함한 포자체. 7: style(화주), 8: caudal process.

(4) Actinomyxon spore의 모양

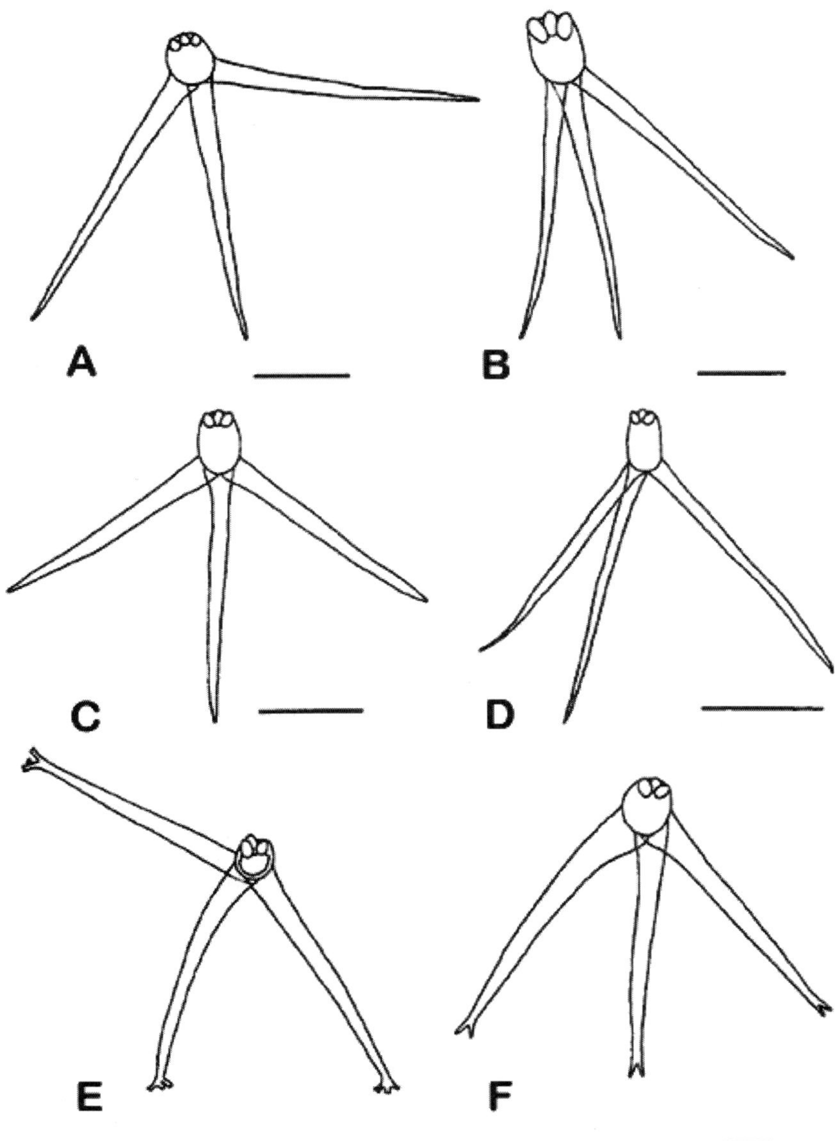

그림 5-26. A: echinactinomyxon type-1, B: echinactinomyxon type-2, c: echinactinomyxon type-3, D: echiactinomyxon type-4, E: raabeia type-1, F: raabeia type-2 echino는 spiny의 의미임.

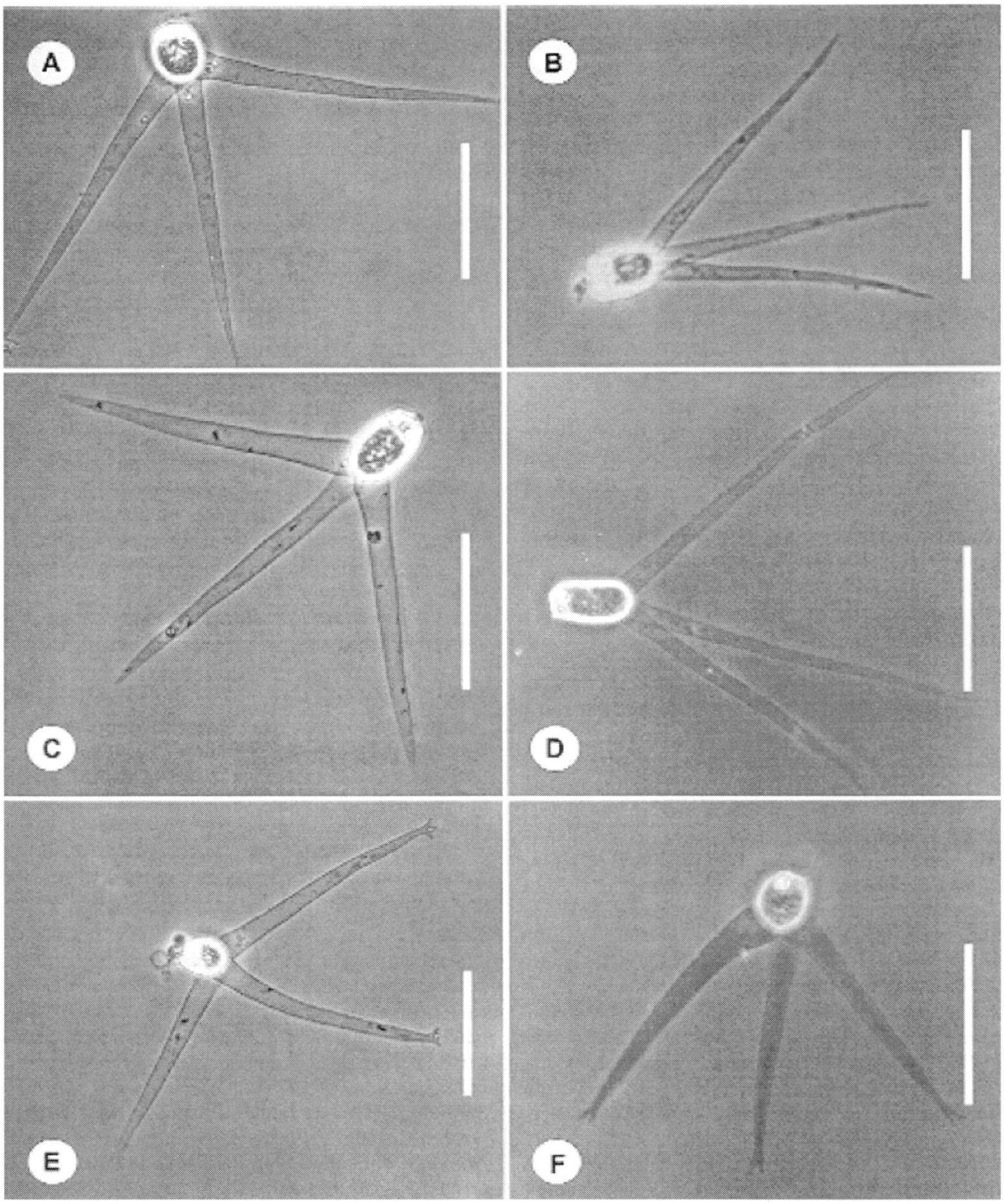

그림 5-27. A: echinactinomyxon type-1, B: echinactinomyxon type-2, C: echinactinomyxon type-3, D: echiactinomyxon type-4, E: raabeia type-1, F: raabeia type-2.

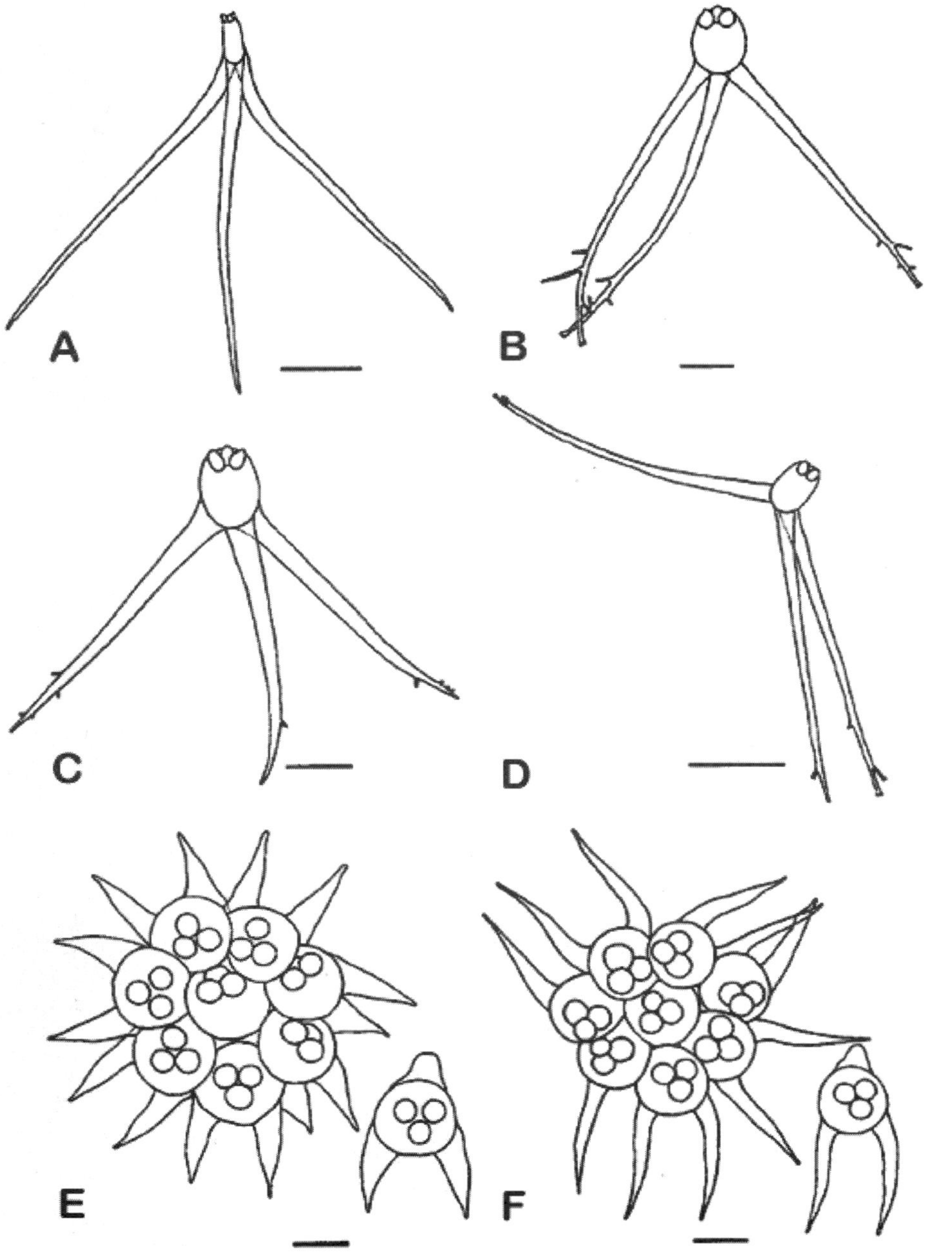

그림 5-28. A: raabeia type-3. B: raabeia type-4. C: raabeia type-5. D: raabeia type-6. E: synactinomyxon type-1. F: synactinomyxon type 2.

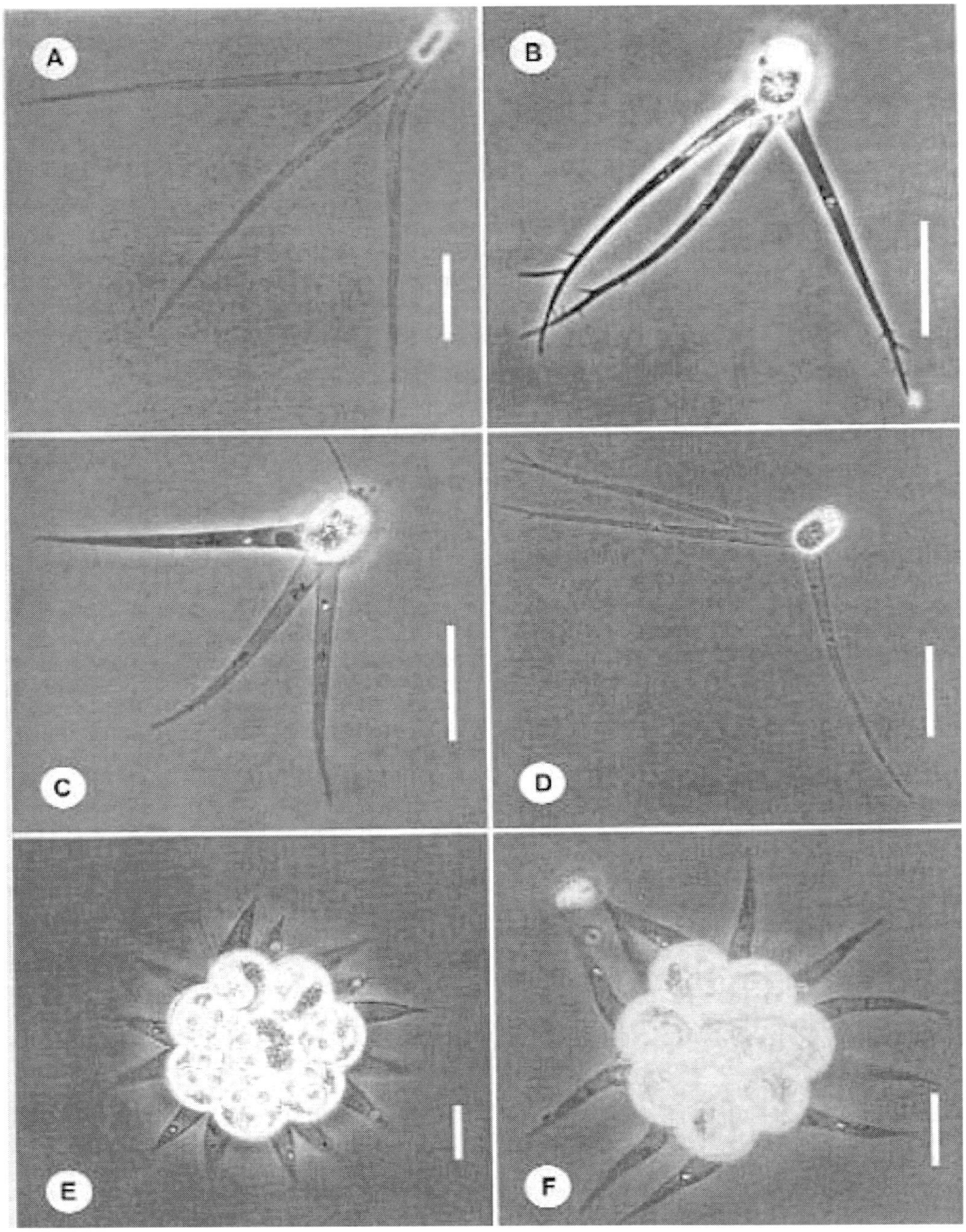

그림 5-29. A: raabeia type-3. B: raabeia type-4. C: raabeia type-5. D: raabeia type-6. E: synactinomyxon type-1. F: synactinomyxon type 2.

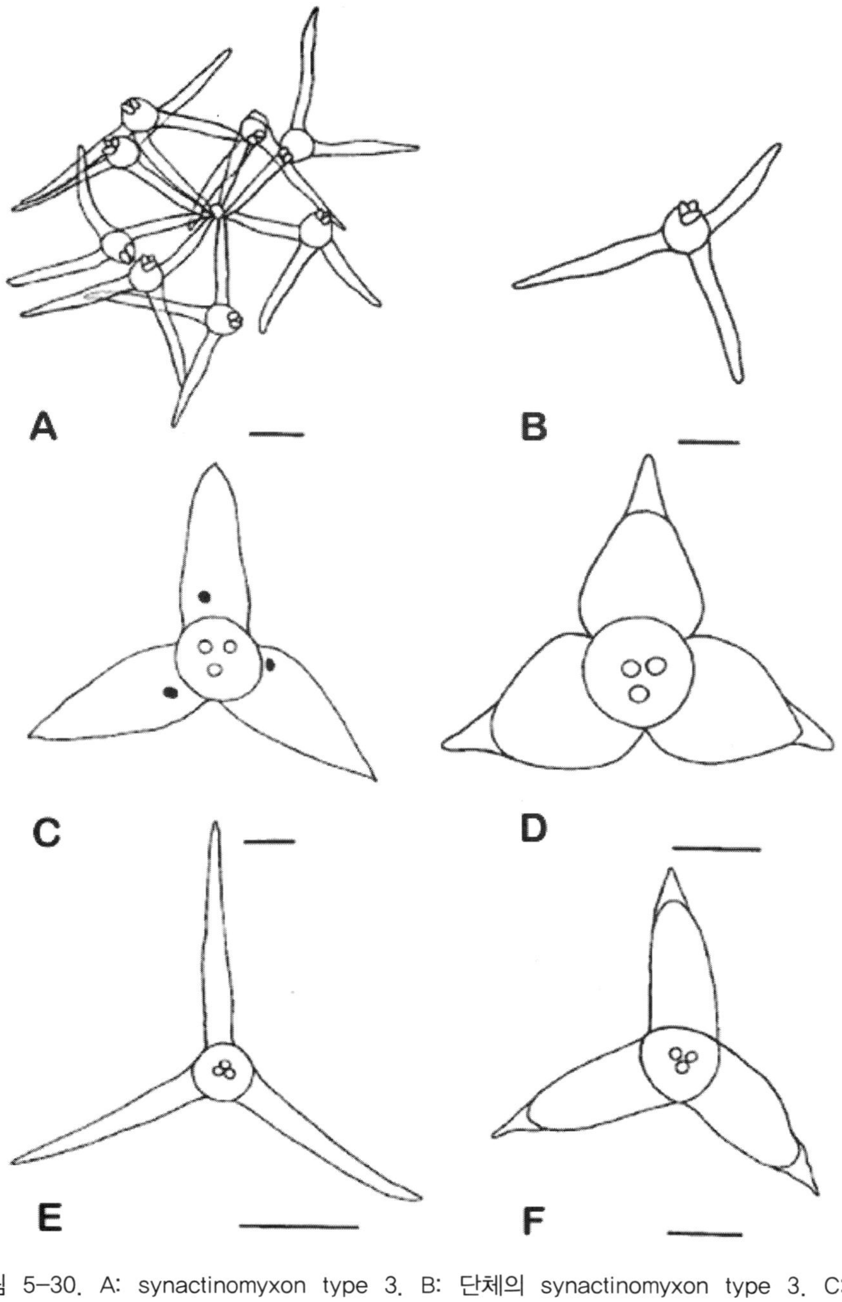

그림 5-30. A: synactinomyxon type 3. B: 단체의 synactinomyxon type 3. C: aurantiactinomyxon type 1. D: aurantiactinomyxon type-2. E: aurantiactinomyxon type-3. F: aurantiactinomyxon type 4.

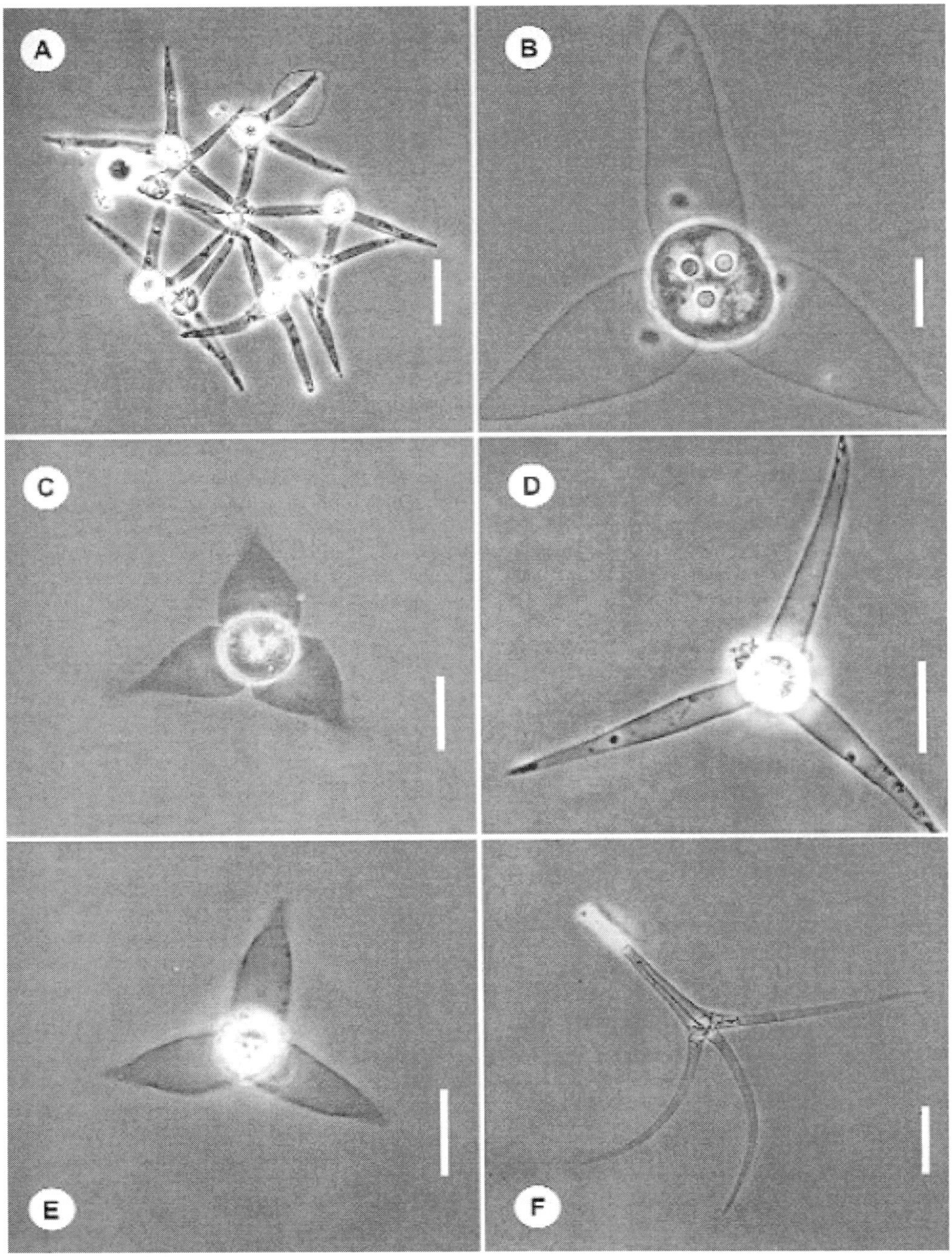

그림 5-31. A: synactinomyxon type 3. B: aurantiactinomyxon type 1. C: aurantiactinomyxon type-2. D: aurantiactinomyxon type-3. E: aurantiactinomyxon type 4. F: triacinomyxon type.

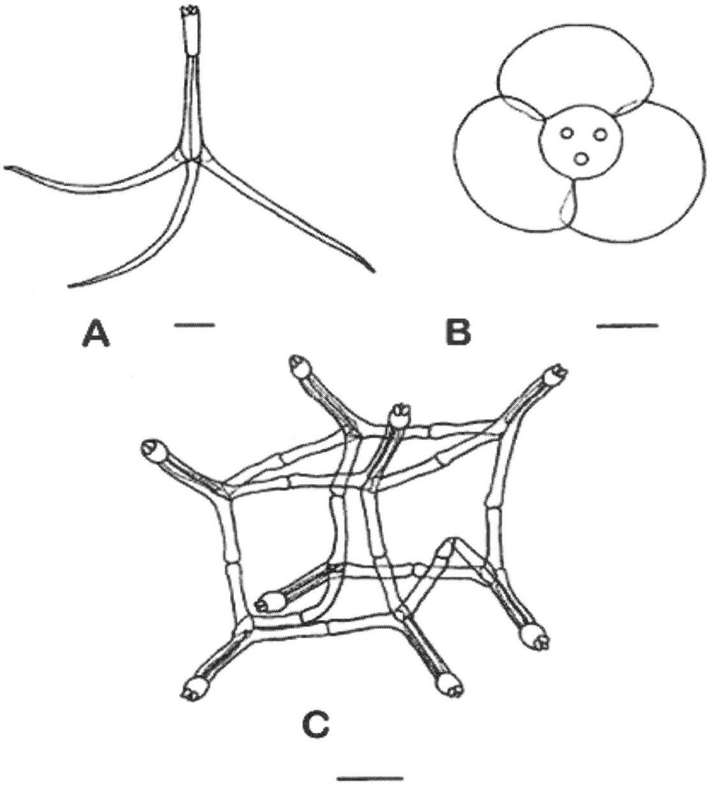

그림 5-32. A: triactinomyxon type. B: neoactinomyxon type. C: siedleckiella type.

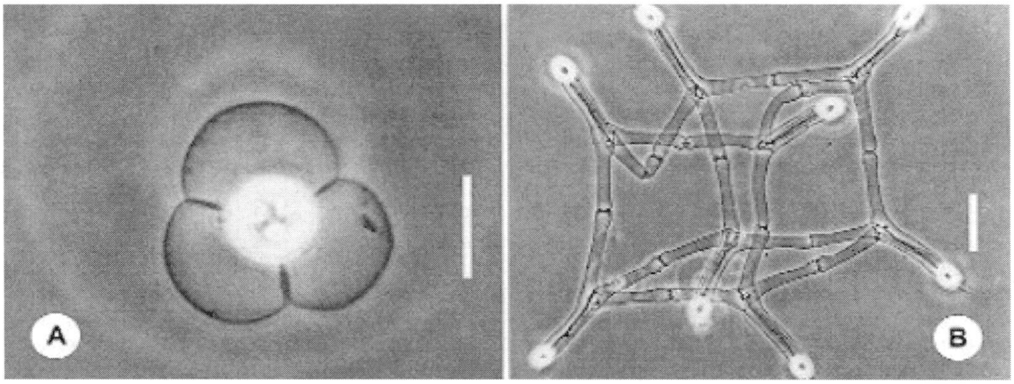

그림 5-33. A: neoactinmyxon type. B: siedleckiella type.

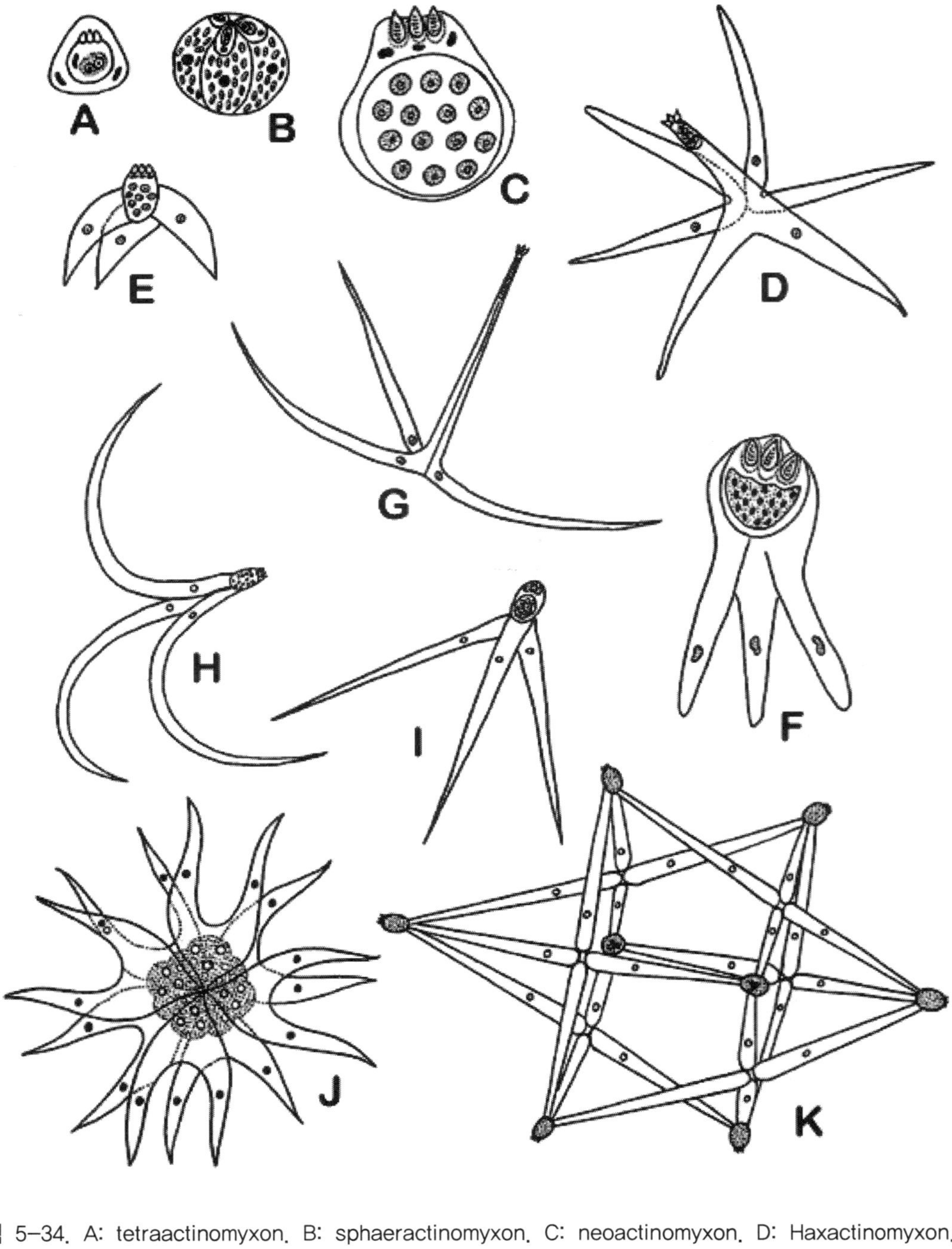

그림 5-34. A: tetraactinomyxon. B: sphaeractinomyxon. C: neoactinomyxon. D: Haxactinomyxon. E: aurantiactinomyxon. F: guyenotia. G: triacinomyxon. H: raabeia. I: echinacinomyxon. J: synactinomyxon. K: antonactinomyxon.

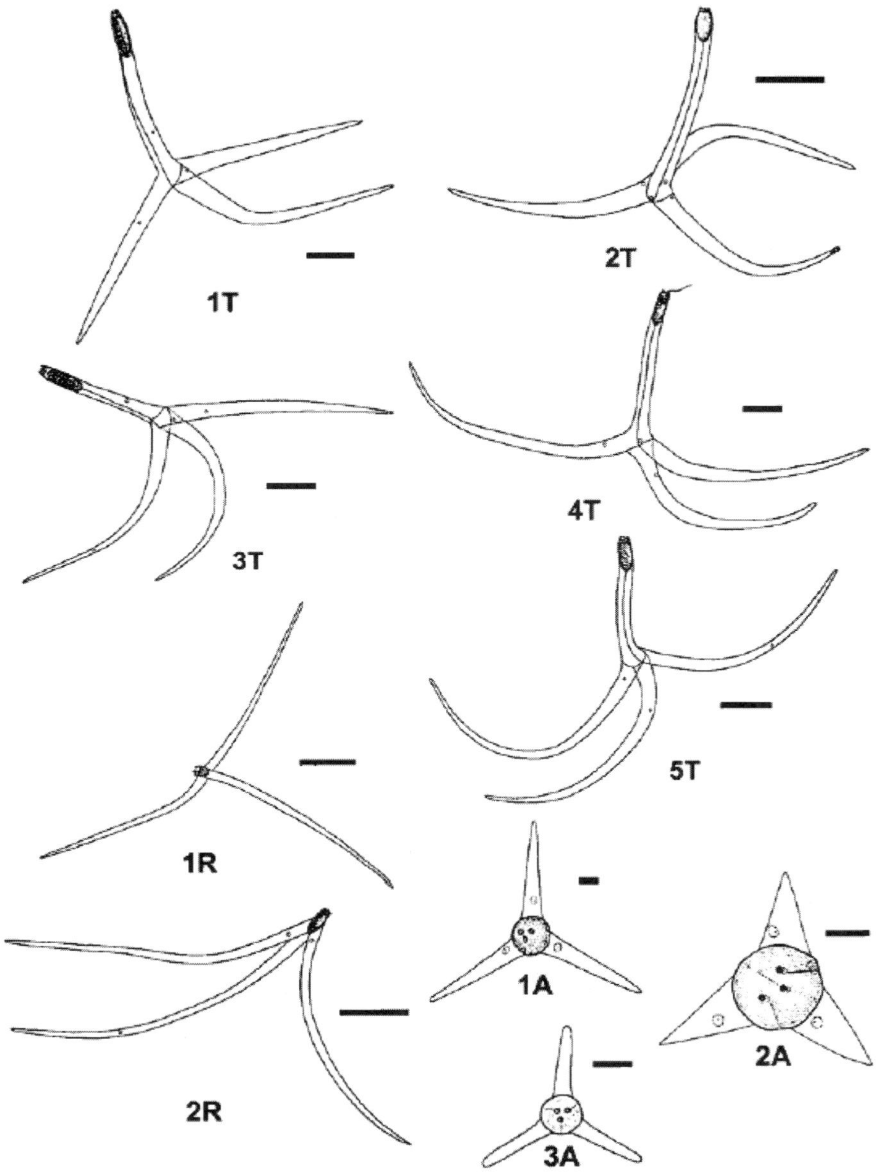

그림 5-35. Triactinomyxon: 1T-5T, raabeia type: 1R-2R, aurantiactinomyxon type: 1A-3A.

2) 금붕어 신종대증

*Hoferellus carassii(=Mitraspora cyprini)*가 금붕어 또는 붕어에 감염되어 신장의 세뇨관, 집합관 및 수뇨관 등의 관공 내에 기생함으로써 신장이 종대됨으로, 감염어는 복부의 한쪽 면만이 팽만되어 평형감각을 상실하여 이상 유영을 한다.

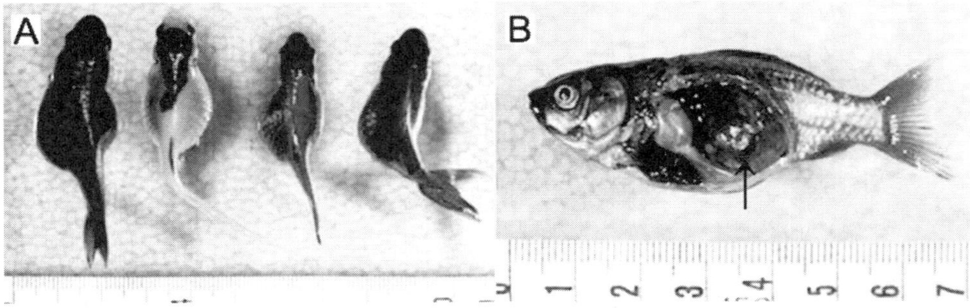

그림 5-36. A: 신장의 한쪽 면이 종대되어 체형이 변형된 병어. B: 신장의 종대(↑).

발병은 가을에 시작되어 이듬해 봄에 포자를 형성하기 시작하여, 성숙된 포자를 수중에 방출하게 된다. 방출된 포자는 빈모류인 아가미지렁이(*Branchiura sowerbyi*)에 섭취되어 소화관 벽에서 수개월내에 방선포자충(*Neoactinomyxon*)으로 변태하게 된다. 여름이 되면 방선포자충의 포자가 수중으로 방출되고 이것을 금붕어가 섭취함으로써 재감염이 성립하게 된다.

포자는 길이가 11-14 ㎛인 방추형으로 봉합면의 양 끝에 극낭을 1개씩 가지고 있으며, 포자의 후단부에는 7-10개의 필라멘트를 가지고 있다.

세뇨관의 상피세포에 기생한 영양형의 증식과 함께 숙주의 상피세포도 증생함으로 세뇨관 관공의 확장과 관공 내에 삼출물이 고이게 된다. 이 때문에 신장이 주머니 모양으로 종대되어 복부가 팽만하게 되므로 정상 유영이 불가능해지면서 사망하게 된다. 영양형은 겨울철에 확대되어 상피세포에서 세뇨관공으로 떨어져 나와 포자형성을 시작한다.

진단은 겨울철이 지나고 봄철이 되어 포자 형성이 완료된 병어 신장의 비대한 부분을 도말하여 검경 또는 Giemsa염색하여 포자의 형태 확인한다. 도말표본에서 영양형은 2-4개의 핵을 가진 원형의 거대세포로 관찰된다.

대책으로서는 교대 숙주인 빈모류의 서식을 방지하여 생활환이 완성되지 못하도록 양어지를 콘크리트로 만드는 것이 최선이다. 약제로서 fumagillin의 경구투여에 의해 영양형의 발육이 억제되지만 실용성은 없다.

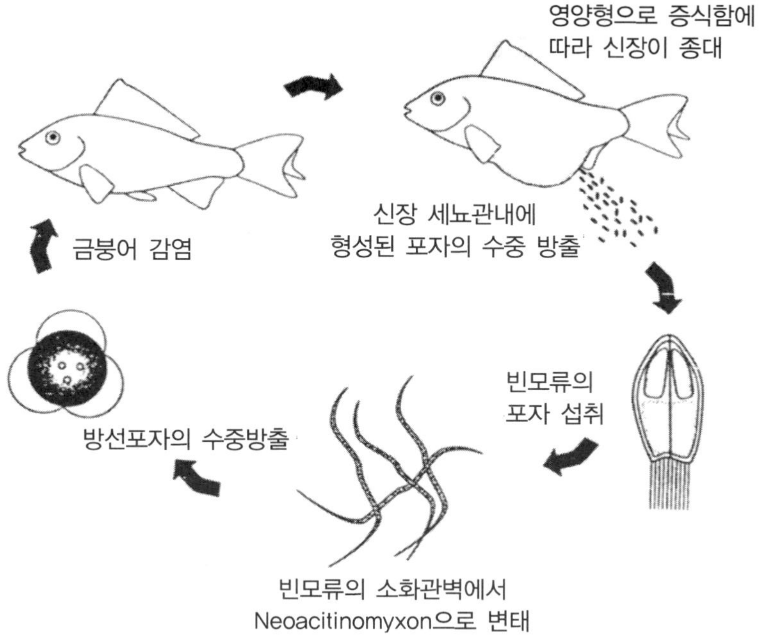

그림 5-37. 금붕어의 신종대증의 원인인 *Hoferellus carassii*의 생활사.

3) 방어의 점액포자충성 측만증

Myxobolus acathogobil (=*Myxobolus buri,* 2004)가 방어의 중뇌(중뇌강)과 소뇌와 연수가 접하는 곳인 제 4뇌실에 기생하여 cyst를 형성한다. 제 4뇌실의 cyst가 연수에 손상을 초래하기 때문 즉 cyst가 신경을 물리적으로 압박함으로서 체측근의 기능 이상을 초래하여 구간부의 측만이 생긴다. 측만증은 감염 당해 연도에 생기는 것이 아니라 감염 이듬해인 2년째에 측만이 생긴다.

제 4뇌실에 형성되는 cyst는 크기가 0.5 ㎜인 원형으로, 내부의 포자는 직경은 10 ㎛ 전후의 원형으로 두꺼운 양면 볼록렌즈 모양을 하고 있다.

방어 이외에 숭어의 제 4뇌실에 기생하는 것으로 *M. spinacurvatura*도 시스트의 압박에 의해 척추골의 이상을 초래한다.

4) 점액포자충성 여윔병(myxosporean emaciation disease)

양식 황복 및 넙치를 비롯한 해산어에 눈이 함몰되며(enophthalmia), 두개골이 솟아오르면서 극도로 여위는 질병임으로 "점액포자충성 여윔병"이라 한다.

병어를 해부하여 보면 장벽이 엷어져 있으며 소화관의 내부에는 점액질의 물질이 고여 있다. 넙치의 경우에는 복부가 팽만되며 탈장이 생기기도 한다. 감염어가 여위는 이유는 소화관의 점막상피가 붕괴되어, 물의 흡수가 저하되어 탈수 증상을 일으키기 때문으로 추정되고 있다.

발병은 5월-6월에 1년생 어류가 주로 발생하기 시작하여 8-9월에 집중적으로 발생한다. 지역에 따라 다르지만 사망률은 약 20-60%정도이다. 소화관을 절개한 다음 장 내용물을 멸균 생리식염수로 세척하여 버리고 점막상피의 도말표본을 만들어 무염색, Diff-Quick염색 또는 1% Uvitex 2B와 대비 염색인 0.5% evans blue염색을 실시한다.

(1) 황복

황복의 소화관 도말표본에서는 *Enteromyxun fugu(=Myxidium fugu)*, *Leptotheca fugu* 및 *Enteromysun leei*의 3종류의 점액포자충과 미포자충이 관찰된다. 이 중 점액포자충은 여러 가지 발육 단계가 관찰되지만 계절적인 변동과는 무관하다.

*Enteromyxun fugu(=Myxidium fugu)*가 감염된 경우에는 병리 조직학적으로 기생충은 소화관 상피 표면에 부착하는데, 감염 강도가 낮을 때는 드문드문, 감염 강도가 높을 때는 상피 전체를 덮고 있다.

*Enteromysun leei*가 감염된 경우에는 상피세포의 표면보다는 기저부에 감염되어 있으며 여러 가지 발육 단계가 관찰된다. 감염의 초기에는 점막고유층에 염증세포의 침윤이 보이고, 약간 기다란 핵과 Giemsa양성, PAS약양성의 세포질을 가진 소형의 마크로파아지가 기저막 부위에 작은 집합체를 형성하여 기생충체에 부착되어 있다. 이러한 숙주반응은 모든 소화관에 일어나는 것은 아니며, 소화관 상피에 국소적 집합체로 관찰되는 경우도 있다. 이 들 숙주세포에 둘러싸인 충체는 사멸된 것이며, 다른 것들은 마크로파아지의 부착이 없는 상태로 있는데, 이러한 충체는 소수에 불과하다.

충체의 감염에 의해 소화관 상피는 원주상의 독특한 구조를 상실하고, 점막고유층이 소화관 관공으로 떨어져 나온다. 이 기생충은 복어의 소화관 점막상피에서 영양체 형태로 발육하는 도중에 영양체의 형태로 변과 함께 배설되어 다른 어류가 먹이와 함께 섭취하게 되면 새로운 감염이 유발되게 된다.

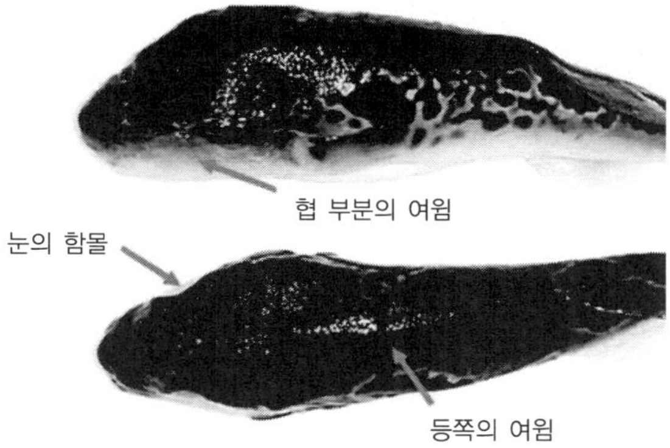

그림 5-38. 눈의 함몰과 등쪽과 협부의 근육의 여윔 증상을 나타내는 병어.

(2) 넙치

넙치는 수온이 21.5℃인 무렵에 발생하며 감염된 넙치의 내부 증상은 복수, 복부팽만 및 장의 창백화가 특징이다. 원인 포자충인 *Enteromyxum leei (=Myxidium* sp. TP)가 넙치의 소화관 점막상피에 감염되어 발병되는 질병이다.

여윔병의 진단은 감염어의 장 표면을 훑어 도말표본을 만든 다음 Diff-Quick염색한 표본에서는 여러 가지 발육단계의 점액포자충을 발견할 수 있다. 소화관 도말표본의 무염색 표본에서는 1개 또는 2개의 딸세포를 가진 포자충의 영양체가 천천히 회전하는 아메바상 운동을 하고 있다.

Diff-Quick표본에서는 직경 10-20 ㎛의 타원형인 pre-sporogonic plasmodium은 핑크색의 핵과 1개 또는 2개의 청색으로 염색되는 딸세포를 가지고 있다. 포자 단계는 거의 발견하기 어렵고, 발견된다고 하더라도 거의 모두가 미숙 포자이다. 포자는 방추형에서 초승달 모양으로 길이는 15.6(14-18 ㎛), 폭은 8.8(7-10 ㎛)이다. 길이가 5.5(4.5-6.5 ㎛)이며 폭이 2.7(2-3 ㎛)인 2개의 극낭을 가지고 있다. *Enteromyxum leei*는 1/4해수 (약 0.8%)이하의 저염분에서는 거의 감염능력을 상실하므로 1시간 약욕이 유효하다.

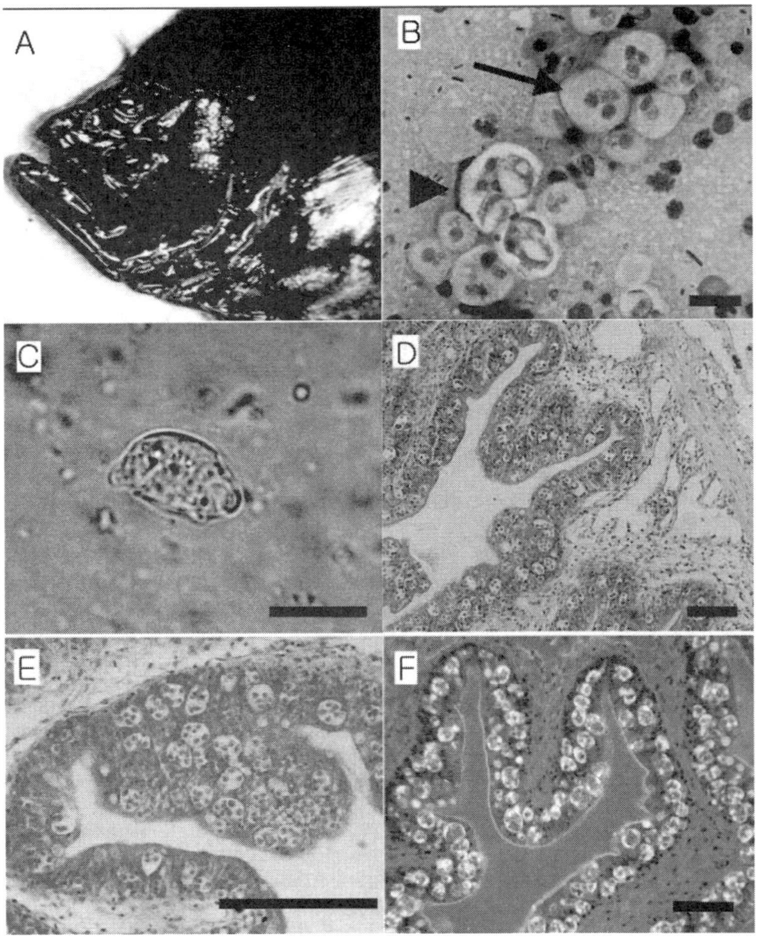

그림 5-39. *Enteromyxum leei*감염 넙치. A: 두개골이 솟아 있는 병어, B: pre-sporogonic stage(화살표)와 sporogonic stage(삼각형), C: 장 상피 도말표본상의 미성숙 포자, D & E: 장상피의 현저한 증생, F: Uvitex 2B와 HE염색 장 조직, double exposure.

(3) 참돔과 강담돔

참돔과 강담돔에도 *Enteromyxum leei*의 감염에 의한 여윔병이 발생하고 있다. 증상은 자주복의 증상과 유사하지만 때로는 녹간이 발생하기도 한다.

참돔의 소화관의 도말표본을 만들어 검경하면, 포자충의 영양체의 특징적인 "cell-in-cell"의 형태가 소화관의 상피세포 내에 관찰된다. 참돔의 경우에는 당년생의 사망률이 10%정도이지만 월동후에 살아남은 참돔에는 감염이 확인되지 않는다. 감염경로는 불확실하지만, 감염된 자주복과 동거시키면 감염이 성립된다.

병리 조직학적으로는 영양체가 소화관의 상피 세포 내에 증식함에 따라 장 상피는 심하게 증생되고 뒤이어 상피세포의 박리가 발생하게 된다.

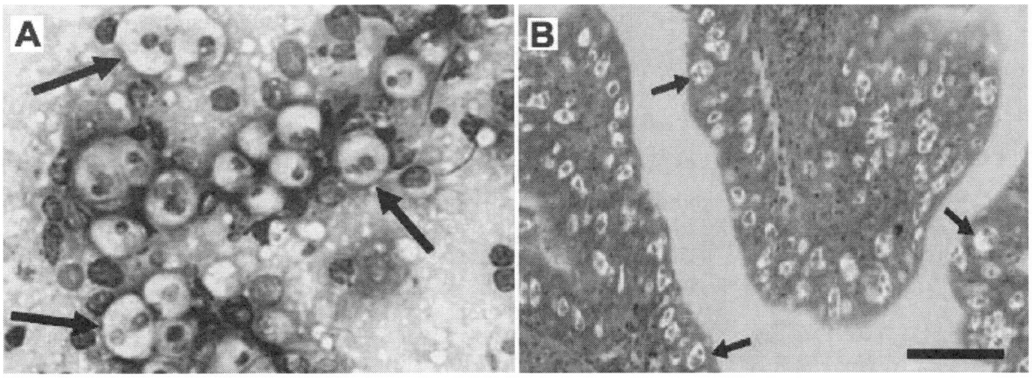

그림 5-40. 참돔의 소화관내에서 발육중인 *Enteromyxum leei*의 영양체(화살표). A: 도말표본의 Diff-Quick염색, B: 병리조직표본, Uvitex 2B-HE염색.

4) *Thelohanellus*

Thelohanellus sp.는 잉어에서만 보고되어 졌는데, 최초는 러시아의 Amur강에 서식하는 야생 잉어류의 아가미, 간, 피부, 지느러미 및 결합조직에서 각각 *T. acuminatus, T. amurensis, T dogieli, T. nikolskii* 및 *T. hovorkai*의 5종을 발견하였다. 그 후 지느러미에 기생하는 *T. nikolskii*는 *T. cyprini*로 개명되기도 하였으며, *T. dogieli*는 *T. nikolskii, T. cyprini*와 같은 종, *T. hovorkai*는 *T. dogieli*와 *T. acuminatus*는 *T. fuhrmanni*와 같은 종으로 불리기도 하였다.

그러나 최근에 잉어의 비늘 또는 지느러미에 기생하는 종은 *T. nikolskii*, 결합조직에 기생하는 것은 *T. hovorkai*로 재분류되었다. 이 중 지느러미에 기생하는 *T. nikolskii*는 연령이 높은 잉어에 감염되었을 때는 변형체가 지느러미의 끝 부분에 만들어지는 경우도 있다.

병리 조직학적으로도 2종은 감염부위가 차이가 나기 때문에 현저한 차이를 나타내고 있다. 즉 *T. nikolskii*는 지느러미의 연조위에 대형의 plasmodium을 형성하기 때문에 연골성분이 파괴되어 지느러미가 탈락되지만, *T. hovorkai*는 체표에 심한 출혈을 일으키는 특징이 있으며, 중간숙주는 각각 아가미지렁이(*Branchiura sowerbyi*)와 실지렁이(*Tubifex tubifex*)이다.

중간숙주의 사육은 멸균된 흙이 있는 수조에 수용하여 어류 사료의 부스러기와 흙의 오염도를 증가시키기 위해 계분을 첨가하여 사육한다. 사육온도는 *B. sowerbyi*는 18-22℃, *T.*

*tubifex*는 22-24℃로 조정하여 준다.

이들 중간숙주에 성숙포자를 첨가하여 사육하면 *T. hovorkai*는 *B. sowerbyi*만 감염되고, *Tubifex*나 *Limnodrilus*는 감염되지 않는다. 감염된 중간숙주는 체벽이 두텁고 장에 내용물이 충만되어 있기 때문에 현미경으로 검경하여도 외부에서 감염 유무는 발견할 수 없다.

감염된 *Branchiura*에서 처음으로 actinopore가 방출되는 것은 감염 104일째부터이며, 방출된 actinospore는 물 속에서 20일간 생존하는데, 방출된 actinospore는 전형적인 aurantiactinomyxon이다. 반면에 *T. nikolskii*는 *Tubifex tubifex*에만 감염되는데, 감염 6일후에 수중에 수많은 aurantiactinospore가 발견된다.

*T. hovorkai*는 *Branchiura*내에서 감염 93일 후에 처음으로 발견되는데, 발육의 초기 단계는 장 상피내에 미숙 또는 성숙한 pansporocyst가 발견된다. 성숙한 pansporocyst는 직경이 24-48 ㎛로 감염 101일 째에 장의 중간 부위에서 원형의 cyst모양으로 발견되는데 내부에는 8개의 성숙중인 aurantiactinospore가 들어 있다.

Pansporocyst내의 성숙한 aurantiactinospore는 장의 상피를 통하여 소화관 관공 내로 방출된다. 이때가 되면 포자내의 2차 포자와 꼬리 부분을 명확하게 식별할 수 있다.

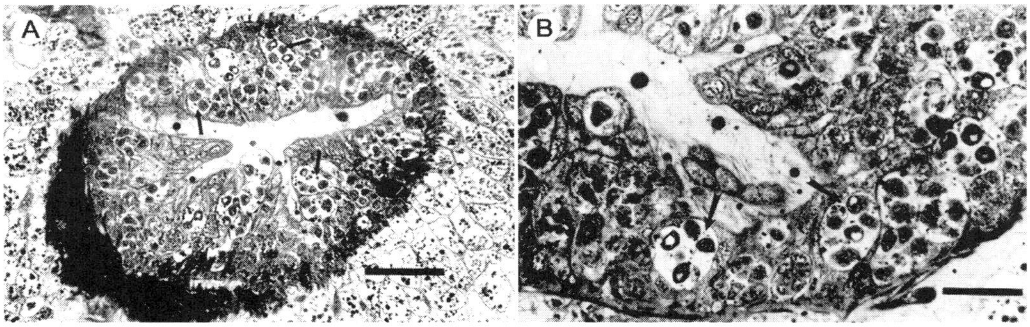

그림 5-41. *Thelohanellus hovorkai*의 성숙 actinospore를 감염시킨 *Branchiura soweryi*의 semi-thin section. A: 장의 상피에서 발육중인 *T. hovorkai*의 aurantiactinospore. B: 장 상피의 확대도. 명확히 식별되는 극낭(화살표). Bar=200 ㎛ (A)와 80 ㎛(B).

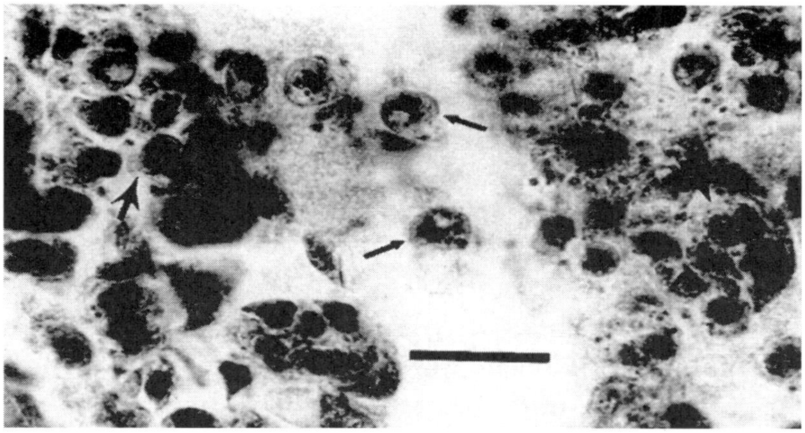

그림 5-42. Actinospore로 감염시킨 *Branchiura sowerbyi*의 장. 장의 상피내에 성숙한 *Thelohanellus hovorkai*의 aurantiactinospore를 가지고 있는 pansporocyst(큰 화살표)와 장상피를 통하여 관공으로 방출된 aurantiactinospore(작은 화살표)는 미부 돌기를 식별할 수 있다. HE, 부안액, Bar=60 ㎛.

*B. sowerbyi*에서 방출되는 *T. hovorkai*의 aurantiactinospore는 3개의 타원형의 극낭과 globate를 가지고 있고, 3개의 비교적 긴 삼각형의 미부돌기가 있는 불규칙한 모양의 포자 원형질이 포자를 둘러싸고 있다.

포자체의 직경은 18.6 ㎛(18.3-18.9), 극낭의 길이와 너비는 각각 3.42 ㎛(3.4-3.5), 3.36 ㎛(3.3-3.4)이다. 미부돌기의 길이는 29 ㎛(28.2-29.6)이고 위에서 보았을 때 포자체 기부에서의 미부 돌기의 너비는 9.2 ㎛(8.1-10.2)이다. 두 미부 돌기의 끝부분에서 가장 긴 간격은 65.2 ㎛(65.1-65.3)이며, 감염력이 있는 세포 수는 32이다.

한편 *Tubifex*에서 방출되는 *T. nikolskii*의 aurantiactinospore는 3개의 타원형의 극낭, 비교적 짧은 3각형의 미부 돌기가 있는 공 모양의 포자원형질(globate sporoplasm)이 포자체를 둘러싸고 있으며 봉상체(style)는 없다.

포자체의 직경은 21.1 ㎛(21-21.2), 극낭의 길이와 너비는 각각 21.1 ㎛(21-21.2)과 2.1 ㎛(2.0-2.2)이다. 미부돌기의 길이는 13.4 ㎛(11.3-15.5)이며, 위에서 보았을 때 포자체 기부의 폭은 9 ㎛(8.5-9.6)이다. 미부돌기 끝 부분의 가장 긴 거리는 40.5 ㎛(40-41)이며, 감염세포의 수는 16이다.

이 2종의 aurantiacinospore를 비교하면 *T. hovorkai*가 *T. nikolskii*에 비해 포자체의 직경이 작은 반면 미부 돌기의 길이가 더 길다는 것과 감염력이 있는 2차세포의 수가 차이가 나는 것이 큰 차이점이다.

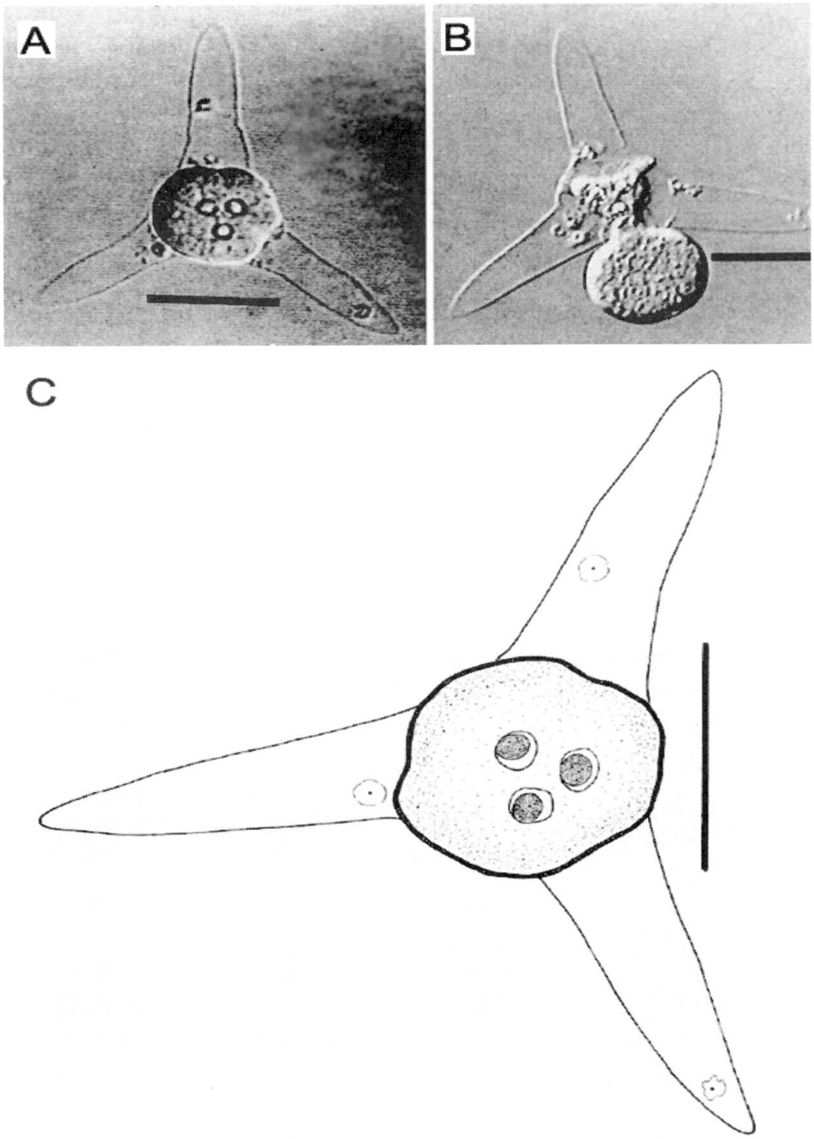

그림 5-43. A: *Thelohanellus hovorkai*의 aurantiactinospore. B: 포자 원형질을 방출하고 있는 aurantiactinospore. C: *Thelohanellus hovorkai*의 aurantiactinospore의 모식도. Bar=20 ㎛.

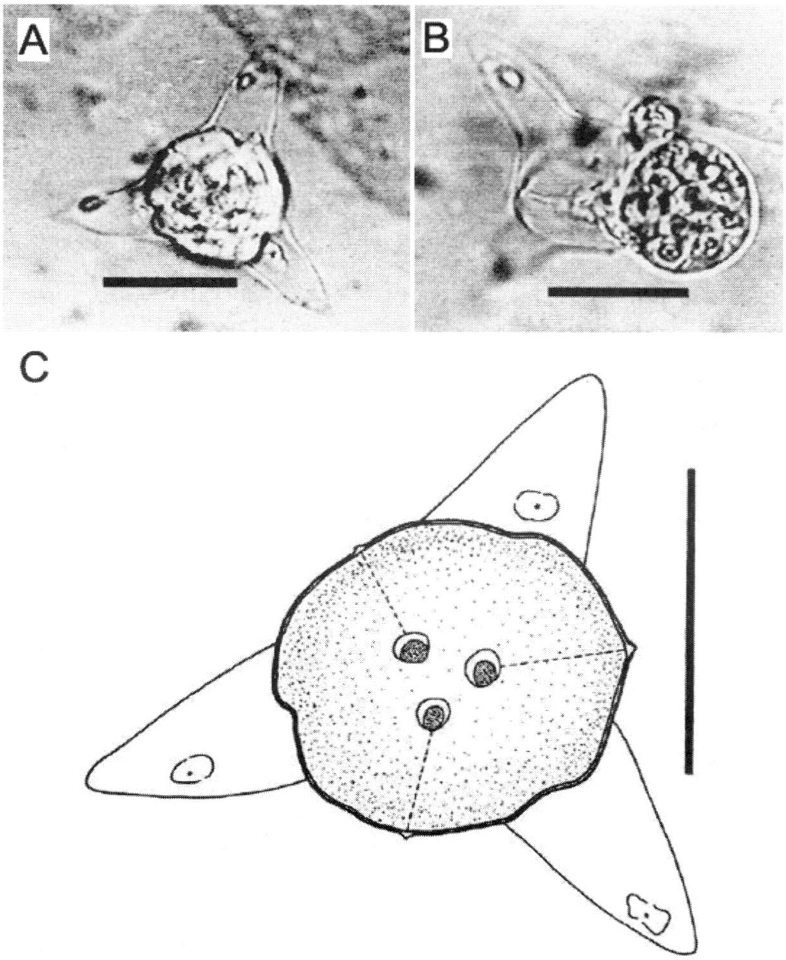

그림 5-44. A: *Thelohanellus nikolskii*의 aurantiactinospore. B: 포자 원형질의 방출. C: aurantiactinospore의 모식도. Bar=20 ㎛.

(1) 이스라엘 잉어 지느러미 기생 *Thelohanellus nikolskii*

감염 초기의 병어는 지느러미에 직경 1-2 ㎜의 백색 또는 흑색의 cyst가 관찰된다. 어떤 개체는 지느러미 부분이 탈락되거나 *Flavobacterium*이 2차적으로 감염되어 있다. Cyst의 중심부에는 성숙 포자로 채워져 있고, cyst의 벽은 숙주의 상피세포와 콜라겐성의 섬유층으로 둘러싸여 있다.

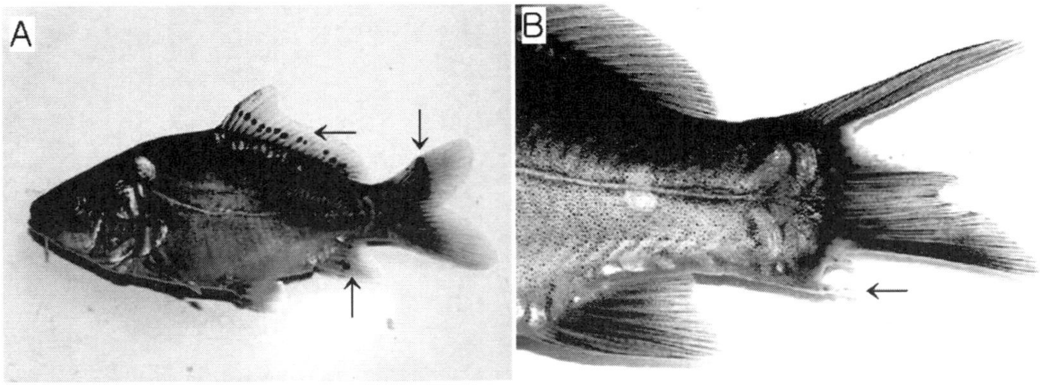

그림 5-45. A: 지느러미의 cyst. B: 충체 감염 후 지느러미가 탈락된 병어.

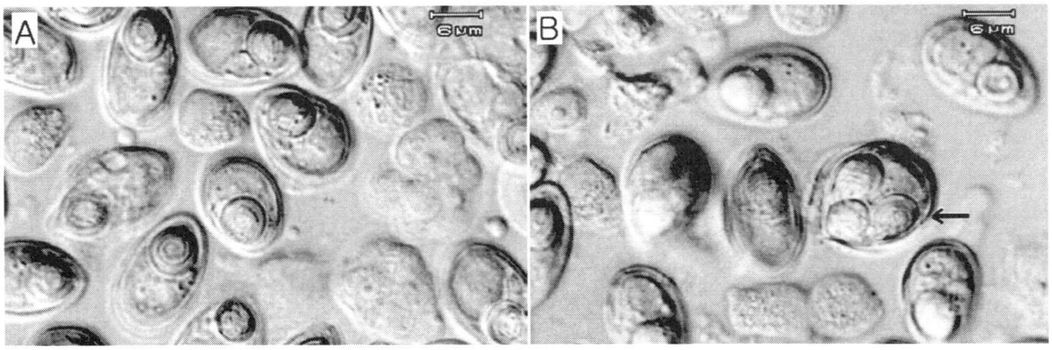

그림 5-46. 1개의 극낭을 가진 포자(A)와 3개의 극낭을 가진 변형 포자.

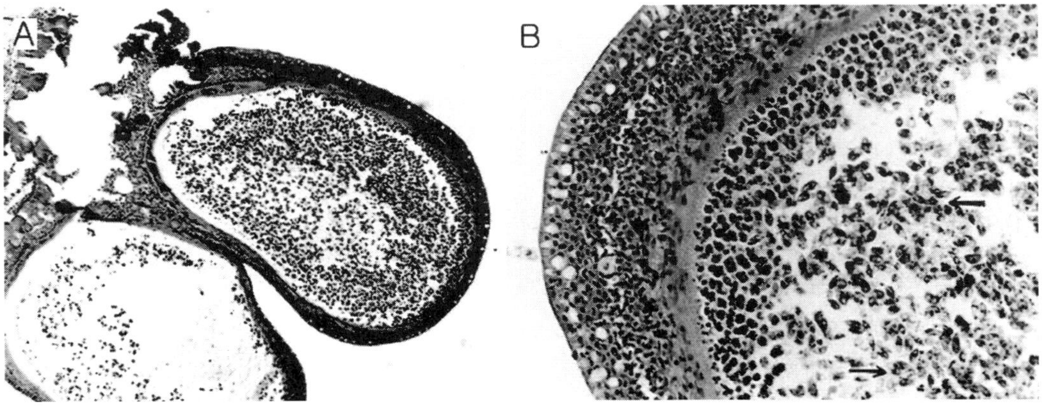

그림 5-47. A: 지느러미에 형성된 cyst. B: A의 확대도. Cyst의 바깥에는 숙주의 상피세포, 흑색세포층 및 콜라겐성의 섬유층으로 싸여 있고, 내부에는 성숙중인 포자와 성숙된 포자로 채워져 있음.

포자는 길이 15 ㎛, 폭 11 ㎛로 대부분의 포자는 직경 6㎛인 1개의 극낭을 가지고 있지만, 때로는 2-3개의 극낭을 가진 변형 포자도 발견된다. 변형 포자는 1개의 극낭을 가진 포자에 피해 폭이 넓은 것이 특징이다.

(2) 잉어의 결합조직 기생 *Thelohanellus hovorkai*

첫 발생은 종묘생산에 친어로 사용한 어류를 종묘생산에 사용한 다음인 무렵에 발생하여 가을과 겨울을 거치면서 점차 회복하는 경향이다. 병어는 무기력하여 수조 표면 부근을 힘없이 헤엄치거나 수조 바닥에 움직임이 없이 멈춰있다. 병어의 특징적인 증상은 체표에 출혈로 특히 복부와 주둥이 부근이 가장 심하다.

피부 점액도말 표본을 검경하면 많은 포자를 발견할 수 있다. 발병 6개월 이후에도 체표의 점액에서는 여전히 원인 포자충인 *Thelohanellus hovorkai*가 발견된다. 체표의 점액 도말표본을 만들어 검경하면 원인 충체의 포자를 발견할 수 있지만, 포자의 관찰은 3% agar액에 신선 포자를 포매한 다음 광학현미경으로 검경하면 포자가 움직이지 않기 때문에 관찰이 용이하다. 감염은 아가미를 통하여 감염되는 것이 확인되었다.

양식장 바닥에 서식하는 중간 숙주인 몸의 후반부에 특징적으로 아가미가 있는 아가미지렁이(*Branchiura sowerbyi*)를 채집하여 조사하면 지렁이에서의 aurantiactinospore와 발병과는 밀접한 관계를 가지고 있다. 즉 5월에 지렁이의 감염율은 73%이지만 6월에 최대인 81%가 되며, 그 후 점차 감소하여 겨울철인 11월에는 0%로 된다.

원인 포자충은 수온이 21-29℃인 경우 지렁이 체내에서 완전히 성숙하는 데는 약 2주가 소요되며, 기생충 전체로 1 cycle이 완성되는데는 약 2-3개월이 소요되므로 1년에 여러 번의 감염이 있을 수 있다.

포자는 끝이 뾰족한 난원형으로 느슨한 막으로 싸여 있고, 내부에는 방추형의 극낭이 1개 있다. 극낭 내부에는 극사가 이중 코일 모양으로 배열되어 있다. 포자의 길이는 20.1 ㎛(18.0-21.0), 너비는 10.2 ㎛(9.5-10.5)이며, 극낭은 길이와 너비가 각각 9.2 ㎛(7.5-10.5)와 8.2 ㎛(6.5-9.5)이며, 포자를 싸고 있는 막을 포함한 전체의 길이는 24.4 ㎛(21.0-26.0)이다.

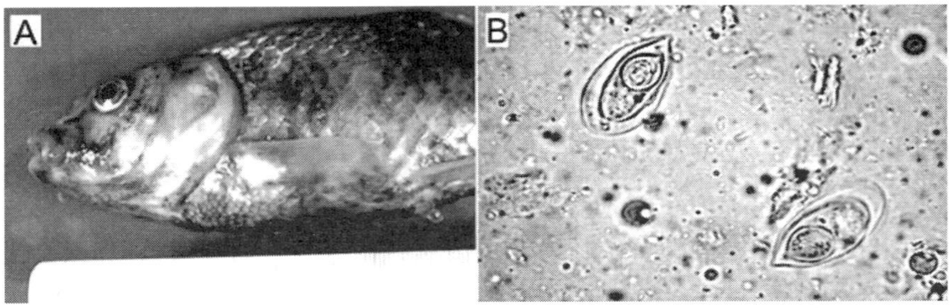

그림 5-48. A: 피부에 심한 출혈이 특징인 병어. B: *Thelohanellus hovorkai*포자의 무염색 표본.

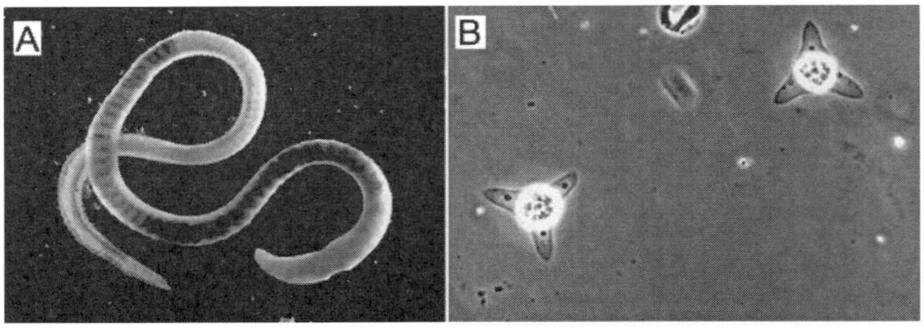

그림 5-49. A: 중간 숙주인 아가미지렁이(*Branchiura sowerbyi*). B: 중간 숙주에 방출된 aurantiactinospore.

송어류의 방선포자충인 *Myxobolus*의 triactinomyxon(triacinospore)은 지느러미와 피부를 통하여 침입한다. 그러나 *Thelohanellus*의 aurantiactinospore는 아가미를 통하여 침투한다. 아가미의 새변 사이에 포자각이 열리고 포자원형질이 침투한 것이 발견된다. 침투한 포자 원형질은 원형 또는 막대기 모양으로 새변의 기부 또는 끝부분에서 관찰된다. 침투한 포자 원형질이 성숙포자가 되기까지는 잉어에서는 3-4개월이 걸리지만 금붕어에서는 성숙포자가 만들어지지 않는다.

치료에는 fumagillin 0.1%를 첨가하여 7일 이상 투여하면 효과적이다. 투여 시기는 비단잉어인 경우 지렁이에서 방선포자충이 방출되는 5-9월에 연속 투여하여만 한다. 그러나 fumagillin의 장기간 투여는 무지개 송어의 경우처럼 성장 둔화, 신장 간질의 양 감소 등이 부작용이 있음으로 주의하여야 하며, 실제로 비단잉어에 투여하면 유영상태 등에는 이상이 없지만, 성장이 지연되는 것은 사실이다.

또 중간숙주는 바닥이 모래나 자갈인 것 보다는 흙으로 된 것을 선호하기 때문에 바닥이 모래인 곳에 방류하여도 스스로 흙으로 된 바닥으로 이동한다. 그러므로 양어지의 바닥을 흙보다는 모래로 바꾸는 것도 중간숙주의 서식량을 감소시키므로 이 병의 발생을 줄일 수 있는 좋은 방법이라 할 수 있다.

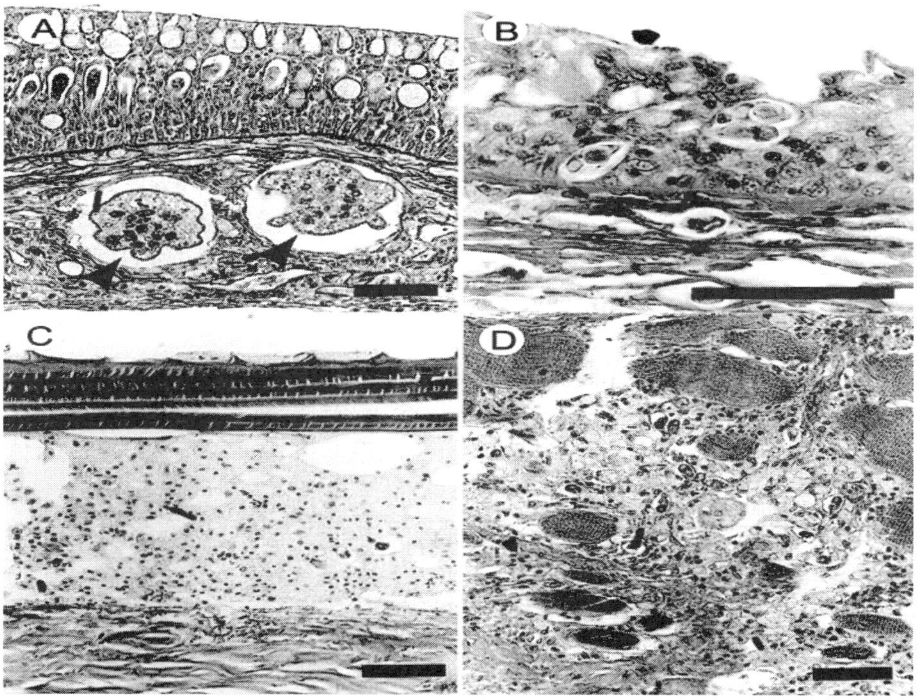

그림 5-50. A: 체측 결합조직 내에서 형성된 plasmodium 내부의 포자형성. B: 성숙 포자의 방출에 의한 상피세포의 박리. C: 피하 조직의 출혈과 부종. D: 체측근 환부내의 현저한 염증세포의 침윤. HE. bar=50 ㎛.

5) 넙치의 근육 *Kudoa*

넙치의 근육에 기생하여 사후 근육의 액화를 유발하는 *K. thyrsites*와 *K. laterolabracis*의 성숙 포자의 극낭은 4개이며, 넙치를 생식하였을 때 식중독의 원인인 *K. septempunctata*는 6-7개로 종의 구분이 가능하다. 그러나 이런 종의 기생에도 불구하고 숙주반응은 거의 없다는 것이 특징으로 어류의 생존에는 아무런 영향을 미치지 못한다. 이 감염증이 문제가 되는 것은 어체를 가공할 때 육질 부분이 젤리 모양으로 변하거나, 생식할 때 구토 또는 설사 등의 식중독이 유발되기 때문에 식품 위생상 중요한 질병이다.

*Kudoa*의 감염 유무의 검사는 눈이 있는 쪽과 눈이 없는 쪽에서 각각 등쪽에서 2개소와 복부쪽에서 1개소, 총 6개소의 근육을 0.5 g씩 채취하여 소화시킨 다음 현미경으로 근육 g당의 포자수를 측정한다. 즉 근육 0.5 g을 200 ㎛의 체위에 올리고 주사기의 피스톤으로 근육을 으개면서 PBS 3㎖를 적하하여 근육의 분쇄액을 만든다. 분쇄액은 다시 100 ㎛ mesh를 통과시킨 다음 원심관에 옮긴다. 1500rpm에 10분간 10℃에서 원심하여 상청액을 제거한 후에 PBS 0.5 ㎖를 첨가하

여 혼합한다.

파라필름에 여과액 10 ㎕에 tryphane blue 10 ㎕를 혼합한 다음 혈구계산판으로 1 ㎜x1 ㎜ x0.1 ㎜구획 4군데에 들어 있는 극낭 6-7개를 가진 포자400배의 현미경으로 검경하면서 계수한다. 계수시 포자의 수가 너무 많을 때는 PBS로 희석하여 사용한다. 근육 g당 포자의 수는 (계수 포자의 평균x10^4) x 2 x 희석배수이다.

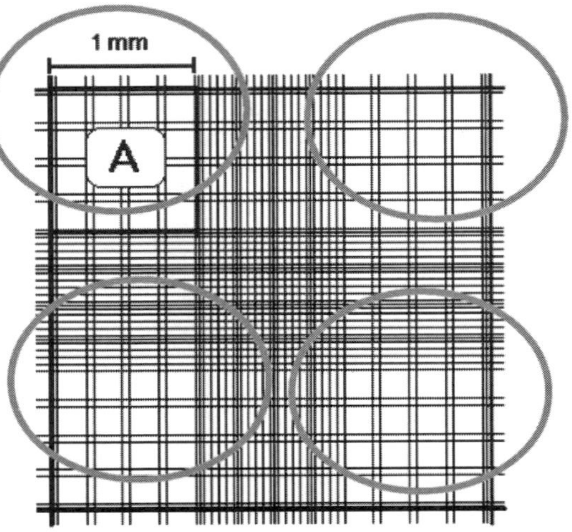

그림 5-51. 혈구 계산판의 계수 부분 4개소.

실제 결과에서는 근육의 채취 부위별에 따른 포자의 개수에는 별다른 유의차가 발견되지 않는다.

양식 현장에서 간이검사법은 아가미 뚜껑을 위로 들어 올린 다음 새강 내에서 새궁의 끝나는 부분에 돌출하는 근육을 칼로 절개한 다음 면봉으로 근육을 채취하여 슬라이드에 도말하고 나서 알콜로 1-2분 고정한 후에 메틸렌블루액으로 2분간 염색하여 포자의 극낭의 개수를 확인하는 방법이 있다.

이 아가미 뚜껑 근육(operuclar muscle)을 시료로 사용하는 방법은 근육 내의 포자의 감염과 밀접한 관계를 가지고 있을 뿐만 아니라 특히 심하게 감염된 어류인 경우에 그 정도는 증가하며, 감염율이 낮을 때는 낮아지는 경향이다. 또한 *Kudoa*감염의 특징인 근육 내에 cyst형성 또는 사후에 근육의 액화와 같은 증상을 나타내지 않는 감염, 예를 들면 넙치의 *K. septempuncta*감염, 대서양 연어의 *K. thyrsites*의 감염 등과 같은 육안으로 감염의 유무를 확인할 수 없는 경우에도 사용 가능한 방법으로 현장에서 매우 유용한 방법이다. 그러나 감염 초기의 포자 형성 이전에는 사용할 수 없는 방법이다.

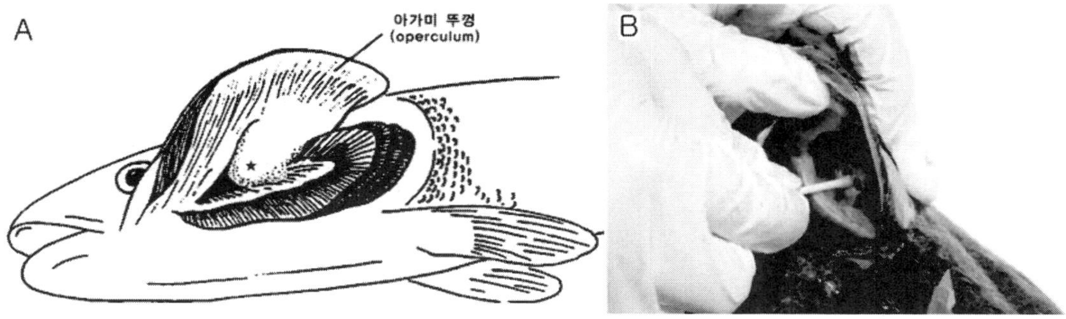

그림 5-52. *Kudoa*감염의 간이 진단을 위한 아가미 뚜껑 근육(opercular muscle)의 채취 부위의 모식도 (A)와 넙치에서의 채취 부위(B).

근육의 액화를 유발하는 *K. thyrsites*와 *K. laterolabracis*의 성숙 포자의 극낭은 4개, 식중독의 원인인 *K. septempunctata*는 6-7개로 종의 구분이 가능하다. 그러나 감염 초기의 포자 형성기 이전에는 검출이 불가능하다.

또한 분자생물학적으로도 18S rDNA를 이용한 PCR법에서는 3종류 모두 양성으로 나타난다. 그러므로 유안측 중앙부의 근육을 채취하여 DNA를 추출한 다음 넙치에 감염되는 3종류의 *Kudoa*종의 28S rDNA를 토대로 제작한 특이 primer를 사용하여 감염 유무를 확인한다. *K. septempunctata*는 KSF1(5'-GTG TGT GAT CAG ACT TGA TAT G-3')와 KSR2(5'-AAG CCA AAA CTG CTG GCC ATT T-3'), *K. thyrsites*는 KTOF1(5'-GTG TGT GAC TGG ATA GAG TTG A-3')와 KTOR1(5'-CCC CAA GTT AAT TTG TTA ATC A-3'), *K. lateolabracis*는 KLF1(5'-ACT GGA TAG TGA GTG GTG TCG A-3')와 KLR1(5'-CCA AAT ACG AAT ACT TGG GTG T-3')를 이용한다. PCR방법에도 특이성이 입증되지 않아 거짓 양성 반응이 나타날 가능성이 매우 높다.

6. 섬모충문(ciliophora)

충체의 체표면에 운동 또는 먹이 섭취를 위한 섬모 또는 섬모 복합체를 가지고 있다. 핵은 대핵과 소핵의 2형으로 분화되어 있으며, 번식은 2분법 또는 출아에 의한 무성생식과 접합, 자가생식 또는 세포질의 융합에 의한 유성생식을 한다.

섬모충은 크게 체표면 전체에 섬모를 가지고 있는 Kinetophragminophorea와 주둥이 기관이 잘 발달되어 있으며, 주둥이 부분의 섬모계(구부 섬모계)와 체 섬모계의 구분이 명확한 소막류(Oligohymenephorea)로 구분할 수 있다.

Kinetophragminophorea에 속하는 것으로는 *Chilodonella* sp, 백점충(*Ichthyophthirius multifilis)* 및 해산백점충*(Cryptocaryon irritans)* 등이 속한다.

소막류(Oligohymenephorea)에 속하는 종으로는 *Trichodina* sp.와 *Scutica* sp. 등이 있다.

섬모충의 대부분은 아가미, 체표 등이 외부 기생종이지만 때로는 방광에 기생하는 예외종도 있다. 종류별로는 *Tricodina*류의 기생종의 숫자가 가장 많아 110여종 되며, 5개의 속으로 나누고 있다.

1) 백점병

담수어 및 해산어에 모두 발생하며, 아가미 또는 피부에 기생한 충체가 육안적으로 흰 반점으로 보이기 때문에 "백점병 (white spot disease)"으로 불리고 있다. 그러나 담수 어류와 해산어류에 기생하는 원인 기생충은 전혀 다른 종류이다. 즉 담수어의 기생종은 *Ichthyophthirius multifiliis*이며, 해산어에 기생하는 종은 *Cryptocaryon irritans*이다.

양식 어류이외에 고밀도 집약적 사육을 하는 관상어 수족관의 질병이었지만, 양식 기술이 발달함에 따라 고밀도로 사육하는 폐쇄형 양어지 또는 사육밀도가 높게 유지되고 있는 종묘생산시설에서 빈발하는 경향이다.

기생충은 피부에서는 진피에 가까운 표피층에 기생하면서, 섬모운동과 충체의 이동에 의해 표피에 염증과 상피세포의 증생이 유발되어, 최종적으로 표피가 박리되게 된다. 아가미에서도 상피세포의 증생과 점액의 과잉 분비로 호흡곤란을 유발하게 된다.

담수산 백점충의 생활사는 4단계로 나눌 수 있다. 즉 첫 단계는 어체에 감염되어 영양을 취하면서 성숙하는 단계로서 기생하고 있는 충체를 영양체(trophont)라 한다. 영양체가 영양을 섭취하여 성숙하게 되면 어체에서 수중으로 이탈하여 tomont로 되어 스스로 gelatin성의 cyst wall을 분비하여 cyst를 형성한 다음 내부에서 분열을 계속한다.

표 5-1. 담수 백점충과 해산 백점충의 비교

	학 명	발생 시기	영양체
담 수 백점충	*Ichthyophthrilus multifiliis*	20℃이하의 저수온, 30℃발육 정지	원형, 말굽형의 대핵
해 산 백점충	*Cryptocaryon irritans* (=*Ichthyophthrilus marinus*)	비교적 고수온, 과밀수용 31℃정상 발육, 34℃: 발육정지	난형, 타원형의 대핵 4개가 염주상 연결
공통점	-저산소 및 과밀 사육의 스트레스가 발병과 밀접한 관련 -숙주 사망 때 충체도 사망하지만 백점충은 어체 이탈 그 다음날 자충이 생성. -발병과 수온과는 밀접한 관계: 생활사 1회전은 수온에 지배		
차이점	해산 백점충은 1. Cyst내의 생산 자충의 수가 최대 200개로 적다 2. 자충이 생산되기 까지 걸리는 기간이 길다. 3. Cyst내에서 부등 분열하므로 자충의 크기에 대소가 발생 4. 어체에 감염되어 있는 기간이 담수산에 비해 길다.		

3번째 단계는 cyst내의 내부 분열의 결과 tomite가 형성된 다음 tomite가 파열되면서 내부에 들어 있는 감염력이 있는 자충인 theront가 수중으로 방출된다. 방출된 theront는 어류 체표 중의 아미노산 또는 당단백질과 반응하여 다시 숙주에 침입하게 된다.

담수산 백점충의 tomite는 수온이 낮으면 충체의 크기는 대형이지만 충체의 수는 적고, 반대로 수온이 높으면 충체는 소형인 반면 충체의 수는 많아진다.

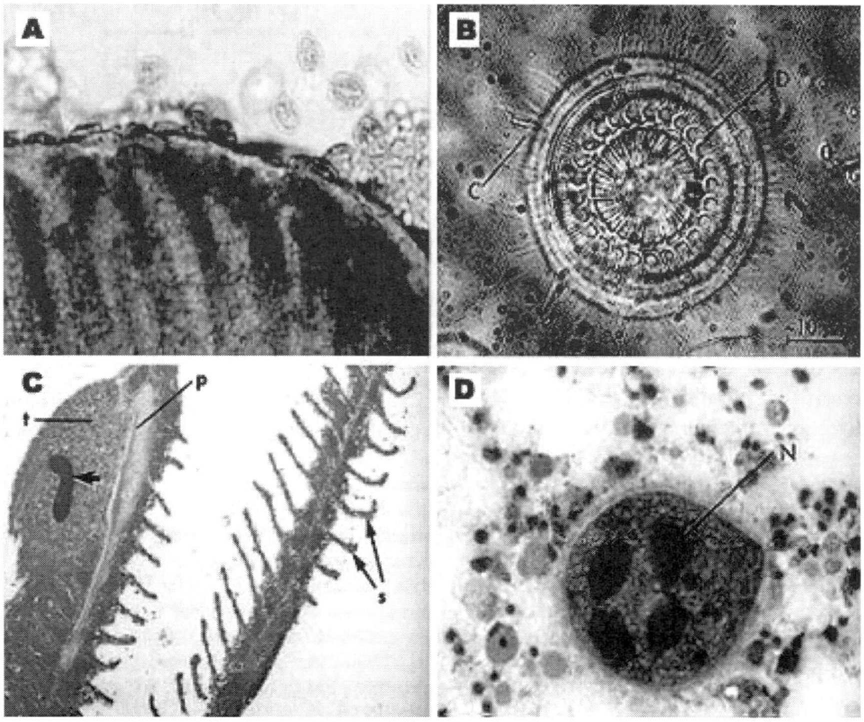

그림 5-53. 원충류 질병. A: 아가미에 감염되고 있는 *Chilodonella*, B: *Trichodina*의 구조, C: 새변의 상피세포 내에 감염된 백점충의 영양체, D; 해산 백점충의 특이한 염주 모양의 핵. B에서 C는 섬모, D는 차상돌기이며, C에서 P는 1차 새변, t는 2차 새변, 화살표는 영양체이며, D에서 N은 4개의 핵이 염주 모양을 하고 있어, 말굽형의 담수산 백점충의 핵과 구별가능하다.

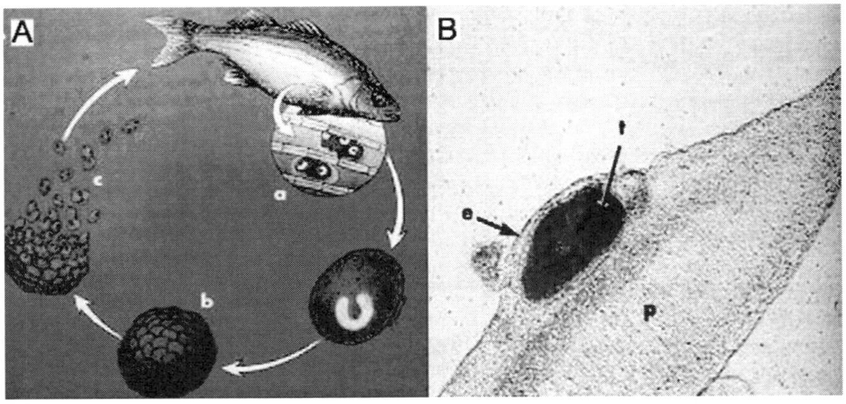

그림 5-54. A: 백점충의 생활사. a: trophont, b: tomont, c: tomite. B: 1차 새변(P)의 상피(e)중의 기생충의 trophont(t).

해산 백점충의 영양체의 숙주 이탈과 cyst형성은 야간인 2-9시에 집중해서 일어난다. 또 여름철의 고수온기 보다 수온이 저하하는 가을 또는 태풍 후에 빈발하는 경향이 있는 것은 해산백점충의 cyst는 저산소 상태에서 발육이 억제되는 반면 산소의 농도가 높은 상태에서 발육이 촉진되어 theront를 방출하기 때문이다. 여름철 수온 약층 아래는 빈 산소상태, 약층의 상부는 산소가 풍부하지만 태풍 때문에 교반되어 저층으로 상층의 산소가 유입되어 고용존산소 상태로 되므로 발육이 촉진되기 때문에 이 시기에 많이 감염되게 된다.

진단은 아가미나 피부의 도말표본을 만들어 검경하면 직경 0.5 ㎜의 구형의 영양형을 확인할 수 있다. 이 때 담수 백점충은 말발굽형의 핵, 해산 백점충은 4연쇄의 원형의 핵을 확인할 필요가 있다.

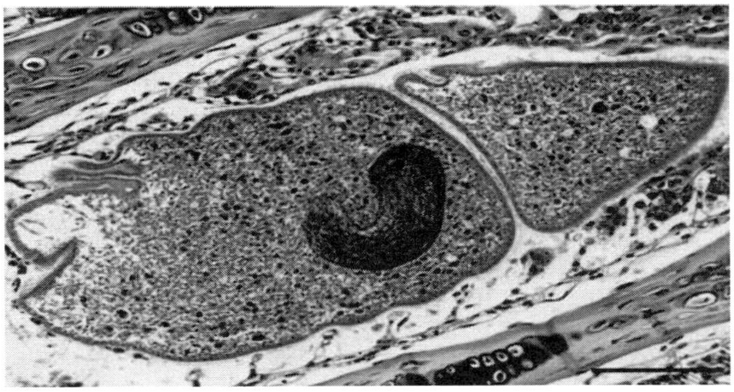

그림 5-55. 아가미에 감염된 담수산 백점충(*Ichthyophthirius multifiliis*)의 영양체. 말굽모양(초승달 모양)의 대핵이 명확하지만, 섬모는 구분하기 곤란함. H&E, 200 ㎛.

대책으로는 포르말린 등으로 약욕시키므로 구제할 수 있지만, 성숙하게 되면 숙주에서 이탈하는 생활사를 이용하여 구제할 수도 있다. 즉 저온성인 담수 백점충의 자충은 수온 25℃이상에서 시스트에서 이탈이 불가능하므로 사육수온을 상승시켜 사육하면서 환수하여 재감염의 기회를 제거한다.

해산 백점충은 어체에서 떨어져 나와 수중에 존재하는 상태인 자유생활기간이 7일 정도로 장기간임으로 환수율을 증가시키거나 시스트나 tomite에서 방출된 theront를 수조에서 제거하기 위하여 수조를 청소하여 준다. 해산 백점충은 50%해수 중에 부화 자충이 사망하므로 해수를 희석하여 일정기간 사육하는 것도 방법이라 할 수 있다. 또한 해산백점충은 야간에 숙주에서 이탈하므로 이탈 후 가두리를 옮기는 것도 한 방법이라 하겠다.

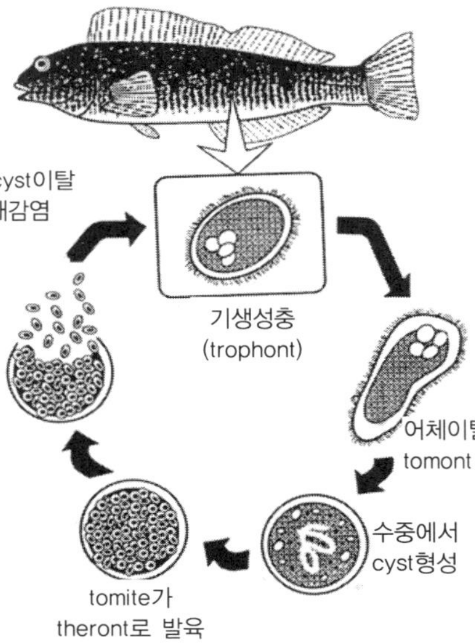

그림 5-56. 해산 백점충의 생활사의 모식도.

2) Scutica

넙치 등의 해산어에 섬모충류인 *Philasterides dicentrarchi(=Miamiensis avidus)* 또는 *Uronema marinum*의 감염에 의한 것으로 충체는 방추형이며, 충체 표면에 섬모가 밀생하고 있다.

충체의 크기는 30-50 x10-20 ㎛으로 중앙부에 크기가 4-40 ㎛인 핵을 가지고 있다. 세포질에는 식포와 수축포가 관찰되며, 꼬리 부분에 1개의 긴 미섬모(caudal cilium)를 가지고 있다.

감염어는 체색이 흑변되며, 지느러미의 출혈 및 체표에 백색 반점이 형성되지만, 시간이 경과되면 근육에 궤양 병소가 형성된다.

감염은 피부를 통하여 침입한 다음 혈관을 통하여 뇌에 도달하게 되므로 감염어가 넙치인 경우

안구돌출이 생긴다. 대책으로 포르말린의 약욕이 유효하지만, 이는 감염초기일 때만 가능하다.

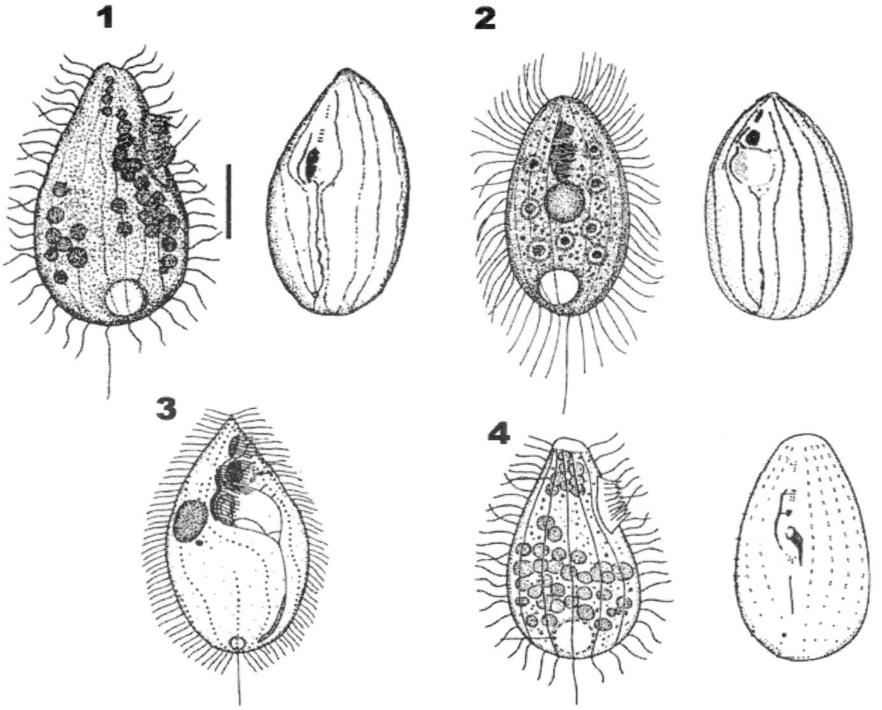

그림 5-57. 해산어에 기생하는 스쿠티카 섬모충. 1: 우리나라 넙치에 기생하는 *Uronema marinum*, 2-3: 스페인 turbot 및 중국 및 우리나라 양식 넙치 기생 *Philasterides dicentrarchi* (=*Miamiensis avidus*), 4: 호주 지역 기생 *Uronema nigricans*.

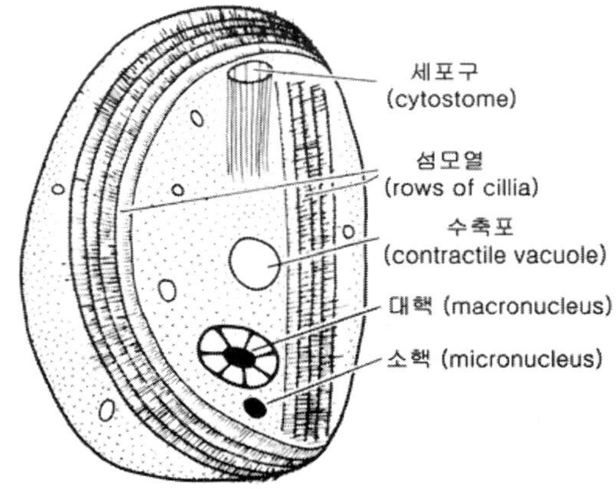

그림 6-58. *Chilodonella*의 모식도.

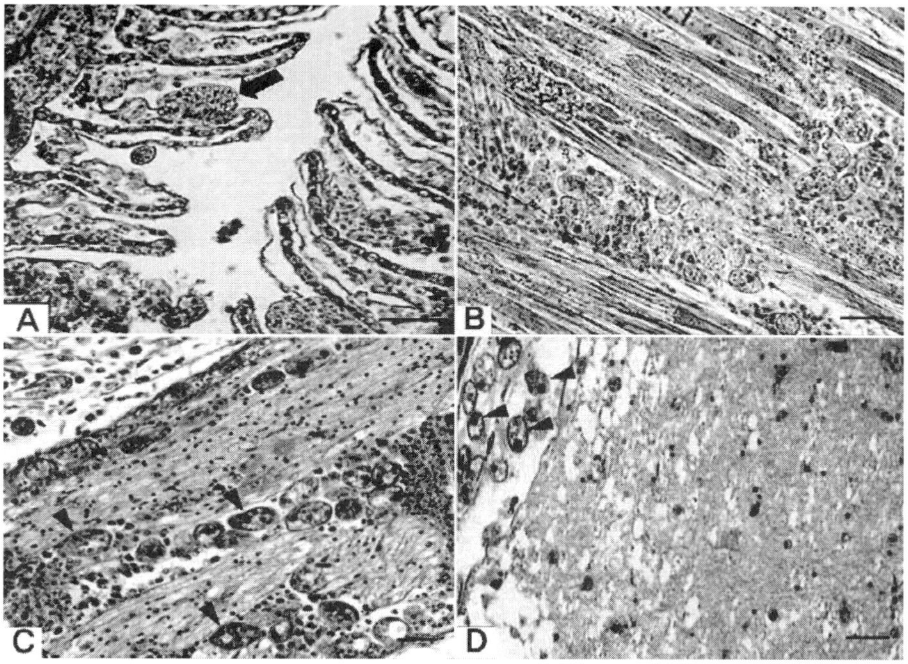

그림 6-59. A: 상피세포의 증생에 의한 2차 새변의 곤봉화(화살표). B: 근섬유 다발 사이에 존재하는 충체에 의한 근육의 변성과 괴사. C: 시엽의 시신경내의 충체(화살표)에 의한 염증세포의 침윤. D: 척수내의 충체. Bar=30 ㎛.

병리조직학적으로는 체표의 궤양부위에는 상피세포가 소실되고, 피하조직 및 근육에 염증반응이 일어난다. 아가미는 새변 상피세포의 증생과 단구의 침윤이 현저하며 상피세포의 증생에 의해 새변이 유착되어 곤봉화된다.

근육사이에 충체가 존재하며 현저한 림프구의 침윤을 동반한 변성과 괴사가 생긴다. 또한 소화관의 점막고유층 내에 현저한 단구의 침윤이 일어나지만 간과 비장에는 변화가 없다. 충체는 복강, 시신경, 뇌 및 척수에 충체의 집합체가 형성되는데 뇌에서는 뇌의 혈관 내 또는 혈관 주변에서 주로 발견된다.

분자생물학적으로는 *Phiasterides dicentrarchi(=Miamiensis avidus)*의 특이 프라이머인 Ma-F(5'-GTA ACT GAT CGA ATC TCT TCA C-3')와 Ma-R(5'-TTC CCG TTC ACG CAA GCG T-3')를 사용하여 95℃ 5분 initial denaturation시킨 다음 40사이클(95℃ 1분; 58℃ 1분; 72℃ 1분)후 72℃ 5분간 final extension시키면 1,433 bp의 밴드가 형성된다.

증상을 나타내는 어류나 증상이 없는 어류 모두 뇌에서의 탐지율이 가장 높고, 이어서 근육, 아가미의 순으로 검출되지만 피부에서의 검출율은 매우 낮다.

7. 아세토스포라문(acetospora)

모든 종이 기생성으로 주로 연체동물(굴) 또는 갑각류(가재) 등의 무척추동물에도 기생한다.

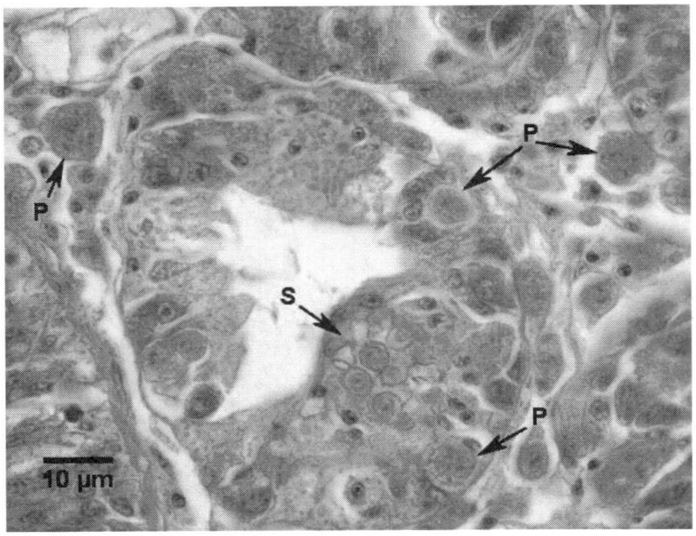

그림 5-60. 버지나아굴의 소화관. 결합조직, 혈동 및 소화관 상피 세포 내의 *H. nesoni*의 다핵 plasmodium((P). 성숙포자의 방출(S)은 관공 상피에서만 일어남. HE.

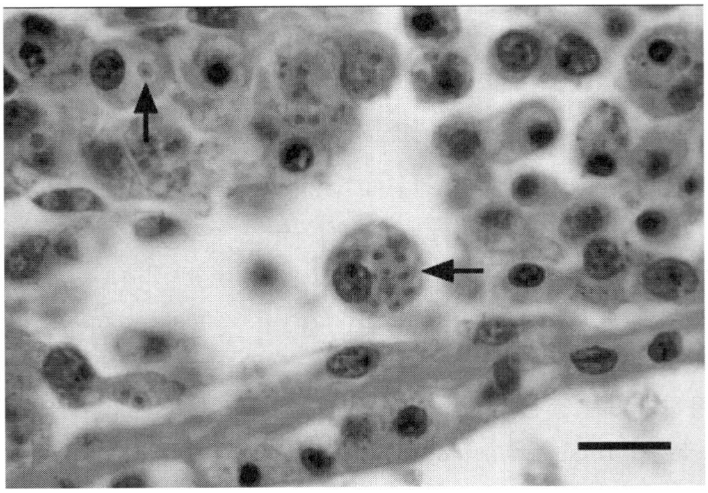

그림 5-61. 굴의 외투막 내의 혈구세포 내의 *Bonamia ostreae* 충체 (화살표).

생활사는 plasmodium기, sporont기, sporoblast기 및 포자기의 4단계로 구분하지만, 감염기작은 아직 불분명하다. 대표적인 종으로는 소화관에 기생하는 *Haplosporidium nelsoni*과 유럽산 넓적굴의 혈구내에 기생하는 *Bonamia ostreae* 등이 여기에 속한다.

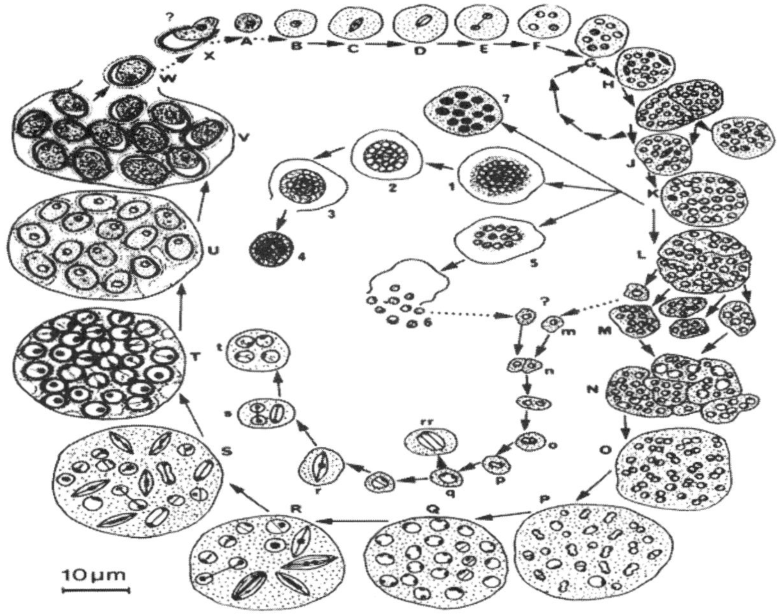

그림 5-62. *H. nelsoni*의 생활사. A-H: 아메바형 포자(amoebula)의 핵 다분열에 의한 다핵 변형체의 형성 과정. I: 변형체의 분열에 의한 소형 변형체(J)의 형성. K: 변형체의 신장. L: 배우체 변형체(M)를 형성하기 위한 대소 부동의 변형체의 분열. N: 배우체 변형체의 집합과 융합. O: 1 쌍의 핵을 가진 protozygote. P: 융합 핵을 가진 protozygote. Q: 비대화된 배수체 핵을 가진 핵융합체(synkaryon). R&S: 1차 및 2차 감수분열. T: 초기 sporont. U: haploid포자를 가진 미숙 sporocyst. V: 성숙 sporocyst와 포자. W: 포자 방출. X:포자 원형질(sporoplasm)분리. 1-4: Cyst형성 과정. 1-세포질의 응집, 2-두꺼운 outer coat의 형성, 3-변형체 막의 붕괴, 4-성숙 cyst. 5-6: 변형체의 핵 방출, 7: 변형체의 사멸. m-t: 비정형 배우자 형성과 감수분열, m: 배우자(gamete), n: 배우자의 융합. o: 1쌍의 핵을 가진 prozygote. p: prozygote의 핵융합. q: 2개의 endosome(소구체)을 가진 핵융합체. rr: 2개의 소구체와 방추체를 가진 유사분열 후기 상. r: 1차 분열(중기), s: 2차 분열, t: 유사분열 완료 후의 4핵 변형체.

6. 아메바성 아가미병(amoebic gill disease)-근족충류

근족충류인 *Amoeba*는 자유유영생활을 하지만 어떤 원인에 의해 어류의 병원체로 작용하게 되었는지는 명확하지 않다. 대개의 경우 *Amoeba*가 감염된 경우에는 세균성 감염도 함께 일어나기 때문에 현재로서는 세균성질병이 1차 원인이고, *Amoeba*의 감염은 2차 감염으로 생각되고 있다.

(1) *Thecamoeba hoffmani*

연어·송어류의 종묘생산장의 치어의 아가미의 새변의 사이에 감염되어 새변의 길이가 짧아지거나 충체가 기생한 부분의 새변의 폭은 비정상적으로 넓어지며, 2차 새변의 기부가 현저히 증생된다. 이 때문에 병어는 호흡에 장애를 일으켜 무기력하게 되어 사망하게 된다.

*Thecamoeba*는 소형의 난원형으로 이동시에도 거의 형태적 변화는 없다. 위족은 유리모양으로 투명하며, 1개의 대형 핵인, 두꺼운 핵막과 외형질에 주름이 있다.

(2) *Paramoeba pemaquidensis*

수온이 15~20℃이상으로 높고, salinity가 35‰의 조건일 때 해수 양식중인 연어·송어류나 담수 양식의 무지개 송어 치어의 아가미에 감염된다. 해수 사육중에 발생하는 것은 담수에서 해수로 옮긴 여름철에 잘 발생하며, 발생하는 원인은 밀식, 망목의 막힘으로 인한 조류소통 불량 및 다른 요인에 의해 아가미가 손상을 입었을 때 잘 발생하는 경향이다.

병어는 새변의 상피세포가 증생되고, 증생된 새변은 유착되거나 곤봉화된다. 또 충체가 2차 새변의 상피세포사이에 세포질성의 돌기를 삽입시키기 때문에 상피세포가 괴사된다. 감염된 아가미는 점액세포의 수는 증가하는 반면 소금세포의 수는 감소하게 된다.

아가미에 감염되어 있는 충체는 세포질 내에 공포가 있으며 세포질은 과립상으로 보인다. 핵주변에 Feugel양성반응을 나타내는 1~2개의 부핵(parasomes)이 있다. 한편 자유 유영하고 있을 때는 50개 이상의 위족을 방출하고 있는데 *Klebsiella*를 먹이로 첨가한 malt-yeast extract agar에 잘 자라지만 기생하고 있는 상태가 배양하였을 때보다 크기가 크다. 병어는 물표면의 구석에 아가미 뚜껑을 열고 힘없이 유영하고 있는데, 이는 혈액 내에 Na농도가 상승하였기 때문으로 생각되고 있다.

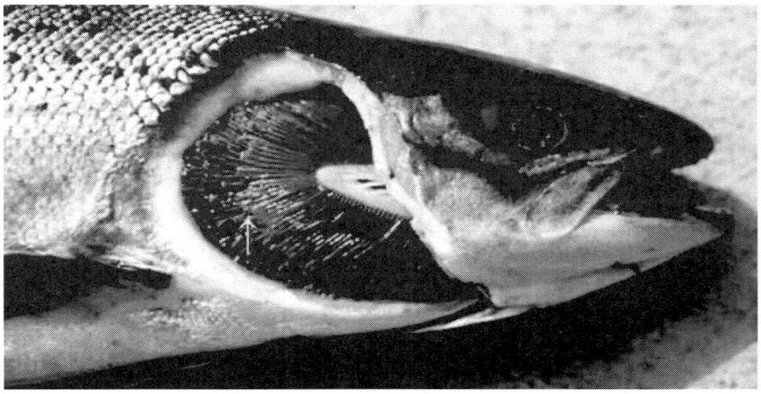

그림 6-63. *Amoeba*감염 송어의 아가미는 끝부분이 두터워지면서 빈혈상을 띰.

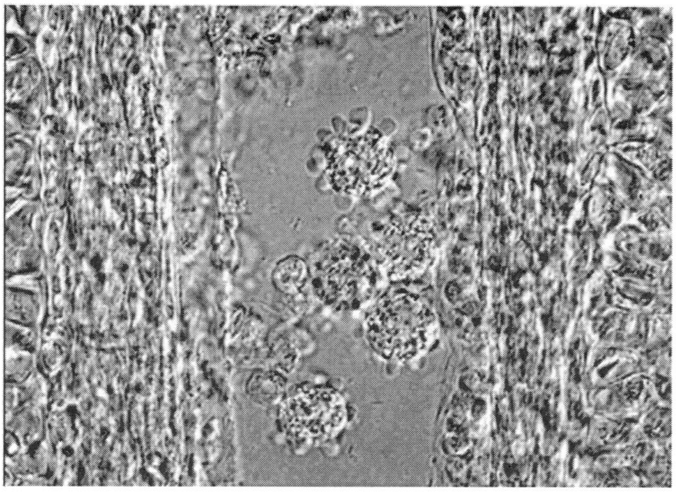

그림 5-64. 아가미의 사이에 감염된 아메바의 충체. 초자질의 투명한 위족과 세포질 내에는 과립상의 물질로 충만되어 있는 것이 특징이다.

무지개송어의 경우에는 2차 새변의 기부에 결절이 형성되는 것이 특징이므로 결절성 아가미병(nodular gill disease)라고도 한다. 아가미의 도말표본을 무염색으로 관찰하면 발가락 모양의 위족을 내고 있는 충체를 관찰할 수 있는데 슬라이드글라스 위에서는 1시간이내에 유리면에 부착하므로 부핵(parasome)을 관찰할 수 있다.

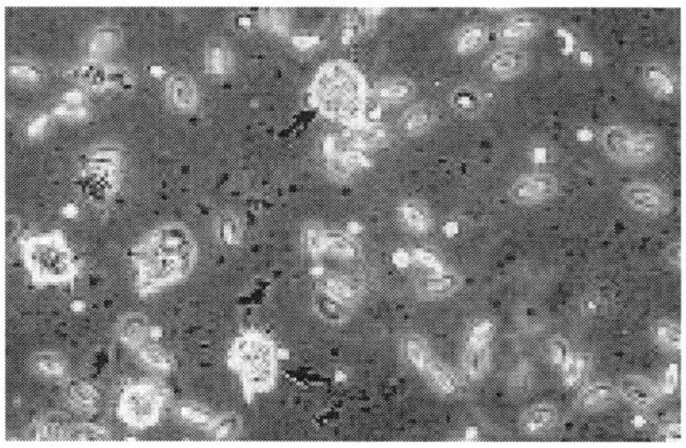

그림 5-65. 대서양연어의 표본. 혈액과 기생충(화살 표). 무염색.

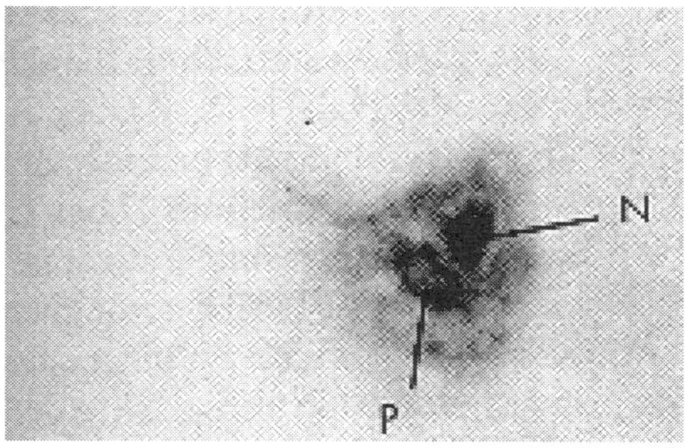

그림 5-66. 충체의 Feulgen염색 N: 핵, P: 부핵(parasome).

부핵의 관찰은 부안액이나 Davidson액과 같은 고정액에 고정하거나 Feulgen염색을 실시하여도 관찰할 수 있다. 고정액에 고정한 경우 바깥부분에 과립상의 원형질을 가진 초자모양의 외형질을 관찰할 수 있다. 해수 사육 중에 발병한 경우 충체은 포르말린에 저항성이 강하기 때문에 병어를 기수역으로 옮기는 것이 최선의 방책으로, 충체도 사멸할 뿐만 아니라 아가미의 손상에서 오는 삼투압 조절의 장애도 해소하는 잇점이 있다. 담수사육중인 무지개송어에 발병한 경우에는 포르말린 약욕이 효과적이다.

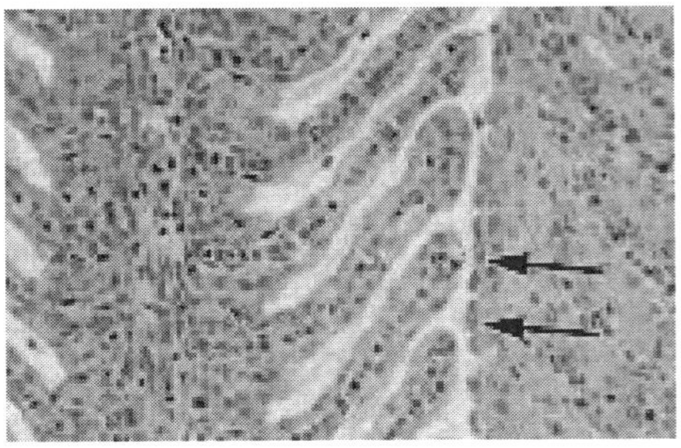

그림 5-67. 무지개 송어의 아가미. 기생충(↑).

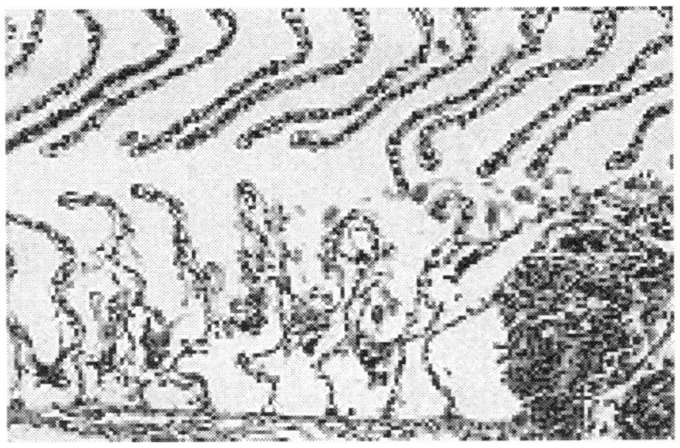

그림 5-68. 대서양 연어의 아가미. 상피세포에 출혈, 괴사 및 박리가 일어남. HE.

(3) 가시아메바(*Acanthoamoeba*)

틸라피아의 소화관의 점막상피나 아가미에 기생하고 있는 것이 확인되었으며, 차넬 메기에서는 아가미의 심한 증생과 육아종이 형성되게 된다.

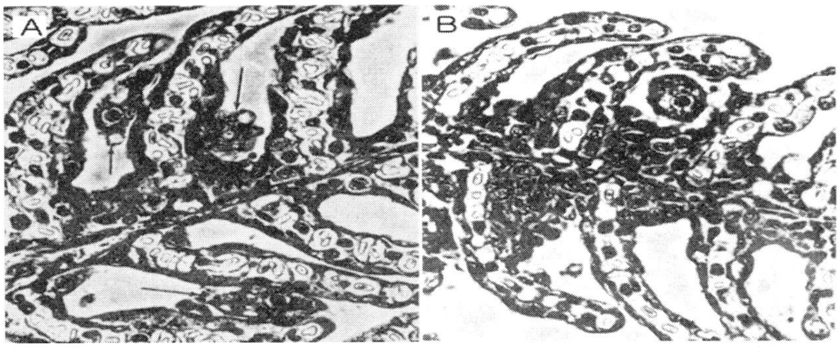

그림 5-69. A: 아메바는 주로 새변과 새변 사이에 기생하고 있으며, 충체가 부착한 부위의 새변은 비정상적으로 두꺼워져 있다. B:해수 양식 송어의 아가미에 기생한 *Paraamoeba*로 가리비의 모양(scalloped appearance)처럼 보인다(핵이 각정 부분으로 생각하면 쉽다). 기생충 때문에 새변은 주름이 잡히고 새변의 기부 쪽에는 현저한 세포증식이 생긴다. 이 때문에 조직표본이 아니라도 외관상 새변은 길이가 짧아지고 폭은 비정상적으로 넓게 보인다. 조직표본이라 할지라도 광학현미경보다는 위상차 현미경으로 관찰하는 것이 더욱 선명한 상을 얻을 수 있다. 해산어에 기생하는 종은 *Paraamoeba* 또는 *Neoparaamoeba*이며, 담수어에 기생하는 종은 *Acanthoamoeba*라고 한다.

발병수온은 24-26℃이며, 수질이 나쁠수록 사망률은 증가한다. 감염어는 심한 복부팽만, 지느러미 기부와 항문 뒷부분의 등쪽과 배쪽에 일반적으로 출혈이 생긴다. 아가미는 새변이 심하게 유착되어 아가미는 수종을 일으키고 있다. 간, 신장과 비장의 색깔과 탄력성에 현저하게 변하게 된다. 때로는 부레의 출혈이 생긴다.

Ⅱ. 다세포 기생충

어류에 기생하는 다세포 기생충은 자포동물인 히드라, 편형동물인 와충(渦蟲), 단생충, 흡충, 조충, 선형동물문의 선충, 구두동물문의 구두충, 연체동물문의 2매패류, 환형동물문의 거머리 및 절지동물문의 갑각류 등 매우 다양한 기생충이 존재한다. 이 중 히드라, 와충 및 2매패류는 일반적으로 자유생활성이고, 선충과 갑각류는 일부의 종류만이 기생성이다. 이러한 종을 제외한 대부분이 어류에 기생하고 있다.

히드라는 해산어의 체표에 기생하는 것으로 알려져 있지만 그 병해성이 명확하지 않으며 대부분이 양식산이 아닌 자연산 어류에만 기생하고 있다. 와충은 자연산 해산어 또는 수족관의 어류에 기생하는 6속이 알려져 있다.

기생충은 생활사가 복잡한 것이 대부분으로 어류에 기생하는 단계는 기생충의 전체 생활사의 중에서 극히 일부에 지나지 않는 기간이라고 할 수 있다. 또 숙주가 되는 어류는 기생충의 종류에 의해 기생하는 어류가 거의 정해져 있고(숙주 특이성), 기생부위, 기생 방식, 기생의 계절성도 일정한 것이 많다. 그러므로 어떤 기생충을 이해하기 위해서는 그 기생충의 생활사 전체를 완전히 이해할 필요가 있다.

어류 기생충에 속하는 기생충 중 인체에 기생하는 기생충도 존재하는데 인간에게만 기생하는 종이라기보다는 인수공통기생충이라 말하는 것이 정확한 표현이다. 이러한 기생충은 어류를 중간숙주로 인간 또는 다른 포유류를 종숙주로 한다. 일부의 선충, 조충, 선충 및 구두충이 이러한 기생충에 속하며 대표적인 것으로는 요코가와흡충, 아니사키스 및 일본해열두조충이 여기에 속한다.

1. 편형동물(platyhelminthes)

와충류, 흡충류 및 촌충류로 구분하며, 흡충류는 다시 단생흡충(monogenea, 단생류), 방패흡충류 및 이생흡충(흡충류, digenea, tremadode)로 구분한다.

1) 단생흡충(monogenea)

자웅동체로 대부분 어류의 외부 기생충(양서류나 파충류의 체내, 절지동물과 포유류의 외부 기생충이다. 체장은 1 ㎜이하의 소형-수 ㎝의 대형에 이르기까지 다양하며, 충체의 뒷부분의 끝에 있는 고착기관의 모양에 따라 단후흡반류(monopostocotlea)와 다후흡반류(poly-opisthocotylea)의 2종류로 구분한다.

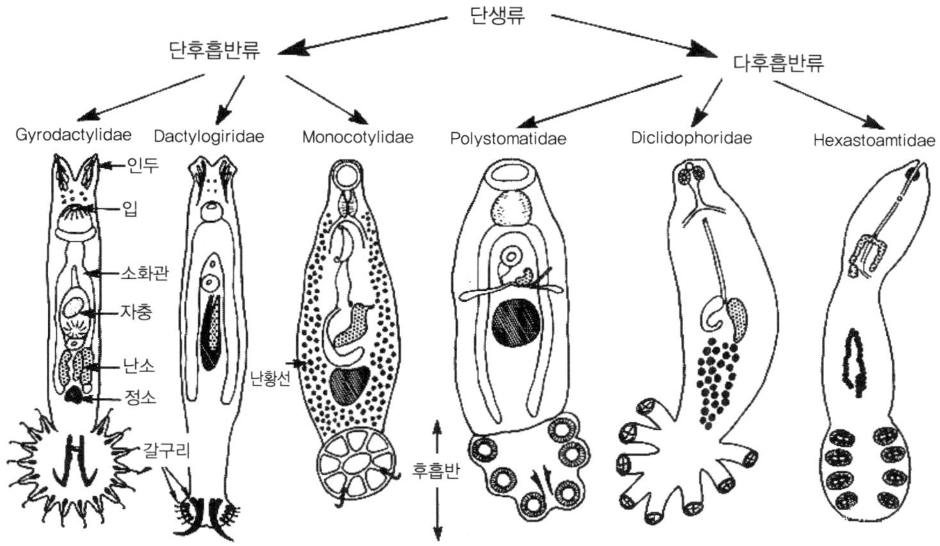

그림 5-70. 단생류의 모식도.

단후흡반류의 고착기관은 흡반의 중앙에 있는 1-2쌍의 갈고리로 흡반의 주변에는 7-8쌍의 주변소구가 있어 이러한 갈고리를 사용하여 어류의 아가미나 체표에 기생하여 표면의 상피세포를 섭취한다. 어류의 해 작용은 기생충의 자극에 의해 점액분비의 과잉과 식해에 의한 조직의 손상 등을 들 수 있다.

다후흡반류는 아가미의 기생충으로 흡반에는 아가미에 부착하기 위하여 많은 파악기가 있다. 파악기의 모양, 수, 배열은 종에 따라 차이가 나며 어류에 기생하여 흡혈하기 때문에 어류는 빈혈이 발생한다.

단후흡반류중 *Gyrodactylus*는 태생이지만, 그 외는 모두가 난생이다. 단후흡반류는 자궁이 작아 난이 만들어지면 곧 산란하여 버리지만, 다후흡반류는 자궁이 커서 1,000개 이상의 난을 가지고 있을 때도 있으며 자궁내의 난은 일시에 산란된다. 산란 후 부화된 유생인 onchomiracidium은

섬모를 가지고 있어 수중을 유영하면서 숙주를 찾게 된다.

단후흡반류에는 *Dactyologyrus, Pseudodactylogyrus, Benedenia, Gyrodactylus* 등이 있으며, 다후흡반류에는 *Bivagina, Heteraxine, Heterobothrium, Microcotyle* 등이 있다.

표 5-2. 단생류의 단후흡반류와 다후흡반류의 비교

	단후흡반류	다후흡반류
기생 부위	아가미와 체표	아가미
고착 기관	흡반(haptor) -중앙에 1-2쌍의 갈고리(hamulus) -갈고리 주변에 7-8쌍의 소형 주변 소구(marginal hooklet)	고착반 -여러 개의 파악기(clamp, 아가미를 붙잡음) -종에 따라 파악기의 모양, 배열, 수에 차이가 있음
먹이	상피 세포	아가미에서 흡혈
안점	*Dactylogyrus*와 *Pseudodactylogyrus*만이 4개의 안점(eye spot)을 가짐	없음
해작용	ㅇ기생 자극 -조직의 증생 -점액분비의 과다 -식해에 의한 조직 손상	ㅇ흡혈에 의한 심한 빈혈
발생	난생(단 *Gyrodactylus*만은 태생, 3대충)	난생
자궁	적다	크다
자궁속의 난	난 생산 후 즉시 산란	일시적으로 1,000개 이상의 난을 저장
부화 유생	*Oncomiracidium*(섬모를 가지고 유영, 어류에 감염함)	

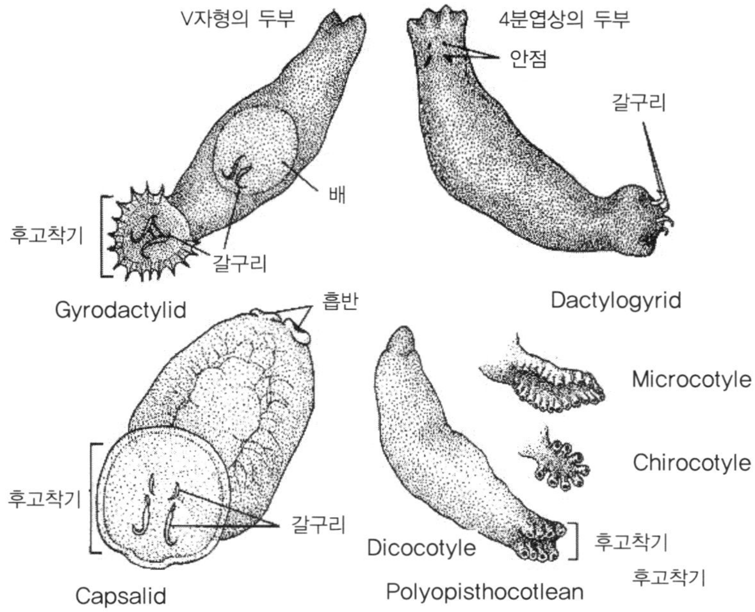

그림 5-71. 어류 기생 단생류 모식도. 후흡반류는 고착기와 갈고리가 결여되어 있다.

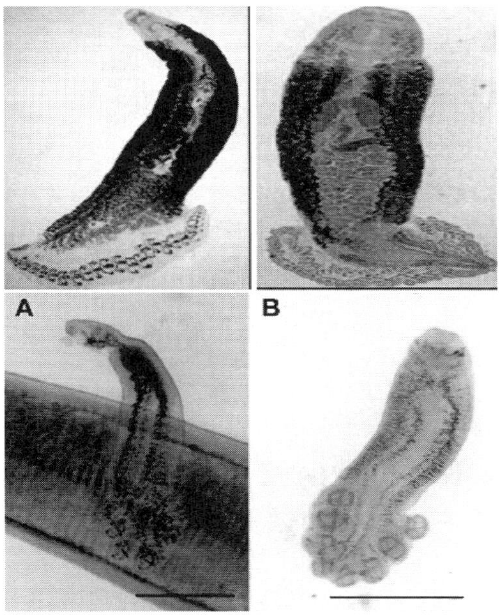

그림 5-72. 다후흡반류. 상(좌): *Heteraxine*, 상(우): *Microcotyle*. *Heterobothrium*의 무염색표본(하-A)과 carmine염색 표본(하-B).

(1) 단후반류(monopostocotlea)

가. *Benedenia*(방어의 피부 흡충)

가두리로 사육중인 방어 양식장에서 빈발하며, 원인 기생충은 *Benedenia seriolae*이다. 기생충은 체장이 1 ㎝정도인 편평한 작은 도장 모양으로, 충체의 뒷부분에 고착반과 충체의 앞쪽에 1쌍의 흡반을 사용에 어류의 체표에 부착한다.

숙주의 상피세포를 먹이로 취하며, 산란한 난은 필라멘트를 사용하여 가두리의 그물망에 부착한다. 방어 이외에 잿방어 등에도 감염되는 것으로 알려져 있다.

잿방어에 기생하는 것은 *Neobenedenia girellae*로서 체장이 최대 7 ㎜인 소형으로 가늘고 긴 형태를 하고 있다. *Benedenia*와의 차이점은 질을 가지고 있지 않다는 점이다. 이 충은 숙주의 특이성이 낮기 때문에 잿방어이외에 다른 어종에도 감염될 가능성이 높다고 할 수 있다.

*Benedenia*속의 동정은 후단부 고착반의 격벽(septa)의 유무로서 분류하는데, 격벽 있으면 *Megalobenenenida*, 격벽이 없으면 *Benedenida* 또는 *Neobenedenia*에 속한다. 격벽이 없는 종은 다시 질이 있는 것은 *Benedenia*, 질이 없으면 *Neobenedenia*로 분류한다.

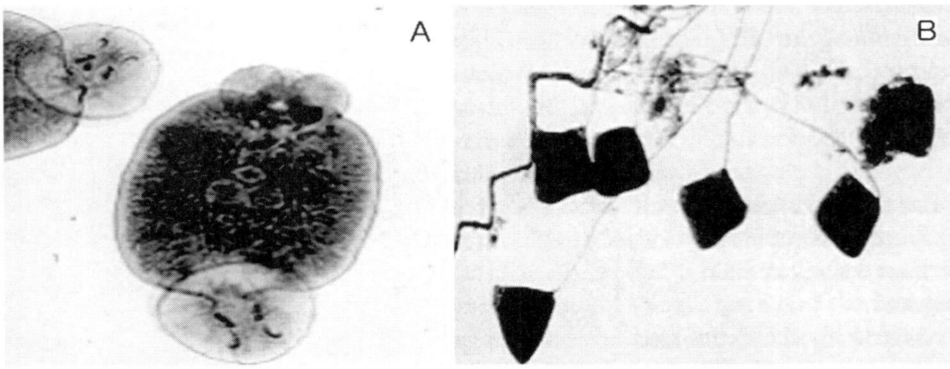

그림 5-73. A: *Benedenia*충(무염색). B: 1개의 기다란 필라멘트를 가진 사면체의 난.

감염 방어는 부착기의 기생 자극에 의해 점액분비가 과다하여 기생부위가 희게 보인다. 이러한 체표 환부는 시간이 경과되면 출혈이 생기며, 감염된 어류는 망목에 몸을 문지르므로 증상은 더욱 악화된다. 많이 기생하면 어류가 쇠약하게 되는 것은 해수의 침투에 의한 삼투압 장애 때문이다.

어체에 감염된 상태에서 충체는 투명하기 때문에 육안적으로 식별하기 곤란하지만 충체가 대형임으로 자세히 관찰하면 육안 확인도 가능하다

질병을 예방할 수 있는 방법은 없지만 산란된 난이 망목에 부착되므로 정기적으로 망갈이를 함으로써 난의 밀도를 저하시켜 감염을 방지할 수 있다. 치료 방법으로선 담수욕이나 과산화수소수에 약욕하거나 구충제인 praziquantel을 경구 투여하는 것이 효과적이다.

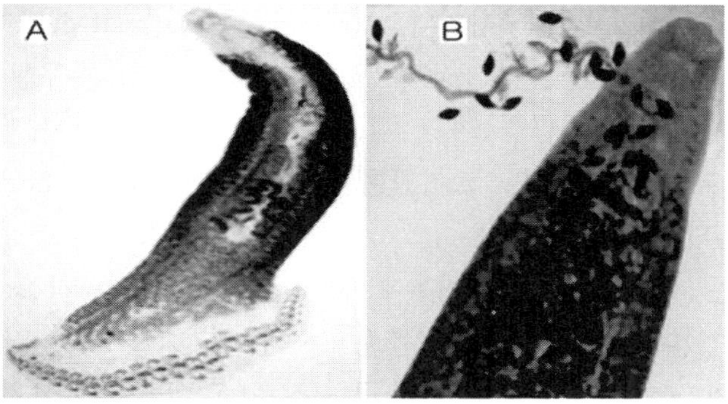

그림 5-74. A: *Heteraxine*충체. B: 아가미에 부착한 양 끝에 필라멘트를 가진 방추형의 난.

나. 담수의 아가미 흡충과 피부 흡충

아가미에 기생하는 경우와 피부에 각각 기생하는 경우 아가미 흡충 또는 피부 흡충이라 부르지만, 분류학적인 명칭으로는 올바른 명칭은 아니다.

A. 아가미 흡충

단후흡반류인 *Dactylogyrus vastator*가 온수성어류 특히 잉어류의 아가미에 기생하므로 생긴다. 아가미에 기생하고 있는 성충에서 배란된 난은 숙주의 호흡수류를 따라 어체 밖으로 나와 양어지의 밑바닥에서 부화한다.

*Dactylogyrus*는 충체의 앞쪽 끝부분에 4개의 돌기 모양으로 된 4분엽상의 전흡착기가 있고, 각 흡착기에는 1개의 유두돌기(head organ)이 있다. 몸의 앞쪽 부분의 등쪽에 2쌍의 안점(eye spots)이 있고, 충체의 뒤쪽 끝 부분에 고착반이 있다. 고착반의 중앙에 1쌍의 갈고리(anchor)와 갈고리를 서로 연결하여 보강하는 1개의 지지봉(bar), 고착반의 바깥쪽에 7쌍의 주변소구(marginal hooks)가 있다. 이 주변소구는 충체가 성장함에 따라 동시에 성장하여 점차 대형화된다.

충체는 입, 인두, 식도를 거친 다음 소화관이 좌우 2가닥으로 나뉘어져 고착반의 앞에서 다시 합쳐지지만 항문은 없다. 충체의 중앙 부분의 배쪽에 난소가 있고 그 아래에 정소가 난소에 중복되는 것처럼 존재한다. 정소에서는 1개의 수정관(vas deferens)이 뻗어 나와 충체의 앞쪽으로 뻗어 나온 다음 확장되면서 저정낭(seminal vesicle)을 형성한다. 저장낭에서는 1개의 관이 뻗어

나와 큐티클화된 관모양의 교접기(cirrus)와 연결되어 있다. 교접기는 활모양으로 그 기부에는 지지편(accessory piece)이 부착되어 있다. 또 교접기에는 2개의 전립소포(prostatic vesicle)가 열려있다. 전립소포 중 1개는 과립상의 분비물, 다른 1개는 투명한 분비물로 채워져 있다.

난소에서 뻗어 나온 수란관(oviduct)은 부풀어 올라 수정낭(seminal receptacle)을 형성하여 앞쪽에 위치한 자궁(uterus)과 연결되어 있다. 수정낭에서는 vaginal duct가 뻗어 나와 있다. 수정낭과 자궁의 사이에는 난형성포(ootype)에 해당 부분의 존재 유무는 불확실하다. 난황선(vitellaria)은 잘 발달되어 소화관을 거의 덮고 있는 형태이다. 충체의 후방에는 시멘트선(cement gland)과 고착반이 있다. 고착반에는 1쌍의 갈고리(anchor)와 7쌍의 주변소구(marginal hook)가 있다.

고착반의 갈고리는 잘 발달되어 기부에 배측돌기(dorsal process)와 복측돌기(vental process)가 분지되어 있다. 갈고리의 끝 부분은 등쪽을 향하고 있고, 2개의 갈고리는 지지봉(bar)에 의해 연결되어 지탱되고 있다. 주변소구는 같은 모양과 같은 크기로 기부에 잘 발달된 병(handle)을 가지고 있다. 부화된 난은 계란형이다.

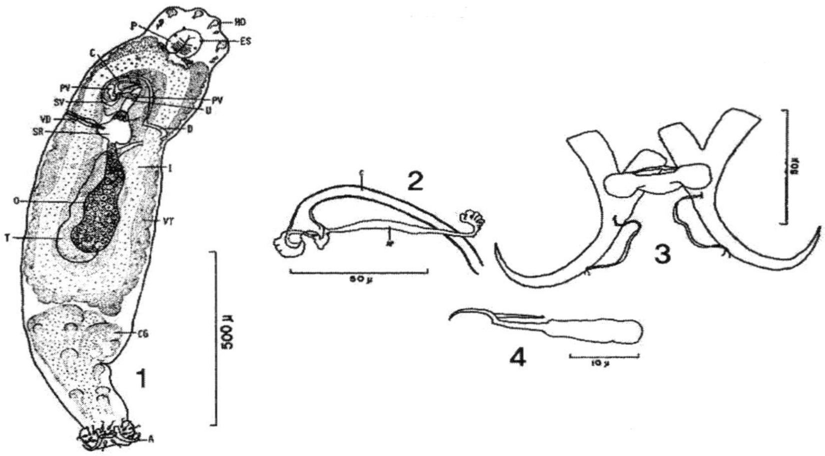

그림 5-75. *Dactylogyrus extensus.*
1: 충체. A: 갈고리(anchor), C: 교접기(cirrus), CG: 세멘트선(cement gland), D: 수정관(vas deferens), ES: 안점(eye spot), HO: head organ, I: 소화관(intestine), O: 난소(ovary), SR: 수정낭(seminal receptacle), P: 인두(pharynx), PV: 전립소포(prostatic vesicle), T: 정소(testis), U: 자궁(uterus), VD: vaginal duct, SV: 저정낭(seminal vesicle), VT: 난황선(vitellaria).
2: 활모양의 교접기관(copulatory apparatus). AP: 지지편(accessory piece), C: 교접기(cirrus). 3: 갈고리. 4: 주변소구(marginal hook).

부화자충인 oncomiracidium은 충체의 앞쪽, 중앙부 및 후부에 섬모대로 나선운동을 하면서 수중을 유영하여 숙주에 도달하게 되면 섬모는 퇴화된다. 주로 새변의 선단 부근의 새박판 기부 부근에 기생하여 후흡반의 중심구를 상피세포내로 뻗치고 있어, 상피세포의 끝부분에서는 호흡 상피의 현저한 증생이 시작되어 차차 새변의 기부 쪽으로 진행된다. 또 새박판의 비후, 유착, 변형도 일어나고, 증생 상피세포의 압박 때문에 모세혈관이 변형되거나 붕괴되어지고 심한 경우에는 아가미 연골이 변형되는 때도 있다. 또 인접하는 새변의 끝부분이 서로 유착될 때도 있다. 따라서 새변의 끝부분은 점차 퇴색되어져서 갈색 기미를 나타낸다. 한편 점액세포에도 현저한 증생이 생겨 점액이 과잉으로 분비되어지기 때문에 이것이 호흡의 커다란 장애로 된다.

뱀장어의 아가미에 기생하는 *Pseudodactylogyrus*는 *Dactylogyrus*와 비슷한 생활사를 가지고 있다. *Pseudodactylogyrus*에는 현재 *P. bini, P. anguillae, P. microrchis* 등이 알려져 있으며 숙주의 상피 세포나 점액세포 등을 영양원으로 섭취하여 성숙한다.

*Pseudodactylogyrus*는 *Dactylogylus*와 닮아 있지만 고착반이 배쪽으로 향하고 있는 것이 등쪽으로 향하고 있는 *Dactylogylus*와 차이가 나며, 충체가 성장하여도 marginal hooks는 커지지 않는다.

뱀장어에 기생하는 2종인 *P. bini*는 *P. anguillae*에 비해 길이가 길고, 폭은 *P. anguillae*가 넓다. 그러나 고착반에 있는 갈고리(anchor)의 길이는 매우 짧고, cement선이 길다. *P. anguillae*는 정소가 난소보다 크다.

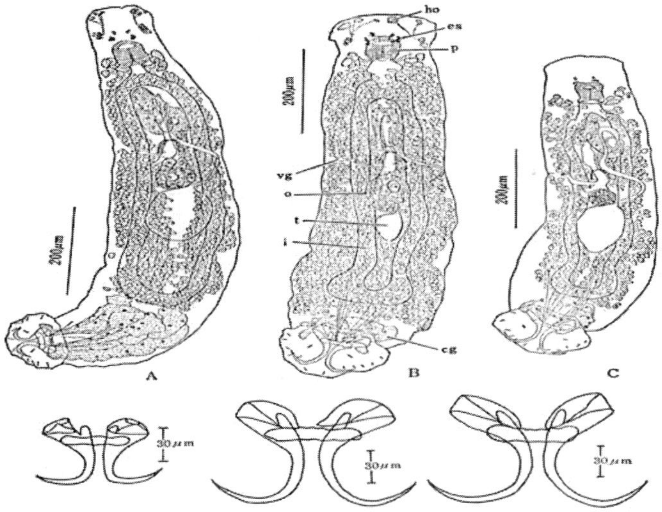

그림 5-76. *P. bini*(A), *P. microrchis*(B), *P. anguillae*(C). 위는 충체, 아래는 갈고리(anchor)와 지지봉(bar). cg(시멘트선, cement gland), es(안점, eye spot), ho(점착선, 두선), i (소화관, intestine), o(난소, ovary), p(인두, pharynx), t(정소, testis), vg(질, vagina).

기생 부위에는 염증과 상피 세포의 증생, 점액세포의 증생이 현저하고, 새박판의 비후, 변형, 유착 등이 생겨 새변의 곤봉화된 것을 쉽게 볼 수 있다. 이러한 병변은 기생충의 흡구 부착, 식해 또는 기생충의 이동할 때 기생충에 의한 접촉 자극에 대한 숙주반응으로 생각되어지고 있다. 물론 점액세포가 증생되어짐으로 아가미의 점액분비도 현저하게 된다.

뱀장어의 경우는 수온 28-30℃에서 빈발하므로 수온을 35℃로 하여 5일간 사육하면 충체가 탈락되면서 치유될 뿐만 아니라 바이러스병인 혈관내피괴사증의 예방에도 도움이 된다.

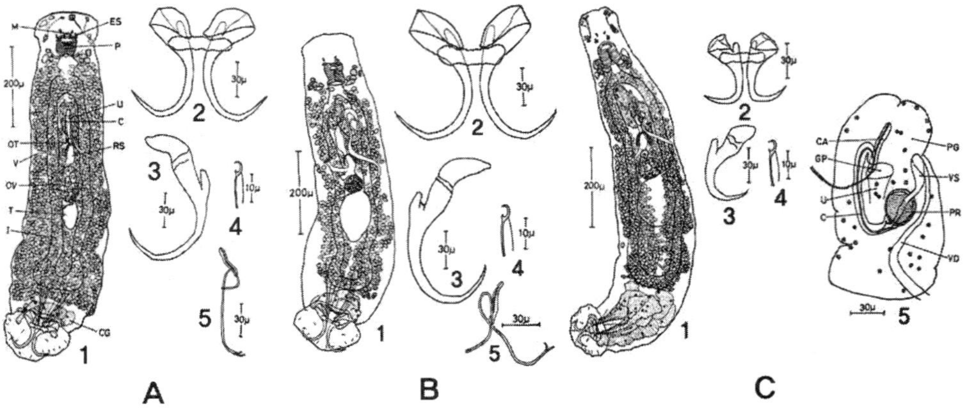

그림 5-77. *P. microrchis*(A), *P. anguillae*(B) 및 *P. bini*(C). 1: 충체(ventral view). 2: 후고착반의 갈고리(anchor)와 지지봉(bar). 3: 갈고리. 4: 주변소구(marginal hook). 5: 교접기관(copulatory organ).
C: 교접기(cirrus), CG:시멘트선(cement gland), ES: 안점(eye spot), I: 소화관(intestine), M: 입(mouth), OT: 난형성포(ootype), OV: 난소(ovary), P: 인두(pharynx), RS: 수정낭(seminal receptacle), T: 정소(testis), U: 자궁(uterus), V: 질(vagina)
*P. bini*의 생식기. C: 교접기(cirrus), CA: 부속지지편(accessory piece), GP: 수정낭(seminal reservoir), GP: 생식공(genital pore), PG: 전립선(prostate gland), G: 전립소포(prostatic reservoir), U: 자궁(uterus), VD: 수정관(vas deferens), VS: vesiculas eminalis.

B. 피부 흡충

*Gyrodactylogyrus*는 대부분이 담수어 기생이며, 담수어 중에서도 대부분이 온수성 어류이다.

주 감염부위는 피부나 지느러미이지만, 오직 아가미에 기생하는 종도 있다. 이 종의 최대의 특징은 난태생으로 성충의 자궁 내에 있는 자충의 자궁 내에 다시 손자충이 들어있어 3대충(三代蟲)이라고도 한다.

후고착반과 부소구로서 피부나 아가미에 고착하여 상피세포 등을 영양분으로 섭취한다. 기생충의 흡착과 식해 때문에 상피세포가 손상을 받게 되고 점액세포의 증생에 의해 다량의 점액이 분비된다. 기생체가 극단으로 많을 때는 상피세포가 괴사 박리되어 점액과 함께 섞여 체표에 백운상으로 나타난다.

이 기생충의 번식 특성상 자궁에서 빠져 나온 자충은 유영능력이 없기 때문에 물에 떠있는 동안에 바로 숙주를 구하게 되므로 어류와의 접촉 기회가 감염에 중요하다. 따라서 고밀도 사육의 경우에는 이 기생충의 전파가 쉽게 일어난다고 할 수 있다.

(2) 다후흡반류(poly-opisthocotylea)

가. *Heterobothrium*(복어의 아가미 흡충)

종묘생산장에서도 빈발하는 복어류의 대표적 질병으로 자주복 및 황복 등에 발생하고 있다.

원인 기생충은 흡혈기생충인 *Heterobothrium okamotoi*로 미성숙 단계에서 파악기를 사용하여 새변에 기생한다. 성숙하면서 새변을 떠나 새강 벽에 기생하면서 성숙하여 교미하여 산란하게 된다.

충체는 가늘고 긴 방추형으로 몸의 본체와 후단의 고착반 사이를 연결하는 협부(isthmus)가 있고, 충체의 뒷부분에 있는 고착반에 4쌍의 파악기를 가지고 있다. 성충은 체장이 2 ㎝이상으로 충체의 뒷부분을 새강벽 내에 삽입한 형태로 기생하면서 교미 후 산란하는데, 산란된 난은 1,000개 이상이 필라멘트에 의해 염주상으로 연결되어 있다.

최근에 넙치에 *Heterobothrium*과 다른 종인 *Neoheterobothrium hirame*가 감염되고 있다. 넙치에서의 충체의 기생 생태는 *Heterobothrium*과 동일하다. 형태학적 차이는 *N. hiramae*는 충체의 뒷부분에 있는 고착반 주변이 8개로 나뉘어져 있고, 그 끝에 파악기가 1개씩 있다. 또한 알의 양 끝에 긴 돌기가 있어 *Heterobothrium*의 난처럼 염주 모양으로 연결되지 않는 것이 큰 차이점이다.

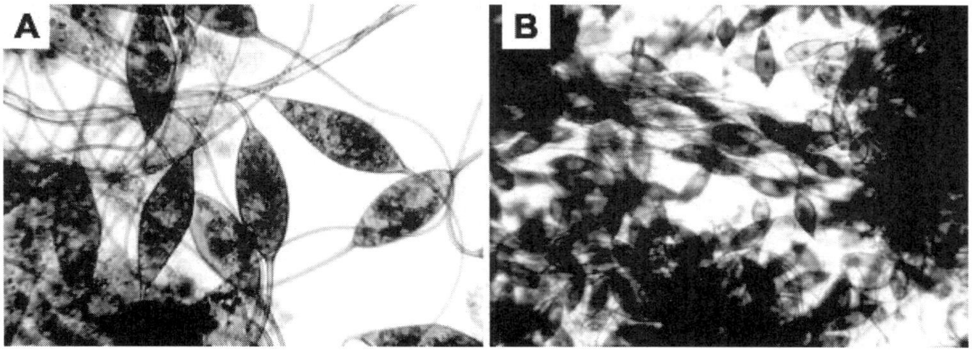

그림 5-78. *Heterobothrium*의 난.

이러한 아가미 흡충의 기생은 충체가 혈액을 먹이로 섭취하기 때문에 흡혈에 의한 빈혈이 생기고, 기생을 위해 충체의 후반부를 조직 내로 삽입하므로 그 주변은 심한 염증 유발한다. 이 때문에 충체의 삽입 부위를 통하여 해수가 침입하기 때문에 기생 부위는 괴사되어 부식된다.

어류가 여위고 심한 빈혈을 나타낸다고 하여 이 병으로 단정할 수는 없기 때문에 병어를 해부하여 새강 벽의 충체를 확인할 필요가 있다. 대개 충체는 한 곳에 방 모양으로 모여 있으며, 숙주 특이성이 강하기 때문에 동일 어종에는 거의 같은 기생충이 기생하고 있다.

새변에 기생하고 있는 유충 또는 새강으로 이동하여 새강 벽에 기생하고 있는 성체는 약제나 삼투압에 저항성이 강하며, 충체의 일부를 숙주에 삽입하므로 충체가 쇠약해도 탈락하는 일은 거의 없어 치료가 곤란하였다. 그러므로 망갈이에 의한 예방에 주력하는 것이 최선의 방법이지만 여의치 않은 경우가 많다.

*Neoheterobothrium hirame*의 치료에는 3%식염첨가한 해수인 농식염수에 60분간 약욕하는 것이 매우 효과적으로, 아가미의 미숙 유생은 완전 구체 가능하며 또한 성충은 일부 탈락하게 된다.

2) 흡충류 (digenea, tremadoda)

충체는 자웅동체로서 진정한 의미의 흡충이다. 단생류에 속하는 담수어의 피부 흡충 *Gyrodactylus*나 아가미흡충 *Dactylogyrus* 또는 복어의 아가미흡충 *Heterobothrium* 등은 편의상 흡충류라 부르는 것으로 중간숙주가 없는 단생류로서 분류학상 흡충류는 아니다.

중간숙주는 2단계로 제 1중간숙주는 권패류(고동류), 제 2중간 숙주는 환형동물로서, 종숙주는 척추동물이며, 어류는 종숙주 또는 중간숙주에 해당된다.

어류에 기생하는 부위는 소화관 등의 관공 내 기생에 기생하는 것이 대부분이지만, 혈관 내에 기생하는 종도 있어 이를 혈관내흡충 또는 주혈흡충이라 부르고 있다.

어류가 중간숙주인 경우 기생한 충체는 거의 대부분이 어류의 조직 또는 기관 내에 피낭에 싸인 metacercaria(피낭유충)로 존재하지만, 피낭이 없는 metacercaria도 있다.

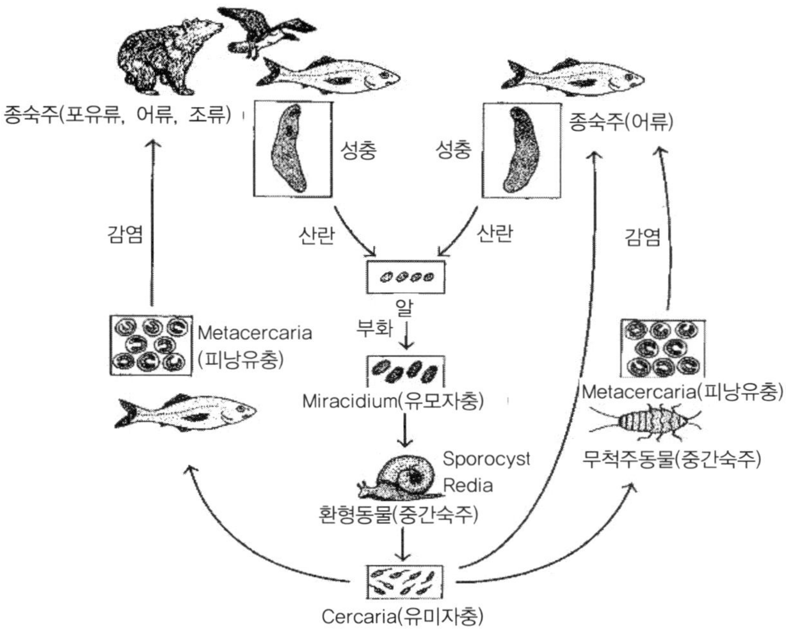

그림 5-79. 흡충류 생활사의 모식도.

충체의 종에 따라 기생부위가 특이적으로 성충의 크기는 체장 1 mm-1 m정도이며, 구흡반과 복흡반의 2개의 흡반을 가지고 있다. 충체의 입 또는 생식기관의 위치가 분류의 기준으로 사용된다.

난은 수중에서 부화되어 섬모를 가지고 운동성이 있는 miracidium(유모자충)으로 된다. 이것이 제 1 중간숙주에 섭취되면 섬모가 탈락하면서 유성 성숙으로 주머니 모양의 sporocyst로 변태하는데, 단성충의 제 1대에 해당된다.

Sporocyst는 소화관, 배출기 및 분비선 등이 없고 영양은 체표를 통하여 흡수한다. Sporocyst는 수정이 일어나지 않음에도 불구하고 체벽의 배세포가 단성생식에 의해 내부에 redia가 생성된다.

Redia는 단성충의 제 2대에 해당되는 단계로서 sporocyst내부에 redia가 충만하게 되면 sporocyst의 체벽이 붕괴되거나 산문을 통하여 제 1중간숙주의 조직 내로 이동한다. Redia는 주머니 모양으로 입, 인두, 장, 원신관 및 산문을 가지고 있다. Redia가 다시 단성생식하여 꼬리가 있어 운동성이 있는 단성충의 제 3대에 해당되는 cercaria가 만들어진다.

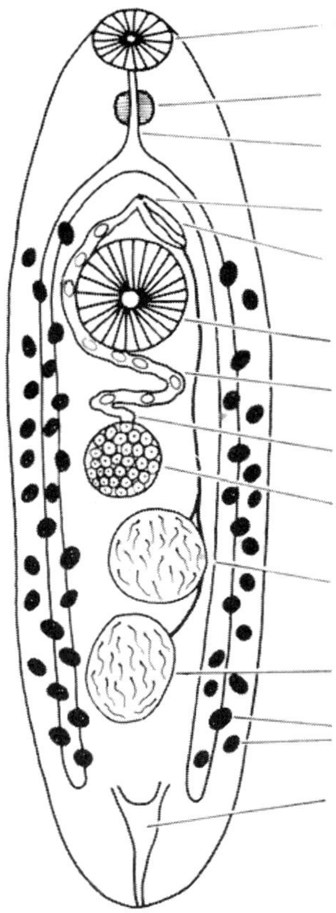

그림 5-80. 흡충의 모식도.

Cercaria(유미유충)는 redia의 체벽을 붕괴하거나 산문을 통하여 제 1 중간숙주에서 방출된다. Cercaria가 제 2중간숙주에 침입하면 꼬리가 탈락하고 조직 내에서 스스로 분비물을 생산하여 피낭을 만들어 피낭 유충(metacercaria)으로 된다. 종숙주가 제 2중간숙주 섭취를 섭취하면 종숙주에서 성장하여 성충으로 되어 다시 산란하게 된다.

Cercaria(유미유충)는 체부와 미부로 구성되어 있으며, 미부를 이용하여 운동하는 생활사 중에서 유영 능력이 있는 최종단계이다. Cercaria는 다음 숙주 내에서 metacercaria로 된다.

어류 기생 흡충의 해작용은 기생 부위에 따라 차이가 난다. 즉 소화관내 기생인 경우에는 해작용이 약하지만, 혈관 내에 기생하는 혈관내흡충인 경우 숙주의 대량 폐사를 유발한다. 또한 metacercaria도 어류의 기생 부위에 따라 해작용에 차이가 있는데, 담수어의 눈의 렌즈에 기생하는 *Diplostomum*(흡충성 백내장)은 실명을 일으키며, 해산어의 뇌 기생하는 *Glactosomum*(흡충성 선회병)은 이상 유영을 유발한다.

(1) 어류에 감염된 피낭유충(metacercaria)의 검사법

① 검사법

가. 근육 압착법

Pepsin과 같은 시약이 필요치 않으며, 바로 감염 부위를 알 수 있는 장점이 있다. 어종별로 구분하여 무게와 크기를 측정한다. 시료의 각 부위별(머리, 아가미, 근육, 지느러미, 비늘, 장, 기타 내장 기관)을 소량 절취하여 감염 피낭유충의 밀도를 정량화하기 위하여 무게를 측정한다. 각 부위를 2개의 슬라이드 글라스사이에 시료를 넣고 2-3회 눌린 다음 해부현미경으로 관찰하여 피낭유충의 종류를 기록한다. 피낭 유충의 개수를 계수하여 시료의 무게를 단위로 하여 감염 밀도를 산출한다.

나. 인공위액 소화법(pepsin-HCl digestion technique)

많은 시료를 처리할 때, 피낭유충을 분리하여 동정을 할 때 또는 실험 감염을 할 때 사용하는 방법이다.

시료어를 근육 압착법과 마찬가지로 어종별로 구분하여 무게와 크기를 측정한다. 시료의 각 부위별(머리, 아가미, 근육, 지느러미, 비늘, 장, 기타 내장기관)을 소량 절취하여 감염 피낭유충의 밀도를 정량화하기 위하여 무게를 측정한다. 때로는 어류 전체를 대상으로 실시할 수도 있다.

각 시료를 유발 등에 넣어 갈아서 인공위액에 소화되기 쉽게 만들어 준다. 이 때 소형의 어류인 경우에는 몇 마리를 pool하여 동시에 갈아도 무방하다.

유발에 간 각 시료를 인공위액(농염산 8 mℓ, pepsin 1:10,0000 6 g, 증류수 1,000 mℓ)이 든 비-커에 옮기고, 잘 혼합한 다음 37℃의 배양기에서 가끔 흔들어 주면서 2시간 배양한다. 지느러미나 비늘처럼 단단한 조직은 배양시간을 더 길게 해 주어야 한다.

소화된 시료는 1x1 ㎜의 mesh에 여과하여 뼈, 비늘, 불소화물과 같은 대형 입자를 제거한 다음 0.85%생리식염수를 첨가하여 잠시 동안 방치한다.

상청액을 조심스럽게 제거하고 침전물에 다시 생리식염수를 첨가하여 혼합한 다음 방치하는 과정을 상청액이 투명하게 될 때까지 반복한다.

최종의 침전물을 생리식염수가 6-7 mℓ들어 있는 샤-레에 소량 옮겨 해부현미경으로 관찰하면서 피낭유충의 종류와 개수를 계수한다.

발견된 피낭 유충은 작은 접시에 따로 옮긴다. 그러므로 흡충의 종류별로는 여러 개의 접시가 필요로 하게 된다. 발견된 피낭유충은 분리한 다음 크기를 계측하고, 70%에탄올을 적하하여 유충을 신장시킨 다음 회전 운동이 정지된 즉시 현미경 사진을 촬영하도록 한다.

생활사를 밝히기 위해서는 고정하지 않은 피낭유충을 실험동물에 대하여 감염실험을 실시하거나 필요할 때까지 냉장고에 넣어 보관한다.

② 종의 동정법

소형 샤-레에 형태가 비슷한 모양을 한 피낭유충을 모은다. 스포이드로 피낭유충을 흡인하여 슬라이드글라스에 옮긴 다음 카버글라스를 덮고, 광학현미경으로 검경하면서 형태적 특징을 관찰한다.

피낭유충의 형태적 특징(피낭의 모양, 흡반의 존재와 크기, 배설낭, excretory bladder의 모양과 내용물 등을 기준)과 크기를 기준으로 동을 동정한다.

피낭유충의 형태적 특징이 불분명할 때는 cyst내부의 내용물을 꺼내는 탈낭(excystation)을 한다. 피낭유충의 피낭 벽이 매우 얇을 때는 카버글라스를 가볍게 눌러줌으로서 쉽게 탈낭시킬 수 있다. 그러나 두터워 잘 탈낭되지 않을 때는 인공소화법을 사용한다. 인공소화법은 여러 가지 방법이 있지만 기본적으로 피낭유충을 trypsin액이나 bile액에 넣어 37℃에 배양하는 방법이다.

③ 담수 기생 피낭유충의 검색 도표

1.a. 갈색 과립이 있다.--------------2
1.b. 갈색 과립이 없다. --------------5
2.a. 피낭 벽은 두껍거나 엷고, 구흡반과 비슷한 크기의 복흡반이 뚜렷-----3
2.b. 피낭 벽은 비교적 얇은 편이고, 복흡반이 중앙보다는 편재되어 있다.
-----------*Metagonimus* spp.
3.a. 피낭 벽이 비교적 얇다--- *Clonorchis sinensis*
3.b. 피낭 벽이 두텁다----------4
4.a. 피낭 외벽의 두께는 30 ㎛이하 ----*Metorchis orientalis*
4.b. 피낭 외벽의 두께는 50 ㎛이상---*M. taiwanensis*
5.a. 구흡반 주위에 spine 존재---6
5.b. 구흡반 주위에 spine없음---9
6.a. 구흡반 주변에 spine이 한줄 또는 2줄로 배열, 배설낭이 X자 모양
------*Centrocestus armatus*
6.b. spine이 1줄 또는 2줄로 배열, 배설낭내의 과립은 배설관내부에 2줄로 배열---7
7.a. collar spine이 등쪽에서 단절 ------ *Echinochasmus* spp.
7.b. Collar spine의 배열이 단절되지 않음 -----------8
8.a. collar spine의 수가 27-----*Echinostoma hortense*
8.b. collar spine의 수가 37-----*Echinostoma cinetorchis*

9.a. 배설낭이 충체 전체에 분포---10

9.b. 배설낭이 충체의 후방에 위치----11

10.a. 두터운 피낭벽과 W자형의 배설낭을 가진 원형 --*Cyathocotyle orientalis*

10.b. 엷은 피낭벽과 8자형태의 배설낭을 가진 타원형---*Holostephanus nipponicus*

11.a. V자형의 배설낭이 충체 후반부의 대부분을 차지---*Matacercaria hasegawai*

11.b. Y자 또는 V자형의 배설낭이 인두쪽으로 뻗어 있다--12

12.a. 배설낭이 Y자형, 1쌍의 안점----*Exorchis oviformis*

12.b. 배설낭이 Y자형 ----*Pseudexorchis major*

④ 담수어 유래 피낭유충의 형태적 특징

가. 간흡충(*Clonorchis sinensis,* 간디스토마)

타원형으로 크기는 0.15-0.17 ×0.13-0.15 ㎜, 거의 비슷한 크기의 구흡반(oral sucker)과 복흡반(ventral sucker), 갈색과립, “O”자형의 배설낭을 가지고 있어, *Metagonimus* spp.와 피낭의 모양은 유사하지만, 복흡반의 크기와 위치를 기준으로 쉽게 식별할 수 있다.

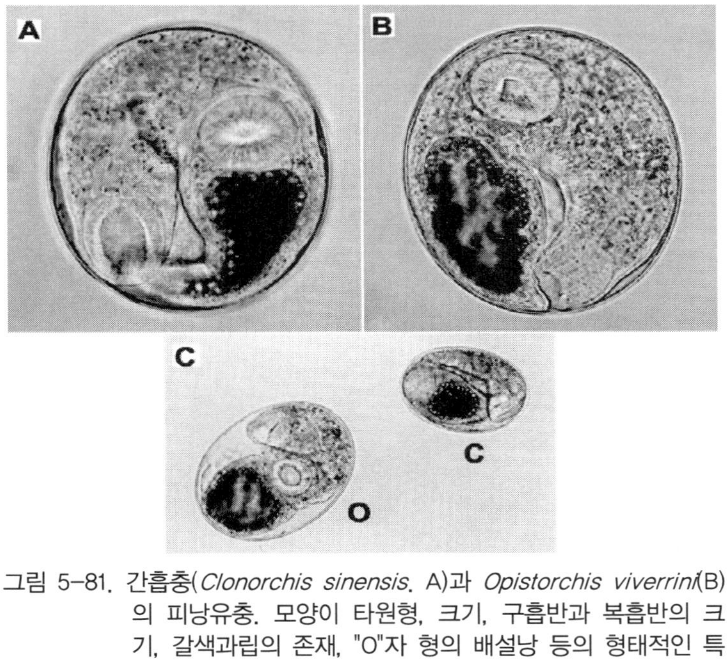

그림 5-81. 간흡충(*Clonorchis sinensis*. A)과 *Opistorchis viverrini*(B)의 피낭유충. 모양이 타원형, 크기, 구흡반과 복흡반의 크기, 갈색과립의 존재, "O"자 형의 배설낭 등의 형태적인 특징에서 비슷하여 구분하기 곤란하다. 그러나 우리나라에는 존재하지 않고 태국, 베트남 등의 민물고기에서만 발견된다. C: 피낭의 크기는 간흡충(C)이 약간 소형임.

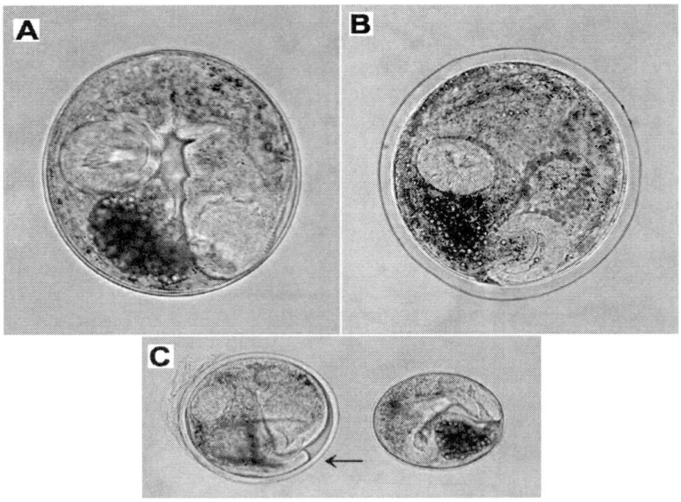

그림 5-82. 간흡충(A)와 *Metorchis orientalis*(B)의 피낭유충. C: 2종은 피낭 벽의 두께를 제외하고는 형태적으로 유사. *Metorchis orientalis*(화살표)는 구형에 가깝고 피낭 벽이 2층으로, 외벽은 간흡층의 피낭 벽에 비해 4배 정도 두텁다. 구흡반과 복흡반의 크기는 거의 유사.

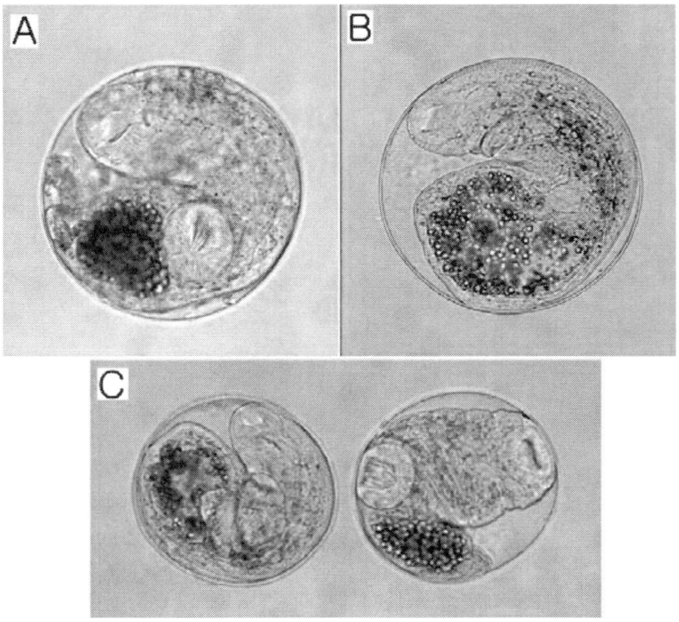

그림 6-83. 간흡충(A)와 *Metagonimus* spp(B)의 피낭유충. C: 크기, 황갈색 과립 등 유사하지만, 복흡반의 배설낭의 크기에서 차이가 있음.

나. *Metagonimus* spp.

대부분의 피낭유충은 지느러미나 비늘에 반구상 또는 원반 모양의 피낭을 형성한다. 피낭의 크기는 0.14 -0.16 ㎜로 황갈색 과립을 가지고 있다. 복흡반은 중심에서 편재되어 있고, "V"자 모양의 배설낭을 가지고 있다. 그러나 형태학적인 기준만으로 종 단위까지 동정하기는 매우 어렵다. 그러나 숙주 특이성이 강하기 때문에 *M. yokogawai*는 은어, *M. miyatai*는 피라미(pale chub, *Zacco platypus*)와 갈겨니(dark chub, *Z. terminckii*), *M. takahashii*는 붕어에서 발견된다.

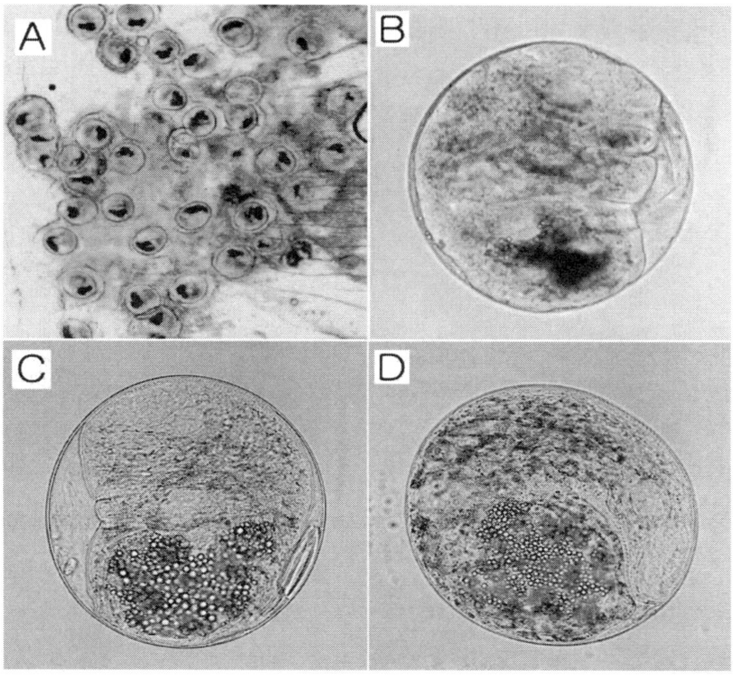

그림 5-84. *Metagonimus* spp. 피낭유충. A: 은어 비늘내의 피낭유충. B: 은어에서 분리된 *M. yokogawai*. C: 피라미의 *M. miyatai*. D: 붕어의 *M. takahashi*. 피낭은 쟁반형으로 황갈색 과립이 있고, 복흡반은 중앙으로부터 편재, V자형의 배설낭이 특징임

(2) 담수어류의 인두흡충 *Clinostomum complanatum*

우리나라산 야생 담수어류 12종인 칼납자루(*Acheilognathus koreensis*), 납지리(*Acheilognathus rhombeus*), 줄납자루(*Acheilognathus yamatsutase*), 금붕어(*Carassius auratus*), 기름종개(*Cobitis sinensis*), 돌마자(*Microphysogobio yaluensis*), 참붕어(*Pseudorasbora parva*), 돌고기(*Pungtungia herzi*), 각시붕어(*Rhodeus uyekii*), 참몰개(*Squalidus chankaensis tsuchigae*), 긴몰개(*Squalidus *gracilis majimae*), 갈겨니(*Zacco temminckii*)에 감염된 *C. complanatum*의 피낭유충을 발견하였다. 그 후 천연 기념물인 어름치, *Hemibarbus mylodon*와 몰개(*Squalidus japonicus coreanus*)에 감염되는 것으로 보고하여, 현재 14종의 야생 담수어에 감염되는 것으로 알려져 있다. 한편 양식 어류에서의 감염 예는 우리나라에서는 금붕어에서만 발견되었을 뿐이며, 일본에서는 양식 미꾸라지 및 대만의 양식 은어에 감염되는 것으로 보고되었다. *C. companatum*이 두부, 가슴 지느러미 및 배지느러미의 기부의 결합조직 내에 피낭유충이 들어 있고, 근육의 표층에 기생한 경우에는 엷은 피막으로 피포된다. 피낭은 내외의 2개의 막으로 구성되어 있지만 피막이 매우 얇기 때문에 시료 채취 과정에 피막이 쉽게 파괴되기 때문에 metacercaria를 pepsin과 같은 효소 처리를 하지 않고도 쉽게 탈낭시킬 수 있다. 감염어에 cyst가 형성된 부위는 노란색으로 띠면서 융기되는 소위 "yellow gulb"의 존재로 육안으로도 쉽게 식별할 수 있다.

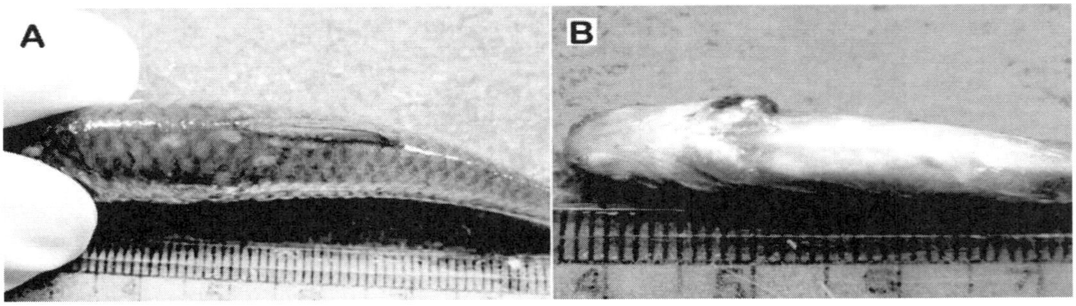

그림 5-85. 참붕어의 근육내의 인두흡충 *Clinostomum complanatum*의 황백색 metacercaria의 cyst.

(3) 양식 이스라엘잉어의 간흡충(*Clonorchis sinensis*, 간디스토마)

자연 상태에서 서식하는 간흡충의 제 2중간숙주인 민물 어류의 간흡충의 metacercaria의 감염상황을 조사한 전(1964)은 붕어, 잉어 및 금붕어는 감염되지 않는 반면 참붕어는 많이 감염된다는 사실에 발견하였다.

제 1중간숙주인 왜우렁(쇠우렁, *Parafossarulus manchouricus*)에서 채집한 cercaria(유미유충)을 여러 종류의 담수산 어류에 인위 감염시키면 잉어, 붕어 및 금붕어에는 유충이 침입하기는 하지만, 어체 표면에 부착하기 전 cercaria가 죽어가는 현상이 발견된다. 그럼으로 유미유충이 침입하지 못하는 어류의 점액에는 간디스토마의 유미유충에 대한 살충력이 있을 것으로 추측된다.

즉 잉어에 감염시켰을 때는 3분까지는 유미유충이 활발한 운동을 하지만, 그 후 미부(꼬리)에 심한 경련이 생기면서 오그라들기 시작하고, 4분경과 후에는 꼬리가 굽어져 "ㄱ"자 모양으로 변형 또는 이중 3중으로 굽어져 미부에 요철이 생긴다. 이러한 유충의 형태 이상은 체부와 미부가 접하는 부분에서 가장 빨리 붕괴되었다.

5분이 경과되면 유충은 운동성을 상실하고, 5분 30초에는 완전히 운동이 정지하며, 평균 6분 18초에 유충은 죽었다. 주요 담수어류에 유미유충을 감염시켰을 때 유충의 변화를 나타내면 표 6-3과 같다.

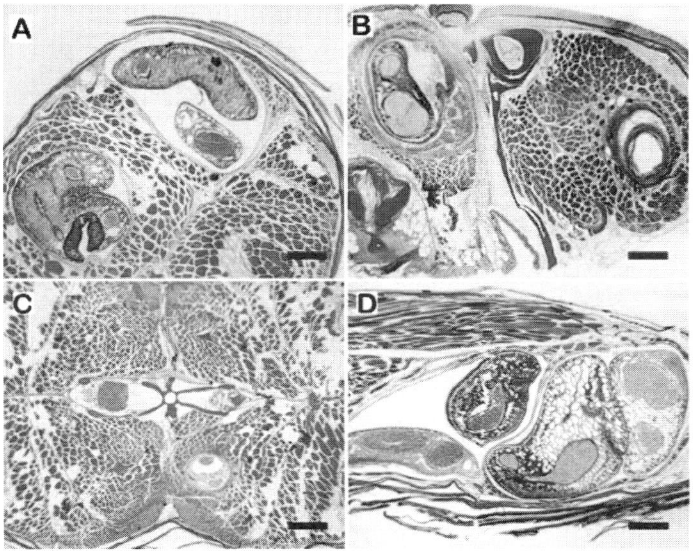

그림 5-86. *Clinostomum complanatum*의 cyst. A: 등쪽 근육. B: 두부. C: 미병부. D: 복강벽. Mallory's trichrome. Bars=200 ㎛.

그림 5-87. *C. complanatum*의 생활사의 모식도.

표 5-3. 담수어류에 인위 감염시킨 간디스토마의 유미유충의 변화

Cercaria	어 종				
	잉어	붕어	금붕어	송사리	뱀장어
미부 경련	3‘07"	3‘36"	2‘08"	2‘01"	3‘12"
미부 붕괴	4‘11'	4‘25"	2‘38"	3‘05"	4‘20"
사망개체 출현	5‘15"	5‘27"	3‘36"	4‘13"	6‘48"
모든 개체 사망	6‘18"	7‘30"	4‘20"	5‘15"	21‘08"

위의 표에 표시한 것처럼 점액의 살충 능력은 금붕어, 송사리, 잉어, 붕어 및 뱀장어의 순으로 높았으며, 미꾸리, 가물치 및 참붕어의 점액은 살균 능력이 없다.

미꾸라지의 점액에는 살균 능력이 없음에도 불구하고 유미유충이 침입하지 못하였는데, 이는 점액이 아닌 다른 인자가 유미유충의 침입을 방지하는 것으로 추정된다. 이것은 어류 점액의 살충능력은 유미유충뿐만 아니라 피낭유충 및 성충에 대하여도 살충능력이 있음을 의미한다.

간디스토마의 제2중간숙주로 널리 알려진 참붕어에 유미유충을 인위감염 시켰을 때, 유충은 미부를 이용하여 전진운동으로 참붕어 체표에 접촉한 다음 구흡반의 자기를 이용하여 미부가 참붕어의 체 표면에 직각, 45° 및 평행으로 부착한다. 그 후 2-3분이 경과되면 미부가 cercaria의 체부에서 분리되고, 체부만이 자기를 이용하여 표피에 침입하여 근육으로 이동하였다. 유충의 체부가 완전히 체표에 침입하는데는 8-13분이 소요되었다.

체부가 침입이 완료되면 숙주 유래의 피막이 형성되고, 충체의 색소과립 때문에 담황색을 띄며, 안점과 구흡반이 관찰 가능하게 된다. 또한 배설낭에는 회백색을 띈 부정형의 배설과립이 관찰 가능하다.

침입 3일후에는 안점과 구흡반이 더욱 명확해 지며, 배설낭내의 배설과립의 수와 크기가 증가되며, 7일후에는 피낭내의 충체는 2중으로 굴곡되고, 인두, 장 및 복흡반의 윤곽이 관찰 가능하며 배설낭내에는 배설과립으로 충만된다.

15일이 경과되면 안점은 관찰 불가능하며, 피낭속의 충체는 2-3중으로 굴곡되어 간헐적 선회운동을 하고 있다. 이처럼 유충의 피낭이 형성된 피낭유충은 어종에 따라 체내에서의 수명이 차이가 나는데, 참붕어인 경우 약 770일 이상 생존 가능하다.

이러한 점액의 살충물질이 표피에 존재하는 곤봉상세포(clevated cells)에 기인하는 것으로 추정하고 조직학적으로 증명을 시도하였다. 즉 담수어류의 표피의 제일 바깥층에는 점액세포가 있고, 그 아래층에 곤봉상세포가 존재하는데, 곤봉상의 세포의 배열 층수와 크기 숫자 등이 간디스토마의 제 2중간숙주가 되는 어종과 아닌 어종 간에 차이가 난다.

어류의 곤봉상세포는 원형, 난원형 또는 장타원형의 세포로 핵은 원형 또는 핵의 함몰에 의해

2개의 핵이 인접해 있는 2개로 보일 경우도 있다. 세포질은 표피의 상피세포에 비해 에오진에 엷게 염색되는 특히 핵 주변은 세포질의 다른 부위에 비해 염색성이 약한 소위 "light halo"가 명확하게 관찰되며, 식물세포의 원형질 분리와 비슷한 현상을 발견할 수 있다. 이러한 곤봉상세포는 간흡충의 피낭유충이 검출되지 않는 미꾸리, 기름종개, 동자개, 메기 및 뱀장어의 표피에서는 표피의 대부분이 곤봉상세포로 구성되어 있는 반면 피낭유충이 거의 검출되지 않는 잉어, 붕어, 금붕어 및 쉬리의 표피에서도 곤봉상세포의 숫자가 많다.

그러나 중간숙주로 알려진 참붕어, 피라미, 줄납자루, 치리 및 몰개 등의 표피에서는 곤봉상세포를 전혀 발견되지 않거나, 곤봉상세포가 존재한다 할지라도 세포의 크기가 작고, 분포 범위도 매우 협소하였다. 이러한 사실로서 점액내의 살충성 물질은 표피에 존재하는 곤봉상세포에 유래한다고 주장하였다.

이스라엘잉어의 표피에도 많은 수의 곤봉상세포가 존재하므로서 간디스토마의 제 2중간숙주로서 부적합하다. 이스라엘잉어의 체표에서의 곤봉상세포는 어체 부위에 따라 표층부에서 수계에 개구되어 있는 부위와 그렇지 않은 부위가 명확히 구분되는데 등과 배쪽의 피부는 외계에 개구되어 있는 반면 머리 쪽은 개구되어 있지 않다.

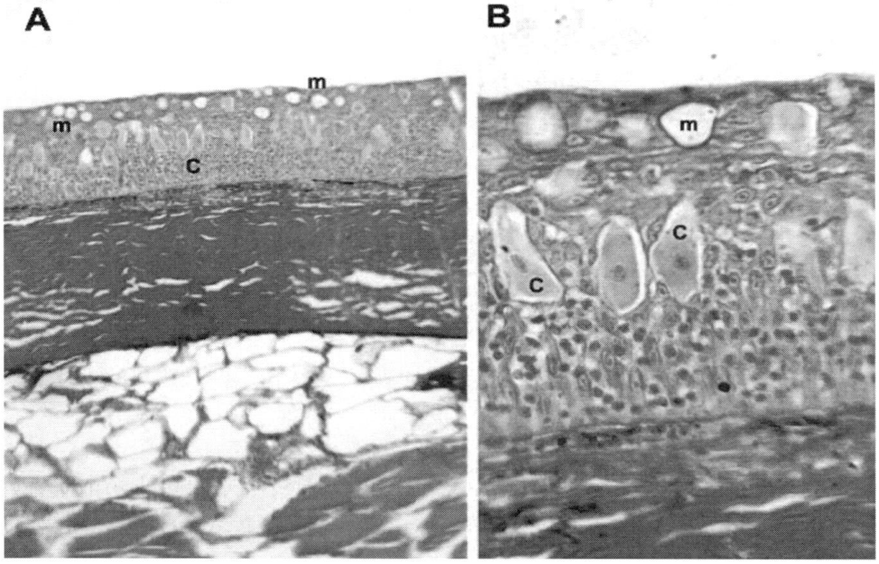

그림 5-88. 이스라엘잉어의 피부. 점액세포(m)와 곤봉상세포(c)의 구분. 표피의 외층에 점액세포가 있고 그 아래에 곤봉상세포가 위치하며, 곤봉상 세포는 전분비의 형태를 지님. HE염색.

담수어류의 점액에서 살충성 물질의 존재는 붕어 점액에서는 살충성 물질의 존재를 확인되지만, 피낭유충이 발견되지 않는 뱀장어, 미꾸리와 피낭유충이 발견되는 피라미에서는 점액속의 살충물질을 발견되지 않는다.

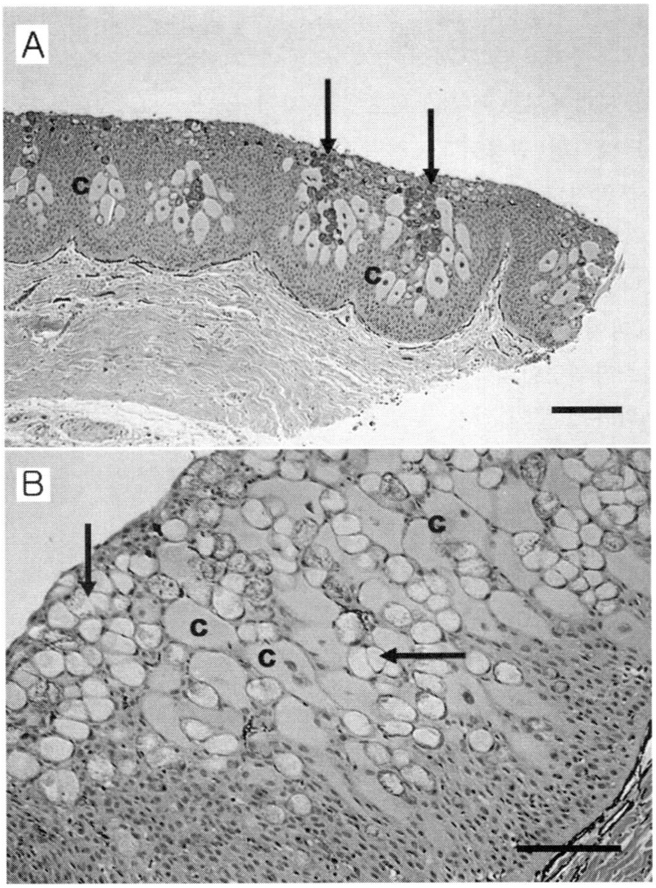

그림 5-89. 메기 표피의 점액세포와 곤봉상 세포. A와 B: 점액세포(화살표)와 곤봉상세포(c). HE염색. Bar= 100 ㎛.

또한 이러한 점액내의 살충성 물질은 제 1중간숙주인 왜우렁에서 유미유충이 방출되는 시기와 출현시기가 일치하고 있다. 즉 왜우렁은 수초가 많고 바닥이 흙인 곳에서 물의 흐름이 느린 곳에 서식하는데, 지역에 따라 차이가 있긴 하지만 2-4월에 물속에 출현하여 6월에 개체수가 최대에 도달하며, 11월에는 월동을 위하여 흙속에 잠입하는데, 유미유충의 검출이 가능한 시기는 5-9월로 가장 많이 검출되는 시기는 6-8월인데 이러한 유미유충은 자연 유출법으로 24시간 방치하여 방출된 유충은 neutral red 1,000배액으로 생체 염색하면 그 형태를 쉽게 식별할 수 있다.

제 1중간숙주인 왜우렁(*Parafossarulus manchouricus*)에서 유미유충이 방출되는 시기와 살충성 물질의 출현이 일치하고 있다. 이스라엘잉어의 경우에는 체표의 살충성 물질의 활성이 계절적 변화가 없다.

간흡충의 유미유충을 이스라엘잉어에 인위 감염시킨 결과 4분후에 유충의 체부가 미부에서 분리되기 시작하여 13분후에는 약 80%가, 15분후에는 100%가 체부에서 분리되고 18분 후에는 체부가 변성되어 경련을 일으켰다. 한편 극소수의 유충이 체내에 침입하여 침입이 일어날 때 체표가 융기되거나 점액이 연기처럼 흘러나왔다.

이스라엘잉어의 체표점액내의 살충성 물질은 불포화지방산의 일종인 linoleic acid로 밝혀졌는데, 같은 잉어류의 살충성 물질은 ethyl linoleate였다. 잉어류에서 이러한 차이가 나는 것은 잉어에서 이스라엘로 잉어로 변이하는 과정에서 전자의 극성이 강하기 때문에 살충성이 높은 linoleic acid로 변이되었다고 생각되고 있다.

(4) 은어(담수어)의 흑점병

비늘 또는 표층의 근육내에 메타세르카리아의 시스트가 형성되고 주변에 멜라닌 색소가 침착되어 작은 검은 점으로 보이기 때문에 "흑점병"이라고도 한다. 담수어에는 3종류의 흡충이 알려져 있다. 즉 잉어, 붕어 및 금붕어에 기생하는 *Metagonimus takahashii*(타카하시흡충)과 붕어에 기생하는 *Posthodiplostomum cuticola*과 산업상 문제가 되는 은어의 *Metagonimus yokokawai*(요코가와흡충)이 있다. 은어에 기생하는 *M. yokokawai*는 잘 알려져 있지만 현재는 *Metagonimus miyatai*(宮田吸虫)도 감염하는 것으로 밝혀졌다. 이 때 근육에 기생하는 것은 요코카와 흡충이 거의 확실하지만 비늘에 기생하고 있는 것은 요코가와흡충인지 미야타흡충인지 형태로는 구분할 수 없다.

그 외의 담수어인 웅어, 갈겨니 및 피라미 등의 담수어에도 기생한 예가 있으며, 제 1중간숙주는 다슬기, 제 2중간숙주는 어류, 종숙주는 사람을 포함한 포유류이다.

피낭유충은 직경 0.15-0.17 ㎜의 원형으로 내부에는 배설과립이 축적되어 있어 작은 흑점으로 보인다.

어류에 감염되는 것은 하천에 서식하고 있는 제 1중간숙주에서 방출된 세르카리아에 섭취에 의한 것으로 봄철 수온이 14℃이상 상승하면 세르카리아의 방출되기 시작하여 수온 25℃에서 가장 활발하게 방출된다. 그러므로 감염 시기는 봄-여름이라 할 수 있다.

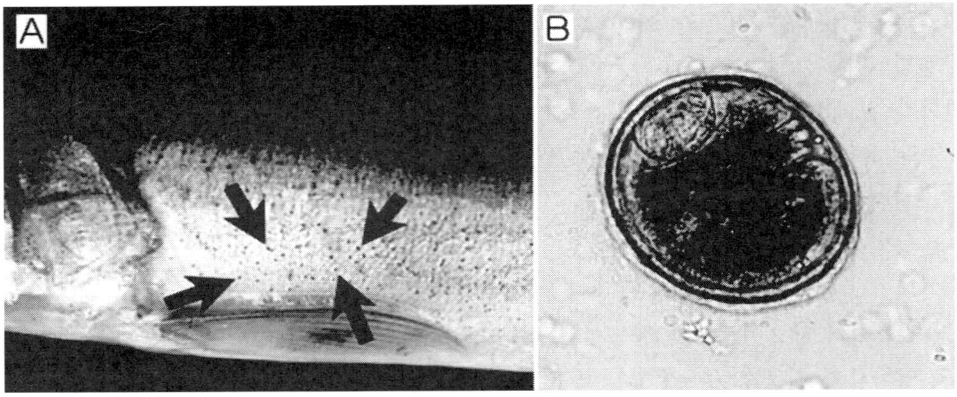

그림 5-90. A: 은어 피부의 소흑점. B: *Metagonimus yokokawai*(요코가와 흡충)의 피낭유충.

중간숙주인 어류에 대한 영향은 적지만, 사람이 섭취하였을 때 식품위생학적으로 의미가 더 크다.

진단은 육안적으로 흑점으로 보이는 부분의 비늘을 현미경으로 검경하여 시스트내의 메타세르카리아를 확인하여야만 한다. 어체 내에서 시스트를 형성하므로 치료할 수 있는 방법은 없다. 그러므로 중간숙주가 차단된 하천수가 아닌 지하수를 사용하여 양식하였을 때 발병은 없다고 할 수 있다.

(5) 자주복의 혈액내 흡충 *Psettarium*

감염어는 쇠약해 이상 유영을 하는 경우도 있지만, 외관상 뚜렷한 증상이 없는 것이 보통이다. 그러나 해부하면 내장기관의 혈관의 종대와 비장에 백색 소형 반점이 형성되며, 때로는 복강에 피가 혼재된 복수가 축적된다. 종대된 내장기관의 혈관 내에는 많은 충체가 관찰되며 7-8월에 걸쳐 발병이 많은 경향이다.

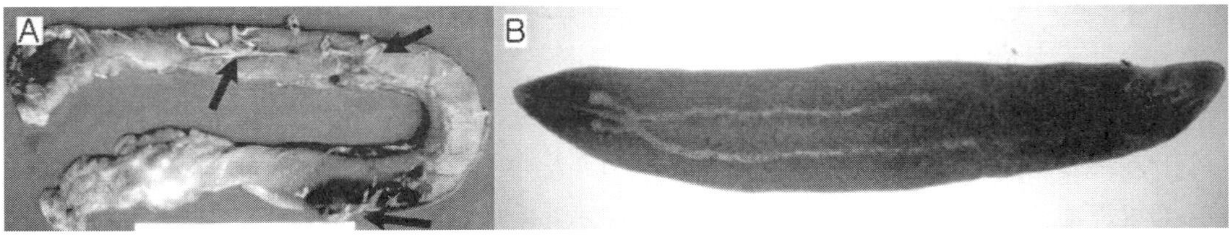

그림 5-91. A: 혈관내 흡충 *Psettarium*이 감염된 내장기관의 혈관은 긴장되어 종대(화살표). B: 내장 혈과내에 기생하고 있는 충체.

내장의 도말표본을 무염색으로 검경하면 간장, 비장, 소화관, 생식소, 심장 및 아가미에서 많은 기생충의 난을 발견할 수 있지만, 개체에 따라서는 소화관, 생식소, 심장 및 아가미에서는 발견되지 않을 때도 있다. 내장기관내의 충체의 난이 조직의 대부분을 차지하는 경우도 있다. 비장의 소형 흰 반점은 기생충의 알의 집합체이다. 각 조직에서 발견되는 난은 타원형으로 크기는 길이 34-69 ㎛, 너비 26-39 ㎛로서 크기와 모양에 차이가 심하였다.

병리학적으로는 내장기관의 혈관에 충체의 난이 축적되어 혈관을 폐쇄함으로 순환장애가 생긴다.

(6) 참치류의 아가미 뚜껑, 새궁 기생 2생목 흡충 *Didymocystis*

Didymozoidae과에 속하는 2생목 흡충인 *Didymosulcus*는 해산어류뿐만 아니라 패류에도 감염된다. 참치(*Thunnus atlanticus*)에서는 *D. philobranchiarca*는 단단한 denticle plate내에 있는 groove내에 형성된 노란 cyst내에 들어있다. 또한 감염 숙주에 따라서는 아가미 뚜껑, 새궁내의 cyst내에 들어 있다.

Cyst에는 2개의 충체가 들어있고, 1개의 얇지만 단단한 투명한 물질로 덮여 있다.

병리조직학적으로 cyst내에 들어있는 *D. philobranchiarca*성충은 bone laminae에 둘러싸여 있다. 적혈구와 난의 덩어리 등이 bone laminae와 충체 사이에서 발견되기도 한다.

Cyst는 bone laminae에 인접하고 있는 고도로 맥관계가 형성된 섬유성 결합조직에 묻혀, 결합조직성의 피막과 적혈구세포에 둘러 싸여있다. 이러한 섬유성 결합조직에는 염증세포의 침윤, 출혈이 특징적이며, 난의 덩어리는 많은 황갈색을 띄고 있는 멜라노마크로파아지와 hemosiderin에 둘러싸여 있다. 충체의 외부에 있는 난은 염색되거나 염색되지 않지만 내부에는 호산성의 물질이 들어 있다.

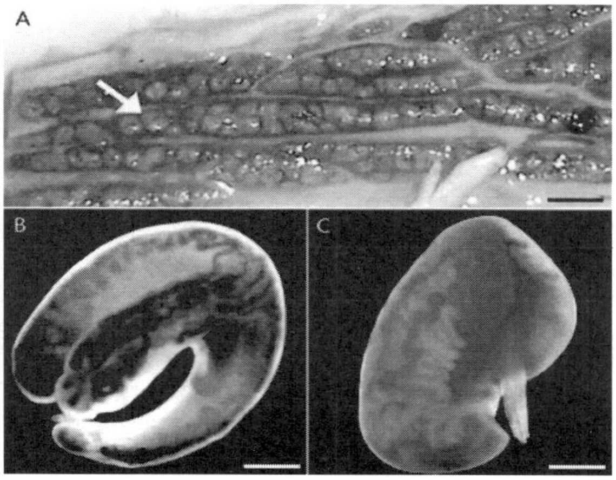

그림 5-92. 참치(*Thunnus atlanticus*)의 denticle plate내의 노란색의 *Didymosulcus philobranchiarca cyst* (A)와 충체(B). C: *Didymosulcus palati.*

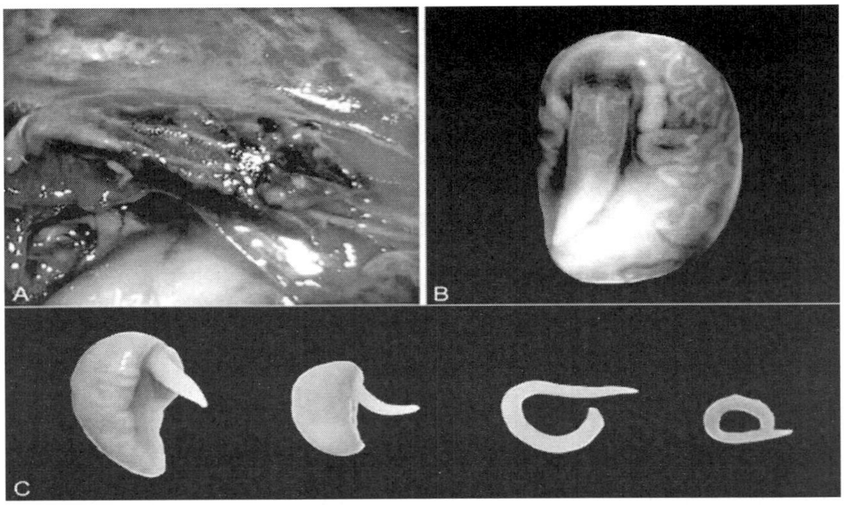

그림 5-93. A: 아가미 뚜껑내의 *Didymocystis lamotheargumedoi* cyst. B-C: *Didymocystis lamotheargumedoi*충체. C: 미성숙 및 성숙 충체.

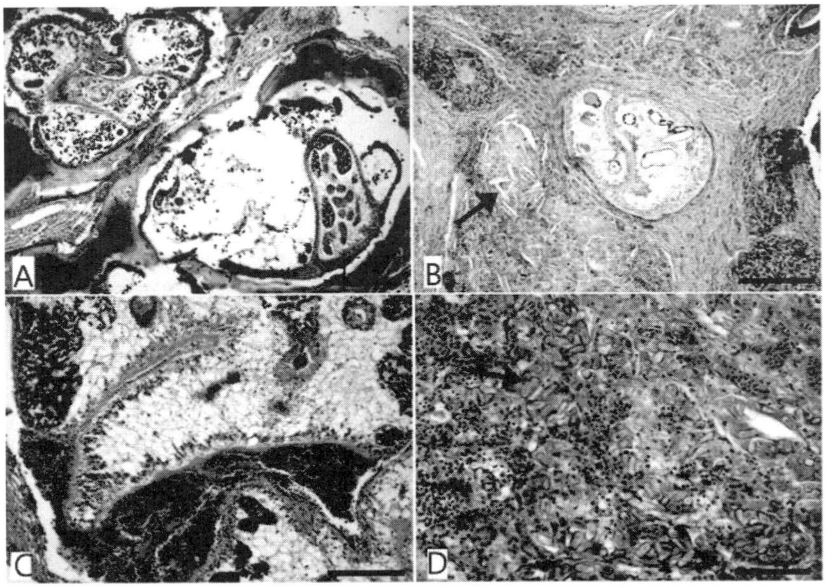

그림 5-94. A: 경골 조직 속에 들어 있는 1쌍의 충체. B: 결합조직성의 피막에 싸인 충체의 cyst는 염증세포의 침윤과 cholesterol cleft(화살표)가 있는 출혈 영역이 존재하는 bone laminae에 인접한 곳에 고도로 매관이 형성된 섬유성 결합조직에 파묻혀있다. C: 적혈구(별표)에 둘러싸인 충체. D: 고도로 맥관형성된 섬유성 결합조직속의 난(화살표). 난은 황갈색의 물질에 싸여 염색되거나 무염색으로 내부에는 호산성의 물질이 들어있다. HE. Bar=A&B(0.2 ㎜, C(0.11 ㎜) 및 D(0.66 ㎜).

3) 조충류(cestoda, tapeworm)

자웅동체로서 종숙주는 어류를 포함한 척추동물이며 기생 부위는 소화관이다. 중간숙주는 대부분의 종이 2단계이지만, 1단계와 3단계도 있다. 2단계인 경우에는 제 1중간 숙주는 갑각류나 연체동물이며, 제 2 중간숙주는 어류이다. 한편 1단계인 경우 제 1중간숙주는 물벼룩이며, 종숙주는 어류로서 대표적인 종은 잉어에 감염되는 흡두조충(*Bothriocephalus*)이다.

중간 숙주가 3단계인 경우 제 1중간숙주는 갑각류, 제 2중간숙주는 멸치 등의 소형 어류, 제 3중간 숙주는 방어 등의 대형어류이며, 종숙주는 상어로서 대표적인 질병은 방어의 낭충병 원인균인 *Callotetrarhynchus nipponica*이다.

성충의 형태는 두절부, 경부 및 체절부의 세부분으로 이루어져 있다. 두절부는 분류의 기준이 되는 부위로서 갈고리, 흡반, 흡엽, 흡구 등 흡착과 고착기관이 있다. 체절부는 경부에서 만들어지며, 경부에서 멀어질수록 성숙된 부위이다. 체절부는 동일 구조의 체절이 무수히 연결되어서 성체의 대부분을 차지하며, 각 체절에는 암수 1조의 생식기관이 있다.

조충의 중간숙주에서 기생하는 부위는 관공 내, 조직 내 등 다양한 부위에 기생하며, 종숙주의 감염은 중간숙주를 섭취하여야만 성립되며, 중간숙주인 어류에 감염된 경우 유충 또는 성충 모두 병해성은 낮은 편이다.

조충의 생활사는 종숙주에 감염하고 있는 성충이 산란하는 난은 수중에서 부화되어 구형의 섬모로 싸인 조충섬모유충(coracidium, 육구유충)이 된다. 이것을 제 1중간 숙주인 무척추동물인 갑각류가 섭취하면 소화관내에서 체강으로 이동하여 전의충미충(procercoid, 프로세르코이드)이 된다. 제 1중간 숙주를 어류가 섭취하게 되면 어류의 소화관에서 숙주조직에 피포되어 의충미충(plerocercoid, 프레로세르코이드)으로 된다. 종숙주가 어류 또는 전의충미충 섭취하면 종숙주의 소화관에 기생하여 성충이 된다.

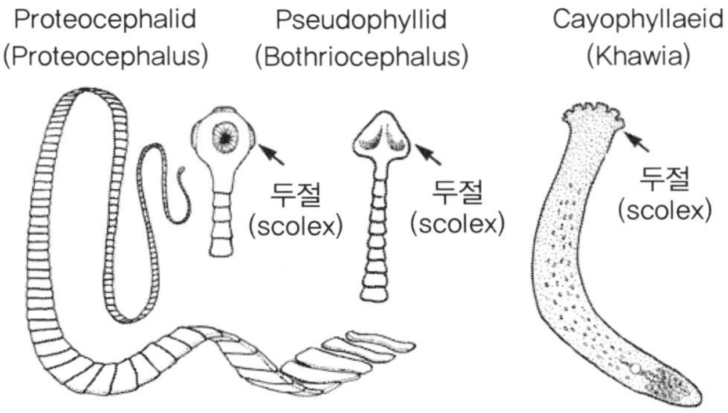

그림 5-95. 전형적인 다절 조충류(Eucestoda)의 모식도.

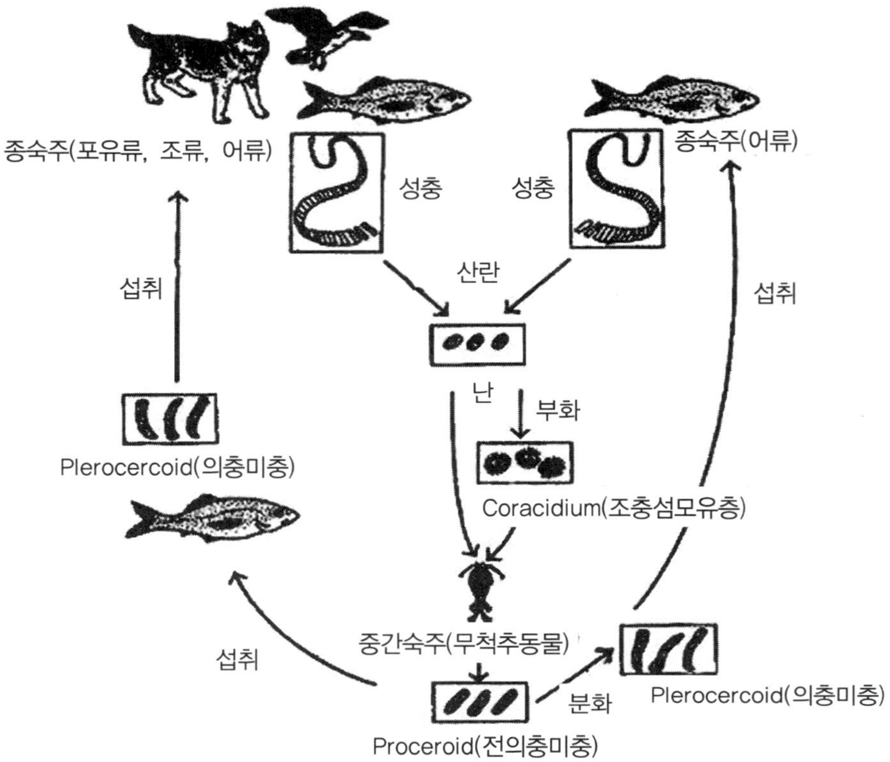

그림 5-96. 조충의 생활사의 모식도.

표 5-4. 흡충류와 조충류의 차이점

구 분	흡충류(trematoda)	조충류(cestoda)
실질기관내의 석회질성 구상체	없음	있음
체절 구조	체절 없음	있음
소화관	있음	없음
부착기관	Oral or ventral sucker	Scolex
충체 외막	엷은 cuticle	두꺼운 충상 cuticle(기저막 있음)
Cuticle하부 근육층	있음	없음(실질기관내에 근육층)
생식기관	독립	식별 곤란
Body spine 또는 papillae	±	
생식기관	+	각 체절에 암수 생식기

4) 선충류(nematoda)

육상 및 수계의 다양한 환경에 서식하는 종으로 기생종이 많으며, 어류 기생충의 계통 발생학상 처음으로 성체가 자웅이체로서 기생하는 종이다. 충체는 외피가 큐티클(cuticle)로 덮여 있어 성장과정에 탈피를 하여야 한다.

제 1 중간숙주는 갑각류, 어류는 제 2중간숙주 또는 종숙주로서 어류의 소화관의 관공 내에 기생하는 것이 보통이다. 그러나 종숙주가 포유류 또는 조류인 방어의 *Philometroides seriolae*는 방어의 체측근에 기생한다.

예외로서 *Hysterorhylacium haze*는 문절망둑의 체강에 기생한다. 충란이 문절망둑의 소화관 내에서 2기 유생으로 부화하고, 소화관 벽에서 3기 유생으로 변화하여 체강내로 나와 성숙된다. 체강 내에서 성충이 산란하면 부화하여 체강에서 성충으로 성장하므로 자가 감염이라고도 한다.

자가 감염에 의해 어류에 대한 기생강도가 상승하여 숙주가 사망하게 되면, 충란과 부화 유생은 수중으로 방출되어 운반 숙주에 섭취되어 새로운 감염원으로 된다. 이처럼 중간숙주는 없지만, 갯지렁이나 소형 갑각류가 부화 유생의 운반숙주가 되는 경우도 있다.

선충은 중간숙주 내에서 적어도 1회의 탈피는 하는데, 운반숙주(transport host)는 숙주에 감염되었지만, 체내에서 선충이 탈피하지 않는 경우의 숙주를 운반숙주라 한다.

생활사는 종숙주에 기생하고 있는 성충이 산란한 난이 발육하여 2회 변태하여 제 3기 유생이 되면, 전단부에 종숙주에 침입하기 위한 천치(booring tooth)가 생기고, 종숙주에 침입한다. 종숙주에서 2회 탈피하여 성충이 된다. 그러므로 종숙주에 감염하기 전에 2회 변태, 종숙주 내에서 2회 총 4회 변태한 5기가 성충이다. 그러나 종에 따라 충란 내에서 1-2회 탈피 후 부화하는 종도 있다.

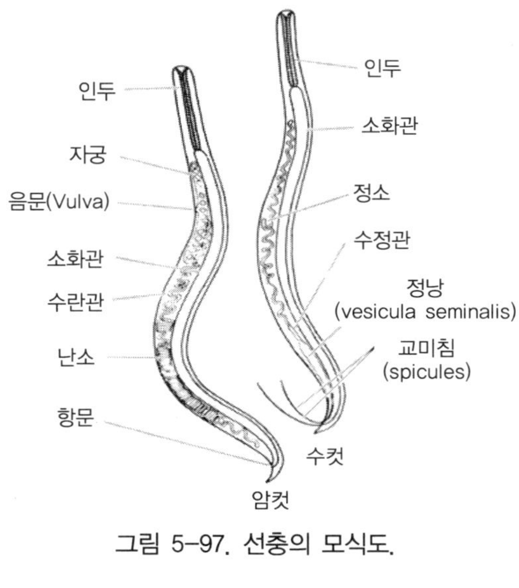

그림 5-97. 선충의 모식도.

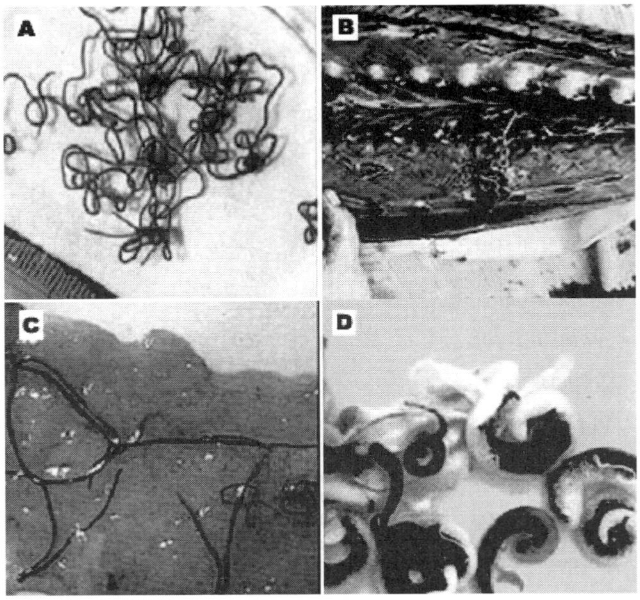

그림 5-98. A: 잉어의 비늘 밑의 *Philometroides*, B: 방어의 혈합근 기생의 *Philometroides*, C: 참돔의 난소 기생의 *Philometra*, D: 뱀장어의 부레 내 기생의 *Anguillicoloides crassus* (= *Anguillicola crassus*).

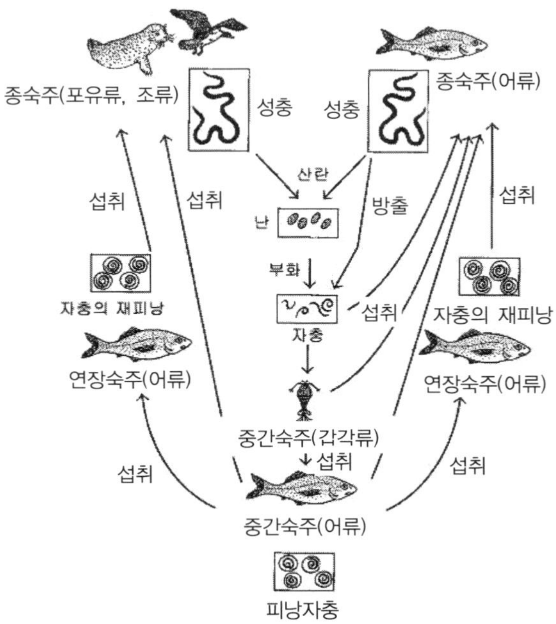

그림 5-99. 선충의 생활사의 모식도.

어류가 제 2중간 숙주인 경우의 감염은 제 1 중간숙주인 갑각류 또는 부화 유생 섭취함으로서 감염된다. 어류가 종숙주인 경우의 감염은 중간숙주인 갑각류 섭취하거나 제 1중간 숙주인 갑각류가 운반 숙주인 소형어류에 포식되고, 이 소형어류를 종숙주인 어류가 섭취함으로서 감염이 성립된다. 어류가 운반숙주인 경우에는 어체 내에서 소화관을 관통하여 각종 조직으로 이행하여 변태 없이 3기 유생인 채로 피낭에 싸인 피낭자충의 상태로 있다.

어류가 중간숙주인 경우에는 제 3기 유생이 어류의 조직 또는 관공에 기생하고 있지만 어류에 대한 해는 보편적으로 약한 편이다.

뱀장어의 부레에 기생하여 흡혈하는 부레선충 *Anguillcoloides crassus*(이전의 *Anguillicola crassus*)는 암컷의 내부에서 난이 부화되는 난태생(ovoviviparous)으로, 첫 번째 유생은 뱀장어의 부레 내에 생겨서 제 2기까지 발육한다. 그 후 기도를 통하여 인두를 거쳐 소화관으로 이동하여 수중으로 변과 함께 방출된다. 이렇게 방출된 2기 유생은 수중에서 상당 기간 중간숙주에 섭취되기를 기다리면서 생존한다. 중간 숙주인 갑각류를 뱀장어가 섭취하게 되면 혈체강으로 이동하여 제 3기 유생이 된다. 뱀장어가 갑각류를 섭취하면 소화관에서 복강을 거쳐 부레로 이동하여 제 4기 유생으로 변태한 다음 다시 한 번 변태하면 제 5기가 성충이 된다. 한편 갑각류를 수중의 소형 어류가 섭취한 경우에는 생존은 하지만 성충에 도달하지는 못한다.

인위감염은 감염 뱀장어에서 제 2기 유생을 가지고 있는 난을 채취하여 중간 숙주인 검물벼룩(Cyclops)에 부화된 갑각류 양의 2-3배의 선충의 유생을 첨가하여 감염시키면 검물벼룩의 copepodid와 성체만이 선충의 유생을 섭취한다. 그러나 노우플리우스 유생은 선충의 유생을 섭취하지 못한다. 감염된 갑각류는 해부하여 L3유생의 존재를 확인함으로서 감염을 확인할 수 있다.

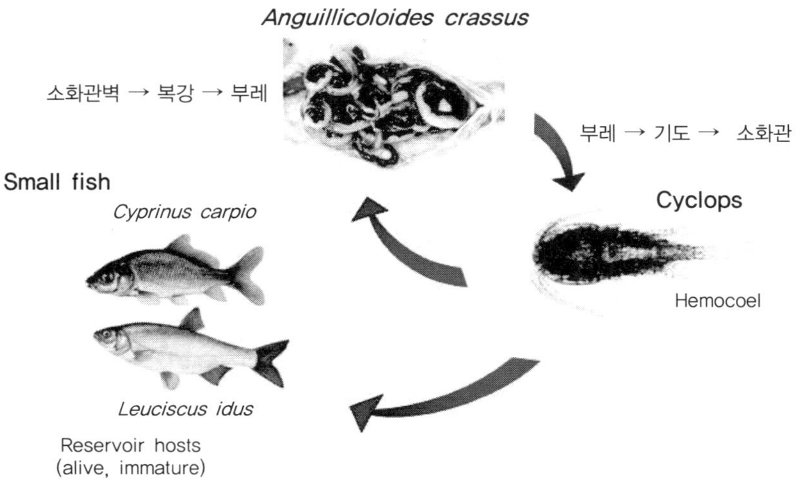

그림 5-100. 뱀장어 부레 선충 *Anguillicoloides crassus*생활사의 모식도.

부레 내에서의 선충의 발육은 수온 의존성으로 수온이 낮으면 성체가 되기까지의 소요일수는 증가하게 되어, 감염 뱀장어는 심한 손상을 받게 되며, 이것이 전세계적으로 추운 지방에 뱀장어의 부레 선충이 만연하는 이유라 할 수 있다. 그러나 일반적인 사육 온도에서 1회의 생활사가 완성되는데는 약 2개월이 소요되는 것으로 보고되어 있다.

5) 구두충류(acanthocephala)

성체는 자웅이체로서 기생하는 종으로, 성체는 척추동물의 소화관 내에 기생한다. 중간숙주는 1단계 또는 2단계로서 제 1중간숙주는 갑각류이며, 어류는 제 2중간숙주 또는 종숙주가 된다.

충체의 구조는 주둥이(proboscis, 문부), 경부(목) 및 몸통(동부)의 3부분으로 구성되어 있다. 주둥이부는 원통형으로 갈고리가 밀생하고 있어, 숙주의 소화관에 꽂아 고착기생(부착기관)을 한다. 몸통부는 몸의 가장 중요한 부분으로서, 내부에 생식기가 들어있다.

구두충은 입과 소화관이 없기 때문에 영양섭취는 몸통부의 체표를 통하여 흡수한다. 중간숙주에서는 조직 또는 관공 내에 기생한다.

생활사는 암컷 성충의 난은 타원형으로, 내부에는 앞쪽에 3쌍의 갈고리와 체표에 가시를 가진 acanthor유생이 들어 있다. 있다. 난은 부화되지 않은 채로 암컷의 성체에서 종숙주의 소화관을 통하여 수중으로 방출된다. 난은 제 1 중간숙주 섭취되어 소화관 내에서 부화된다. 부화 유생은 체강으로 이동하여 acanthella유생으로 된 다음, 약충으로 변태하여 피낭(cystacanth)에 쌓이게 된다. 이렇게 피낭이 형성된 중간숙주를 종숙주 섭취하면 종숙주의 장내에서 탈피낭하여 소화관에 기생하여 성충으로 된다.

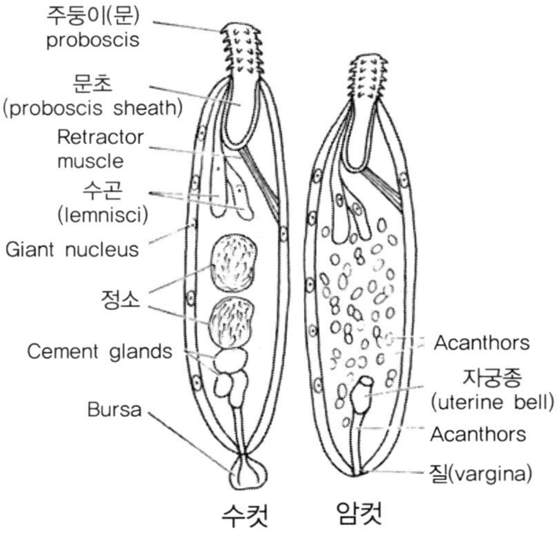

그림 5-101. 조충 형태의 모식도.

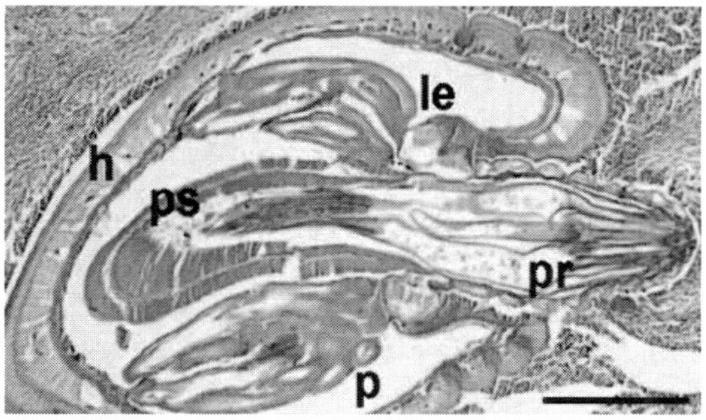

그림 5-102. 소화관에 감염된 *Acanthocephalus* 암컷 앞부분의 횡단면. 가시를 가진 주둥이(pr), 문초(ps), 두꺼운 hypodermis(h)를 가진 체벽, 체강속으로 돌출된 2개의 맹낭 모양인 수곤(le). H&E, 100 ㎛.

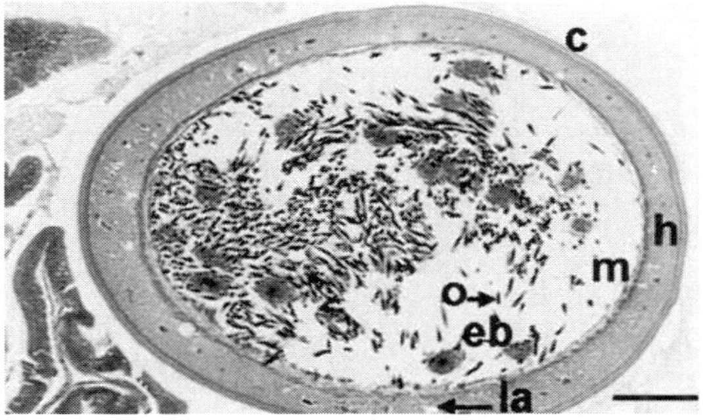

그림 5-103. 장내 기생 *Acanthocephalus*암컷의 종단면. 비세포성의 외피(c), 여러 층의 섬유층으로 구성된 두꺼운 hypodermis(h), 관망계(lacunar channel, la), hypodermis아래의 엷은 체근육층(m). 구두충은 소화관이 없어, 체강 내에 난(o)와 난에서 분화된 egg ball(eb)가 들어 있다. H&E, 100 ㎛.

6) 갑각류(crustacea)

어류에 기생하는 종은 요각류, 새미류 및 등각류 등이 있지만, 요각류가 가장 많은 종이 기생하고 있다. 성충은 자웅이체로서 탈피에 의해 성장하게 된다. 어류에 기생종은 중간숙주가 필요 없는 외부 기생충이다.

어체로의 부착은 부속지의 일부가 파악기 모양 또는 흡반 모양으로 변화되어 부착하거나 몸의 일부를 어체 내에 삽입하여 고착생활을 한다.

어류에 기생종은 기생생활에 적응하여 운동성이 저하되어 있기 때문에 자유생활 기간이 짧고, 영양은 어류의 체액을 흡수하여 사용한다.

(1) 담수어 닻벌레

기생성 요각류인 *Lernaea cyprinacea*의 암컷 성충은 원통 모양의 몸통부에 1쌍의 난낭을 가지고 있다.

산란된 난은 수중에서 부화한 nauplius는 3회 탈피하여 감염력이 있는 제 1 기copepodid로 변태된다. 제 1기 copepodid는 제 2촉각과 액각을 이용하여 어체 표면에 기생하게 된다. 기생 후 숙주 조직을 섭취하면서 5회 탈피하여 성충이 된다. 그러므로 생활사는 먹이를 전혀 먹지 않는 nauplius기가 4기이며, 기생생활을 하는 copepodid기는 6기로서, 6기 copepodid가 성충이다.

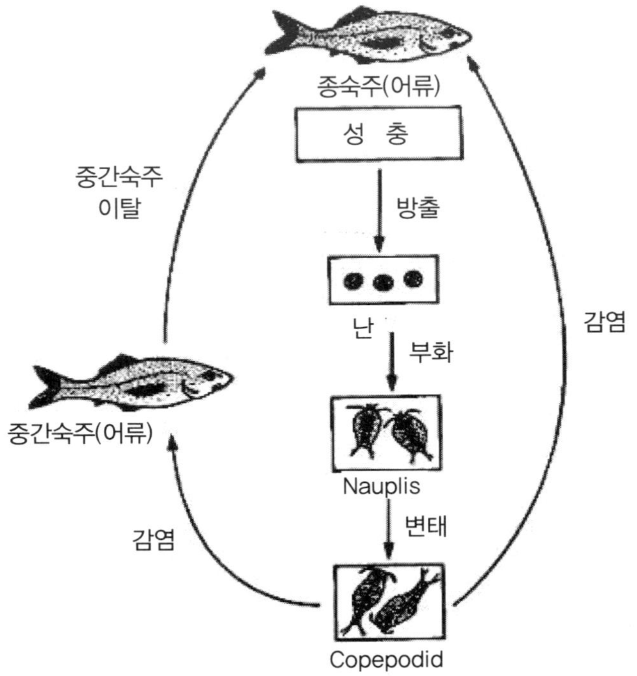

그림 5-104. 기생성 요각류(갑각류) 생활사의 모식도.

교미 후 수컷은 죽고, 암컷 성충만이 두부의 각상돌기로 어체에 고착하여 기생생활을 한다. 수명은 여름은 1개월 반, 월동하면 6개월 정도이다.

암컷의 두부에 있는 각상돌기의 어체에 삽입하므로써 삽입 부위의 손상에 의해 담수의 침입에 의한 삼투압조절 장애 및 세균 또는 진균의 2차 감염에 의해 조직이 괴사 붕괴된다.

진단은 체표를 관찰하면 육안으로 충체 확인 가능하지만, 뱀장어의 경우에는 구강 내에도 기생하고 있는 경우가 많음으로 구강 내부도 관찰할 필요가 있다.

감염 암컷 성체를 치료할 약제는 없다. 그러나 마조텐(유기인계살충제) 0.2-0.3ppm에 약욕시키면 부유 유생기의 유생, 수컷, 고착 기생 전의 암컷은 구제할 수 있다.

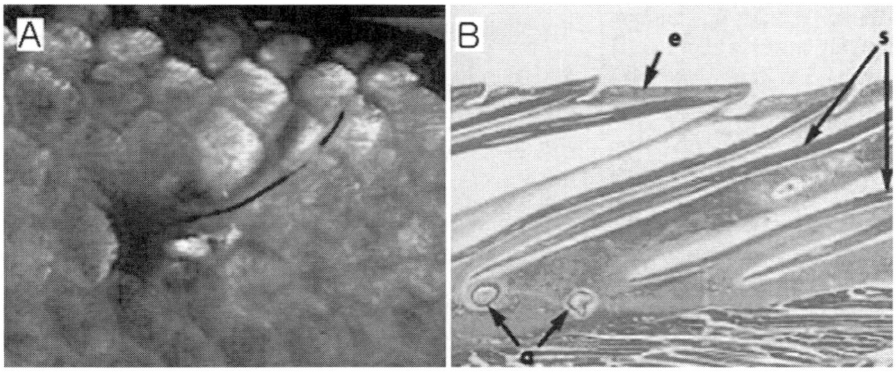

그림 5-105. A: 금붕어에 감염된 닻벌레. B: 두개의 비늘 (s)사이에 침투해 있는 닻벌레. a: 닻, e: 상피세포. HE.

(2) 전갱어의 칼리구스

종묘 생산장에서 빈발하며, 기생충인 *Caligus longipedis*의 성충은 편평한 형태로, 체장은 암컷이 4-5 ㎜, 수컷은 3-7 ㎜정도이다. 어체의 기생은 4쌍의 흉각으로 체표에 기생하며, 암컷은 1쌍의 난낭을 가지고 있다.

난이 부화된 nauplius는 약 1일 걸려 2회 탈피한 다음 감염력이 있는 copepodid로 변태하여 어류에 감염된다. 어류에의 감염은 두부의 끝에서 전액사를 내어 체표나 지느러미에 부착하여 *Caligus*유생으로 된다. 숙주조직을 섭취하면서 성장하여 전성충(preadult)을 거쳐 성충(adult)으로 된다. 부화에서 성충이 되기까지는 20℃에서 약 20일이 소요된다.

병어는 수면 부근에서 이상 유영하거나 그물에 몸을 문지르기 때문에 체표에 문드러짐이나 출혈이 생긴다. 병어를 관찰하면 어체 표면을 돌아다니는 충체를 육안으로 확인할 수 있다

치료는 과산화수소의 희석액에 약욕으로 구충 가능하다. 그러나 숙주에 감염되어 있는 충체는 구제 가능하지만, 수중의 nauplius와 copepodid는 살아남아 새로운 감염원으로 되기 때문에 구충처리를 반복하지 않으면 효과가 없다.

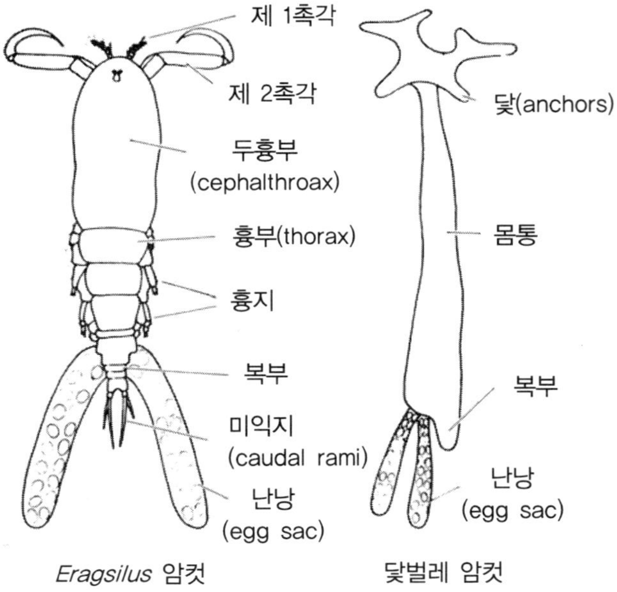

그림 5-106. *Ergasilus*와 닻벌레 암컷의 모식도.

Ⅲ. 기타 및 패류의 기생충병

1. 저온 스트레스

(1) 뱀장어

참돔과 방어는 수온이 15-16℃에 노출되면 복수와 출혈 및 체표에 궤양이 형성되는 저온스트레스가 발생하지만, 뱀장어도 13-15℃의 저수온에 노출되면 혈장의 Cl^-농도가 감소하는 저온 스트레스가 발생한다.

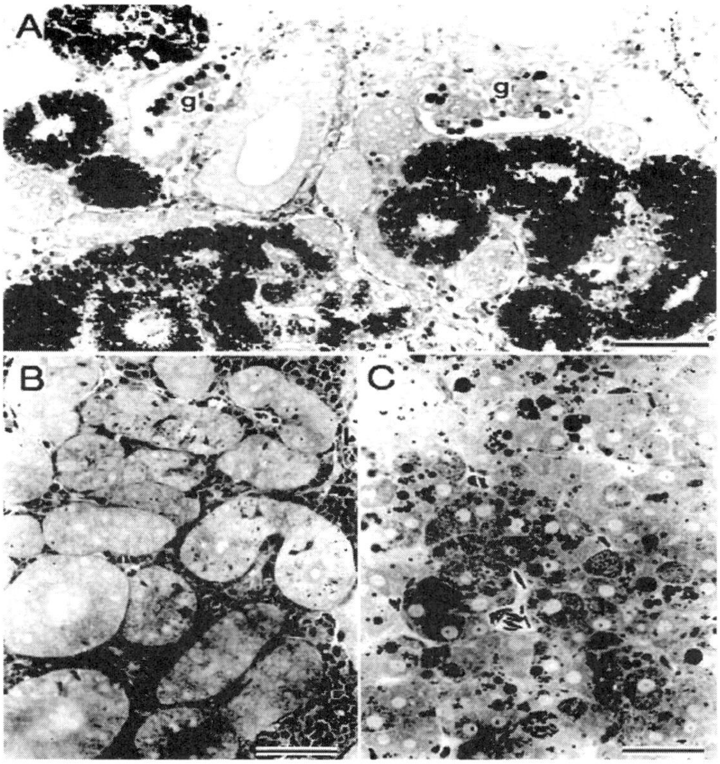

그림 5-107. A: 세뇨관 상피와 사구체의 초자적 변성. B: 세뇨관 상피세포의 혼탁종창. C: 간세포내의 대형 지방방울. Bar=50 ㎛(A-B), 75 ㎛(C).

병리조직학적으로 신장은 새신염의 증상을 나타내는데, 세뇨관 상피는 혼탁종창과 초자적 변성을 일으킨다. 사구체는 podocyte의 경미한 손상이 생긴다. 세뇨관 상피에 형성되는 초자방울은 원형, 난원형으로 크기는 상피세포의 핵보다 작은 것에서 부터 큰 것에 이르기까지 변화가 심하다. 초자적은 호산성으로 PAS에 양성으로, 주성분은 peptide이다. 초자적의 형성 때문에 상피세포의 핵은 기저부로 밀려나고 세포질에는 공포가 형성된다. 조혈조직 내에는 호산성 과립을 가진 호중구의 숫자가 증가한다. 간장에서는 중심 정맥주변의 간세포는 지방방울을 함유하고 있는 숫자가 증가한다. 이러한 변화는 미토콘드리아의 변화와 세포의 기능의 저하 때문에 생기는 것이다.

아가미의 새변은 종대되지만 증생은 일어나지 않으며, 심장, 위, 소화관, 비장 및 피부에는 현저한 변화가 없다.

(2) 방어

수온이 12-13℃일 때 평형감각을 상실하고 이상 유영을 하며 수조 표면에서 회전 유영을 하며, 체색이 퇴색되고 복부가 팽만된다.

아가미에 점액이 과잉으로 분비되고, 체표와 아가미 뚜껑 내측, 내장 지방조직에 점상의 출혈, 복강에 혈액이 혼재된 복수. 간의 울혈, 신장의 종대. 뇌의 발적이 생긴다.

병리조직학적으로 비장, 소화관 및 눈에는 이상이 발견되지 않는다. 신장의 세뇨관상피는 괴사되어 있고, 공포화 또는 위축된 상피세포가 기저막에서 박리되고 있다. 괴사된 상피세포는 소형의 초자적 변성과 혼탁종창을 일으키고 있으며, 세뇨관 관공에는 괴사된 상피세포와 호산성의 물질이 들어있다. 사구체는 위축되어 있고, 약간의 섬유소가 침착되어 있다. 조혈조직의 세망세포는 종대된다.

심장은 심방과 심실의 심외막 및 위심강에 염증세포의 침윤과 섬유소 침착 및 부종이 관찰된다. 섬유소 침착과 부종은 동맥구 주변에서도 관찰되기도 한다. 섬유소 침착과 부종이 발생한 심외막에는 핵농축을 일으킨 괴사세포가 들어 있지만 심근에는 뚜렷한 변화는 발견되지 않는다.

간장은 간세포의 글리코겐양이 감소하고 정맥에 울혈이 생긴다. 심한 경우에는 부종과 울혈에 의한 유동의 확장이 생기며, 확장된 유동 주변에는 핵농축을 동반한 간세포의 괴사가 발견된다. 혈관 주변조직에는 부종과 섬유소 침착이 일어나며 간세포는 대부분 위축을 일으킨다. 아가미는 가벼운 증생이 아가미의 끝부분에서 관찰된다.

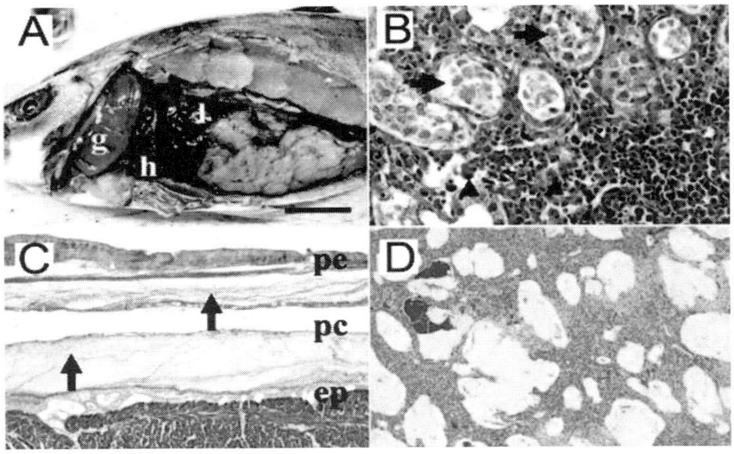

그림 5-108. A: 아가미 퇴색, 심장의 백태 및 울혈을 나타내는 병어. B: 신장. 세뇨관 상피는 괴사(↑)되고 조혈조직내에는 종대된 세망세포 출현(▲). C: 심장. 심외막과 위심강에 현저한 섬유소 침착(↑). D: 간장. 간실질세포의 공포 변성. D는 Azan 그 외는 HE.

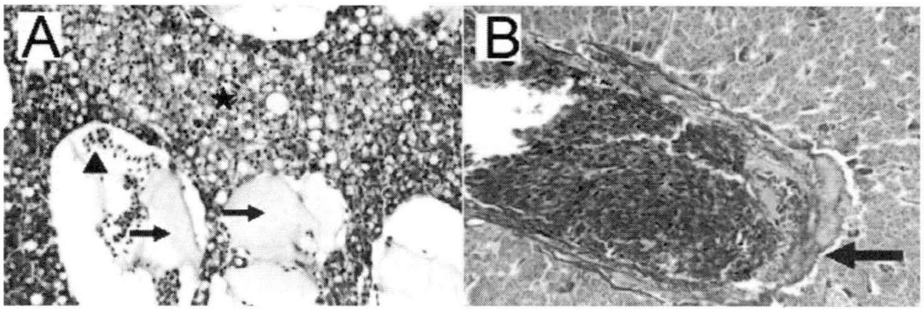

그림 5-109. A: 간장. 확장된 유동내의 적혈구와 호산성 물질과 종대된 유동 주변의 괴사소(★). HE. B: 간 정맥의 울혈 및 간내 혈관주변 조직에 부종과 섬유소 침착(↑). Azan.

이러한 병리상은 저온병이라 불리고 있지만 뱀장어의 저온 스트레스(15℃)의 조직학적 특징인 신장의 세뇨관 상피세포의 혼탁종창과 초자적 변성과 유사하지만 간의 변화는 뱀장어에서는 발견되지 않았다.

2. 참굴 마타일포자충(*Marteilioides chungmuensis*)의 난소 비대증

참굴의 난모세포의 세포질 속에 기생하며 난을 용해시키므로 수정난의 발생과 분화에 이상을 초래하며 굴을 폐사시키는 난소기생충으로, 감염된 난은 생식소부근에 난 덩어리가 군데군데 뭉쳐져 있으며 그 크기도 다양하여 작은 것은 2-3 ㎜, 큰 것은 10-15 ㎜도 있으며 개수도 1-2개에서부터 15-20개인 개체도 있다. 때로는 생식소에 여러 개의 평평한 융기부가 생기지만, 정상 굴과 구별이 불가능할 때도 있는데, 융기부이외의 연체부는 보통 탄력을 상실하여 물굴의 상태로 된다.

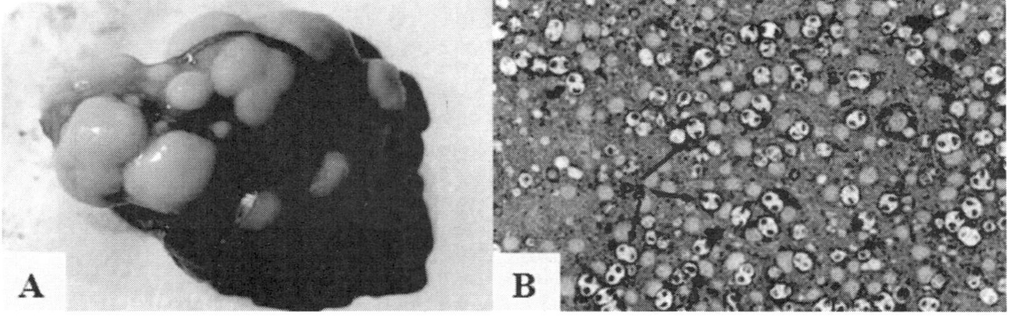

그림 5-110. 난소기생충에 감염된 참굴의 난소(A)와 감염난소 내의 기생충(Pa).

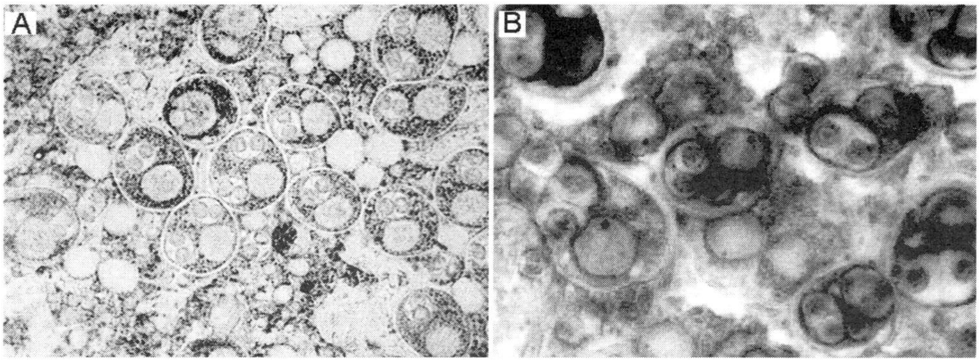

그림 5-111. 난소기생충에 감염된 참굴의 난소의 도말표본의 검경, 무염색(A)과 Giemsa(B).

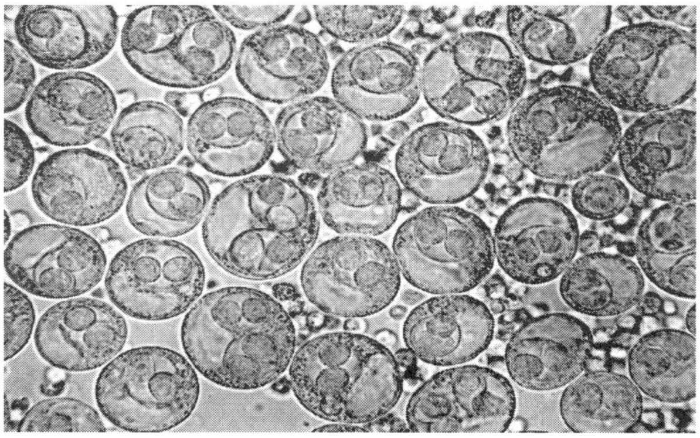

그림 5-112. 감염 굴 난소의 무염색 표본. 난세포 내에 감염 기생체가 들어 있다.

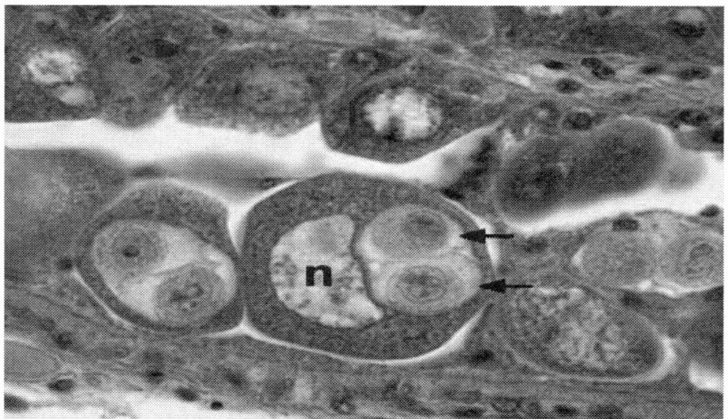

그림 5-113. 굴 난모세포내의 *Marteilioides chungmuensis*충체(화살표).

난소에 여러 개의 평평한 융기부가 생기지만, 정상굴과 구별이 불가능할 때도 있다. 융기부이외의 연체부는 보통 탄력을 상실하여 물굴의 상태로 된다.

우리나라에서의 감염류을 보면 5월경에는 11.8-12.5%가 감염되어 있지만, 고수온기인 8월에는 64.3-100%로 증가하였다가 수온이 하강하기 시작하면 다시 감염률은 저하되어 수온과 감염률과는 밀접한 관계가 있다.

감염된 난은 80%이상이 비정상적인 발생을 하며, D상형 및 초기 각정기까지 발생한다하더라도 외부의 각이 녹기 시작하여 연체부까지 녹아 결국 폐사하게 된다.

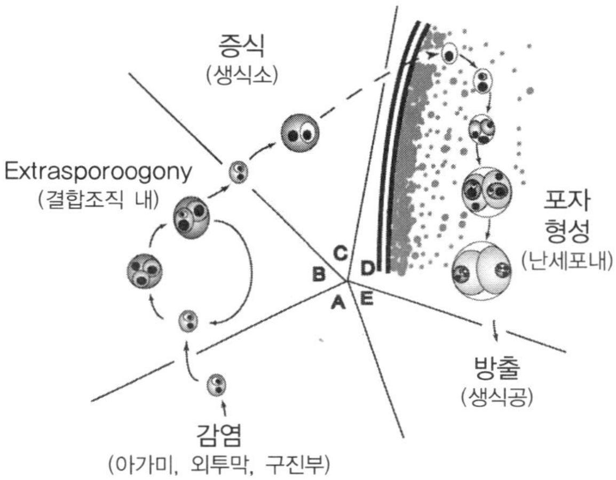

그림 5-114. 참굴에서의 *Marteiliodes chungmuensis**생활사.
미동정의 감염단계가 아가미, 외투막 또는 구진부를 통하여 침입(A). 결합조직 내에서 extrasporogony가 반복되는 동안 1차세포 내에서 내부 분열이 일어남 (B). 2차세포가 방출되고 크기가 증대된다. 생식소 내에서 multiplication이 일어난다(C). Stem cell(2차세포)이 난세포내로 침투하고, 난세포 내에서 포자형성이 시작된다(D). 성숙한 포자가 난소에서 생식공을 통하여 방출된다(E).

***학명을 *Marteilia chungmuensis*로의 변경이 제안되어 있음.**

3. *Perkinsus*감염증

Perkinsus marinus (=*Dermocystium marina*)는 "Dermo"라는 병명에서 알 수 있듯이 감염개체는 무기력, gaping, 소화관의 창백, 외투막의 수축, 생식소의 발달 억제 및 성장이 느리게 된다. 주 기생부위가 아가미, 발, 외투막의 결합조직 내의 혈구세포 내이기 때문에 아가미나 발 등에 융기 환부가 형성된다. *Perkinsus*는 혈구에 탐식되어 전신 감염으로 되지만, 염증 반응의 정도는 매우 다양한 편으로 대개의 경우 충체가 존재하는 바로 그 위에만 가벼운 혈구의 침윤과 조직 파괴가 생긴다.

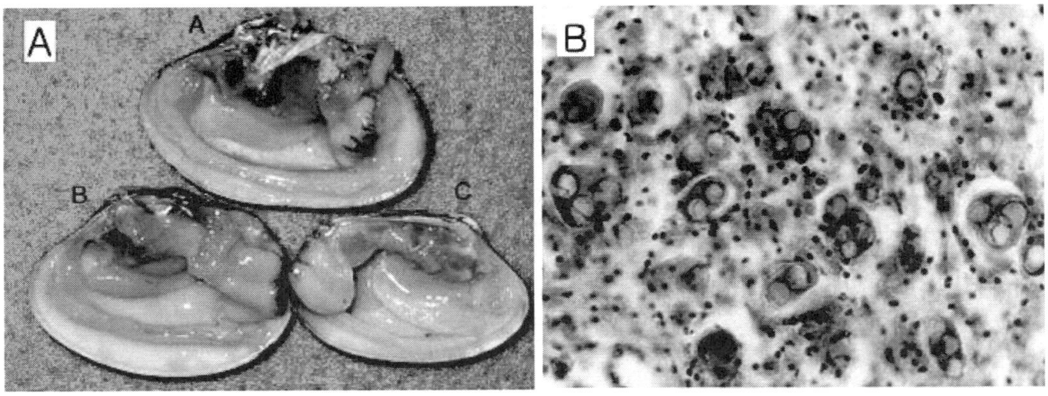

그림 5-115. A: *Perkinsus*에 감염된 바지락 (B와 C)과 정상 바지락(A). 감염 개체는 외투막, 발 아가미 등이 퇴색되고 심하게 크기가 감소되어 있다. B: 결합조직 내의 충체의 영양체. HE염색.

충체를 fluid thioglycolate medium(FTM)에서 배양하면 영양체는 prezoosporangia로 되지만, 생존은 10일에 불과하고 zoospore를 형성하는 zoosporangia는 해수에 옮겼을 때 2-4일에 완성된다.

진단은 잘게 자른 감염 조직 또는 혈림프를 FTM에 일주일 정도 배양하여 희석 lugol액으로 염색하면, prezoosporangia가 흑갈색 또는 흑청색으로 관찰할 수 있다. 병리 조직학적으로 공포를 가진 영양체는 핵이 편재되어 있는데, 영양체는 세포질은 핑크, 핵은 청색으로 염색된다.

*P. marinus*이외에 유명한 종으로는 호주의 전복과 우리나라산 패류에 감염되는 *P. olseni*로서 *P. marinus*와 구별되는 점은 throphozoite가 14-18 ㎛로 크고, 약호산성의 vacuoplast가 존재하며 또한 zoosporangia에 짧은 discharge tube가 존재한다는 점이다.

또 하나의 유명한 종은 포르투칼산 바지락에 감염되어 아가미, 발, 외투막에 백색의 cyst를 형성하는 *P. atlanticus*는 *P. marinus*에 비해 trophozoite가 크다(30-40 ㎛). 따라서 주요한 3종의 영양체(trophozoite)의 크기는 *P. atlanticus*(30-40 ㎛), *P. olseni* (14-18 ㎛), *P. arinus*(2-20 ㎛)의 순이다.

또 Chesapeaki만의 바지락에 감염되는 *P. chesapeaki*와 *P. andrewsi*, 지중해의 양식 넓적굴에 감염되는 *P. mediterraneus*가 있지만, 현재는 *P. olseni=P. atlanticus, P. chesapeaki=P. andrewsi*인 것으로 밝혀졌다.

한편 캐나다산 피조개에 원충성 질병인 *Perkinsus*감염증이 발병하여 치패인 경우 사망률이 90%이상인 경우도 있다. 감염 개체는 육안적으로 생식소, 소화관 맹낭 및 외투막에 유백색의 농양 결절이 형성된다. 원인 원충은 *Perkinsus qugwadi*로 피조개의 결합조직 내에 기생한다. 조직학적으로는 직경 10 ㎛의 영양체와 2-8개의 소형 영양체를 가진 직경 5 ㎛이하의 tomont가 관찰된다. 또한 *Perkinsus*속의 특징적인 공포를 가진 반지 모양의 구조를 한 영양체도 관찰된다. RFTM배지에서 presporangium이 형성되지 않음으로 배양은 불가능하다.

바지락에 감염되는 것으로는 *P. olseni*이외에 최근 일본에서 감염병태는 *P. olseni*와 유사하지만, 분자생물학적으로 차이가 나는 종이 발견되어 *Perkinsus honshuensis*라 명명되었다. 우리나라에도 이 종이 분포하는가는 알 수 없지만, 아마도 단일종이 아닌 2종의 *Perkinsus*가 감염되어 있을 가능성은 충분하다고 생각된다.

4. 백합의 *Ostrincola*

*O. koe*와 *O. japonicus*의 2종류가 알려져 있지만, 형태적으로 차이가 난다. 원인 기생충은 패류의 외투강 내에 기생하면서 주로 아가미나 외투막에서 분비되는 점액을 먹이로 하고 있다. 따라서 스트레스를 받은 패류는 점액이 많이 분비되기 때문에 이러한 패류일수록 감염 충체의 수는 비정상적으로 많아진다.

1972년 전남 부안의 백합의 대량폐사 원인으로 *Pseudomonas ichthyodermidis*가, 중국 양식 백합의 경우는 *Vibrio parahemolyticus*가 대량 폐사의 원인으로 제기되었지만, 아마 이 2경우에도 폐사의 일차적 원인은 *Ostrincoloa*의 기생으로 추정되고 있다.

*Ostrincola*는 우리나라 서해 연안에 많이 존재하는 종류이지만, 수컷이 0.7-0.9 ㎜, 암컷이 1.2-1.5 ㎜의 소형 갑각류이기 때문에 육안으로는 발견하기 어렵기 때문에 발견하지 못하였을 가능성이 매우 높다.

진단은 패류를 개각한 다음 희석 알콜로 세척하여 실체현미경으로 검경하면서 채집하고, 백합에서는 외투강 내에 다량으로 기생하고 있으며, 충체의 두부에 있는 색소를 가진 안점을 확인할 필요가 있다.

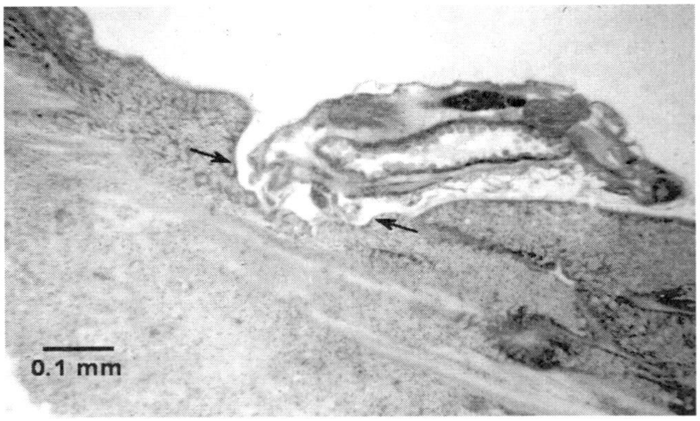

그림 5-116. 버지니아굴 아가미. *Ostrincola* sp.의 기생에 의해 아가미의 부식(화살표 사이)과 염증세포의 침윤. HE.

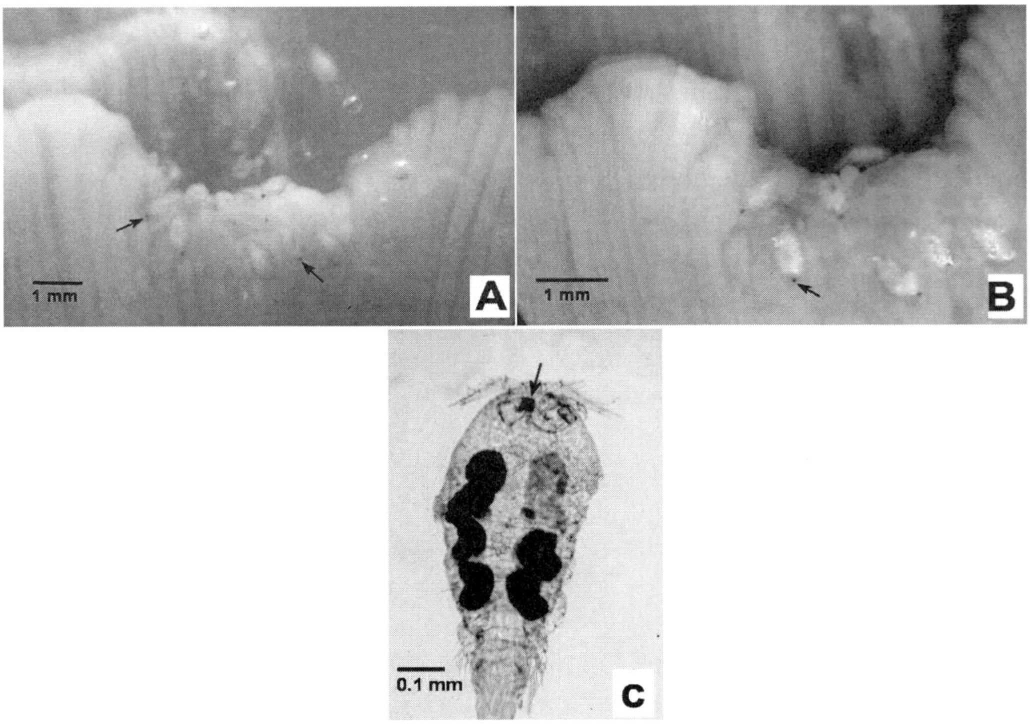

그림 5-117. A–B: 아가미 부식을 나타내는 버지니아굴 아가미의 무염색도말표본. *Ostrincola* sp.는 pigmented ocellus (안점 eyespot, 화살표)가 선명. C: 버지니아굴 아가미 기생 *Ostrincola*는 두부 중앙에 안점(화살표)이 분명. 충체는 부착부위에 조직을 용해하는 효소를 분비하여 그 현탁액을 먹이로 사용.

참고 문헌

Atkins, S. D., Clark, I. M., Pande, S., Hirsch, P. R., and Kerry, B. R.(2005): The use of real-time PCR and species-specific primers for the identification and monitoring of *Paecilomyces lilacinus*. FEMS Microbiol. Ecol., 51: 257-264.

Bruno, D. W. and Poppe, T. T. (1996): A colour atlas of salmonid disease. Academic Press.

Chang, C-I., Lee, C-F., W, C-C., Cheng, T. C., Tsai, J-M., and Lin, K-J. (2011): A selective and differential medium for *Vibrio alginolyticus*. J. Fish Dis., 34: 227-234.

de Charleroy, D., Grisez, L., Thomas, K., Belpaire, C. and Ollevirer, F.(1990): The life cycle of *Anguillicola crassus*. Dis. Aquat. Org., 8: 77-84.

Dungan, C. F., and Reece, K. S.(2006): In vitro propagation of two *Perkinsus* spp. parasites from Japanese manila calms *Venerupis philippinarum* and description of *Perkinsus honshuensis* n. sp. J. Eukaryot. Micriobiol., 53: 316-326.

Freeman, M. A., Eydal, M., Yoshimizu, M., Watanabe, K., Shinn, A. P., Miura, K., and Ogawa, K. (2011): Molecular identification and transmission studies of X-cell parasites from Atalntic cod *Gadus morhua* (Gadiformes: Gadidae) and the orthern black flounder *Pseudopleuronectes obscurus* (Pleuronectiformes: Pleuronectidae). Parasites & Vectors. 4: 15-28.

Gibson-Kueh, S., Netto, P., Ngoh-Lim, G. H., Chang, S. F., Ho, L. L., Qin, Q. W., Chua, F. H. C., Ng, M. L., and Ferguson, H. W. (2003): The pathology of systemic iridoviral diseases in fish. J. Comp. Path., 129: 111-119.

Goto, T., Takagi, S., Ichiki, T. Sakai, T., Endo, M., Yoshida, T., Ukawa, M., and Murata, H. (2001): Studies on the green liver in cultured red sea bream fed low level and non-fish meal diet: Relationship between hepatic taurine and biliverdin levels. Fish Sci., 67: 58-63.

Groff, J. M., LaPatra, S. E., Munn, R. J., and Zinkl, J. G.(1998): A viral epizootic in cultured populations of juvenile goldfish due to a putative herpesvirus etiology. J. Vet. Diagn. Invest., 10:375-378.

Harris, L., Owens, L., and Smith, S. (1996): A selective and differential medium for *Vibrio harvey*. Appl. & Envrion. Micriobiol., 62: 3548-3550.

He, J. G., Wang, S. P.,Zeng, K., Huang, Z, J., and Chan, S-M. (2000): Systemic disease caused by an iridovirus-like agent in cultured mandarinfish, *Siniperca chuatsi* (Basilewsky), in China. J. Fish Dis., 23: 219-222.

He, J. G., Zeng, K., Weng, S. P., and Chan, S.-M. (2002): Experimental transmission, pathogenicity and physical-chemical properties of infectious spleen and kidney necrosis virus (ISKNV). Aquaculture, 204: 11-24.

Iguchi, K., Ogawa, K., Nagae, M., and Ito, F. (2003): The influence of rearing density on stress response and disease susceptibility of ayu (*Plecoglossus altivellis*). Aquaculture, 220: 515-523.

Imada, R., Muroga, K., and Hirabayashi, S.(1976): *Dactylogyrus extensus* (Monogenoidea) from cultured carp in Japan. Bull. Jap. Soc. Sci. Fish., 42: 153-158.

Justo, M. C. N., Tortlly, R., Menezes, R. C., and Kohn, A. (2008): First record in South America of *Didymosulcus palati* and *Didymosulcus philobranchiarca* (Digenea, Didymozoidae) with new hosts records and pathological alterations. Mem. Inst. Oswaldo Cruz, Rio de Janeiro. 103: 207-210.

Knopf, K., Wurtz, J., Sures, B., and Taraschewski, H. (1998): Impact of low temperature on the development of *Anguillcola crassus* in the final host *Anguilla anguilla*. Dis. Aquat. Org., 33: 143-149.

Kobayashi. T. (2010): Histopathological features of cultured Japanese amberjack *Seriola quinqueratiata* with ascites occurring in the winter. J. Toxicol. Pathol., 23: 165-169.

Kobayashi, T., Goto, K., and Miyazaki, T. (2000): Pathological changes caused by cold-water stress in Japanese eel *Anguilla japonica*. Dis. Aquat. Org., 40: 41-50.

Kohn, A. and Justo, M. C. N. (2008): *Didymocystis lamontheargunedoi* n. sp. (Digenea: Didymozoidae) a parasite of three species of scombrid fishes. Revista Mexicana de Biodiversidad. 78: 9-14.

Krirk, P. M., Cannon, P. F., Minter, D. W., and Stalpers (2008): Ainsworth & Bisby's dictionary of the Fungi. 10th ed, CAB International, Wallingford, pp 771.

Leung, K. Y., Siame, B. A., Tenkink, B. J., Noort, R. J., and Mok, Y-K. (2012): *Edwardsiella tarda*-Virulence mechanisms of an emerging gastroenteritis pathogen. Microbs and Infection. 14: 26-34.

Li, X. L., Zhang, C.-L., Fang, W.-H., and Lin, F.-C.(2008): White-spot disease of Chinese soft-shelled turtles (*Trionyx sinens*) caused by *Paecilomyces lilacinus*. J. Zhejiang Univ. Sci. B. 9: 578-581.

Lom. J., Nilsen, F., and Urawa, S.(2001): Redescription of *Microsporidium takedai* (Awakura, 1974) as *Kabatana taketai* (Awakura, 1974) comb. n.. Dis. Aquat. Org., 44: 223-230.

Lom, J. and Arthur, J. R.(1989): A guideline for the preparation of species descriptions in Myxosporea. J. Fish Dis., 12: 151-156.

Lom, J., McGeorge, J., Feist, S. W., Morris, D., and Adams, A.(1997): Guidelines for the uniform characterization of the actinosporean stages of parasites of the phylum Myxozoa. Dis. Aquat. Org., 30: 1-9.

Lom, J. and Nilsen, F.(2003): Fish microsporidian: fine structural diversity and phylogeny. Intl. J. Parasitol., 33: 107-127.

Mazeaud, M. M., Mazeaud, F., and Donaldson, E. M.(1977): Primary and secondary effects of stress in fish: some new data with a general review. Trans. Am. Fish. Soc., 106: 201-212.

Miyazaki. T.(2008): Reduction in mortality caused by edwardsiellosis in Japanese flounder population due to improvement in rearing conditions at an early state of infection. Fish Pathol., 43: 164-166.

Moustafa, E. M. M., Naota, M., Morita, T., Tange, N., and Shimada, A.(2010): Pathological study on the scuticotiliatosis affecting farmed Japanese flounder (*Paralichthy olivaceus*) in Japan. J. Vet. Med. Sci., 72: 1359-1362.

Ogwa, K. and Egusa, S.(1976): Studies on eel pseudodactylogyrosis-I. Morphology and classification of three eel dactylogyrids with a proposal of a new species, *Pseudodactylogyrus microrhis*. Bull. Jap. Soc. Sci. Fish., 42: 395-404.

Ogawa, K., Nagano, T., Akai, N., Sugita, A., and Hall, K. A.(2007): Blood fluke infection of cultured tiger puffer *Takifugu rubripes* imported from China to Japan. Fish Pathol., 42: 91-99.

OIE (2011): Manual of diagnostic tests for aquatic animals 2010. http://www.oie.int/international-standard-setting/aquatic-manual.

Rhee, J, K,, Kim, P. G., Baek, B. K., Lee, S. B., and Ahn, B. Z.(1982): Clevate cells of epidermis in *Cyprinus carpio* nudus with reference to its activity to *Clonorchis sinensis*. Kor. J. Parasitol., 20(2): 201-203,

Roberts, R. J.(2001): Fish pathology. 3rd Ed.. W.B. Saunders.

Salauson, D. V., and Cooper, B. J.(1982): Mechanisms of disease. A textbook of comparative general pathology. Williams & Wilkins, Baltimore/London.

Sohn, W-M.(2009): Fish-borne zoonotic trematode metacercariae in the Republic of Korea. Kor. J. Parasitol., 47, Supplement: S103-S113.

St-Hilaire, S., Ribble, C., Whitaker, D. J., and Kent, M. L.(1997): Evaluation of a nondestructive diagnostic test for *Kudoa thyrsites* in farmed Atlantic salmon (*Salmo salar*). Aquaculture, 156: 139-144.

Sugahara, K., Fujiwara-Nagata, E., and Eguchi, M.(2010): Dynamics of the bacterial cold-water diseases pathogen, *Flavobacterium psychrophilum*, in infected fish organs and rearing water after warmed water treatment. Fish Pathol., 45: 58-65.

Tanaka, S., and Inoue, M.(2005): Effectiveness of low rearing density against red sea bream iridoviral disease in red sea bream *Pargus major*. Fish Pathol., 40: 181-186.

Tanaka, M., Stoh, T., and Matsuyama, H.(2009): Efficacy of high water temperature against *Pseudodacylogyrus* spp. infection in Japanese eel. Fish Pathol., 44: 133-138.

Tange, N., Song, J-Y., and Kitamura, S-I.(2010): Detection and identification of *Miamiensis adidus* causing scuticociliatosis by PCR. Fish Pathol., 45: 130-132.

Wedemeyer, G. and Yasutake, W. T.(1977): Clinical methods for the assesment of the effects of environmental stress on fish health. US Tech. Pap., US Fish Wildl. Serv., 89: 1-18.

Whittington, R. J., Becker, J. A., and Dennis, M. M.(2010): Iridovirus infections in fishfish-critical review with emphasis on ranaviruses. J. Fish Dis., 33: 95-122.

Williams, T., Chinchar, G. D., Darai, G., Hyatt, A. D., Kalmakoff, J., and Seligy, V. (2000): Family Iridoviridae. In: Virus taxonomy. Seventh report of the International Committee on taxonomy of viruses (ed. by Van Regenmortel, M. H. V., Fauquet, C. M., Bishop, D. H. L., Carstens, e. E. B. M., Estes, K., Lemon, S. M., Maniloff, J., Mayo, M. A., McGeoch, D. J., Pringle, C. R., & Widkner, R.B.), pp. 167-182.

Academic Press, San Diego.

Xu, X., Huang, L., Weng, S., Wang, J., Lin, T., Tang, J., Li, Z., Lu, Q., Xia, Q., Yu, X., and He, J.(2010): *Tetraodon nigroviridis* as a nonlethal model of infectious spleen and kidney necrosis virus (ISKNV) infection. Virol., 406: 167-175.

Yokoyama, H., and Shirakashi, S.(2007): Evaluation of hypersalinity treatment on infection with *Entermomysum leei* (Myxozoa) using anemonefish *Amphiprion* spp. as experimental host. Bull. Eur. Ass. Fish Pathol., 27: 74-78.

국립수산과학원(2010): 수산 동물 병성감정 지침서.

박성우, 오명주(2008): 수산생명 질병학. 도서출판 바이오사이언스.

박성우, 조수근(2011): 수산무척추동물 질병학. 도서출판 바이오사이언스.

室賀凊邦, 江草周三(1997): 魚病學概論. 恒星社厚生閣

이재구(1973): 간흡충의 제 2중간숙주에 관한 실험적 연구. II. 참붕어, 묵납자루 및 큰납지리 체내에 있어서 간흡충 피낭유충의 운명에 관하여. 대한수의학회지, 13(2): 147-160.

이재구(1974): 간흡충의 제 2중간숙주에 관한 실험적 연구. III. 담수어류 표피의 곤봉상세포와 간흡충 피낭유충의 감염도에 관하여. 기생충학잡지, 12(2): 101-110.

이재구, 백병걸, 안병준, 박영준(1979): 간흡충의 살충성 물질에 관한 연구. I. 붕어 점액으로부터 살충성 물질의 추출실험. 기생충학잡지, 17(2): 121-126.

이재구, 백병걸, 안병준, 박영준(1979): 간흡충의 살충성 물질에 관한 연구. II. 각 종 담수어류로부터 살충성 물질의 추출시험. 기생충학잡지, 18(1): 98-104.

이재구, 김평길, 백병걸, 이상복(1983): 간흡충의 살충성물질에 관한 연구. IV. 이스라엘잉어(향어) 점액으로부터 살충성물질의 분획. 기생충학잡지, 21(1): 21-26.

이재구, 김평길, 안병준(1987): 간흡충의 살충성물질에 관한 연구. IV. 향어 체표면 점액내 살충성물질의 구조 확인. 약학회지, 31(1): 33-39.

전세규(1964): 간흡충의 감염경로에 관한 실험적 연구. 제 3편 각종 어류 체표면 점액물질의 간흡충에 대한 살충효과. 기생충학잡지, 2(3): 12-22.

전세규(2000): 양식 어류의 질병. 해산어편. 한국수산신문사.

찾아보기

ㅌ

ㅍ

ㅎ

A

B

C

D

M

N

O

P

S